装备科技译著出版基金

高等电磁散射理论

Advanced Electromagnetics and Scattering Theory

[伊朗] 卡斯拉·巴克什利 著
徐乐 李蕊 陈蕾 魏峰 杨勇 译

国防工业出版社
·北京·

著作权合同登记 图字：军－2016－116号

图书在版编目（CIP）数据

高等电磁散射理论/（伊朗）卡斯拉·巴克什利著；徐乐等译. —北京：国防工业出版社，2022.9

书名原文：Advanced Electromagnetics and Scattering Theory

ISBN 978-7-118-12666-2

Ⅰ. ①高… Ⅱ. ①卡… ②徐… Ⅲ. ①电磁波散射－研究 Ⅳ. ①O441.4

中国版本图书馆CIP数据核字（2022）第169215号

Translation from English language edition：
Advanced Electromagnetics and Scattering Theory by Kasra Barkeshli

※

国防工业出版社出版发行
（北京市海淀区紫竹院南路23号 邮政编码100044）
三河市腾飞印务有限公司印刷
新华书店经售
*
开本710×1000 1/16 印张17¼ 字数300千字
2022年9月第1版第1次印刷 印数1—1500册 定价128.00元

（本书如有印装错误，我社负责调换）

国防书店：（010）88540777　　书店传真：（010）88540776
发行业务：（010）88540717　　发行传真：（010）88540762

译者序

电磁散射问题是电磁场与微波技术的经典研究方向，也是雷达目标识别的关键技术，具有较长的研究历史。该问题来源于工程实践，需要复杂而扎实的电磁理论作为支撑，针对具体的工程问题实施相应的分析技术，在理论和工程上都有很大难度。在国内外均被列为本科以及研究生教学课程，本科阶段主要学习基本电磁理论，研究生阶段主要学习散射理论和分析技术。

电磁散射作为高校电子类的一门专业课程，也是我国急需专业的专业基础课程之一。早在20世纪60年代，西安电子科技大学（当时为西北电讯工程学院）作为国内最早设立电磁场与微波技术专业的高校之一，已开始电磁散射课程的教学工作。经过半个多世纪的发展，国内多所高校均开展了电磁散射理论与测试技术的教学，形成了电磁散射的系列教材。目前，国内采用的教材大多关注理论体系的教学，结合理论基础的应用研究教学内容相对较少；或者将相关理论基础作为先修课程，重点关注散射特性的应用研究。

本书根据卡斯拉·巴克什利教授多年教学经验整理而成，是面向通信、雷达等领域的研究生开设的高等散射理论课程教材。其特色正是从一体化角度出发，直接面向雷达系统，提纲挈领地搭建电磁散射基本理论，深入讲解不同目标的电磁散射分析技术，使阅读者既能掌握电磁散射分析的基本理论，也能了解雷达体系的基本构成和原理，在此基础上，有针对性地理解不同目标、结构的电磁散射分析方法。此外，书中还涉及了现代散射问题面临的人体吸收率以及周期性结构散射等新兴问题。作为电磁散射课程教学的进阶版本，让读者基于电磁基础理论学习散射理论，结合散射模型和计算方法，具备雷达散射特性分析的能力。

该专著的翻译将为我国该领域的学生和科研人员提供一个更为全面、易于掌握的电磁散射理论书籍，对目标电磁散射特性分析及雷达目标识别有着重要的作用，非常适于工程人员和研究人员学习参考。

本书在“装备科技译著出版基金”的支持下，结合译者的理解，对原书进行了翻译，最大程度译出原著的讲解思路，并对原书中的部分笔误和缺失内容进行了修订。本书的翻译工作由长期从事电磁散射科研工作的西安电子科技大学徐乐博士、李蕊博士、陈蕾博士和魏峰博士以及北京卫星环境工程研究所的杨勇博士共同完成。本书在翻译及多轮校稿过程中得到了课题组研究生霍晋聪等人的大力支持，最终成稿。

译者从事电磁散射行业科研和教学二十余载，虽愿竭尽所能翻译此书，望能为我国电磁散射教学添砖加瓦，但书中内容涉及范围颇广，翻译中仍有部分词汇理解不透彻，疏忽之处敬请读者批评指正。

译者

2021 年 3 月 · 西安

序

非常高兴可以将这本关于电磁散射和辐射的综合性专著带给各位亲爱的读者。《高等电磁散射理论》这本书总结了 Kasra Barkeshli 教授二十多年来在美国和伊朗在该方向的学习、研究和教学成果。

Kasra Barkeshli 教授于 1961 年 8 月 11 日出生于伊朗德黑兰。16 岁时被德黑兰理工大学录取，随后进入堪萨斯大学获得学士学位。后来，他进入位于安阿伯的密歇根大学，在著名科学家 John L. Volakis 教授（现就职于俄亥俄州立大学）的指导下获得了电气工程硕士和博士学位，并获得了应用数学研究生学位。Barkeshli 博士在 1991 年毕业后不久回到伊朗，就职于谢里夫科技大学电气工程系，担任助理教授。在谢里夫科技大学不长的职业生涯中，他担任过系主任（1996—2000 年）和学生事务副校长（2001—2003 年），创建了计算电磁学实验室，并在全国范围内首次设计和提供了有关高等电磁学、散射和计算电磁学的研究生新课程。2005 年，他利用休假期间在纽约理工大学访学时被提升为正教授。

2004 年，Kasra Barkeshli 教授被诊断出患有绝症，这使他无法完成心中的许多科学计划。2005 年 6 月 26 日，在他英年早逝的那一刻，Kasra Barkeshli 教授被提升为 IEEE 高级成员，他的一生指导了 15 个研究生，发表了大约 55 篇科学期刊和会议论文，并几乎完成了本书《高等电磁散射理论》的起草工作。不幸的是，这本书当时的 Latex 源文件（267 页）与最新的印刷品（308 页）并不匹配。书中许多图表和小节不完善，文本需要大量编辑或插入新材料。直到 2010 年，我们才知道存在这样一个未完成的手稿，当时我们从他的妻子 Paimaneh Hastaie 女士那里收到了这本书的草稿，从他的兄弟 Sina Barkeshli 博士那里收到了 Latex 源文件。得到了这些宝贵的资料后我们开始了完成这本书的后续工作。如果没有我在谢里夫科技大学的同事 Seyed Armin Razavi 先生，Shahriar Aghaei Meibodi 先生和 Farhad Azadi Namin 博士的不懈努力，这项工作是不可能完成的，他们承担了大量繁琐复杂的任务，终于完成了 Kasra Barkeshli 教授这本书的出版。我很自豪能与他们一起完成这项任务。

在专注于学术活动的同时，Kasra Barkeshli 教授对家庭和个人生活也充满着热爱。正如他妻子曾经说过的那样，他肯定会把这本书献给他的孩子 Zoha 和 Mohammad Mehdi，没有他们，这本书就永远不会完成。

在此，我谨代表我的同事们，向已故 Kasra Barkeshli 教授的家人致以最诚挚的问候和感谢，特别是他母亲 Sorour Katouzian 女士毫无保留的支持，以及谢里夫理工大学电气工程学院对该书出版的支持。此外，我们希望读者们有一个最愉快的旅程，来欣赏这个美好的电磁学世界。

Sina Khorasani

2013 年 12 月，德黑兰 伊朗

前言

本书是我在Sharif技术大学过去10年任教中所使用的教材，汇集了高等电磁理论和散射理论两门课程。这两门课程通常面向的是通信专业研一和研二的学生。该课程的先修课程为矢量分析、电磁场与电磁波。如果能够熟悉格林函数和积分方程方法会更有助于理解本书的内容。

本书的目的在于简明扼要地讲述电磁场理论的经典问题，全书分为两大部分。第一部分主要讲述电磁场理论的基本概念。首先回顾了不同形式的Maxwell方程组以及典型边界条件；进而讨论了非均匀介质的波动方程及其解形式，其中涉及了位函数法和格林函数法；然后讲解亥姆霍兹方程及时谐场，并讨论了介质及有耗媒质中平面波的传播问题；最后对平板波导和圆波导进行了分析。第二部分主要关注电磁散射理论。首先概要性地讨论了雷达方程和散射截面积；回顾了包括柱面、棱边以及球面等结构的经典散射问题，详细讨论了不连续结构近场的边缘条件，同时也讨论了瑞利近似和伯恩近似；然后介绍了散射分析使用的积分方程方法；最后对周期性结构的散射问题进行了讨论。

在本书的筹备过程中，与两个团队的交流使我受益匪浅。首先，我很庆幸能够在密歇根大学众多杰出学者的指导下学习电磁理论，尤其感谢 Chen-To Tai、Dipak Sengupta 和 Thomas B. A. Senior 教授。与此同时，非常感谢我在辐射实验室的导师 John L. Volakis 教授。我深受他们学术和科研风格的影响。然而，本书难免有瑕疵，这都归结于我的水平有限。

最后，要感谢我在谢里夫技术大学的学生们，他们对课程的热情和专注促进了我对原稿的修正。

卡斯拉·巴克什利

2002年12月，伊朗德黑兰

目录

第一部分　电磁理论

第二部分 散射理论

第一部分

电磁理论

第1章 麦克斯韦方程组

本章主要介绍麦克斯韦（Maxwell）方程的微分形式和积分形式以及电磁边界条件，还将讨论电磁势和波方程，最后给出用格林函数法求解非齐次波动方程的方法。

1.1 微分形式

电磁场在宏观领域的运动规律可以由经典麦克斯韦方程组定义。麦克斯韦方程组由一阶线性耦合微分方程组构成，该方程组可用来描述自由空间和介质中的电磁场。在对法拉第和安培等前辈研究的基础上，麦克斯韦推出了麦克斯韦方程组。

麦克斯韦方程组如下。

法拉第电磁感应定理：

$$\nabla \times \boldsymbol{E} = -\frac{\partial \boldsymbol{B}}{\partial t} \tag{1.1}$$

全电流定理：

$$\nabla \times \boldsymbol{H} = \boldsymbol{J} + \frac{\partial \boldsymbol{D}}{\partial t} \tag{1.2}$$

它们由电流连续性方程补充为一组完备的方程组，即

$$\nabla \cdot \boldsymbol{J} = -\frac{\partial \rho}{\partial t} \tag{1.3}$$

此关系式也被称为电荷守恒定理。

式中：$\boldsymbol{E}$ 为电场强度（V/m）；$\boldsymbol{H}$ 为磁场强度（A/m）；$\boldsymbol{D}$ 为电通量密度（C/m^2）；$\boldsymbol{B}$ 为磁通密度（T）；$\boldsymbol{J}$ 为体积电流密度（A/m^2）；ρ 为电荷密度（C/m^3）。

另一个独立的物理定理是洛伦兹力方程：

$$\boldsymbol{F} = q(\boldsymbol{E} + \boldsymbol{v} \times \boldsymbol{B}) \tag{1.4}$$

式（1.4）描述了带电量为 q 的电荷在电磁场（$\boldsymbol{E},\boldsymbol{B}$）中以速度 $\boldsymbol{v}$ 运行时所受到的洛伦兹力。

在这里我们将专注于对前3个方程的探讨。由式（1.2）可以得到

$$\nabla \cdot (\nabla \times \boldsymbol{H}) = \nabla \cdot \boldsymbol{J} + \frac{\partial}{\partial t}(\nabla \cdot \boldsymbol{D}) \equiv 0 \tag{1.5}$$

并由连续性关系式（1.3）得到

$$\frac{\partial}{\partial t}(\nabla \cdot \boldsymbol{D} - \rho) = 0 \tag{1.6}$$

通过在式（1.6）两侧对 t 积分可得

$$\nabla \cdot \boldsymbol{D} - \rho = C(x,y,z) \tag{1.7}$$

同样地，从式（1.1）可得

$$\nabla \cdot (\nabla \times \boldsymbol{E}) = -\frac{\partial}{\partial t}(\nabla \cdot \boldsymbol{B}) \equiv 0 \tag{1.8}$$

从而有

$$\nabla \cdot \boldsymbol{B} = C'(x,y,z) \tag{1.9}$$

式中：C 和 C' 为积分常数，它们是与时间无关而与空间坐标有关的函数。如果 C 不为零，则其必为静电荷，在这种情况下可以合并用 ρ 表示。同样地，C' 由于没有磁荷，所以为零。如果 C' 存在且不为零，就没有了工程意义。

因此，可以设 $C = C' \equiv 0$，从而有

$$\nabla \cdot \boldsymbol{D} = \rho \tag{1.10}$$

$$\nabla \cdot \boldsymbol{B} = 0 \tag{1.11}$$

式（1.10）和式（1.11）有时称为电磁高斯定理，虽然将后者称为磁通量守恒更为合适。

因此，电磁学基本定理的一般表达可以用式（1.1）～式（1.3）表示，或者用式（1.1）、式（1.2）、式（1.10）和式（1.11）表示。两套方程是等效的。表1-1详细列出了麦克斯韦方程组的微分形式。

表1-1　麦克斯韦微分方程

名称	边界关系	公式序号
法拉第定理	$\nabla \times \boldsymbol{E} = -\frac{\partial \boldsymbol{B}}{\partial t}$	(1.1)
安培定理	$\nabla \times \boldsymbol{H} = \boldsymbol{J} + \frac{\partial \boldsymbol{D}}{\partial t}$	(1.2)
电荷守恒	$\nabla \cdot \boldsymbol{J} = -\frac{\partial \rho}{\partial t}$	(1.3)
高斯定理	$\nabla \cdot \boldsymbol{D} = \rho$	(1.10)
磁通连续性	$\nabla \cdot \boldsymbol{B} = 0$	(1.11)

1.2　本构关系

电磁学的基本方程包含了时域和空间域内的5个矢量和1个标量，总共16个未知数，但考虑到前两个方程是矢量方程，我们就拥有了7个标量方程。显

而易见的是，整个方程组系统是不完备的，我们还需要根据场所处媒质的属性得出另外9个标量方程。

本构关系是在 $\boldsymbol{D}$、$\boldsymbol{B}$、$\boldsymbol{J}$、$\boldsymbol{E}$ 与 $\boldsymbol{H}$ 矢量之间的函数关系式，它们的一般形式为

$$\begin{cases}\boldsymbol{D}=\boldsymbol{F}_1\left(\varepsilon,\dfrac{\partial\varepsilon}{\partial t^2},\dfrac{\partial^2\varepsilon}{\partial t^2},\cdots,\boldsymbol{H},\dfrac{\partial\boldsymbol{H}}{\partial t},\dfrac{\partial^2\boldsymbol{H}}{\partial t^2},\cdots\right)\\ \boldsymbol{B}=\boldsymbol{F}_2\left(\varepsilon,\dfrac{\partial\varepsilon}{\partial t^2},\dfrac{\partial^2\varepsilon}{\partial t^2},\cdots,\boldsymbol{H},\dfrac{\partial\boldsymbol{H}}{\partial t},\dfrac{\partial^2\boldsymbol{H}}{\partial t^2},\cdots\right)\\ \boldsymbol{J}=\boldsymbol{F}_3\left(\varepsilon,\dfrac{\partial\varepsilon}{\partial t^2},\dfrac{\partial^2\varepsilon}{\partial t^2},\cdots,\boldsymbol{H},\dfrac{\partial\boldsymbol{H}}{\partial t},\dfrac{\partial^2\boldsymbol{H}}{\partial t^2},\cdots\right)\end{cases}\tag{1.12}$$

式中：$\boldsymbol{F}_i(i=1,2,3)$ 是时间的函数。它们提供了必要的附加方程从而使麦克斯韦方程具有确定性，其确切形式取决于媒质本身。

固定媒质的性质以及 $\boldsymbol{F}_i$ 与时间无关。由于本书介绍的麦克斯韦方程组都是在假设固定媒质基础上提出的，因此本书不包含对运动媒质的讨论。

在线性介质中，每个 $\boldsymbol{F}_i$ 仅与 $\boldsymbol{E}$ 或仅与 $\boldsymbol{H}$ 有关，而与场的时间导数无关，换句话说，$\boldsymbol{F}_i$ 实际上是与 $\boldsymbol{E}$ 或 $\boldsymbol{H}$ 呈线性关系。这是一个严格的限制，排除了对超过一次幂的 $\boldsymbol{E}$ 与 $\boldsymbol{H}$ 的相关性。因此，本书不包含非线性问题，即使是那些由于高次幂而引起的非线性问题，如光学或微波电离层修正实验中出现的非线性问题。但此类问题仍然可以借助扰动技术进行处理。

当将线性介质置于电场时，各种原子和分子的运动轨道会被扰动，导致次级场的产生。此时，虽然可以使用宏观理论来计算场，但描述这种情况的分子关系是微观的，我们习惯性地将这种关系写成

$$\boldsymbol{D}=\varepsilon_0\boldsymbol{E}+\boldsymbol{P}\tag{1.13}$$

式中：$\boldsymbol{E}$ 为介质中某一点的实际电场强度矢量；$\boldsymbol{P}$ 为电极化强度矢量，可以由外加电场引起的体电偶极矩密度衡量；ε_0 为真空介电系数。矢量 $\boldsymbol{P}$ 与 $\boldsymbol{E}$ 是否平行取决于介质属于各向同性还是各向异性。

一般来说，矢量 $\boldsymbol{P}$ 可以写成

$$\boldsymbol{P}=\overline{\boldsymbol{X}}_e\,\varepsilon_0\boldsymbol{E}\tag{1.14}$$

式中：$\overline{\boldsymbol{X}}_e$ 为电极化率张量。

矢量 $\boldsymbol{D}$ 可以表示为

$$\boldsymbol{D}=\varepsilon_0(\boldsymbol{I}+\overline{\boldsymbol{X}}_e)\boldsymbol{E}\tag{1.15}$$

式中：$\boldsymbol{I}$ 为归一化张量。

我们定义介质的介电常数张量为

$$\bar{\varepsilon}=\varepsilon_0(\boldsymbol{I}+\overline{\boldsymbol{X}}_e)\tag{1.16}$$

则

$$\boldsymbol{D} = \bar{\varepsilon}\boldsymbol{E} \tag{1.17}$$

类似地，在磁性材料中，有

$$\boldsymbol{B} = \mu_0\boldsymbol{H} + \boldsymbol{M} \tag{1.18}$$

式中：$\boldsymbol{M}$ 为磁化强度矢量；μ_0 为真空中的磁导率。

一般情况下，$\boldsymbol{M}$ 可以表示为

$$\boldsymbol{M} = \bar{\boldsymbol{X}}_m \mu_0 \boldsymbol{H} \tag{1.19}$$

式中：$\bar{\boldsymbol{X}}_m$ 为磁化率张量。

将式（1.19）代入式（1.18），可得

$$\boldsymbol{B} = \mu_0(\boldsymbol{I} + \bar{\boldsymbol{X}}_m)\boldsymbol{H} \tag{1.20}$$

定义介质中的磁导率张量为

$$\bar{\mu} = \mu_0(\boldsymbol{I} + \bar{\boldsymbol{X}}_m) \tag{1.21}$$

则

$$\boldsymbol{B} = \bar{\mu}\boldsymbol{H} \tag{1.22}$$

对于线性媒质，也可以得到

$$\boldsymbol{J} = \bar{\sigma}\boldsymbol{E} \tag{1.23}$$

式中：$\bar{\sigma}$ 为媒质的电导率，单位是 S/m。

介电常数张量 $\bar{\varepsilon}$ 的形式为

$$\begin{aligned}\bar{\varepsilon} = {} & \varepsilon_{xx}\hat{x}\hat{x} + \varepsilon_{xy}\hat{x}\hat{y} + \varepsilon_{xz}\hat{x}\hat{z} + \varepsilon_{yx}\hat{y}\hat{x} + \varepsilon_{yy}\hat{y}\hat{y} + \\ & \varepsilon_{yz}\hat{y}\hat{z} + \varepsilon_{zx}\hat{z}\hat{x} + \varepsilon_{zy}\hat{z}\hat{y} + \varepsilon_{zz}\hat{z}\hat{z}\end{aligned} \tag{1.24}$$

式中：$\bar{\varepsilon}$ 与张量 $\bar{\mu}$ 和 $\bar{\sigma}$ 有着同样的形式。

通过上述的定义，式（1.17）可以写成

$$D_x = \varepsilon_{xx}E_x + \varepsilon_{xy}E_y + \varepsilon_{xz}E_z \tag{1.25}$$

对 y 和 z 方向用相同方式进行表达后，$\boldsymbol{D}$ 的所有分量都与 $\boldsymbol{E}$ 的 3 个分量有关。

在包括晶体光学问题和双折射问题在内的各向异性问题研究中，ε 是一个张量，而且在微波频率电离层，地球磁场可以令其产生各向异性。

对于各向同性的媒质，其本构参数与方向无关，ε、μ 和 σ 是与位置有关的标量函数（不是张量），此时有

$$\boldsymbol{D} = \varepsilon\boldsymbol{E}, \boldsymbol{B} = \mu\boldsymbol{H}, \boldsymbol{J} = \sigma\boldsymbol{E} \tag{1.26}$$

式中：ε、μ 和 σ 可能与位置有关。在这种媒质中，$\boldsymbol{D}$ 与 $\boldsymbol{E}$，$\boldsymbol{B}$ 与 $\boldsymbol{H}$ 一般来说分别彼此平行。

在各向同性媒质中，麦克斯韦方程组可以采用以下形式，即

$$\nabla \times \boldsymbol{E} = -\mu \frac{\partial \boldsymbol{H}}{\partial t} \tag{1.27}$$

$$\nabla \times \boldsymbol{H} = \left(\sigma + \varepsilon \frac{\partial}{\partial t}\right)\boldsymbol{E} \tag{1.28}$$

这是两个未知矢量耦合在一起的两个偏微分方程，该方程是完备可解的。

对于均匀媒质，其本构参数与位置无关，ε、μ 与 σ 是不变的常量。最简单的一种媒质是线性各向同性的均匀介质，我们通常将这种介质称为简单介质。一个特例是自由空间（或真空），各项参数非常简单，即

$$\begin{aligned} \varepsilon_0 &= 8.8544 \times 10^{-12}(\text{F/m}) \\ \mu_0 &= 4\pi \times 10^{-7}(\text{H/m}) \\ \sigma &= 0(\text{S/m}) \end{aligned} \tag{1.29}$$

本构参数通常是频率的函数，此时的媒质成为色散媒质。对于非色散媒质，ε、μ、σ 通常与频率无关。

1.3 积分形式

麦克斯韦方程组的积分形式是利用斯托克斯和散度定理对旋度方程和散度方程进行积分变换得到的。如果 S 是一个由规则闭合边界 C 限定的开曲面（图 1-1），则对于任意可微的矢量函数 $\boldsymbol{F}$，可以有以下定理成立。

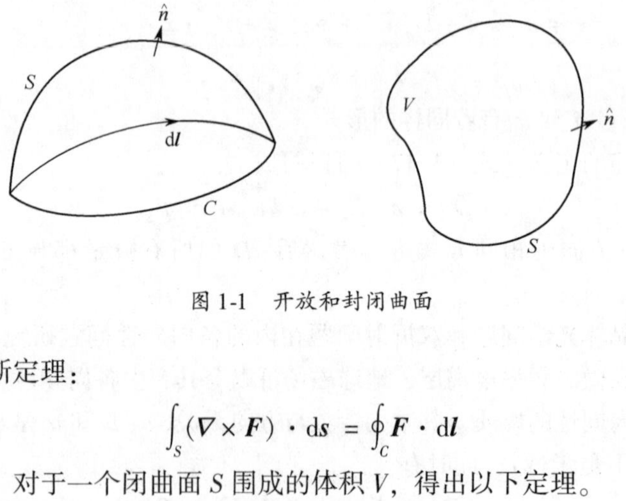

图 1-1 开放和封闭曲面

斯托克斯定理：

$$\int_S (\nabla \times \boldsymbol{F}) \cdot \mathrm{d}\boldsymbol{s} = \oint_C \boldsymbol{F} \cdot \mathrm{d}\boldsymbol{l} \tag{1.30}$$

同样地，对于一个闭曲面 S 围成的体积 V，得出以下定理。

散度定理：

$$\int_V \nabla \cdot \boldsymbol{F} \mathrm{d}v = \oint_S \boldsymbol{F} \cdot \mathrm{d}\boldsymbol{s} \tag{1.31}$$

对式（1.1）和式（1.2）利用斯托克斯公式，得出

$$\oint_C \boldsymbol{E} \cdot \mathrm{d}\boldsymbol{l} = -\int_S \frac{\partial \boldsymbol{B}}{\partial t} \cdot \mathrm{d}\boldsymbol{s} \tag{1.32}$$

同样地，有

$$\oint_C \boldsymbol{H} \cdot \mathrm{d}\boldsymbol{l} = \int_S \left(\boldsymbol{J} + \frac{\partial \boldsymbol{D}}{\partial t}\right) \cdot \mathrm{d}\boldsymbol{s} \tag{1.33}$$

对式（1.10）和式（1.11）利用散度定理，可以得到

$$\oint_S \boldsymbol{D} \cdot \mathrm{d}\boldsymbol{s} = \int_V \rho \mathrm{d}v \tag{1.34}$$

同样地，有

$$\oint_S \boldsymbol{B} \cdot \mathrm{d}\boldsymbol{s} = 0 \tag{1.35}$$

式（1.32）称为法拉第电磁感应定理，它将通过闭合轮廓围绕面积的磁通量的时间变化率与轮廓周围电场的环量联系起来。实际上，式（1.32）的左侧是感应电动势，由此可以推导出楞次定理，即

$$\boldsymbol{V}_{\mathrm{emf}} = -\frac{\mathrm{d}\boldsymbol{\Phi}}{\mathrm{d}t} \tag{1.36}$$

式中：$\boldsymbol{\Phi}$ 为闭合轮廓 C 的磁通量。

式（1.33）是安培定理的推广，包含了位移电流以及传导电流对磁场的影响。同样地，式（1.34）表述了自由电荷作为场源时的情况，而式（1.35）否定了独立磁源的存在，后者同样称为磁通守恒定理。

积分形式的电流连续性关系由下式表示，即

$$\oint_S \boldsymbol{J} \cdot \mathrm{d}\boldsymbol{s} = -\int_V \frac{\partial \rho}{\partial t} \mathrm{d}v \tag{1.37}$$

式（1.37）将通过闭曲面的电流通量与封闭在其中的电荷的时间变化率联系起来。通过应用旋度定理可以获得法拉第和安培定理的另一种形式，即

$$\int_V \boldsymbol{\nabla} \times \boldsymbol{F} \mathrm{d}v = \oint_S (\hat{n} \times \boldsymbol{F}) \mathrm{d}s \tag{1.38}$$

用式（1.1）和式（1.2）给出

$$\oint_S (\hat{n} \times \boldsymbol{E}) \mathrm{d}\boldsymbol{s} = -\int_V \frac{\partial \boldsymbol{B}}{\partial t} \mathrm{d}v \tag{1.39}$$

同时还有

$$\oint_S (\hat{n} \times \boldsymbol{H}) \mathrm{d}\boldsymbol{s} = \int_V \left(\boldsymbol{J} + \frac{\partial \boldsymbol{D}}{\partial t}\right) \mathrm{d}v \tag{1.40}$$

积分形式的麦克斯韦方程组见表 1-2，这些关系式在推导边界条件时很有用。

表 1-2　麦克斯韦方程组的积分形式

名称	边界关系	公式序号
法拉第定理	$\oint_C \boldsymbol{E} \cdot d\boldsymbol{l} = -\int_S \frac{\partial \boldsymbol{B}}{\partial t} \cdot d\boldsymbol{s}$	(1.32)
	$\oint_S (\hat{n} \times \boldsymbol{E}) ds = -\int_V \frac{\partial \boldsymbol{B}}{\partial t} dv$	(1.39)
安培定理	$\oint_C \boldsymbol{H} \cdot d\boldsymbol{l} = \int_S \left(\boldsymbol{J} + \frac{\partial \boldsymbol{D}}{\partial t}\right) \cdot d\boldsymbol{s}$	(1.33)
	$\oint_S (\hat{n} \times \boldsymbol{H}) ds = \int_V \left(\boldsymbol{J} + \frac{\partial \boldsymbol{D}}{\partial t}\right) dv$	(1.40)
电荷守恒	$\oint_S \boldsymbol{J} \cdot d\boldsymbol{s} = -\int_V \frac{\partial \rho}{\partial t} dv$	(1.37)
高斯定理	$\oint_S \boldsymbol{D} \cdot d\boldsymbol{s} = \int_V \rho dv$	(1.34)
磁通连续性定理	$\oint_S \boldsymbol{B} \cdot d\boldsymbol{s} = 0$	(1.35)

1.4　边界条件

麦克斯韦方程组的微分形式可以运用于参数连续的介质，然而，在实际电磁问题中，我们往往关心的是某个有界区域的场，这个区域的边界可能是一个无法穿透的表面，如一个理想导体，或者仅仅是另一种介质的表面。

介质参数的不连续性可能导致场的某些分量不连续。一般而言，$\boldsymbol{D}$、$\boldsymbol{E}$、$\boldsymbol{B}$、$\boldsymbol{H}$ 和 $\boldsymbol{J}$ 在两种不同介质的分界面处或在携带表面电荷或电流的表面上是不连续的。因此，为了描述不连续处的场，需要施加边界条件。

边界条件与微分方程无关，无法从它们推导出来。因此，我们使用麦克斯韦方程的积分形式结合一些合理假设推导边界条件。

这些假设基于实际研究背景，并说明如下。

(1) 麦克斯韦方程的积分形式在所有空间都有效，包括不连续点处。

(2) 场是位置的有界函数。

此处所列的边界条件推导方法是 Schelkunoff 提出的。洛伦兹提出了另一种基于所需边界条件的假设的方法，以便将麦克斯韦方程的积分形式扩展到包含边界的区域。

应该注意的是，上面的第 2 个假设并不是必需的，但对于涉及介质分界面的许多问题来说足够了。然而，如果存在边缘，如半平面或电介质锥，则放宽了这一要求，因为在这种情况下，场实际上可以达到无穷大，但它们的增长率受到物理能量的限制。

1.4.1　推导

如图 1-2 所示，考虑两个一般介质之间的界面 S，其中单位法线 $\boldsymbol{n}$ 从区域 2 指向区域 1。

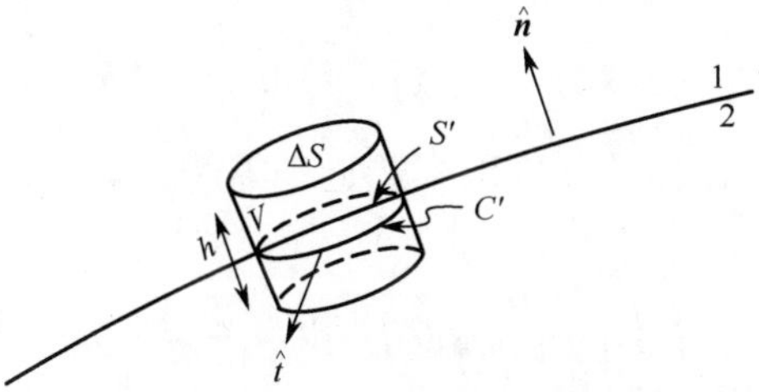

图 1-2　用于推导边界关系的柱盒

为了得出边界关系，我们考虑界面处的体积 V，并采用麦克斯韦方程的积分形式。对体积 V 使用式（1.39），可以得到

$$\hat{\boldsymbol{n}} \times (\boldsymbol{E}_1 - \boldsymbol{E}_2)\Delta S + \int_{\text{side}} (\hat{t} \times \boldsymbol{E})\,\mathrm{d}s = -\Delta S \int_{-h/2}^{h/2} \frac{\partial \boldsymbol{B}}{\partial t}\mathrm{d}\xi \tag{1.41}$$

式中：$\hat{t}$ 表示垂直于圆柱形侧面的单位矢量；ξ 是垂直于表面的坐标。

当厚度 h 变为零时，导出以下边界关系，即

$$\hat{\boldsymbol{n}} \times (\boldsymbol{E} - \boldsymbol{E}_2) = 0 \tag{1.42}$$

此处，用到了电场在界面处是有限的假设，此时通过收缩圆柱，表面的横向电通量在极限内区趋于零。

现在将扩展的安培定理（式（1.40））应用于柱体，得到

$$\hat{\boldsymbol{n}} \times (\boldsymbol{H}_1 - \boldsymbol{H}_2)\Delta S + \int_{\text{side}} (\hat{t} \times \boldsymbol{H})\,\mathrm{d}s = \Delta S \int_{-h/2}^{h/2} \left(\boldsymbol{J} + \frac{\partial \boldsymbol{D}}{\partial t}\right)\mathrm{d}\xi \tag{1.43}$$

式中：ξ 坐标平行于界面边界的法线方向 $\boldsymbol{n}$ 。

现在我们将取极限将厚度 h 变为零。将表面电流密度定义为

$$\boldsymbol{\kappa} \equiv \lim_{h\to 0} \int_{-h/2}^{h/2} \boldsymbol{J}\mathrm{d}\xi \tag{1.44}$$

同样，注意到表面处的场是有限的，则式（1.43）简写为

$$\hat{\boldsymbol{n}} \times (\boldsymbol{H}_1 - \boldsymbol{H}_2) = \boldsymbol{\kappa} \tag{1.45}$$

还可以通过应用使用式（1.34）和式（1.35）获得电与磁通密度的边界关系。由此，将式（1.34）应用于柱体，有

$$\hat{\boldsymbol{n}} \cdot (\boldsymbol{D}_1 - \boldsymbol{D}_2)\Delta S + \int_{\text{side}} (\hat{t} \cdot \boldsymbol{D})\,\mathrm{d}s = \Delta S \int_{-h/2}^{h/2} \rho\mathrm{d}\xi \tag{1.46}$$

定义表面电荷密度为

$$\rho_S \equiv \lim_{h\to 0}\int_{-h/2}^{h/2}\rho \mathrm{d}\xi \tag{1.47}$$

柱厚度趋于极限零时，有

$$\hat{\boldsymbol{n}}\cdot(\boldsymbol{D}_1-\boldsymbol{D}_2)=\rho_S \tag{1.48}$$

自然地，从式（1.35）得到

$$\hat{\boldsymbol{n}}\cdot(\boldsymbol{B}_1-\boldsymbol{B}_2)=0 \tag{1.49}$$

最后，利用连续性关系（1.37），得到

$$\hat{\boldsymbol{n}}\cdot(\boldsymbol{J}_1-\boldsymbol{J}_2)\Delta S+\int_{\text{side}}(\hat{t}\cdot\boldsymbol{J})\mathrm{d}s=-\Delta S\int_{-h/2}^{h/2}\frac{\partial\rho}{\partial t}\mathrm{d}\xi \tag{1.50}$$

在极限处，当圆柱体的高度取到趋近于零时，式（1.50）左侧的第二项可以写为

$$\oint_{C'}\left(\lim_{h\to 0}\int_{-h/2}^{h/2}\boldsymbol{J}\mathrm{d}\xi\right)\cdot\hat{t}\mathrm{d}l=\oint_{C'}\boldsymbol{\kappa}\cdot\hat{t}\mathrm{d}l \tag{1.51}$$

式中：C 为圆柱面在分界面上投影的轮廓；$\hat{t}$ 被视为垂直于界面平面轮廓 C 的单位矢量。

在上面使用了定义式（1.44）。但是从散度定理的二维形式来看，有

$$\oint_{C'}\boldsymbol{\kappa}\cdot\hat{t}\mathrm{d}l=\int_{S'}\boldsymbol{\nabla}_S\cdot\boldsymbol{\kappa}\mathrm{d}s \tag{1.52}$$

式中：$\boldsymbol{\nabla}_S$ 是平面哈密顿算符。

因此，可以写出

$$\hat{\boldsymbol{n}}\cdot(\boldsymbol{J}_1-\boldsymbol{J}_2)+\boldsymbol{\nabla}_S\cdot\boldsymbol{\kappa}=-\frac{\partial\rho_S}{\partial t} \tag{1.53}$$

边界关系式（1.42）和式（1.49）意味着电场强度矢量的切向分量和磁感应强度矢量的法向分量在边界处总是连续的。另外，边界关系式（1.45）和式（1.48）意味着，如果在表面存在表面电流和电荷密度，磁场强度矢量的切向分量和电场强度矢量的法向分量可能是不连续的。

应该注意的是，上述的所有场量都是随时间变化的。由于通量为零，时间导数 $\partial/\partial t$ 的积分为零。当一种介质为理想导体时，通常存在表面电荷密度 ρ_S，而 ρ_S 也可能存在于有耗界面。只有当一种介质具有无限导电性时，表面电流密度 $\boldsymbol{\kappa}$ 才能存在；在所有其他情况下，$\boldsymbol{\kappa}$ 同样为零。

此外，由于散度方程式（1.10）和式（1.11）与旋度方程式（1.1）和式（1.2）是相关的，上述边界条件并不相互独立。因此，在时变情况下同时指定边界表面处 $\boldsymbol{E}$ 的切向分量和 $\boldsymbol{B}$ 的法向分量是多余的，可能产生相互矛盾的结果。

上述 5 种关系是电动力学中最普遍的边界条件形式。它们构成了介质分界面处电磁反射和波折射理论的基础。事实上，它们应该称为边界条件，因为它们描述了两种不同介质的连接处附近的场关系。

电磁过渡关系如表 1-3 所列。

表 1-3　电磁过渡关系

名称	边界关系	公式序号
法拉第定理	$\hat{\boldsymbol{n}} \times (\boldsymbol{E}_1 - \boldsymbol{E}_2) = 0$	(1.42)
安培定理	$\hat{\boldsymbol{n}} \times (\boldsymbol{H}_1 - \boldsymbol{H}_2) = \boldsymbol{\kappa}$	(1.45)
高斯定理	$\hat{\boldsymbol{n}} \cdot (\boldsymbol{D}_1 - \boldsymbol{D}_2) = \rho_S$	(1.48)
磁连续性	$\hat{\boldsymbol{n}} \cdot (\boldsymbol{B}_1 - \boldsymbol{B}_2) = 0$	(1.49)
电荷守恒	$\hat{\boldsymbol{n}} \cdot (\boldsymbol{J}_1 - \boldsymbol{J}_2) + \nabla_S \cdot \boldsymbol{\kappa} = -\dfrac{\partial \rho_S}{\partial t}$	(1.53)

1.4.2　特殊情况

在某些特殊情况下，上述边界关系可以有很简单的表述形式。以下几种情况就特别有趣。

1.4.2.1　导体边界

假设 S 是一个介质区域和理想导体区域的交界面，此时 $\sigma_2 = \infty$，可得

$$\boldsymbol{J}_2 = \lim_{\sigma_2 \to \infty} \sigma_2 \boldsymbol{E}_2 \tag{1.54}$$

为了满足电流密度有限的假设，导体内必须有 $\boldsymbol{E}_2 = 0$。因此，一个理想导体内部没有时变电动场。换一种说法，即

$$\hat{\boldsymbol{n}} \times \boldsymbol{E} = 0 \tag{1.55}$$

$$\hat{\boldsymbol{n}} \times \boldsymbol{H} = \boldsymbol{\kappa} \tag{1.56}$$

$$\hat{\boldsymbol{n}} \cdot \boldsymbol{D} = \rho_S \tag{1.57}$$

$$\hat{\boldsymbol{n}} \cdot \boldsymbol{B} = 0 \tag{1.58}$$

$$\nabla_s \cdot \boldsymbol{\kappa} = -\frac{\partial \rho_S}{\partial t} \tag{1.59}$$

式（1.55）~式（1.59）中符号指的场均为导体外部的场。注意：在这种情况下，$\boldsymbol{J}_1$ 和$\boldsymbol{J}_2$ 在介质区域和理想导体区域内均为零。

从式（1.55）和式（1.58）可以看出，在理想导体附近，电场垂直于边界，而磁场与其相切。此外，式（1.56）和式（1.57）分别定义了表面电流和电荷密度。因此，当表面电荷为正时，电场指向远离导体表面，否则指向内部。

由于导体区域内的场是零，我们只需要一个边界条件，所以式（1.55）或式（1.58）都能用，我们习惯上选择前者。

仅在这种情况下，过渡条件才是数学意义上真正的边界条件，即在边界上指定场量。而在其他情况下，这些条件实际上是关于两个场的过渡条件，这就是通常需要两个条件的原因。

在静态情况下，$\boldsymbol{E}$ 和 $\boldsymbol{H}$ 的方程是没有耦合的。在导电介质内部，由于库仑

力的平衡作用，$\boldsymbol{E}=0$。但是如果有稳态电流流过，$\boldsymbol{H}$ 在导体内可能非零，即

$$\hat{\boldsymbol{n}}\times\boldsymbol{E}_1=0 \tag{1.60}$$

$$\hat{\boldsymbol{n}}\times(\boldsymbol{H}_1-\boldsymbol{H}_2)=\boldsymbol{\kappa} \tag{1.61}$$

$$\hat{\boldsymbol{n}}\cdot\boldsymbol{D}_1=\rho_S \tag{1.62}$$

$$\hat{\boldsymbol{n}}\cdot(\boldsymbol{B}_1-\boldsymbol{B}_2)=0 \tag{1.63}$$

$$\nabla_S\cdot\boldsymbol{\kappa}=0 \tag{1.64}$$

1.4.2.2 理想介质分界面

在两个无耗介质的分界面处，假设表面电荷和电流密度均零，则

$$\hat{\boldsymbol{n}}\times(\boldsymbol{E}_1-\boldsymbol{E}_2)=0 \tag{1.65}$$

$$\hat{\boldsymbol{n}}\times(\boldsymbol{H}_1-\boldsymbol{H}_2)=0 \tag{1.66}$$

$$\hat{\boldsymbol{n}}\cdot(\boldsymbol{D}_1-\boldsymbol{D}_2)=0 \tag{1.67}$$

$$\hat{\boldsymbol{n}}\cdot(\boldsymbol{B}_1-\boldsymbol{B}_2)=0 \tag{1.68}$$

当 S 是两个有耗介质之间的分界面时，由于 $\boldsymbol{E}$ 在两种介质中都是有限的，表面电流密度 $\boldsymbol{\kappa}$ 均为零。然而，表面电荷密度 ρ_S 可以不为零。因此，有

$$\hat{\boldsymbol{n}}\times(\boldsymbol{E}_1-\boldsymbol{E}_2)=0 \tag{1.69}$$

$$\hat{\boldsymbol{n}}\times(\boldsymbol{H}_1-\boldsymbol{H}_2)=0 \tag{1.70}$$

$$\hat{\boldsymbol{n}}\cdot(\boldsymbol{D}_1-\boldsymbol{D}_2)=\rho_S \tag{1.71}$$

$$\hat{\boldsymbol{n}}\cdot(\boldsymbol{B}_1-\boldsymbol{B}_2)=0 \tag{1.72}$$

$$\hat{\boldsymbol{n}}\cdot(\boldsymbol{J}_1-\boldsymbol{J}_2)=-\frac{\partial\rho_S}{\partial t} \tag{1.73}$$

为了研究 $\rho_S=0$ 时的情况，定义

$$\begin{aligned}\varepsilon_1\boldsymbol{E}_{1n}-\varepsilon_2\boldsymbol{E}_{2n}&=\rho_S\\ \sigma_1\boldsymbol{E}_{1n}-\sigma_2\boldsymbol{E}_{2n}&=-\frac{\partial\rho_S}{\partial t}\end{aligned} \tag{1.74}$$

令 $\rho_S=0$，若式（1.74）等号的左侧 $\boldsymbol{E}_{1n}$、$\boldsymbol{E}_{2n}$ 的系数行列式为零，那么该式将有一个非常重要的结果，即

$$\varepsilon_1\sigma_2-\varepsilon_2\sigma_1=0 \tag{1.75}$$

或

$$\frac{\varepsilon_1}{\sigma_1}=\frac{\varepsilon_2}{\sigma_2} \tag{1.76}$$

这意味着两种媒质的弛豫时间是相同的。如果弛豫时间不同，则表面电荷会在边界处累积。

在静态情况下，两个介质之间的分界面不能支持任何表面电荷或电流密度，除非该介质是理想导体。即使有损耗电介质也不能长时间保持表面电流或

电荷。因此，在静态情况下，ρ_S、$\boldsymbol{\kappa}$ 和 $\boldsymbol{J}$ 在两个介质的分界面处为零。因此，4 个等式中，式（1.65）～式（1.68）都表示可用的过渡关系。我们需要两个条件，因此可选择界面处电场和磁场强度切向分量的连续性边界条件。

1.4.3　其他边界条件

除了上述边界关系之外，电磁学中还存在其他边界条件，这些条件适用于各种情况。它们包括辐射条件（1.11.5 节）、阻抗边界条件（第 4 章）、边缘条件（第 6 章）和电阻片边界条件（第 7 章）。

1.5　波动方程

考虑一个简单无耗介质，其介电常数为 ε，磁导率为 μ。通过整合麦克斯韦方程组解出场量 $\boldsymbol{E}$ 和 $\boldsymbol{H}$。

对法拉第方程求旋度：

$$\nabla\times\nabla\times\boldsymbol{E} = -\nabla\times\frac{\partial\boldsymbol{B}}{\partial t} \tag{1.77}$$

进而可得

$$\nabla(\nabla\cdot\boldsymbol{E}) - \nabla^2\boldsymbol{E} = -\frac{\partial}{\partial t}(\nabla\times\mu\boldsymbol{H}) \tag{1.78}$$

因此，有

$$\nabla^2\boldsymbol{E} - \mu\varepsilon\frac{\partial^2\boldsymbol{E}}{\partial t^2} = \mu\frac{\partial\boldsymbol{J}}{\partial t} + \nabla\left(\frac{\rho}{\varepsilon}\right) \tag{1.79}$$

通过类似的分析得到磁场 $\boldsymbol{H}$ 对应的方程为

$$\nabla^2\boldsymbol{H} - \mu\varepsilon\frac{\partial^2\boldsymbol{H}}{\partial t^2} = -\nabla\times\boldsymbol{J} \tag{1.80}$$

式（1.79）和式（1.80）形成相互耦合的微分方程组。它们是非齐次波动方程，有时可写成

$$\square^2\begin{pmatrix}\boldsymbol{E}\\ \boldsymbol{H}\end{pmatrix} = \begin{pmatrix}\mu\dfrac{\partial\boldsymbol{J}}{\partial t} + \nabla\left(\dfrac{\rho}{\varepsilon}\right)\\ -\nabla\times\boldsymbol{J}\end{pmatrix} \tag{1.81}$$

式中：$\square^2 = \nabla^2 - \frac{1}{v^2}\frac{\partial}{\partial t^2}$ 为波算子①。参数 $v = \frac{1}{\sqrt{\mu\varepsilon}}$ 是波传播的速度，等于光在介质中的传播速度。

可以看出，包含两个场量的麦克斯韦一阶耦合微分方程组已经转化为只包

① 也称为 d'Alembert 算子。

含一个场量的二阶微分方程组。由式（1.81）可知，电场和磁场的有效源分别为

$$\mu \frac{\partial \boldsymbol{J}}{\partial t} + \nabla\left(\frac{\rho}{\varepsilon}\right) \quad \text{电场源} \tag{1.82}$$

$$-\nabla \times \boldsymbol{J} \quad \text{磁场源} \tag{1.83}$$

考虑到电荷守恒定理，电场源也可归因于电流。

例 1.1 考虑一个无源区域。在这种情况下，场满足齐次波动方程：

$$\nabla^2 \boldsymbol{E} - \mu\varepsilon \frac{\partial^2 \boldsymbol{E}}{\partial t^2} = 0 \tag{1.84}$$

$$\nabla^2 \boldsymbol{H} - \mu\varepsilon \frac{\partial^2 \boldsymbol{H}}{\partial t^2} = 0 \tag{1.85}$$

波动方程式（1.84）具有以下形式的解：

$$\boldsymbol{E} = \boldsymbol{E}_0 f(z,t) \tag{1.86}$$

式中：$\boldsymbol{E}_0$ 是一个常矢量。

将式（1.86）代入波动方程式（1.84），可得

$$\frac{\partial^2 f}{\partial z^2} - \frac{1}{v^2}\frac{\partial^2 f}{\partial t^2} = 0 \tag{1.87}$$

上述方程的解可以很容易地表示为通解形式，即

$$f(z,t) = g(z - vt) + h(z + vt) \tag{1.88}$$

式中：g 和 h 是任意函数。

解 $g(z-vt)$ 随着时间 t 的增加，沿着 $+z$ 方向移动；解 $h(z+vt)$ 随着时间 t 的增加，沿着 $-z$ 方向移动。函数 g 和 h 在传播过程中没有变形。考虑正向传播的解：

$$\boldsymbol{E} = \boldsymbol{E}_0 g(z - vt) \tag{1.89}$$

接下来，推导实际中确保该形式波满足麦克斯韦方程的条件。注意到，二阶波动方程的推导基于的是无源的假设，即 $\nabla \cdot \boldsymbol{E} = 0$。因此，可以得出

$$\begin{aligned}\nabla \cdot \boldsymbol{E} &= \nabla \cdot [\boldsymbol{E}_0 g(z - vt)] \\ &= (\boldsymbol{E}_0 \cdot \hat{z})\frac{\partial g}{\partial z} = 0\end{aligned} \tag{1.90}$$

这意味着，$\boldsymbol{E}_0$ 应该垂直于传播方向 z。因此，解应该具有如下形式：

$$\boldsymbol{E} = \hat{x}\boldsymbol{E}_x(z,t), \boldsymbol{E} = \hat{y}\boldsymbol{E}_y(z,t) \tag{1.91}$$

而不是

$$\boldsymbol{E} = \hat{z}\boldsymbol{E}_z(z,t) \tag{1.92}$$

因为除非 E_z 独立于 z，否则后者违反 $\nabla \cdot \boldsymbol{E} = 0$。磁场分量可以从麦克斯韦方程得出

$$\boldsymbol{H} = Y(\hat{z} \times \boldsymbol{E}_0)g(z - vt) \tag{1.93}$$

式中：$Y = \sqrt{\dfrac{\varepsilon}{\mu}}$ 是介质的导纳。

波在 z 方向上传播，电场和磁场相对于传播方向是横向的。这种波称为横电磁波或 TEM 波。

通常情况下，求解非齐次矢量波方程式（1.81）并非易事。虽然在时谐场的情况下，可以通过连续性方程解耦，但非齐次项仍然是非常复杂的。因此，为了简化求解过程，引入了位函数的概念。

1.6　电磁势

求解电磁场满足的矢量波方程是一项困难的工作。每个矢量方程代表的是 3 个正交分量的标量方程。波动方程中激励函数的复杂性质使这一问题更加困难。为了简化方程，我们引入了位函数的概念。这些概念是静电和静磁位函数在时变电磁场问题中的延伸。

1.6.1　Lorenz 位函数

考虑简单、非色散的无耗介质。磁通密度是一个无散的矢量场，可以写成

$$\boldsymbol{B} = \nabla \times \boldsymbol{A} \tag{1.94}$$

式中：$\boldsymbol{A}$ 为磁矢位。

根据麦克斯韦方程：

$$\nabla \times \left(\boldsymbol{E} + \frac{\partial \boldsymbol{A}}{\partial t}\right) = 0 \tag{1.95}$$

式中：括号“(·)”中的量是无旋场，可以表示为标量场的梯度：

$$\boldsymbol{E} + \frac{\partial \boldsymbol{A}}{\partial t} = -\nabla \Phi \tag{1.96}$$

式中：Φ 为标量位，由位函数表示电磁场：

$$\boldsymbol{E} = -\frac{\partial \boldsymbol{A}}{\partial t} - \nabla \Phi \tag{1.97}$$

下面，将推导 $\boldsymbol{A}$ 和 Φ 的方程。将式（1.94）和式（1.97）代入式（1.2），可得

$$\nabla \times \nabla \times \boldsymbol{A} = \mu \boldsymbol{J} - \mu\varepsilon \frac{\partial^2 \boldsymbol{A}}{\partial t^2} - \mu\varepsilon \nabla \frac{\partial \Phi}{\partial t} \tag{1.98}$$

将式（1.97）代入高斯定律，得到

$$\nabla^2 \Phi + \frac{\partial}{\partial t} \nabla \cdot \boldsymbol{A} = -\frac{\rho}{\varepsilon} \tag{1.99}$$

矢量位和标量位必须满足式（1.98）和式（1.99）。在准静态情况下

$\frac{\partial}{\partial t}=0$，因此，$\boldsymbol{E}=-\boldsymbol{\nabla}\boldsymbol{\Phi}$，式（1.99）可以简化为泊松方程。这种情况下的 $\boldsymbol{\Phi}$ 仅仅是在静电场中移动单位点电荷所需要的能量：

$$\Delta \boldsymbol{V}=W_{21}/q=-\int_{P_1}^{P_2}\boldsymbol{E}\cdot \mathrm{d}l=-\int_{P_1}^{P_2}(-\boldsymbol{\nabla}\boldsymbol{\Phi})\cdot \mathrm{d}l=\boldsymbol{\Phi}_2-\boldsymbol{\Phi}_1 \tag{1.100}$$

式（1.100）就是 P_2 和 P_1 之间的电位差。在静态场中，标量位 $\boldsymbol{\Phi}$ 与积分路径无关。另外，在时变的情况下，可以将式（1.100）写为

$$\begin{aligned}\Delta \boldsymbol{V}=W_{21}/q&=-\int_{P_1}^{P_2}\boldsymbol{E}\cdot \mathrm{d}l=-\int_{P_1}^{P_2}\left(-\boldsymbol{\nabla}\boldsymbol{\Phi}+\frac{\partial \boldsymbol{A}}{\partial t}\right)\cdot \mathrm{d}l\\&=\boldsymbol{\Phi}_2-\boldsymbol{\Phi}_1-\frac{\partial}{\partial t}\int_{P_1}^{P_2}\boldsymbol{A}\cdot \mathrm{d}l\end{aligned} \tag{1.101}$$

一般而言，W_{21} 依赖于积分路径，并且在时变情况下，两点间电压唯一的概念是无效的。为了解释磁矢位 $\boldsymbol{A}$ 的含义，用下式计算通过曲面 S 的磁通量：

$$\int_S \boldsymbol{B}\cdot \mathrm{d}s=\int_S(\nabla\times \boldsymbol{A})\cdot \mathrm{d}s=\oint_C \boldsymbol{A}\cdot \mathrm{d}l \tag{1.102}$$

式中：C 是包围 S 表面的闭合轮廓线，显然，闭合环路上矢量位的环量给出了通过该环的磁通量。

对式（1.98）使用矢量恒等式 $\nabla\times\nabla\times \boldsymbol{A}=\nabla(\nabla\cdot \boldsymbol{A})-\nabla^2\boldsymbol{A}$，并整理该式可得

$$\nabla^2\boldsymbol{A}-\mu\varepsilon\frac{\partial^2\boldsymbol{A}}{\partial t^2}=-\mu\boldsymbol{J}+\nabla\left(\nabla\cdot \boldsymbol{A}+\mu\varepsilon\frac{\partial \boldsymbol{\Phi}}{\partial t}\right) \tag{1.103}$$

同样地，式（1.99）可以写成

$$\nabla^2\boldsymbol{\Phi}-\mu\varepsilon\frac{\partial^2\boldsymbol{\Phi}}{\partial t^2}=-\frac{\rho}{\varepsilon}-\frac{\partial}{\partial t}\left(\nabla\cdot \boldsymbol{A}+\mu\varepsilon\frac{\partial \boldsymbol{\Phi}}{\partial t}\right) \tag{1.104}$$

式（1.104）等价于式（1.99），式（1.104）两边同时减去 $\mu\varepsilon\frac{\partial^2\boldsymbol{\Phi}}{\partial t^2}$。

1.6.2 Lorenz 规范

上面已经确定了矢量位 $\boldsymbol{A}$ 的旋度，还没有确定其散度。一般情况下，矢量场可以通过定义其旋度和散度而被确定。因此，可以使用规范简化式（1.103）和式（1.104）。

很明显，如果式（1.103）和式（1.104）等号右边括号中的项被设为零，那么方程就解耦了。也就是说，如果选择 $\nabla\cdot \boldsymbol{A}$ 使其满足如下式定义的洛伦兹规范：

$$\nabla\cdot \boldsymbol{A}+\mu\varepsilon\frac{\partial \boldsymbol{\Phi}}{\partial t}=0 \tag{1.105}$$

则由 $\boldsymbol{A}$ 和 $\boldsymbol{\Phi}$ 满足的方程，可得

$$\nabla^2 \boldsymbol{A} - \mu\varepsilon \frac{\partial^2 \boldsymbol{A}}{\partial t^2} = -\mu \boldsymbol{J} \tag{1.106}$$

和

$$\nabla^2 \Phi - \mu\varepsilon \frac{\partial^2 \Phi}{\partial t^2} = -\frac{\rho}{\varepsilon} \tag{1.107}$$

利用波算子符号，上面的方程也可写成

$$\Box^2 \begin{pmatrix} \boldsymbol{A} \\ \Phi \end{pmatrix} = -\begin{pmatrix} \mu \boldsymbol{J} \\ \dfrac{\rho}{\varepsilon} \end{pmatrix} \tag{1.108}$$

很容易证实，式（1.108）中的 $\boldsymbol{J}$ 和 ρ（式（1.3））满足连续性条件。换句话说，式（1.106）和式（1.107）在洛伦兹规范下的解，该解描述了守恒电荷产生的电磁场。当 $\boldsymbol{A}$ 和 Φ 满足洛伦兹条件时，称为洛伦兹位。在这种情况下位函数都是关联的，而且它们都满足波动方程。

注意：式（1.108）中的激励函数不含导数，这意味着在源点奇异性阶数减少，代价是需要对位函数进行后续微分才能求出场。一旦式（1.106）和式（1.107）解出 $\boldsymbol{A}$ 和 Φ，场便可以由式（1.94）和式（1.97）给出。换句话说，对源点的求导已经转移到场点。稍后将研究非齐次波动方程的解。

1.6.3　规范变换

上面介绍的位函数定义具有一定随意性。值得注意的是，上述式（1.94）和式（1.97）对场的表达在以下变换时是不变的，即

$$\boldsymbol{A}' = \boldsymbol{A} + \nabla\psi$$
$$\Phi' = \Phi - \frac{\partial \psi}{\partial t} \tag{1.109}$$

因此，在上述变换下，这两个位函数 $\boldsymbol{A}'$ 和 Φ' 会产生与位函数 $\boldsymbol{A}$ 和 Φ 相同的场，这种变换称为规范变换，由这些位函数描述的场称为规范不变量。也就是说，存在产生相同场的无穷多个满足式（1.109）的位函数。这个函数 Ψ 称为规范函数。

下面考虑规范变换式（1.109）条件下满足洛伦兹规范式（1.105）的势 $\boldsymbol{A}'$ 和 Φ'。

$$\nabla \cdot \boldsymbol{A}' + \mu\varepsilon \frac{\partial \Phi'}{\partial t} = \nabla \cdot \boldsymbol{A} + \mu\varepsilon \frac{\partial \Phi}{\partial t} \tag{1.110}$$

如果规范函数是下述齐次波动方程的任意解，则 $\boldsymbol{A}'$ 和 Φ' 满足洛伦兹条件：

$$\nabla^2 \psi - \mu\varepsilon \frac{\partial^2 \psi}{\partial t^2} = 0 \tag{1.111}$$

在此条件下，$\boldsymbol{A}'$ 和 Φ' 分别满足式（1.106）和式（1.107）。

1.6.4 库仑规范

对于 $\boldsymbol{A}$ 的散度，存在一个简单的选择，让它等于零，则

$$\nabla \cdot \boldsymbol{A} = 0 \tag{1.112}$$

这就是库仑规范。显然，标量位满足泊松方程：

$$\nabla^2 \Phi = -\frac{\rho}{\varepsilon} \tag{1.113}$$

然而，磁矢量位 $\boldsymbol{A}$ 的方程仍然很复杂。观察式（1.113）的解，可以发现该方程类似于静态情况：

$$\Phi = \frac{1}{4\pi\varepsilon}\int \frac{\rho(r',t)}{R}\mathrm{d}v' \tag{1.114}$$

这是非相关解。然而，$\boldsymbol{E}$ 可能无法通过 Φ 单独确定，仍然需要矢量位 $\boldsymbol{A}$。库仑规范特别适用于无源区域和只需要标量位函数 Φ 的静态情况。在无源区域，Φ 满足库仑规范下的拉普拉斯方程：

$$\nabla^2 \Phi = 0 \tag{1.115}$$

在静态条件下，洛伦兹规范变为库仑规范。

1.6.5 赫兹位

观察 $\boldsymbol{J}$ 和 ρ 相关联的连续性方程，可以将矢量位、标量位和洛伦兹条件结合起来定义一个描述电磁场的矢量位函数。首先定义符合连续性方程的极化电荷密度 ρ_P 和极化电流密度 $\boldsymbol{J}_P$：

$$\rho_P = -\nabla \cdot \boldsymbol{P}, \boldsymbol{J}_P = \frac{\partial \boldsymbol{P}}{\partial t} \tag{1.116}$$

在式（1.116）中，$\boldsymbol{P}$ 是极化强度矢量。因此，$\boldsymbol{A}$ 和 φ 满足

$$\nabla^2 \boldsymbol{A} - \mu\varepsilon \frac{\partial^2 \boldsymbol{A}}{\partial t^2} = -\mu \frac{\partial \boldsymbol{P}}{\partial t} \tag{1.117}$$

和

$$\nabla^2 \Phi - \mu\varepsilon \frac{\partial^2 \Phi}{\partial t^2} = \frac{\nabla \cdot \boldsymbol{P}}{\varepsilon} \tag{1.118}$$

定义矢量 $\boldsymbol{A}$ 和矢量 $\boldsymbol{\pi}$：

$$\boldsymbol{A} = \mu\varepsilon \frac{\partial \boldsymbol{\pi}}{\partial t}, \Phi = -\nabla \cdot \boldsymbol{\pi} \tag{1.119}$$

很容易看出，洛伦兹条件是自动满足的。利用式（1.119）可以看出式（1.117）和式（1.118）都可以得到一元矢量方程：

$$\nabla^2 \boldsymbol{\pi} - \mu\varepsilon \frac{\partial^2 \boldsymbol{\pi}}{\partial t^2} = -\frac{\boldsymbol{P}}{\varepsilon} \tag{1.120}$$

矢量函数 $\boldsymbol{\pi}$ 称为赫兹位函数。从式（1.120）一旦确定 $\boldsymbol{\pi}$，可以通过下式

获得电磁场：

$$\varepsilon = \nabla(\nabla \cdot \boldsymbol{\pi}) - \mu\varepsilon \frac{\partial^2 \boldsymbol{\pi}}{\partial t^2} \tag{1.121}$$

$$\boldsymbol{H} = \varepsilon \nabla \times \frac{\partial \boldsymbol{\pi}}{\partial t} \tag{1.122}$$

赫兹位在场的表示中表现出对称性，特别是引入假想磁源的概念，这将在后面讨论对偶原理时展示出来。因此，它称为超级位函数。

以上分析适用于均匀介质。对于非均匀介质，直接处理麦克斯韦方程组更为方便。

1.7　能量流

任何传播的场都在传输能量，现在寻找功率流的表达式。均匀介质中的麦克斯韦方程可以写成

$$\nabla \times \boldsymbol{E} = -\mu \frac{\partial \boldsymbol{H}}{\partial t} \tag{1.123}$$

$$\nabla \times \boldsymbol{H} = \boldsymbol{J} + \varepsilon \frac{\partial \boldsymbol{E}}{\partial t} \tag{1.124}$$

考虑恒等式：

$$\nabla \cdot (\boldsymbol{E} \times \boldsymbol{H}) \equiv \boldsymbol{H} \cdot \nabla \times \boldsymbol{E} - \boldsymbol{E} \cdot \nabla \times \boldsymbol{H} \tag{1.125}$$

因此，有

$$\nabla \cdot (\boldsymbol{E} \times \boldsymbol{H}) = -\mu \frac{\partial}{\partial t}\left(\frac{1}{2}\boldsymbol{H} \cdot \boldsymbol{H}\right) - \varepsilon \frac{\partial}{\partial t}\left(\frac{1}{2}\boldsymbol{E} \cdot \boldsymbol{E}\right) - \boldsymbol{E} \cdot \boldsymbol{J} \tag{1.126}$$

定义坡印廷矢量：

$$\boldsymbol{S} = \boldsymbol{E} \times \boldsymbol{H} \tag{1.127}$$

式中：$\boldsymbol{S}$ 的单位是 $\mathrm{W/m^2}$。

在静态场中，$0.5\varepsilon\boldsymbol{E} \cdot \boldsymbol{E}$ 和 $0.5\mu\boldsymbol{H} \cdot \boldsymbol{H}$ 分别是电场与磁场能量密度。把这种解释扩展到时变情况。同样，式（1.127）等号右边最后一项是单位体积的功率损失。因此，有

$$\nabla \cdot \boldsymbol{S} + \frac{\partial}{\partial t}[w_e + w_m] + p_l = 0 \tag{1.128}$$

这是坡印廷定理的一种描述。为了检验这个定理的物理意义，在有限体积 V 上对两边积分，利用散度定理：

$$-\oint_S \hat{\boldsymbol{n}} \cdot \boldsymbol{S} \mathrm{d}s = \frac{\partial}{\partial t}\int_V [w_e + w_m] \mathrm{d}v + \int_V \boldsymbol{J} \cdot \boldsymbol{E} \mathrm{d}v \tag{1.129}$$

式（1.129）左边是进入封闭曲面 S（图 1-3）的总功率通量，而式（1.129）右边是和封闭体积 V 存储的电磁能量随时间的变化率以及损耗的功率耗。换句话说，式（1.129）实际上是一个能量守恒的声明。

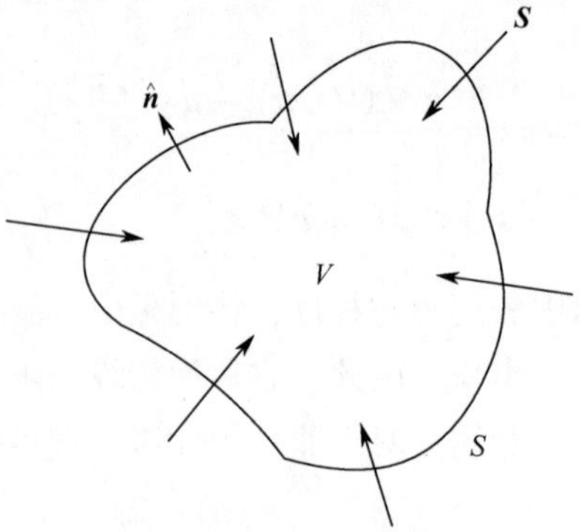

图 1-3 坡印廷定理

例 1.2 对于传播场：

$$\boldsymbol{E} = \boldsymbol{E}_0 g(z - vt) \quad \boldsymbol{H} = Y(\hat{z} \times \boldsymbol{E}_0) g(z - vt)$$

Y 是介质的固有导纳，可以得出

$$\boldsymbol{S} = \boldsymbol{E} \times \boldsymbol{H} = \hat{z} Y \boldsymbol{E}_0^2 [g(z - vt)]^2$$

同时，也可以得出

$$w_e + w_m = \frac{1}{2}\varepsilon \boldsymbol{E}_0^2 g^2(z - vt) + \frac{1}{2}\varepsilon \boldsymbol{E}_0^2 g^2(z - vt) = \varepsilon E_0^2 g^2(z - vt)$$

因此，有

$$\boldsymbol{S} = \hat{z} Y \boldsymbol{E}_0^2 [g(z - vt)]^2 = \bar{z} v (w_e + w_m)$$

很容易验证满足坡印亭定理。上述分析表明，速度乘以总储能密度等于平面波的平均功率流密度。

值得注意的是，坡印廷矢量 $\boldsymbol{S}$ 垂直于 $\boldsymbol{E}$ 和 $\boldsymbol{H}$，并且给出了通过 $\boldsymbol{S}$ 面的瞬时表面功率密度，它是空间某一点储的瞬时功率流密度。

唯一性条件是坡印廷定理的一个应用，考虑曲面 S 为界的各向同性区域 V。假设在 V 中存在场方程的两个解集，即（$\boldsymbol{E}_1, \boldsymbol{H}_1$）和（$\boldsymbol{E}_2, \boldsymbol{H}_2$），它们 $t = t_0$ 时刻，在 V 中和 S 面上的任一点都相同。为了保证两个解集在 $t > t_0$ 时刻保持一致，接下来推导在边界 S 处的场分量应满足的最少条件。

定义两个场的差场 $\boldsymbol{E} = \boldsymbol{E}_1 - \boldsymbol{E}_2$ 和 $\boldsymbol{H} = \boldsymbol{H}_1 - \boldsymbol{H}_2$。差场满足齐次方程：

$$\nabla \times \boldsymbol{E} = -\mu \frac{\partial \boldsymbol{H}}{\partial t}$$

$$\nabla \times \boldsymbol{H} = -\varepsilon \frac{\partial \boldsymbol{E}}{\partial t} + \sigma \boldsymbol{E}$$

结合坡印廷定理，可以得出

$$\int_V \sigma \boldsymbol{E} \cdot \boldsymbol{E} \mathrm{d}v + \frac{\partial}{\partial t}\int_V \left[\frac{1}{2}\varepsilon \boldsymbol{E} \cdot \boldsymbol{E} + \frac{1}{2}\varepsilon\mu \boldsymbol{H} \cdot \boldsymbol{H}\right] \mathrm{d}v + \oint_S (n \cdot \boldsymbol{S}) \mathrm{d}s = 0 \tag{1.130}$$

在 $t = t_0$ 时，在 V 和 S 上 $\boldsymbol{E} = 0, \boldsymbol{H} = 0$，为了找到 $t > 0$ 在 V 上 $\boldsymbol{E}$ 和 $\boldsymbol{H}$ 等于零的充要条件，从式（1.130）可以看出，曲面积分必须为零，即

$$\oint_S (\bar{\boldsymbol{n}} \cdot \boldsymbol{S}) \mathrm{d}s = 0 \tag{1.131}$$

该条件当且仅当 S 面上满足下述边界条件时成立：

$$\bar{\boldsymbol{n}} \times \boldsymbol{E} = 0, t > 0 \tag{1.132}$$

或

$$\bar{\boldsymbol{n}} \times \boldsymbol{H} = 0, t > 0 \tag{1.133}$$

或在 S_1 以及 S_2 上分别满足

$$\bar{\boldsymbol{n}} \times \boldsymbol{E} = 0, \bar{\boldsymbol{n}} \times \boldsymbol{H} = 0 \tag{1.134}$$

式中：S_1 和 S_2 为 S 和 $S = S_1 \cup S_2$ 的子曲面。

因此，在以 S 为界的 V 区域内，电磁场由 V 的初始值和 $t > 0$ 时在 S 上的切向 $\boldsymbol{E}$ 或 $\boldsymbol{H}$ 的值唯一确定。

1.8　时谐场

任何现实中的时变量均可使用傅里叶积分表示，将其分解为一系列复指数函数 $\mathrm{e}^{\mathrm{j}\omega t}$ 形式的时谐函数组成的谱，具体形式为

$$f(t) = \frac{1}{2\pi}\int_{-\infty}^{\infty} g(\omega)\mathrm{e}^{\mathrm{j}\omega t}\mathrm{d}\omega \tag{1.135}$$

$$g(\omega) = \int_{-\infty}^{\infty} f(\omega)\mathrm{e}^{-\mathrm{j}\omega t}\mathrm{d}\omega \tag{1.136}$$

因此，不失一般性，可以仅研究时谐场。为了便于说明，考虑电场矢量：

$$\boldsymbol{E}(\boldsymbol{r}, t) = \mathrm{Re}[\boldsymbol{E}\mathrm{e}^{\mathrm{j}\omega t}] \tag{1.137}$$

式中：$\boldsymbol{E}$ 为电场矢量，电场矢量是空间坐标的复矢量函数。

例如，在笛卡儿坐标系中，有

$$\boldsymbol{E}(\boldsymbol{r}) = \boldsymbol{E}_x\bar{x} + \boldsymbol{E}_y\bar{y} + \boldsymbol{E}_z\bar{z} \tag{1.138}$$

每个分量都是一个复函数：

$$E_x = E_x{}' + \mathrm{j}E_x'' \tag{1.139}$$

因此，时变场的 x 分量可以表示成为如下形式：

$$E_x(\boldsymbol{r}, t) = E_x'(\boldsymbol{r})\cos\omega t - E_x''(\boldsymbol{r})\sin\omega t \tag{1.140}$$

利用相量技术，麦克斯韦方程组可以很容易地求解时谐信号，有

$$\boldsymbol{E} = \mathrm{Re}[\boldsymbol{E}\mathrm{e}^{\mathrm{j}\omega t}], \boldsymbol{H} = \mathrm{Re}[\boldsymbol{H}\mathrm{e}^{\mathrm{j}\omega t}] \tag{1.141}$$

将式（1.141）代入式（1.1）可得到

$$\mathrm{Re}[\nabla \times \boldsymbol{E}\mathrm{e}^{\mathrm{j}\omega t}] = -\mathrm{Re}\left[\frac{\partial}{\partial t}\mu\boldsymbol{H}\mathrm{e}^{\mathrm{j}\omega t}\right] \tag{1.142}$$

使用 $\mathrm{j}\omega$ 替代 $\frac{\partial}{\partial t}$ 并去掉 Re 运算符，可得

$$\nabla \times \boldsymbol{E} = -\mathrm{j}\omega\mu \boldsymbol{H} \tag{1.143}$$

式中：$\mathrm{e}^{\mathrm{j}\omega t}$ 可理解为时谐因子。

同理，从式（1.2）、式（1.10）和式（1.11），可得

$$\nabla \times \boldsymbol{H} = -\mathrm{j}\omega\varepsilon \boldsymbol{E} + \boldsymbol{J} \tag{1.144}$$

$$\nabla \cdot \boldsymbol{E} = \frac{\rho}{\varepsilon} \tag{1.145}$$

$$\nabla \cdot \boldsymbol{H} = 0 \tag{1.146}$$

通过求式（1.143）的旋度，可得

$$\nabla \times \nabla \times \boldsymbol{E} = -\mathrm{j}\omega\mu \nabla \times \boldsymbol{H} \tag{1.147}$$

由式（1.144）代入，得到

$$\nabla^2 \boldsymbol{E} + k^2 \boldsymbol{E} = \mathrm{j}\omega\mu \boldsymbol{J} + \nabla\left(\frac{\rho}{\varepsilon}\right) \tag{1.148}$$

式中：$k = \omega\sqrt{\mu\varepsilon}$ 是波数。

磁场 $\boldsymbol{H}$ 对应的方程为

$$\nabla^2 \boldsymbol{H} + k^2 \boldsymbol{H} = -\nabla \times \boldsymbol{J} \tag{1.149}$$

这些是时谐场的非齐次亥姆霍兹波方程。根据矢量位和标量位，时谐场可以写为

$$\boldsymbol{E} = -\mathrm{j}\omega \boldsymbol{A} - \nabla \Phi \tag{1.150}$$

$$\boldsymbol{H} = \frac{1}{\mu} \nabla \times \boldsymbol{A} \tag{1.151}$$

在谐波情况下的洛伦兹规范，有

$$\nabla \cdot \boldsymbol{A} + \mathrm{j}\omega\mu\varepsilon \Phi = 0 \tag{1.152}$$

因此，电场可以写为

$$\boldsymbol{E} = \frac{1}{\mathrm{j}\omega\mu\varepsilon}[\nabla(\nabla \cdot \boldsymbol{A}) + k^2 \boldsymbol{A}] \tag{1.153}$$

在这种情况下，矢量位 $\boldsymbol{A}$ 满足亥姆霍兹方程：

$$(\nabla^2 + k^2)\boldsymbol{A} = -\mu \boldsymbol{J} \tag{1.154}$$

$$(\nabla^2 + k^2)\Phi = -\frac{\rho}{\varepsilon} \tag{1.155}$$

赫兹位也满足亥姆霍兹方程：

$$(\nabla^2 + k^2)\pi = -\frac{\boldsymbol{J}}{\mathrm{j}\omega\varepsilon} \tag{1.156}$$

同时，场表示为

$$\boldsymbol{E} = \nabla(\nabla \cdot \pi) + k^2 \pi \tag{1.157}$$

$$\boldsymbol{H} = \mathrm{j}\omega\varepsilon \nabla \times \pi \tag{1.158}$$

对于有耗介质，电流密度矢量式（1.144）可以由 $\sigma\boldsymbol{E}$ 计算得到，即

$$\nabla\times\boldsymbol{H}=\mathrm{j}\omega\left(\varepsilon-\mathrm{j}\frac{\sigma}{\omega}\right)\boldsymbol{E}\tag{1.159}$$

定义介质的等效复介电常数为

$$\varepsilon_c=\varepsilon-\mathrm{j}\frac{\sigma}{\omega}\tag{1.160}$$

可以得到

$$\nabla\times\boldsymbol{H}=\mathrm{j}\omega\varepsilon_c\boldsymbol{E}\tag{1.161}$$

注意：除了使用的是等效复介电常数而不是真实介电常数外，上述方程与式（1.144）相同。

一般来说，介电材料存在极化阻尼损耗，这是由于束缚电子以及电导率造成的。即使 $\sigma=0$，ε 仍然可能是 $\varepsilon'-\mathrm{j}\varepsilon''$ 形式的复数，因此，有

$$\varepsilon_c=\varepsilon-\mathrm{j}\frac{\sigma}{\omega}=\varepsilon'-\mathrm{j}\varepsilon''\tag{1.162}$$

通过介质的损耗角正切表示这两种损耗的关系，将其定义为

$$\tan\delta=\frac{\varepsilon''}{\varepsilon'}+\frac{\sigma}{\omega\varepsilon'}\tag{1.163}$$

损耗角正切 $\tan\delta$ 是衡量介质好坏的一种方法。如果 $\tan\delta\ll1$，则介质称为良介质，而如果 $\tan\delta\gg1$，则称为良导体。

类似地，磁极化阻尼损失具有复磁导率的特征。

1.9　复坡印廷定理

考虑矢量 $\boldsymbol{E}\times\boldsymbol{H}^*$。这个矢量的散度为

$$\nabla\cdot(\boldsymbol{E}\times\boldsymbol{H}^*)=\boldsymbol{H}^*\cdot\nabla\times\boldsymbol{E}-\boldsymbol{E}\cdot\nabla\times\boldsymbol{H}^*\tag{1.164}$$

把麦克斯韦方程式（1.143）和式（1.144）代入式（1.164），可得

$$\begin{aligned}\nabla\cdot(\boldsymbol{E}\times\boldsymbol{H}^*)&=-\mathrm{j}\omega\boldsymbol{H}^*\cdot\boldsymbol{B}+\mathrm{j}\omega\boldsymbol{E}\cdot\boldsymbol{D}^*-\boldsymbol{E}\cdot(\boldsymbol{J}_a^*+\sigma\boldsymbol{E}^*)\\&=-\mathrm{j}\omega[\boldsymbol{H}^*\cdot\boldsymbol{B}-\boldsymbol{E}\cdot\boldsymbol{D}^*]-\boldsymbol{E}\cdot(\boldsymbol{J}_a^*+\sigma\boldsymbol{E}^*)\end{aligned}\tag{1.165}$$

其中包含了激励和传导电流项。显然，时间平均功率流密度可以由下式计算：

$$\langle\boldsymbol{S}\rangle=\langle\boldsymbol{E}\times\boldsymbol{H}\rangle=\frac{1}{2}\mathrm{Re}[\boldsymbol{E}\times\boldsymbol{H}^*]=\mathrm{Re}\boldsymbol{S}\tag{1.166}$$

其中

$$\boldsymbol{S}=\frac{1}{2}\boldsymbol{E}\times\boldsymbol{H}^*\tag{1.167}$$

称为复坡印亭矢量。也可以由下式定义时间平均输入功率密度：

$$p_i=\frac{1}{2}\boldsymbol{E}\cdot\boldsymbol{J}_a^*\tag{1.168}$$

同样，$-p_i$ 是源发出的功率密度。定义介质中时间平均损耗功率密度为

$$p_l = \frac{1}{2}\sigma \boldsymbol{E} \cdot \boldsymbol{E}^* \tag{1.169}$$

将电场和磁场中存储的时间平均能量密度分别定义为

$$\omega_e^c = \frac{1}{2}\frac{\boldsymbol{E} \cdot \boldsymbol{D}^*}{2} \tag{1.170}$$

和

$$\omega_m^c = \frac{1}{2}\frac{\boldsymbol{B} \cdot \boldsymbol{H}^*}{2} \tag{1.171}$$

因此，该点的复坡印亭定理形式为

$$\nabla \cdot \boldsymbol{S} + \mathrm{j}2\omega[\omega_m^c - \omega_e^c] + p_i + p_l = 0 \tag{1.172}$$

对体积 V 积分，应用散度定理，有

$$\oint_S \boldsymbol{S} \cdot \mathrm{d}s = -\mathrm{j}\omega 2\int_V \frac{1}{4}[\mu |\boldsymbol{H}|^2] - \varepsilon[|\boldsymbol{E}|^2]\mathrm{d}v - \int_V \frac{1}{2}\boldsymbol{E} \cdot \boldsymbol{J}_a^* \mathrm{d}v - \int_V \frac{1}{2}\sigma |\boldsymbol{E}|^2 \mathrm{d}v \tag{1.173}$$

式（1.173）是时谐场的波印亭定理的数学表达式。与式（1.129）坡印廷定理相比，上述所涉及的是所存储的能量项的差，而不是它们的和。如果 μ 和 ε 都是实数，那么，将双方的实部和虚部用式（1.173）计算，可得

$$\mathrm{Re}\oint_S \boldsymbol{S} \cdot \boldsymbol{n}\mathrm{d}s = -\int_V \frac{1}{2}[\boldsymbol{E} \cdot \boldsymbol{J}_a^* + \sigma |\boldsymbol{E}|^2]\mathrm{d}v \tag{1.174}$$

以及

$$\mathrm{Im}\oint_S \boldsymbol{S} \cdot \boldsymbol{n}\mathrm{d}s = -2\omega\int_V \frac{1}{4}[\mu |\boldsymbol{H}|^2 - \varepsilon |\boldsymbol{E}|^2]\mathrm{d}v \tag{1.175}$$

式（1.174）对应于 V 中的损耗功率，该式等号右边是源和 V 中损耗功率时间平均值的负值。因此，$\mathrm{Re}\{S\}$ 是闭合面单位面积向外功率流的时间平均值。然而，$\boldsymbol{S}$ 是一个复矢量，其虚部与介质中存储的时间平均功率有关。这就是所谓的无功功率，它与存储的磁能和电能的差异有关。因此，如果一个系统平均储存了等量的磁能和电能，它就不会消耗任何无功功率。在这种情况下，复数波印亭矢量 $\boldsymbol{S}$ 的虚部对应于时间平均值为零的瞬时功率。

例 1.3 通过分析如图 1-4 所示的时谐电压源驱动的简单 LC 电路来理解无功功率的意义。

I_g 可表示为

$$I_g = V_g\left(\mathrm{j}\omega C + \frac{1}{\mathrm{j}\omega L}\right) = \mathrm{j}\omega C V_g\left(1 - \frac{1}{\omega^2 LC}\right)$$

在谐振频率 $\omega = 1/\sqrt{LC}$ 时，振荡回路的输入阻抗是无限大的，因此认为 $I_g = 0$。此时，电源不提供任何电能，无论是真实的还是无功的。然而，在谐振条件下，$I_1 = -I_2 \neq 0$。当振荡回路谐振时，储存在电容器 C 中的电场能量

被转换为存储在电感 L 中的磁场能量。因此，很容易验证振荡电路谐振时 $1/2L|I|^2=1/2C|V|^2$。这正是上面所提到的情况。

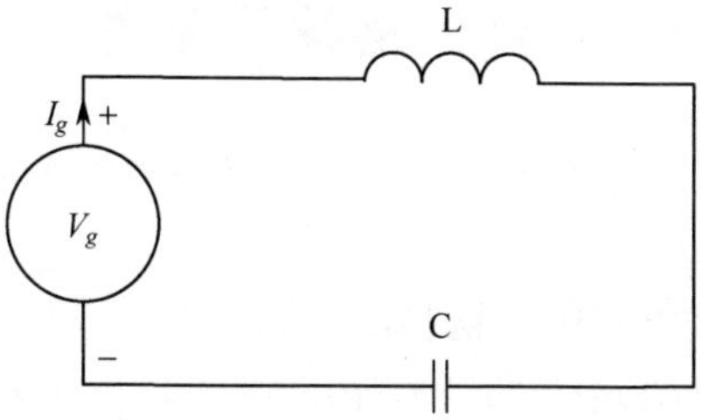

图 1-4　LC 电路

未谐振时，I_g 的相位落后 V_g 为 90°，复功率 $V_gI_g^*$ 为纯虚数，这意味着电源提供的时间平均功率为零，但它提供非零无功功率。磁储能和电储能之间并不完全平衡，系统需要增加外部无功功率。

对于天线来说，无功功率总是存在于近场中，即使它存储在相邻的介质中，也必须由天线提供。因此，无功功率降低了天线作为辐射器的效率。

注意：若存在极化损耗或磁化损耗（包括传导损耗），ε 和 μ 可能为复数。在这种情况下，介质中的实际功率损耗来源于这些参数的虚部。因此，有

$$w_e=\frac{\varepsilon'}{4}|\boldsymbol{E}|^2 \tag{1.176}$$

$$w_m=\frac{\mu'}{4}|\boldsymbol{H}|^2 \tag{1.177}$$

$$p_l=\frac{\omega\varepsilon''}{2}|\boldsymbol{E}|^2+\frac{\omega\mu''}{2}|\boldsymbol{H}|^2+\frac{1}{2}\sigma|\boldsymbol{E}|^2 \tag{1.178}$$

1.10　比吸收率

生物介质在无线电频率下是有损耗的，可以通过热动力学机制将入射电磁功率耗转换热。当入射功率流密度为 1mW/cm³ 时，用比吸收率（SAR）表示生物介质单位质量损失的功率。用介质的密度 ρ 可以得到

$$\text{SAR}=\frac{p_l}{\rho}\quad[\text{W/kg}] \tag{1.179}$$

或

$$\text{SAR}=\frac{\sigma|\boldsymbol{E}|^2}{2\rho} \tag{1.180}$$

式中：σ 为介质的导电率，假设 $\varepsilon'' = \mu'' = 0$；密度 ρ 近似等于水的密度（$100\mathrm{kg/m^3}$）。

1.11 格林函数法

格林函数是给定微分方程在满足给定边界条件时的解，源函数是空间中某一点的单位强度脉冲。

在非齐次亥姆霍兹方程中，格林函数满足

$$\nabla^2 G(\boldsymbol{r};\boldsymbol{r}') + k^2 G(\boldsymbol{r};\boldsymbol{r}') = -\delta(\boldsymbol{r}-\boldsymbol{r}') \tag{1.181}$$

式（1.181）等号右边表示在 $\boldsymbol{r}=0$ 处的一个单位源（球对称）。

格林函数由以下特性唯一限定。

（1）格林函数满足源点外的齐次方程。

（2）格林函数满足齐次边界条件。

（3）格林函数关于 $\boldsymbol{r}$ 和 $\boldsymbol{r}'$ 是对称的，即

$$G(\boldsymbol{r};\boldsymbol{r}') = G(\boldsymbol{r}';\boldsymbol{r}) \tag{1.182}$$

这个性质称为互易性。

（4）当 $\boldsymbol{r} \neq \boldsymbol{r}'$ 时，格林函数关于 $\boldsymbol{r}$ 和 $\boldsymbol{r}'$ 是连续的。

（5）格林函数的梯度在源点附近是不连续的，则

$$\oint_S \nabla \cdot G \cdot \mathrm{d}s = -1 \tag{1.183}$$

由此可以看出，构造一个满足上述特征的函数，实际上就是格林函数的问题。

1.11.1 格林恒等式

格林函数的重要性源于格林函数的恒等式。

1. 格林函数第一恒等式

首先设 f 和 g 是位置的标量函数；然后应用矢量的散度定理求解 $g\,\nabla f$ 在体积 V 的封闭表面 S 的积分，可以得出

$$\int_V \nabla \cdot (g\nabla f)\,\mathrm{d}v = \oint_S (g\nabla f)\cdot \boldsymbol{n}\,\mathrm{d}s \tag{1.184}$$

式中：$\boldsymbol{n}$ 为封闭曲面 S 的法向单位矢量，展开该式等号的左边的积分：

$$\int_V \nabla \cdot (\nabla g \cdot \nabla f + g\nabla^2 f)\,\mathrm{d}v = \oint_S (g\nabla f)\cdot \boldsymbol{n}\,\mathrm{d}s \tag{1.185}$$

因此，有

$$\int_V g\nabla^2 f\,\mathrm{d}v = \oint_S (g\nabla f)\cdot \boldsymbol{n}\,\mathrm{d}s - \int_V \nabla g \cdot \nabla f\,\mathrm{d}v \tag{1.186}$$

式（1.186）是格林第一恒等式。

2. 格林第二恒等式

如果用格林第一恒等式交换 f 和 g 并减去计算结果，可以得到

$$\int_V (g\nabla^2 f - f\nabla^2 g)\,\mathrm{d}v = \oint_S (g\nabla f - f\nabla g)\cdot \boldsymbol{n}\mathrm{d}s \tag{1.187}$$

这是格林公式的第二个恒等式。格林公式可以写成如下形式：

$$\int_V (g\nabla^2 f - f\nabla^2 g)\,\mathrm{d}v = \oint_S \left(g\frac{\partial f}{\partial n} - f\frac{\partial g}{\partial n}\right)\mathrm{d}s \tag{1.188}$$

1.11.2　标量非齐次亥姆霍兹方程

假设知道格林函数 $G(\boldsymbol{r};\boldsymbol{r}')$ 是下式符合相应边界条件的解：

$$\nabla^2 G(\boldsymbol{r};\boldsymbol{r}') + k^2 G(\boldsymbol{r};\boldsymbol{r}') = -\delta(\boldsymbol{r}-\boldsymbol{r}') \tag{1.189}$$

下面推导标量非齐次亥姆霍兹方程的解：

$$\nabla^2 \Phi + k^2 \Phi = -\frac{\rho}{\varepsilon_0} \tag{1.190}$$

式中：$\rho(\boldsymbol{r})$ 为源分布（图 1-5）。

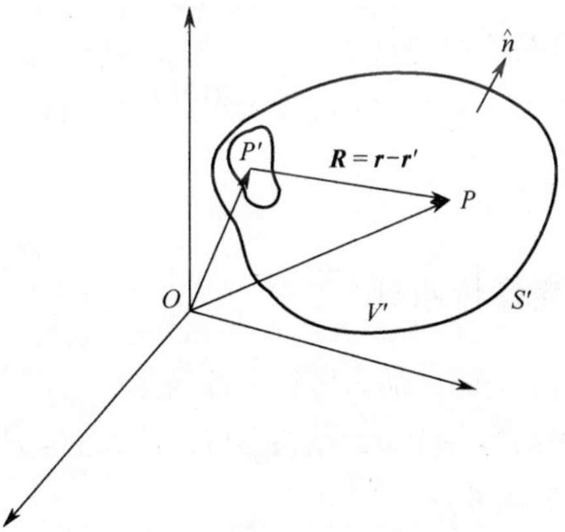

图 1-5　格林函数

利用格林公式（1.188）求出它的解 Φ 。需要注意的是，被积函数中所有的导数都必须是关于场点坐标的，积分也是如此。选择一个封闭曲面 S' 包围的空间 V' ，其中包含了所有的源 $\rho(\boldsymbol{r}')$ 。固定场点 $P(\boldsymbol{r})$，令源点 $\rho'(\boldsymbol{r}')$ 相对于任意原点 O 是可变的，根据格林的第二恒等式，有

$$\int_{V'} [G(\boldsymbol{r};\boldsymbol{r}')\nabla'^2\Phi(\boldsymbol{r}') - \Phi(\boldsymbol{r}')\nabla'^2 G(\boldsymbol{r};\boldsymbol{r}')]\mathrm{d}v' = \oint_{S'}\left[G(\boldsymbol{r};\boldsymbol{r}')\frac{\partial \Phi(\boldsymbol{r}')}{\partial n} - \Phi(\boldsymbol{r}')\frac{\partial G(\boldsymbol{r};\boldsymbol{r}')}{\partial n}\right]\cdot \boldsymbol{n}\mathrm{d}s' \tag{1.191}$$

式中：$\boldsymbol{n}$ 是法向 S 的单位，通过

$$\begin{cases}\nabla'\Phi(\boldsymbol{r}')\cdot\boldsymbol{n}=\dfrac{\partial\Phi(\boldsymbol{r}')}{\partial n}\\ \nabla'G(\boldsymbol{r};\boldsymbol{r}')\cdot\boldsymbol{n}=\dfrac{\partial G(\boldsymbol{r};\boldsymbol{r}')}{\partial n}\end{cases}\tag{1.192}$$

将式（1.192）代入式（1.191）等号左边积分的拉普拉斯项，得到

$$\int_{V'}\left\{G\left[-\frac{\rho}{\varepsilon_0}-k^2\Phi\right]-\Phi\left[-\delta(\boldsymbol{r}-\boldsymbol{r}')-k^2G(\boldsymbol{r};\boldsymbol{r}')\right]\right\}\mathrm{d}v'=\oint_{S'}\left(G\frac{\partial\Phi}{\partial n}-\Phi\frac{\partial G}{\partial n}\right)\cdot\boldsymbol{n}\mathrm{d}s'\tag{1.193}$$

或者

$$\int_{V'}\Phi(\boldsymbol{r}')\delta(\boldsymbol{r}-\boldsymbol{r}')\mathrm{d}v'=\int_{V'}\frac{G(\boldsymbol{r};\boldsymbol{r}')\rho(\boldsymbol{r}')}{\varepsilon_0}\mathrm{d}v'+I\tag{1.194}$$

为了简单起见，用 I 来表示式（1.194）等号右边的曲面积分，可以定义

$$\int_{V'}\Phi(\boldsymbol{r}')\delta(\boldsymbol{r}-\boldsymbol{r}')\mathrm{d}v'=\Phi(\boldsymbol{r}),\ \boldsymbol{r}\in V'$$

$$\int_{V'}\Phi(\boldsymbol{r}')\delta(\boldsymbol{r}-\boldsymbol{r}')\mathrm{d}v'=0,\ \boldsymbol{r}\notin V'\tag{1.195}$$

假设 $\boldsymbol{r}\in V'$，则得到所需的解为

$$\Phi(\boldsymbol{r})=\int_{V'}\frac{G(\boldsymbol{r};\boldsymbol{r}')}{\varepsilon_0}\mathrm{d}v'+\int_{S'}\left[G(\boldsymbol{r};\boldsymbol{r}')\frac{\partial\Phi(\boldsymbol{r}')}{\partial n}-\Phi(\boldsymbol{r}')\frac{\partial G(\boldsymbol{r};\boldsymbol{r}')}{\partial n}\right]\mathrm{d}s'\tag{1.196}$$

1.11.3 第一类格林函数

假设 Φ 是给定在 S 上的，那么格林函数满足

$$\nabla^2G_1(\boldsymbol{r};\boldsymbol{r}')+k^2G_1(\boldsymbol{r};\boldsymbol{r}')=-\delta(\boldsymbol{r}-\boldsymbol{r}')\tag{1.197}$$

服从齐次狄利克雷边界条件：

$$G_1(\boldsymbol{r};\boldsymbol{r}')=0\tag{1.198}$$

函数 G_1 称为第一类格林函数。根据 G_1 的定义，由式（1.196）可以得出

$$\Phi(\boldsymbol{r})=\int_{V'}\frac{G_1(\boldsymbol{r};\boldsymbol{r}')}{\varepsilon_0}\mathrm{d}v'-\oint_S\Phi(\boldsymbol{r}')\frac{\partial G_1(\boldsymbol{r};\boldsymbol{r}')}{\partial n}\mathrm{d}s'\tag{1.199}$$

因此，源分布加上 S 表面 Φ 的定义就可以确定 S 中的所有 Φ。

1.11.4 第二类格林函数

现在假设 Φ 在 S 上的法向导数已知，那么问题的格林函数满足

$$\nabla^2G_2(\boldsymbol{r};\boldsymbol{r}')+k^2G_2(\boldsymbol{r};\boldsymbol{r}')=-\delta(\boldsymbol{r}-\boldsymbol{r}')\tag{1.200}$$

服从齐次纽曼条件：

$$\frac{\partial G_2(\boldsymbol{r};\boldsymbol{r}')}{\partial n} = 0 \quad (\text{在} S \text{上}) \tag{1.201}$$

函数 G_2 即为第二类格林函数。此时，由式（1.196）可得

$$\Phi(\boldsymbol{r}) = \int_{V'} \frac{G_2(\boldsymbol{r}:\boldsymbol{r}')\rho(\boldsymbol{r}')}{\varepsilon_0}\mathrm{d}v' + \oint_S G_2(\boldsymbol{r}:\boldsymbol{r}') \frac{\partial \Phi}{\partial n}\mathrm{d}s' \tag{1.202}$$

因此，源分布加上 Φ 在 S 上的法向导数就足以确定 S 中的所有 Φ。

1.11.5　自由空间格林函数

对于自由空间定义的 $\rho(\boldsymbol{r}')$，取 S' 为尽可能远，假设不存在其他边界。让 $\boldsymbol{r}$ 趋近于无限远，$\boldsymbol{r}'$ 相对于 $\boldsymbol{r}$ 和源维度应该足够大。将 S' 扩展至无限远处，式（1.196）右端 $\boldsymbol{r}\to\infty$ 的体积积分保持不变，我们感兴趣的是求出随着 $\boldsymbol{r}'\to\infty$ 积分的性质：

$$I = \oint_{S'} \left[G_0(\boldsymbol{r};\boldsymbol{r}') \frac{\partial \Phi(\boldsymbol{r}')}{\partial n} - \Phi(\boldsymbol{r}') \frac{\partial G_0(\boldsymbol{r};\boldsymbol{r}')}{\partial n} \right] \mathrm{d}s' \tag{1.203}$$

首先研究式（1.181）在无界自由空间中的解。

寻找满足下式的函数 g_0：

$$\nabla^2 g_0 - \frac{1}{c^2}\frac{\partial^2}{\partial t^2} = -\delta(t)\delta(\boldsymbol{r}) \tag{1.204}$$

应受到下式中条件的约束：

$$g_0(\boldsymbol{r},t) = 0, t < 0 \tag{1.205}$$

注意：这里用下标0表示无界自由空间格林函数。为了求解该问题，首先对两边做傅里叶变换得到

$$\nabla^2 G_0(\boldsymbol{r},\omega) + k^2 G_0(\boldsymbol{r},\omega) = -\delta(\boldsymbol{r}) \tag{1.206}$$

式中：$k_2 = \dfrac{\omega_2}{c_2}$；$G_0(\boldsymbol{r},\omega)$ 为 $G_0(\boldsymbol{r},t)$ 经过傅里叶变换后的结果。

远离源时，G_0 满足齐次波动方程：

$$\nabla^2 G_0(\boldsymbol{r},\omega) + k^2 G_0(\boldsymbol{r},\omega) = 0 \tag{1.207}$$

由于问题的球对称性，式（1.207）可以有如下形式：

$$\frac{1}{r^2}\frac{\partial}{\partial r}\left(r^2 \frac{\partial G_0}{\partial r}\right) + k^2 G_0 = 0 \tag{1.208}$$

也可以写成

$$\frac{\partial^2}{\partial r^2}(rG_0) + k^2(rG_0) = 0 \tag{1.209}$$

式（1.209）的通解为

$$G_0 = A_1 \frac{\mathrm{e}^{\mathrm{j}kr}}{r} + A_2 \frac{\mathrm{e}^{-\mathrm{j}kr}}{r} \tag{1.210}$$

对式（1.210）的 G_0 进行逆傅里叶变换，可以得到

$$g_0(r,t) = \frac{A_1\delta\left(t + \frac{r}{c}\right)}{r} + \frac{A_2\delta\left(t - \frac{r}{c}\right)}{r} \tag{1.211}$$

从式（1.205）可以清楚地看出 $A_1 = 0$，即

$$A_1 \equiv 0 \tag{1.212}$$

为了确定 A_2，在式（1.206）中，对 $\boldsymbol{r}=0$ 为中心的球形体积 V 进行积分：

$$\int_V \nabla\cdot\nabla G_0 \mathrm{d}v + k^2\int_V G_0 \mathrm{d}v = -\int_V \delta(\boldsymbol{r})\mathrm{d}v \tag{1.213}$$

式（1.213）等号右边的积分根据定义等于1。应用散度定理，有

$$\oint_S \nabla G_0 \cdot \mathrm{d}\boldsymbol{s} + k^2\int_V G_0 \mathrm{d}v = -1 \tag{1.214}$$

式中：S 是球面半径为 r 的封闭体积 V，计算 $r\to 0$ 时，式（1.210）中的 G_0 的极限，可以得到

$$A_2 = \frac{1}{4\pi} \tag{1.215}$$

因此，有

$$g_0(\boldsymbol{r},t) = \frac{\delta\left(t - \frac{r}{c}\right)}{4\pi r} \tag{1.216}$$

和

$$G_0(\boldsymbol{r},\omega) = \frac{\mathrm{e}^{-\mathrm{j}kr}}{4\pi r} \tag{1.217}$$

如果源的位置是 $\boldsymbol{r}=\boldsymbol{r}'$，而不是原点，可以得到

$$G_0(\boldsymbol{r};\boldsymbol{r}') = \frac{\mathrm{e}^{-\mathrm{j}kR}}{4\pi R} \tag{1.218}$$

式中：$R = |\boldsymbol{r} - \boldsymbol{r}'|$ 和 $\boldsymbol{r}$ 为场点（观测点）。

下面研究式（1.203）中的面积分 I 在远场下（图 1-6）的性质。此时，可以得到

$$G_0 \approx \frac{\mathrm{e}^{-\mathrm{j}kr'}}{4\pi r'} \tag{1.219}$$

和

$$\frac{\partial G_0}{\partial n} = \nabla' G_0 \cdot \boldsymbol{n} = \frac{\partial G_0}{\partial r'}(\boldsymbol{r}' \cdot \boldsymbol{r}) \simeq \frac{\partial G_0}{\partial r'} \tag{1.220}$$

或者

$$\frac{\partial G_0}{\partial n} \simeq \frac{\partial}{\partial r'}\left(\frac{\mathrm{e}^{-\mathrm{j}kr'}}{4\pi r'}\right) = -\left(\frac{\mathrm{j}k}{r'} + \frac{1}{r'^2}\right)\frac{\mathrm{e}^{-\mathrm{j}kr'}}{4\pi} \tag{1.221}$$

因此，可以得到当 $r' \to \infty$ 时，有

$$I = \oint_{S'} \left[\frac{\mathrm{e}^{-\mathrm{j}kr'}}{4\pi r'} \frac{\partial \Phi}{\partial r'} + \Phi(r') \left(\frac{\mathrm{j}k}{r'} + \frac{1}{r'^2} \right) \frac{\mathrm{e}^{-\mathrm{j}kr'}}{4\pi} \right] \mathrm{d}s'$$

$$\approx \frac{1}{4\pi} \oint_{S'} \left(r' \left[\frac{\partial \Phi}{\partial r'} + \mathrm{j}k\Phi \right] \mathrm{e}^{-\mathrm{j}kr'} + \Phi \mathrm{e}^{-\mathrm{j}kr'} \right) \mathrm{d}\Omega \tag{1.222}$$

其中

$$\mathrm{d}\Omega = \frac{\mathrm{d}s'(\boldsymbol{n} \cdot \boldsymbol{r}')}{r'^2} \approx \frac{\mathrm{d}s'}{r'^2} \tag{1.223}$$

式中：Ω 为单位立体角。

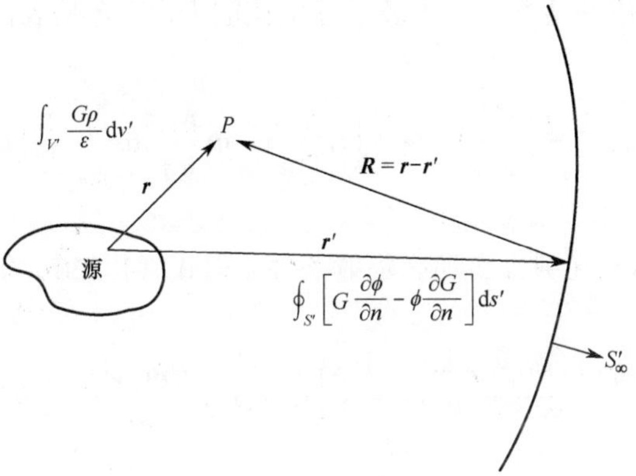

图 1-6　辐射条件

在静态情况下，对于任何有限源，在无穷远处势趋于零。在数学上，这意味着势能函数是有界的：

$$\lim_{r' \to \infty} r' \Phi(\boldsymbol{r}') < K \tag{1.224}$$

式中：K 为一个常数。

如果把式（1.224）的条件加到时变电磁场的势函数上，可得

$$\lim_{r' \to \infty} \oint_{S'} \Phi(\boldsymbol{r}') \mathrm{e}^{-\mathrm{j}kr} \mathrm{d}\Omega = 0 \tag{1.225}$$

然而，这并不足以保证积分 I 趋于零。根据 Sommerfeld① 条件假设：

$$\lim_{r' \to \infty} r' \left(\frac{\partial \Phi}{\partial r'} + \mathrm{j}k\Phi \right) = 0 \tag{1.226}$$

式中，Φ 需要满足的辐射条件。

现在移除"′"，并重新描述 Sommerfeld 辐射条件为

$$\lim_{r' \to \infty} r \left(\frac{\partial \Phi(\boldsymbol{r})}{\partial r} + \mathrm{j}k\Phi(\boldsymbol{r}) \right) = 0 \tag{1.227}$$

自由空间格林函数满足辐射条件。

① J. W. Sommerfeld (1868—1951)，出生于俄罗斯的德国数学家和物理学家。

对于无界自由空间中给定的源分布，非齐次亥姆霍兹方程的解可简化为

$$\boldsymbol{\Phi}(\boldsymbol{r}) = \int_{V'} \frac{G_0(\boldsymbol{r};\boldsymbol{r}')}{\varepsilon_0}\mathrm{d}v' \tag{1.228}$$

自由空间格林函数为

$$G_0(\boldsymbol{r};\boldsymbol{r}') = \frac{\mathrm{e}^{-\mathrm{j}k|\boldsymbol{r}-\boldsymbol{r}'|}}{4\pi|\boldsymbol{r}-\boldsymbol{r}'|} \tag{1.229}$$

1.11.6 修正后的格林函数

考虑存在导体的情况，用 S 表示导电体的表面，$\boldsymbol{n}$ 是表面 S 上单位法向矢量，因此有

$$\boldsymbol{\Phi}(\boldsymbol{r}) = \int_{V'} \frac{G_0(\boldsymbol{r};\boldsymbol{r}')\rho(\boldsymbol{r}')}{\varepsilon_0}\mathrm{d}v' + \oint_S \left[G\frac{\partial \boldsymbol{\Phi}}{\partial n} - \boldsymbol{\Phi}\frac{\partial G}{\partial n}\right]\mathrm{d}s' + \oint_{S'} \left[G\frac{\partial \boldsymbol{\Phi}}{\partial n} - \boldsymbol{\Phi}\frac{\partial G}{\partial n}\right]\mathrm{d}s \tag{1.230}$$

如果把 S' 移到无穷大，那么辐射条件使得式（1.230）等号右边第三个积分为零。因此有

$$\boldsymbol{\Phi}(\boldsymbol{r}) = \int_{V'} \frac{G_0(\boldsymbol{r};\boldsymbol{r}')\rho(\boldsymbol{r}')}{\varepsilon_0}\mathrm{d}v' + \oint_S \left[G(\boldsymbol{r};\boldsymbol{r}')\frac{\partial \boldsymbol{\Phi}(\boldsymbol{r}')}{\partial n} - \boldsymbol{\Phi}(\boldsymbol{r};\boldsymbol{r}')\frac{\partial G}{\partial n}\right]\mathrm{d}s' \tag{1.231}$$

现在可以对上述结果（图 1-7）进行物理解释。式（1.231）等号右边的

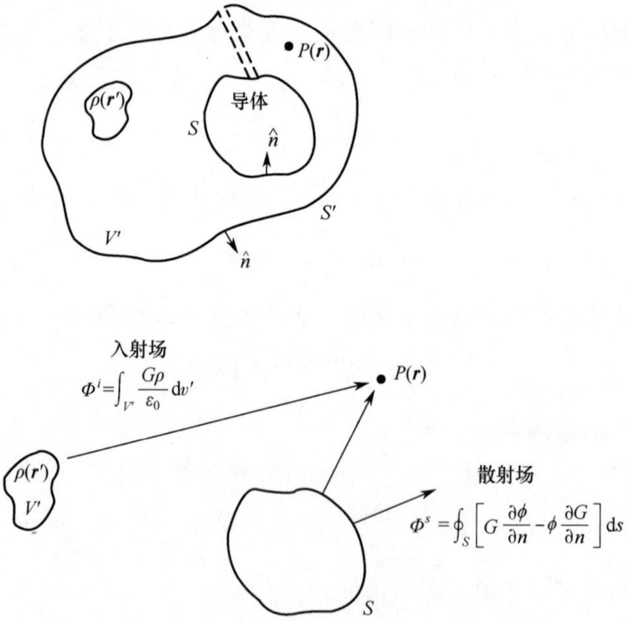

图 1-7　修正格林函数与散射问题

体积分是由有限源引起的主（入射）场，而表面积分是由于导体 S 的存在而引起的感应（散射）场，因此总的（衍射）场 Φ 可以写成

$$\Phi(\boldsymbol{r}) = \Phi^{i}(\boldsymbol{r}) + \Phi^{s}(\boldsymbol{r}) \tag{1.232}$$

上述分析为涉及导体散射问题的积分方程公式奠定了基础。在这类问题中，通过导体表面适当的边界条件，将其中一个场分量的类似表达式结合起来，建立场的积分方程。

1.11.7　本征函数表示

本节考虑格林函数在曲面 S 包围的封闭区域 V 中的特征函数展开式。在 V 中，格林函数满足

$$(\nabla^2 + k^2)G = -\delta(\boldsymbol{r} - \boldsymbol{r}') \tag{1.233}$$

格林函数在 S 上满足齐次边界条件。另外，特征函数 $\{\psi_n\}$ 满足

$$(\nabla^2 + k_n{}^2)\psi_n(\boldsymbol{r}) = 0 \tag{1.234}$$

受到相同边界条件的约束。因为特征函数是正交的，即

$$\int_V \psi_n(\boldsymbol{r})\psi_m(\boldsymbol{r}')\mathrm{d}v = 0, n \neq m \tag{1.235}$$

可以用以下形式表示 G，即

$$G = \sum_n a_n \psi_n(\boldsymbol{r}) \tag{1.236}$$

式中：a_n 为待确定的未知系数。

同样，用特征函数来展开 delta 函数：

$$\delta(\boldsymbol{r},\boldsymbol{r}') = \sum_n b_n \psi_n(\boldsymbol{r}) \tag{1.237}$$

对式（1.237）两边同时乘以 ψ_m 并进行体积积分，则

$$\int_V \delta(\boldsymbol{r} - \boldsymbol{r}')\psi_m(\boldsymbol{r})\mathrm{d}v = \sum_n b_n \int_V \psi_n(\boldsymbol{r})\psi_m(\boldsymbol{r})\mathrm{d}v \tag{1.238}$$

利用特征函数的正交性，得到系数为

$$b_n = \frac{\psi_n(\boldsymbol{r}')}{\|\psi_n\|^2} \tag{1.239}$$

式中：$\|\psi_n\|^2 = \int_V |\psi_n(r)|^2 \mathrm{d}v$ 是特征函数的 L^2 范数。

将式（1.236）和式（1.239)代入式（1.233)，得到

$$\sum_n (\nabla^2 + k^2)a_n\psi_n(r) = -\sum_n b_n\psi_n(r) \tag{1.240}$$

将式（1.240）代入式（1.234）得到

$$\sum_n (k^2 - k_n^2)a_n\psi_n(r) = -\sum_n b_n\psi_n(r) \tag{1.241}$$

可以发现式（1.241）等号两边的特征函数的系数相等，因此，有

$$a_n = \frac{b_n}{(k_n{}^2 - k^2)} \tag{1.242}$$

进而，格林函数由下式给出：

$$G = \sum_n \frac{\boldsymbol{\psi}_n(\boldsymbol{r})\,\boldsymbol{\psi}_n(\boldsymbol{r}')}{(k_n^2 - k^2)}, k_n \neq k \tag{1.243}$$

式中：$\{\boldsymbol{\psi}_n\}$ 是归一化的特征函数。

例 1.4 取 $x \in [0,1]\, f(x) = f(-x)$，用余弦傅里叶级数展开 $f(x)$，可以得到

$$f(x) = \sum_{k=0} a_k \cos k\pi x$$

其中

$$a_k = 2\int_0^1 f(\xi)\cos k\pi\xi \mathrm{d}\xi$$

因此，有

$$\begin{aligned} f(x) &= 2\sum_{k=0} \cos k\pi x\left(\int_0^1 f(\xi)\cos k\pi\xi \mathrm{d}\xi\right) \\ &= 2\int_0^1 f(\xi)\left(\sum_{k=0} \cos k\pi x \cos k\pi\xi\right)\mathrm{d}\xi = \int_0^1 f(\xi)\delta(x-\xi)\mathrm{d}\xi \end{aligned}$$

上式中最后一个积分式由分布理论推导出来：

$$2\sum_{k=0} \cos k\pi x \cos k\pi\xi = \delta(x-\xi)$$

令 $g(x) \in C[0,1] \mid g(x) = -g(-x)$，然后由正弦傅里叶级数展开 $g(x)$：

$$g(x) = \sum_{k=1}^{\infty} \beta_k \sin k\pi x$$

其中

$$\beta_k = 2\int_0^1 g(\xi)\sin k\pi\xi \mathrm{d}\xi$$

因此，有

$$\begin{aligned} g(x) &= 2\sum_{k=1}^{\infty} \sin k\pi x\left(\int_0^1 g(\xi)\sin k\pi\xi \mathrm{d}\xi\right) \\ &= 2\int_0^1 g(\xi)\left(\sum_{k=1}^{\infty} \sin k\pi x \sin k\pi\xi\right)\mathrm{d}\xi \\ &= \int_0^1 g(\xi)\delta(x-\xi)\mathrm{d}\xi \end{aligned}$$

则

$$2\sum_{k=1}^{\infty} \sin k\pi x \sin k\pi\xi = \delta(x-\xi)$$

此外，可以从分布理论得到

$$\delta\left(\frac{x}{a}\right) = a\delta(x)$$

也可以写成

$$2\sum_{k=0}^{\infty}\cos\frac{k\pi}{a}\cos\frac{k\pi}{a}\xi = a\delta(x-\xi)$$

$$2\sum_{k=1}^{\infty}\sin\frac{k\pi}{a}\sin\frac{k\pi}{a}\xi = a\delta(x-\xi)$$

例 1.5　考虑等式

$$\left(\frac{d^2}{dx^2}+k^2\right)G(x,x') = -\delta(x-x')$$

服从边界条件：

$$G(0,x') = G(d,x') = 0$$

特征函数和特征值为

$$\psi_n(x) = \sin k_n x, k_n = \frac{n\pi}{d},\quad n = 1,2,\cdots$$

因此，格林函数为

$$G(x,x') = \sum_{n=1}^{\infty}\frac{2}{d}\sin\frac{n\pi x}{d\dfrac{\sin n\pi x'/d}{(n\pi/d)^2-k^2}}$$

1.12　非齐次矢量亥姆霍兹方程

在许多应用中需要求解非齐次矢量亥姆霍兹方程。例如，磁势矢量 $\boldsymbol{A}$ 满足：

$$\nabla^2\boldsymbol{A}+k^2\boldsymbol{A} = -\mu_0\boldsymbol{J} \tag{1.244}$$

用正交分量表示磁势和电流密度很容易地看出，每个分量可以表示为

$$\boldsymbol{A}_i = \frac{\mu_0}{4\pi}\int_V\boldsymbol{J}_i(\boldsymbol{r}')\frac{e^{-jk|\boldsymbol{r}-\boldsymbol{r}'|}}{|\boldsymbol{r}-\boldsymbol{r}'|}dv' \tag{1.245}$$

因此，有

$$\boldsymbol{A}(\boldsymbol{r}) = \frac{\mu_0}{4\pi}\int_V\boldsymbol{J}(\boldsymbol{r}')\frac{e^{-jk|\boldsymbol{r}-\boldsymbol{r}'|}}{|\boldsymbol{r}-\boldsymbol{r}'|}dv' \tag{1.246}$$

可以用类似的方法求出矢量赫兹势的解：

$$\nabla^2\pi+k^2\pi = -\frac{\boldsymbol{J}}{j\omega\varepsilon_0} \tag{1.247}$$

因此，可以得到

$$\pi(\boldsymbol{r}) = -j\frac{Z_0}{k}\int_V\boldsymbol{J}(\boldsymbol{r}')\frac{e^{-jk|\boldsymbol{r}-\boldsymbol{r}'|}}{4\pi|\boldsymbol{r}-\boldsymbol{r}'|}dv' \tag{1.248}$$

对于一个在自由的空间给定的源 $\rho(\boldsymbol{r},\omega)$，通过式（1.228）傅里叶逆变换可以获得时变位函数 $\Phi(\boldsymbol{r},t)$，即

$$\begin{aligned}\Phi(\boldsymbol{r},t) &= \frac{1}{2\pi}\int_{-\infty}^{\infty}\left[\frac{1}{4\pi\varepsilon_0}\int_V \mathrm{e}^{-\mathrm{j}\frac{\omega}{c}R}\frac{\rho(\boldsymbol{r}')}{R}\mathrm{d}v'\right]\mathrm{e}^{\mathrm{j}\omega t}\mathrm{d}\omega \\ &= \frac{1}{4\pi\varepsilon_0}\int_V\left[\frac{1}{2\pi}\int_{-\infty}^{\infty}\frac{\rho(\boldsymbol{r}')}{R}\mathrm{e}^{\mathrm{j}\omega\left(t-\frac{R}{c}\right)}\right]\mathrm{d}v' \end{aligned} \tag{1.249}$$

同样地，有

$$\Phi(\boldsymbol{r},t) = \frac{1}{4\pi\varepsilon_0}\int_V \frac{\rho\left(\boldsymbol{r}',t-\dfrac{R}{c}\right)}{R}\mathrm{d}v' \tag{1.250}$$

式中：$R = |\boldsymbol{r}-\boldsymbol{r}'|$。

由于式（1.250）等号右边的时间延迟，得到的 Φ 称为时滞势。这意味着空间点 $\boldsymbol{r}$ 处，t 时刻的状态是由时间 $t-\dfrac{R}{c}$ 时刻整个源的积分得出，采用时间因子 $\mathrm{e}^{\mathrm{j}\omega t}$ 可得到传统符号的表达形式：

$$\rho\left(t-\frac{R}{c}\right)\Leftrightarrow\rho(\boldsymbol{r})\mathrm{e}^{-\mathrm{j}kR}$$

类似地分析可以推导出时滞磁势：

$$A(\boldsymbol{r},t) = \frac{\mu_0}{4\pi}\int_V \frac{J\left(\boldsymbol{r}',t-\dfrac{R}{c}\right)}{R}\mathrm{d}v' \tag{1.251}$$

需要注意的是，时滞势的概念只适用于波在非色散介质中的传播的情况。因此，它可能不适用于有耗介质。

习题 1

1.1　考虑满足无源齐次波动方程的电场和磁场的解：

$$\boldsymbol{E} = \boldsymbol{x}f_1(z-vt),\quad \boldsymbol{H} = \boldsymbol{y}f_2(z-vt)$$

上式表示一个沿 z 方向传播的平面波。证明下式中的特性阻抗 $\dfrac{E_x}{E_y}$，即

$$Z_0 = \frac{E_x}{H_y} = \sqrt{\frac{\mu_0}{\varepsilon_0}} = 377\Omega$$

1.2　考虑电导率为 σ 无源区域中的电场，该电场只有一个独立于 y 和 z 的 $E_y(x,t)$ 分量。从麦克斯韦方程中求出 E_y 的标量微分方程并给出其通解。

1.3　考虑矢量场

$$\begin{cases}\boldsymbol{E} = a\omega\sin(ky-\omega t)\boldsymbol{z}\\ \boldsymbol{B} = b\omega\sin(ky-\omega t)\boldsymbol{x}\end{cases}$$

(1) 推导常数 a、b、k 和 ω 应满足的条件，使得上述场在物理上可能为真空中的电磁场。

(2) 应用洛伦兹规范计算上述电磁场的势 φ 以及 A。

1.4　在一个各向同性但非齐次理想介质中（$\sigma = 0$），证明 $\boldsymbol{E}$ 满足波动方程：

$$\left(\nabla^2 - \frac{1}{c^2}\frac{\partial^2}{\partial t^2}\right)\boldsymbol{E} + \nabla(\lg \mu) \times \nabla \times \boldsymbol{E} + \nabla[\boldsymbol{E} \cdot \nabla(\lg \varepsilon)] = 0$$

推导出类似 $\boldsymbol{H}$ 的方程。

1.5　给出了手性介质中的本构关系：

$$\boldsymbol{D} = \varepsilon \boldsymbol{E} - \mathrm{j}\gamma \boldsymbol{B}, \quad \boldsymbol{H} = -\mathrm{j}\gamma \boldsymbol{E} + \frac{\boldsymbol{B}}{\mu}$$

式中：γ 是手性参数。证明在无源手性介质中，所有场量都满足矢量波动方程：

$$\nabla \times \nabla \times \boldsymbol{A} - k^2 \boldsymbol{A} + \boldsymbol{F} = 0$$

并求出 $\boldsymbol{F}$。

1.6　证明洛伦兹规范与连续性方程是相容的。

1.7　证明时域坡印廷矢量 $\boldsymbol{S}$ 可以写成

$$\mathcal{S} = \mathrm{Re}\boldsymbol{S} + F\mathrm{e}^{2\mathrm{j}\omega t}$$

式中：$\boldsymbol{S}$ 为复坡印亭矢量，并求 $\boldsymbol{F}$。

1.8　考虑电导率为 σ 的有耗圆柱形媒质，半径为 a，长度为 L，有直流 I 通过这个“电阻”，计算通过电阻圆柱面的坡印廷矢量和“辐射”功率，以及电阻器内部的功率损耗，进而验证坡印廷定理。

1.9　考虑一个充满理想介质材料的圆平行板电容器。在 $t = 0$ 时通入直流电流 I_0。在电容器内部，作为位置 r 和时间的函数，计算电场 $\boldsymbol{E}$、$\boldsymbol{H}$ 和坡印廷矢量 $\boldsymbol{S}$，求出电磁能量密度 W，验证坡印廷定理（假设边缘场是可忽略的，并且场被限制在电容器内）。

1.10　设 $\boldsymbol{\Phi}$ 为静电势，$\boldsymbol{J}$ 为静电流密度，在静态电场和磁场中，证明矢量 $\boldsymbol{S}' = \boldsymbol{\Phi J}$ 在物理上等价于坡印廷矢量。

1.11　在下列情况下，确定与电磁场有关的能量密度和坡印廷矢量的瞬时值：

$$(1)\begin{cases}\boldsymbol{E} = \hat{y}E_0\mathrm{e}^{-\mathrm{j}(k_x x - \omega t)}, & k_x = \omega\sqrt{\mu\varepsilon} \\ \boldsymbol{H} = Y\hat{k} \times \boldsymbol{E}, & k_y = k_z = 0\end{cases};$$

(2) 与 (1) 情况一致但是 $k_x = -\mathrm{j}\alpha$；

(3) $\begin{cases} B_r = \dfrac{\mu m}{2\pi}\dfrac{\cos\theta}{r^3} \\ B_\theta = \dfrac{\mu m}{4\pi}\dfrac{\sin\theta}{r^3} \end{cases}$。

1.12　某一个辐射体的电磁场由下式给出：

$$\begin{cases} \boldsymbol{E}_\theta \dfrac{V_0\cos(\omega t - kr)}{r}, \boldsymbol{E}_r = \boldsymbol{E}_\varphi = 0 \\ \boldsymbol{H}_\varphi \dfrac{V_0\cos(\omega t - kr)}{Z_0 r}, \boldsymbol{H}_r = \boldsymbol{H}_\theta = 0 \end{cases}$$

(1) 求通过半径为 R 的球面辐射的瞬时功率。

(2) 求流过球面的平均功率。

1.13　椭圆极化电磁波具有如下形式的电场强度：

$$\boldsymbol{E}(z,t) = 3\cos(wt - kz)\hat{\boldsymbol{x}} + 4\sin(wt - k_0 z)\hat{\boldsymbol{y}} \quad (\mathrm{V/m})$$

(1) 以向量形式表示上式。

(2) 求瞬时和时间平均功率流密度。

1.14　有一个 $\hat{\boldsymbol{x}}$ 方向极化的电磁波在有损耗的介质中沿着 $+\hat{\boldsymbol{z}}$ 方向传播，$z=0$ 处的功率流密度为 $1\mathrm{mW/cm^2}$。给出电场和磁场强度的表达式。计算存储的电能密度 W_e 和磁能密度 W_m，及功率损耗密度 p_l（z 的函数）。分别考虑实功率密度和虚功率密度，证明它们满足坡印廷定理，求出比吸收率（SAR）（假设 $f=915\mathrm{MHz}$, $\varepsilon_r = 31$, $\sigma = 1.6\ \mathrm{S/m}$）。

1.15　什么是电导率 σ 的损耗介质中的洛伦兹规范？

1.16　在时域规范 $\varphi = 0$ 下用矢量 $\boldsymbol{A}$ 来描述 $\boldsymbol{E}$ 和 $\boldsymbol{H}$。

1.17　考虑圆柱坐标系下给定的磁场：

$$\begin{cases} \boldsymbol{B}(\rho < \rho_{0b}, \varphi, z) = \hat{z}B \\ \boldsymbol{B}(\rho > \rho_{0b}, \varphi, z) = 0 \end{cases}$$

确定“产生”这个磁场的磁势 $\boldsymbol{A}$。

1.18　自由空间下小型天线的电动赫兹矢量 $\boldsymbol{\pi}$ 由 $\boldsymbol{\pi} = \dfrac{A\mathrm{e}^{-\mathrm{j}kr}}{4\pi r}z$ 给出，其中 A 是常数。求 $\boldsymbol{E}$ 和 $\boldsymbol{H}$ 并用球坐标系表示所有场分量。

1.19　在自由空间 $z=0$ 处，有一沿 x 方向流动的均匀面电流 $\boldsymbol{I}_0$（A/m）。它由电流密度表示：$K = \boldsymbol{x}\boldsymbol{I}_0\delta(z)$。求赫兹矢量，求 z 处的 $\boldsymbol{E}$ 和 $\boldsymbol{H}$。考虑由 $x = 1\mathrm{m}$、$y = 1\mathrm{m}$、$z = 2\mathrm{m}$ 处平面围成的体积，证明流出体积的实际功率等于电流源提供的功率。计算无功功率。

1.20　考虑齐次矢量亥姆霍兹方程 $\nabla\times\nabla\times\boldsymbol{F} - k^2\boldsymbol{F} = 0$。已知，$\nabla\cdot\boldsymbol{F} = 0$，证明 $\boldsymbol{F} = \nabla\times(\boldsymbol{a}\psi)$ 是方程的一个解，$\boldsymbol{a}$ 是一个常数矢量，ψ 满足标量波动方程 $\nabla^2\psi + k^2\psi = 0$。

1.21　给定赫兹矢量 $\pi_e(r) = \dfrac{1}{j\omega\varepsilon}\int_V \boldsymbol{J}(r')G_0(r;r')\mathrm{d}v'$，证明：

$$\boldsymbol{E}(r) = \int_V\left(-j\omega\mu\boldsymbol{J} + \frac{1}{\varepsilon}\rho\nabla'\right)G_0(r;r')\mathrm{d}v'$$

1.22　使用 $\delta(x) = \dfrac{\mathrm{d}U(x)}{\mathrm{d}x}$，其中 $U(x)$ 是单位阶跃函数：

（1）证明：$\delta(x) = \delta(-x)$；

（2）通过直接替换验证函数 $h(x) = \dfrac{j}{2k}\mathrm{e}^{-jk|x|}$ 满足条件：

$$\left(\frac{\mathrm{d}^2}{\mathrm{d}x^2} + k^2\right)h(x) = \delta(x)$$

1.23　证明：$\nabla\cdot\boldsymbol{r} = 3$ 和 $\nabla\cdot\dfrac{\boldsymbol{r}}{r^2} = 4\pi\delta(\boldsymbol{r})$。

1.24　证明：等式 $f(\boldsymbol{r}) = -\dfrac{1}{4\pi|\boldsymbol{r}-\boldsymbol{r}'|}$ 满足 $\nabla^2 f(\boldsymbol{r}) = \delta(\boldsymbol{r}-\boldsymbol{r}')$。

1.25　利用散度定理，证明式（1.183）。

1.26　利用格林第二恒等式，证明格林函数的互易性 $G(\boldsymbol{r};\boldsymbol{r}') = G(\boldsymbol{r}';\boldsymbol{r})$。

1.27　静电势满足泊松方程：$\nabla^2\psi = -\dfrac{\rho}{\varepsilon_0}$，$\rho$ 是体电荷密度。利用格林公式，借助于自由空间格林函数：$G_0(\boldsymbol{r};\boldsymbol{r}') = \dfrac{1}{4\pi|\boldsymbol{r}-\boldsymbol{r}'|}$，求封闭区域 ψ 的解。

1.28　在自由空间证明辐射条件下满足非齐次亥姆霍兹方程的一维格林函数为 $G(x,x') = \dfrac{1}{2jk_0}\mathrm{e}^{-jk_0|x-x'|}$。

1.29　在柱面坐标系中，求在区域 $0\leqslant\rho'\leqslant a$ 满足下式的二维格林函数：$\left[\dfrac{1}{\rho}\dfrac{\partial}{\partial\rho}\left(\rho\dfrac{\partial}{\partial\rho}\right)+\dfrac{1}{\rho^2}\dfrac{\partial^2}{\partial\phi^2}+k^2\right]G = -\dfrac{\delta(\rho-\rho')\delta(\phi-\phi')}{\rho}$，$\rho=a$ 处应满足狄利克雷边界条件。

1.30　在矩形区域 $x\in[0,a]$ $y\in[0,b]$ 中，求满足式 $\nabla^2 G(\rho;\rho') = -\delta(\rho-\rho')$ 的静态格林函数 $G(\rho,\rho')$，使之在边界 $x=0$，$x=a$，$y=0$，$y=b$ 满足狄利克雷边界条件。

1.31　短路平行板区域在 $x=0$ 和 a 处（$0\leqslant z<\infty$，$-\infty<y<\infty$）以及 $z=0$ 处（$0\leqslant x<a$，$-\infty<y<\infty$）具有理想电壁，区域中为理想介质。时谐格林函数满足 $\nabla^2 G + k^2 G = -\delta(x-x')\nabla(z-z')$，其中，$0<x'<a, z'>0$，$G=0$，独立于 y。

（1）求出 $z<0$ 和 $z>0$ 两个区域中的格林函数。

（2）两个区域中的格林函数在 (x,z) 和 (x',z') 中是否对称？

1.32　平行板波导在 $x=0$ 和 $x=a$ 处满足理想导体边界条件，$z\geqslant0$ 趋于充满了齐次非磁性介质（ε_1,μ_0），而区域 $z < 0$，$(0,\mu_0)$ 是自由空间（ε_0,μ_0）。在 $x = x'$ 处有一线源，且 $0 < x' < a$，$z = z' = 0$，求出该区域的格林函数。

1.33　空间域上麦克斯韦方程的傅里叶变换。

1.34　利用麦克斯韦方程的傅里叶形式研究不传播能量的波的可能性，这种波称为静态波。

第2章 辐　　射

2.1 总　　论

天线是用来传播或接收电磁波的装置。当天线用于无线电波的传输（传播）时，电流将在天线上振荡，这些振荡电荷产生的能量以电磁波的形式发射到空中；当天线用于接收信号时，这些电磁波会在天线中感应出微弱的电流，该电流会被无线电接收器放大。天线通常可用于相同波长电磁波的接收和传输。

电能通过传输线或同轴电缆给天线馈电。在反射面天线中，微波能量由金属抛物面反射，并形成一个窄波束。

天线的尺寸通常取决于所设计天线收发无线电波的波长或频率。天线的长度必须使它能以波长发生电谐振，基本长度至少是设计用来发射或接收无线电波波长的1/2，也可以是1/2 波长的整数倍。这种尺寸的天线称为谐振天线，谐振天线是电磁波的有效传播体和接收体。

假设在自由空间的一个区域 V 中存在源分布（$\boldsymbol{J}$，ρ），可以得到在 $\boldsymbol{r}$ 处，由 $\boldsymbol{J}$ 引起的赫兹矢量势满足

$$\nabla^2\boldsymbol{\pi} + k_0^2\boldsymbol{\pi} = -\frac{\boldsymbol{J}}{\mathrm{j}w\varepsilon_0} \tag{2.1}$$

因此，有

$$\boldsymbol{\pi}(\boldsymbol{r}) = -\mathrm{j}\frac{Z_0}{k_0}\int_V \boldsymbol{J}(\boldsymbol{r}')\frac{\mathrm{e}^{-\mathrm{j}k_0|\boldsymbol{r}-\boldsymbol{r}'|}}{4\pi|\boldsymbol{r}-\boldsymbol{r}'|}\mathrm{d}v' \tag{2.2}$$

式中：k_0为自由空间波数。

电磁场由下式给出：

$$\boldsymbol{E} = \nabla\nabla\cdot\boldsymbol{\pi} + k_0^2\boldsymbol{\pi} \tag{2.3}$$

$$\boldsymbol{H} = \mathrm{j}w\varepsilon_0\nabla\times\boldsymbol{\pi} \tag{2.4}$$

本章从基本辐射源开始讨论辐射系统，然后将这些概念扩展到分布式辐射源。

2.2 基本源

在本节中关注尺寸较小的简单源。对于这些源，源的最大尺寸远小于自由空间波长。假设观测点或场点 P 与源的距离很大，这意味着

$$k_0 r' \ll \lambda \tag{2.5}$$

$$r' \ll r \tag{2.6}$$

与波长相比，r 的大小没有限制。接下来的讨论，将根据 r 相对于波长的大小定义不同的场区域。

在式（2.5）和式（2.6）近似的基础上修改式（2.2）。由图 2-1 可知

$$|\boldsymbol{r} - \boldsymbol{r}'| = R \approx r - r'\cos\gamma \tag{2.7}$$

式中：γ 为 $\boldsymbol{r}$ 和 $\boldsymbol{r}'$之间的夹角，可表示为

$$\cos\gamma = \hat{r} \cdot \hat{r}' \tag{2.8}$$

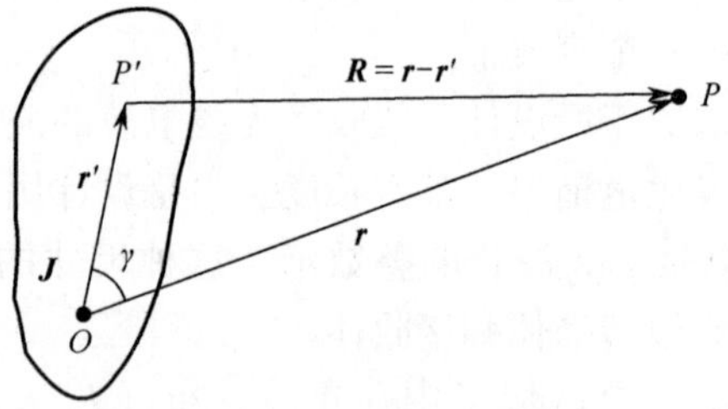

图 2-1　在自由空间中辐射的基本电流源

同样地，由于 $k_0 r'\cos\gamma \ll 1$ ，因此，有

$$\mathrm{e}^{-\mathrm{j}k_0|\boldsymbol{r}-\boldsymbol{r}'|} \approx \mathrm{e}^{-\mathrm{j}k_0 r}(1 + \mathrm{j}k_0 r'\cos\gamma) \tag{2.9}$$

$$\frac{1}{|\boldsymbol{r} - \boldsymbol{r}'|} \approx \frac{1}{r}\left(1 + \frac{r'}{r}\cos\gamma\right) \tag{2.10}$$

根据式（2.9）和式（2.10），式（2.2）可以重写为

$$\boldsymbol{\pi}(\boldsymbol{r}) \approx -\mathrm{j}\frac{Z_0}{k_0}\frac{\mathrm{e}^{-\mathrm{j}k_0 r}}{4\pi r}\int_V \boldsymbol{J}(\boldsymbol{r}')\left[1 + \left(\mathrm{j}k_0 + \frac{1}{r}\right)r'\cos\gamma\right]\mathrm{d}v' \tag{2.11}$$

尽管式（2.11）的括号［·］中的第二项与整体相比很小，仍然在式（2.11）中予以保留。这是因为在某些情况下 $\int_V \boldsymbol{J}(\boldsymbol{r}')\mathrm{d}v' = 0$ ，而 $\int_V \boldsymbol{J}(\boldsymbol{r}')\left(\mathrm{j}k_0 + \frac{1}{r}r'\cos\gamma\mathrm{d}v'\right)$ 将成为主项。若 $\int_V \boldsymbol{J}(\boldsymbol{r}')\mathrm{d}v' \neq 0$ ，则通常忽略式（2.11）中包含 r' 的项。

2.2.1　短电偶极子

考虑一个长度为 l 的恒定载流为 I_0（实际载流为 $I_0 e^{jwt}$）的小线性电流元件，沿 z 轴放置，如图 2-2 所示。对于这样的电流元件，有

$$I(z) = I_0, |z| \leqslant l/2 \tag{2.12}$$

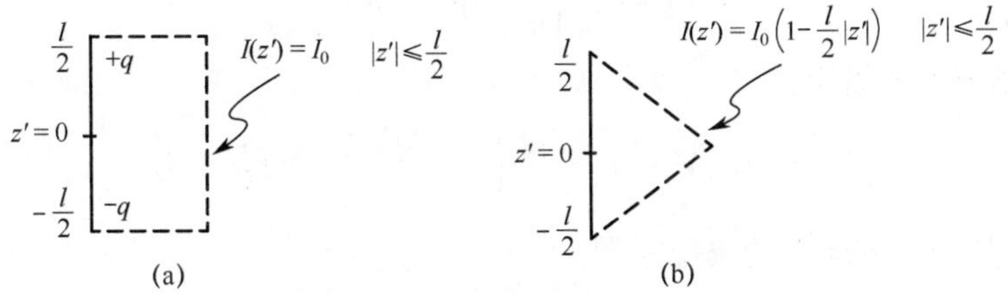

图 2-2　位于原点 z 向偶极子

（a）一个短赫兹偶极子；（b）一个亚伯拉罕偶极子。

假设总电流矩为

$$\boldsymbol{p}_i = \int_V \boldsymbol{J}(\boldsymbol{r}')\,\mathrm{d}v' = \hat{z}\int_{-l/2}^{l/2} I(z')\,\mathrm{d}z' = I_0 l\hat{z} \tag{2.13}$$

考虑两个时变电荷 $\pm q$，距离相隔 l，沿 z 轴放置。对于小 l，这表示一个时变偶极子，其矩 $\boldsymbol{p}$ 定义为

$$\boldsymbol{p} = ql\hat{z} \tag{2.14}$$

用 $I_0 = \mathrm{j}wq$ 代入式（2.14），可以得到

$$\boldsymbol{p} = \frac{I_0 l}{\mathrm{j}w}\hat{z} \tag{2.15}$$

表明电流矩与偶极矩的关系为

$$\boldsymbol{p}_i = \mathrm{j}w\boldsymbol{p} \tag{2.16}$$

上面定义了与赫兹电势有关的极化矢量 $\boldsymbol{P}$，即

$$\boldsymbol{P} = \frac{\boldsymbol{J}}{\mathrm{j}w} \tag{2.17}$$

此时，有

$$\int_V \boldsymbol{P}(\boldsymbol{r}')\,\mathrm{d}v' = \frac{1}{\mathrm{j}w}\int \boldsymbol{J}(\boldsymbol{r}')\,\mathrm{d}v' = \frac{I_0 l}{\mathrm{j}w}\hat{z} = \boldsymbol{p} \tag{2.18}$$

因此，$\boldsymbol{P}$ 确实与偶极子概念有关，这样的时变偶极子称为赫兹偶极子。对于具有如下分布的基本电流源：

$$I(z) = I_0\left(1 - \frac{2}{l}|z|\right), \quad |z| \leqslant l/2 \tag{2.19}$$

电流矩为

$$\boldsymbol{p}_i = \frac{I_0 l}{2}\hat{z} \tag{2.20}$$

式（2.20）是相同长度赫兹偶极子电流的1/2，这也称为亚伯拉罕偶极子。

利用类似于式（2.11）的近似，可以证明矩 $\boldsymbol{p}_i = \mathrm{j}\omega\boldsymbol{p}$ 的赫兹偶极子的势为

$$\boldsymbol{\pi}(\boldsymbol{r}) \simeq \frac{\mathrm{e}^{-\mathrm{j}k_0 r}}{\mathrm{j}w4\pi\varepsilon_0 r}\boldsymbol{p}_i = \boldsymbol{p}\frac{\mathrm{e}^{-\mathrm{j}k_0 r}}{4\pi\varepsilon_0 r} \tag{2.21}$$

磁场由下式给出：

$$\boldsymbol{H} = \mathrm{j}w\varepsilon_0 \nabla\times\pi = \frac{\mathrm{j}w}{4\pi}\left[\frac{1}{r^2} + \frac{\mathrm{j}k_0}{r}\right]\mathrm{e}^{-\mathrm{j}k_0 r}(\boldsymbol{p}\times\hat{\boldsymbol{r}}) \tag{2.22}$$

式中：$\boldsymbol{r}$ 是场点方向上的单位矢量。

电场 $\boldsymbol{E}$ 可以从下式计算：

$$\boldsymbol{E} = \nabla\nabla\cdot\boldsymbol{\pi} + k_0^2\boldsymbol{\pi} = \frac{\mathrm{e}^{-\mathrm{j}k_0 r}}{4\pi\varepsilon_0}\left[\left(\frac{1}{r^3} + \frac{\mathrm{j}k_0}{r^2}\right)\{3(\boldsymbol{p}\cdot\hat{\boldsymbol{r}})\hat{\boldsymbol{r}} - \boldsymbol{p}\} - \frac{k_0^2}{r}\{\hat{\boldsymbol{r}}\times(\hat{\boldsymbol{r}}\times\boldsymbol{p})\}\right] \tag{2.23}$$

在远区（$k_0 r \gg 1$）中，只有依赖 $1/r$ 的项占主导地位，因此有

$$\boldsymbol{E} = -\frac{k_0^2}{4\pi\varepsilon_0}\frac{\mathrm{e}^{-\mathrm{j}k_0 r}}{r}[\hat{\boldsymbol{r}}\times(\hat{\boldsymbol{r}}\times\boldsymbol{p})] \tag{2.24}$$

$$\boldsymbol{H} = \frac{wk_0}{4\pi}\frac{\mathrm{e}^{-\mathrm{j}k_0 r}}{r}(\hat{\boldsymbol{r}}\times\boldsymbol{p}) \tag{2.25}$$

对于电流元 $I_0\mathrm{d}l$ 产生的电磁场，只要用 $I_0\mathrm{d}l/\mathrm{j}\omega$ 替换 $\boldsymbol{p}$，上述表达式就可以使用。

上述电磁场表达式对于偶极子的任意方向都有效。对于一个 z 方向偶极子，有

$$\boldsymbol{p} = p\cos\theta\hat{\boldsymbol{r}} - p\sin\theta\hat{\boldsymbol{\theta}} \tag{2.26}$$

因此，电磁场的球坐标分量可由下式给出：

$$\begin{cases} E_r = p\dfrac{\mathrm{e}^{-\mathrm{j}k_0 r}}{2\pi\varepsilon_0}\left[\dfrac{1}{r^3} + \dfrac{\mathrm{j}k_0}{r^2}\right]\cos\theta \\ E_\theta = p\dfrac{\mathrm{e}^{-\mathrm{j}k_0 r}}{4\pi\varepsilon_0}\left[\dfrac{1}{r^3} + \dfrac{\mathrm{j}k_0}{r^2} - \dfrac{k_0^2}{r}\right]\sin\theta \end{cases} \tag{2.27}$$

$$H_\phi = \mathrm{j}wp\frac{\mathrm{e}^{-\mathrm{j}k_0 r}}{2\pi}\left[\frac{1}{r^2} + \frac{\mathrm{j}k_0}{r}\right]$$

而

$$E_\phi = H_r = H_\theta = 0 \tag{2.28}$$

位于原点沿 z 方向放置的赫兹偶极子的辐射场可由下式给出：

$$E_\theta = \mathrm{j}\frac{k_0^2}{4\pi w\varepsilon_0}I_0\mathrm{d}z\frac{\mathrm{e}^{-\mathrm{j}k_0r}}{r}\sin\theta \tag{2.29}$$

$$H_\phi = \mathrm{j}\frac{k_0}{4\pi}I_0\mathrm{d}z\frac{\mathrm{e}^{-\mathrm{j}k_0r}}{r}\sin\theta$$

此时，$E_r = E_\phi = H_r = H_\theta = 0$。在远场，横向场分量的比值为

$$\frac{|E_\theta|}{|H_\phi|} = \frac{k_0}{w\varepsilon_0} = Z_0 \tag{2.30}$$

式中：Z_0为自由空间内波阻抗。

电偶极子的辐射场表现为横向电磁波（TEM），其振幅随 $1/r$ 减小。坡印廷矢量由下式给出：

$$\boldsymbol{S} = \frac{1}{2}\boldsymbol{E}\times\boldsymbol{H}^* = \frac{p^2wk_0^3}{32\pi^2\varepsilon_0r^2}\sin^2\theta\hat{\boldsymbol{r}} \tag{2.31}$$

代表 $\boldsymbol{r}$ 方向的能流密度。

若沿 z 方向放置电流为 $I(z)$ 的偶极子位于 r'位置，如图 2-3 所示，则远场由下式给出：

$$E_\theta = \mathrm{j}\frac{k_0^2}{4\pi w\varepsilon_0}\sin\theta\frac{\mathrm{e}^{-\mathrm{j}k_0(r-r'\cdot\hat{r})}}{r}I(z)\mathrm{d}z \tag{2.32}$$

$$H_\phi = \mathrm{j}\frac{k_0}{4\pi}\sin\theta\frac{\mathrm{e}^{-\mathrm{j}k_0(r-r'\cdot\hat{r})}}{r}I(z)\mathrm{d}z \tag{2.33}$$

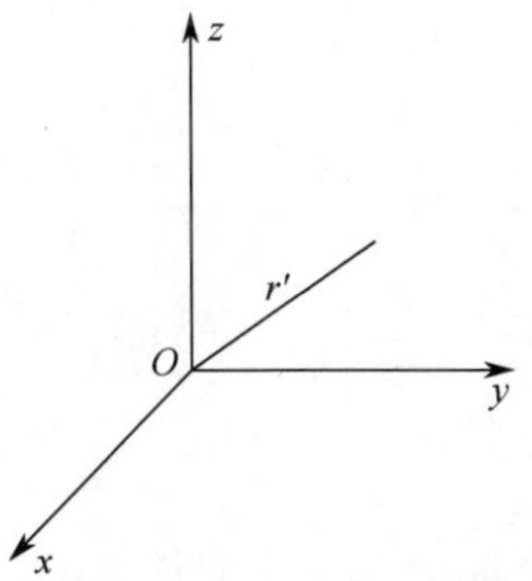

图 2-3　位于 r'处的 z 向短赫兹偶极子

2.2.2　短磁偶极子

半波长尺度规则适用于除线环天线以外的所有天线。晶体管收音机中使用的小环形天线在广播（AM）长 300m 波长上是共振的，因为它们含有一种称为铁氧体的磁芯。铁氧体环形天线用于超紧凑型晶体管收音机。

考虑一个包含电流 I_0的小区域 Δ，如图 2-4 所示。这样的电流环称为磁偶极子。对于这个电流环，存在

$$\int_V \boldsymbol{J}(\boldsymbol{r}')\mathrm{d}v' = \oint_C I_0 \mathrm{d}\boldsymbol{l} = I_0\oint_C \mathrm{d}\boldsymbol{l} = 0 \tag{2.34}$$

然而，这并不意味着电流矩为零。将磁偶极矩定义为

$$\boldsymbol{m} = \frac{1}{2}\int_V \hat{\boldsymbol{r}}' \times \boldsymbol{J}\mathrm{d}v' \tag{2.35}$$

应用式（2.35）可得

$$\boldsymbol{m} = \frac{1}{2}\oint_C \hat{\boldsymbol{r}}' \times I_0\mathrm{d}\boldsymbol{l}' = I_0\oint_C \frac{1}{2}(\hat{\boldsymbol{r}}' \times \mathrm{d}\boldsymbol{l}') \tag{2.36}$$

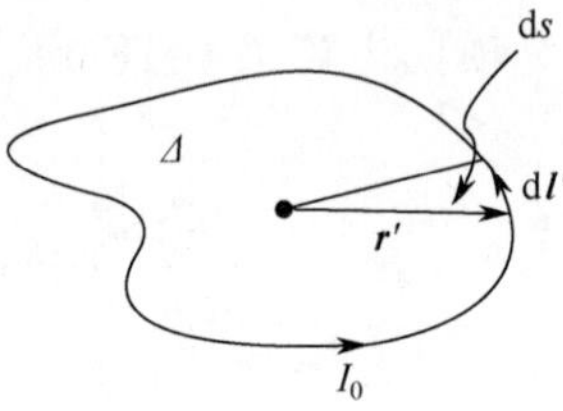

图 2-4　短磁偶极子

因此，有

$$\boldsymbol{m} = \hat{\boldsymbol{n}}I_0\int_S \mathrm{d}s' = \hat{\boldsymbol{n}}I_0\Delta \tag{2.37}$$

式（2.37）显然与回路形状无关。为了求赫兹势需使用式（2.11），即

$$\begin{aligned}\boldsymbol{\pi}(\boldsymbol{r}) &\approx -\mathrm{j}\frac{Z_0}{k_0}\frac{\mathrm{e}^{-\mathrm{j}k_0 r}}{4\pi r}\int_V \boldsymbol{J}(\boldsymbol{r}')\left(\mathrm{j}k_0 + \frac{1}{r}\right)r'\cos\gamma\mathrm{d}v' \\ &= -\mathrm{j}\frac{Z_0}{k_0}\frac{\mathrm{e}^{-\mathrm{j}k_0 r}}{4\pi r}\left(\mathrm{j}k_0 + \frac{1}{r}\right)\int_V \boldsymbol{J}(\boldsymbol{r}')r'\hat{\boldsymbol{r}}' \cdot \hat{\boldsymbol{r}}\mathrm{d}v' \\ &= -\mathrm{j}\frac{Z_0}{k_0}\frac{\mathrm{e}^{-\mathrm{j}k_0 r}}{4\pi r}\left(\mathrm{j}k_0 + \frac{1}{r}\right)I_0\oint_C \frac{\boldsymbol{r}' \cdot \boldsymbol{r}}{r}\mathrm{d}\boldsymbol{l}'\end{aligned} \tag{2.38}$$

利用矢量定理

$$\oint_C \psi\mathrm{d}\boldsymbol{l}' = -\int_S \nabla'\psi \times \hat{\boldsymbol{n}}\mathrm{d}s' \tag{2.39}$$

可以得到

$$\begin{aligned}\boldsymbol{\pi}(\boldsymbol{r}) &= \mathrm{j}\frac{Z_0 I_0}{k}\frac{\mathrm{e}^{-\mathrm{j}k_0 r}}{4\pi r}\left(\mathrm{j}k_0 + \frac{1}{r}\right)\int_S \frac{\nabla'(\boldsymbol{r}' \cdot \boldsymbol{r}) \times \hat{\boldsymbol{n}}\mathrm{d}s'}{\boldsymbol{r}} \\ &= \mathrm{j}\frac{Z_0 I_0}{k_0}\frac{\mathrm{e}^{-\mathrm{j}k_0 r}}{4\pi r}\left(\mathrm{j}k_0 + \frac{1}{r}\right)\int_S \hat{\boldsymbol{r}} \times \hat{\boldsymbol{n}}\mathrm{d}s'\end{aligned} \tag{2.40}$$

将磁力矩 $\boldsymbol{m}$ 代入式（2.40），可得

$$\boldsymbol{\pi}(\boldsymbol{r}) = -\mathrm{j}\frac{Z_0}{k_0}\frac{\mathrm{e}^{-\mathrm{j}k_0 r}}{4\pi r}(\boldsymbol{m} \times \hat{\boldsymbol{r}})\left(\mathrm{j}k_0 + \frac{1}{r}\right) \tag{2.41}$$

并且假设磁流环朝向 $\hat{\boldsymbol{n}} = \hat{z}$，则

$$\boldsymbol{\pi}(\boldsymbol{r}) = -\mathrm{j}\frac{Z_0}{k_0}\frac{\mathrm{e}^{-\mathrm{j}k_0 r}}{4\pi r}m\left(\mathrm{j}k_0 + \frac{1}{r}\right)\sin\theta\hat{\boldsymbol{\phi}} \tag{2.42}$$

值得注意的是，不管环路的大小如何，赫兹势均指向 ϕ 方向。使用式（2.22）和式（2.23），给出沿 z 向放置的磁偶极子电磁场，即

$$\boldsymbol{E} = m\frac{\mathrm{e}^{-\mathrm{j}k_0 r}}{4\pi}k_0^2 Z_0\left(-\frac{\mathrm{j}k_0}{r^2} + \frac{1}{r}\right)\sin\theta\hat{\boldsymbol{\phi}} \tag{2.43}$$

$$\boldsymbol{H} = m\frac{\mathrm{e}^{-\mathrm{j}k_0 r}}{4\pi}\left[2\left(\frac{1}{r^3} + \frac{\mathrm{j}k_0}{r^2}\right)\cos\theta\hat{\boldsymbol{r}} + \left(\frac{1}{r^3} + \frac{\mathrm{j}k_0}{r^2} - \frac{k_0^2}{r}\right)\sin\theta\hat{\boldsymbol{\theta}}\right] \tag{2.44}$$

对于这样一个磁偶极子，$E_r = E_\theta = h_\phi \equiv 0$。

在远区，当 $\boldsymbol{r}$ 趋于无穷远时，从式（2.44）得到

$$\boldsymbol{E} \approx m\frac{\mathrm{e}^{-\mathrm{j}k_0 r}}{4\pi r}k_0^2\sin\theta\hat{\boldsymbol{\theta}}$$

$$\boldsymbol{H} \approx -m\frac{\mathrm{e}^{-\mathrm{j}k_0 r}}{4\pi r}k_0^2\sin\theta\hat{\boldsymbol{\theta}} \tag{2.45}$$

并可给出坡印亭矢量：

$$\boldsymbol{S} = \frac{1}{2}\boldsymbol{E}\times\boldsymbol{H}^* = \frac{m^2 k_0^4 Z_0}{32\pi^2 r^2}\sin^2\theta\hat{\boldsymbol{r}} \tag{2.46}$$

式（2.46）代表辐射方向的真实功率流。

2.3　线天线

考虑由电流分布 $R_e[I(z)\mathrm{e}^{\mathrm{j}wt}]$ 激励的线天线，类似于图 2-5 所示的 1/2。使用表达式（2.32）和式（2.33），通过叠加积分，可以得到由线天线引起的场。因此，电场由下式给出：

$$E_\theta \approx \frac{\mathrm{j}k_0^2}{4\pi w\varepsilon_0}\sin\theta\frac{\mathrm{e}^{-\mathrm{j}k_0 r}}{r}\int I(z')\mathrm{e}^{\mathrm{j}k_0 r'\cdot\hat{r}}\mathrm{d}z' \tag{2.47}$$

将式（2.47）写成

$$E_\theta \approx \frac{\mathrm{j}k_0^2 l}{4\pi w\varepsilon_0}\frac{\mathrm{e}^{-\mathrm{j}k_0 r}}{r}I_0\mathrm{e}^{\mathrm{j}\phi_0}\psi(\theta) \tag{2.48}$$

式中，ψ 可定义为

$$\psi(\theta) \simeq \frac{\sin\theta}{l}\int_{-l/2}^{l/2} I(z')\mathrm{e}^{\mathrm{j}k_0 r'\cdot\hat{r}}\mathrm{d}z' \tag{2.49}$$

式中：l 为天线的长度；ψ 是无量纲的，独立于 I_0 和 ϕ_0。它显示了辐射场的角度依赖性，有时称为辐射场方向图。为了计算 ψ，必须知道电流分布。

例 2.1 如图 2-5 所示，长 $2L$ 的中心馈电天线电流分布为

$$I(z) = I_m \frac{\sin k_0(L - |z|)}{\sin(k_0 L)}$$

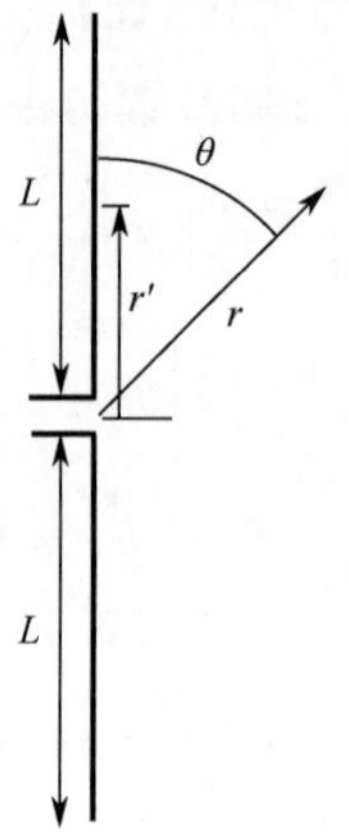

图 2-5 长 $2L$ 的中心馈电线天线

使用式（2.49），可以得到

$$\psi(\theta) = \frac{\sin\theta}{2L}\int_{-L}^{L} \frac{\sin k_0(L - |z'|)}{\sin(k_0 L)} e^{jk_0 z'\cos\theta} dz'$$

进行积分计算，有

$$\psi(\theta) = \frac{1}{k_0 L\sin(k_0 L)}\left[\frac{\cos(k_0 L) - \cos(k_0 L\cos\theta)}{\sin\theta}\right]$$

辐射电场公式由式（2.48）给出。

2.4 场　　区

自由空间中源分布 $\boldsymbol{J}$ 在点 P 处的矢量势由式（2.2）给出。根据观测点的位置、源的最大线性尺度和波长，通过各种近似计算式（2.2），从而求得场。

下面将分别考虑点源和分布源。

2.4.1 点源

若源的最大线性尺度小于波长，即 $r' \ll \lambda$ 或 $kr' \ll 1$，则被积函数式（2.2）中的指数项可以用泰勒级数展开的前两项近似，这将使得式（2.11）适用于点源或电小源。假设此时的源都位于原点处，则对于 $kr \ll 1$ 和 $kr \gg 1$ 区域，产生场的本质是不同的。这两个区域，按照定义，称为源的（感应）近

场区和（辐射）远场区，如图2-6所示。这两种区域的公共边界被任意选在 $kr = 1$ 或 $r = \lambda/2\pi$。

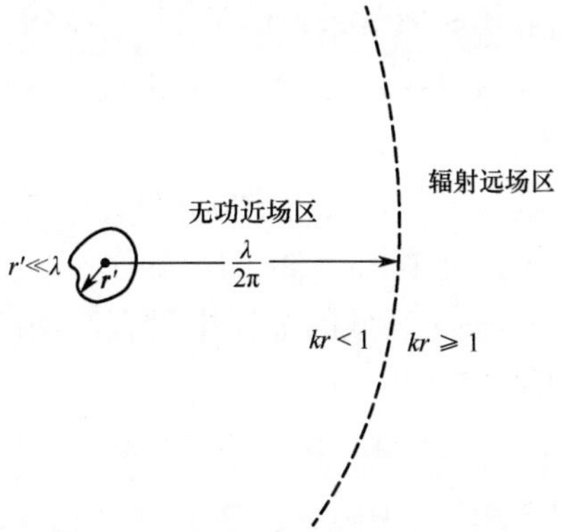

图2-6 近场区和远场区示意图
（点源近场区，感应能量占主导地位；点源远场区，辐射能量占主导地位）

2.4.2 分布源

很多情况下，源的最大尺寸远大于 λ，远场不再假定为从 $\frac{\lambda}{2\pi}$ 开始。

使用假设

$$r \gg r', \quad k_0 r \gg 1 \tag{2.50}$$

当进行相位计算时可以用下式近似：

$$|\boldsymbol{r} - \boldsymbol{r}'| \approx \boldsymbol{r} - (\boldsymbol{r} \cdot \boldsymbol{r}') + \frac{1}{2r}[r'^2 - (\boldsymbol{r} \cdot \boldsymbol{r}')^2] + O\left(\frac{r'}{r}\right)^3 \tag{2.51}$$

当计算幅度时，采用下式近似：

$$|\boldsymbol{r} - \boldsymbol{r}'| \approx r \tag{2.52}$$

在这些假设下，式（2.2）可以简化为

$$\boldsymbol{\pi}(\boldsymbol{r}) \approx -\mathrm{j}\frac{Z_0}{k_0}\frac{\mathrm{e}^{-\mathrm{j}k_0 r}}{4\pi r}\int_V \boldsymbol{J}(\boldsymbol{r}')\mathrm{e}^{\mathrm{j}k_0\left[(\boldsymbol{r}\cdot\boldsymbol{r}') + \frac{(\boldsymbol{r}\cdot\boldsymbol{r}')2}{2r} - \frac{r'2}{2r}\right]}\mathrm{d}v' \tag{2.53}$$

根据IEEE标准，远区场也称为开始于距离 r 处Fraunhofer场，应满足

$$\frac{r'^2_{\max}}{2r} = \lambda/16 \tag{2.54}$$

即

$$r = 8r'^2_{\max}/\lambda \tag{2.55}$$

假设 D 是源的最大线性尺度，$r'_{\max} = D/2$，可得到远场区定义：

$$r \geq 2D^2/\lambda \tag{2.56}$$

在这种情况下，式（2.53）的指数积分中只有（$\boldsymbol{r} \cdot \boldsymbol{r}'$）项被保留，即

$$\boldsymbol{\pi}(\boldsymbol{r}) \approx -\mathrm{j}\frac{Z_0}{k_0}\frac{\mathrm{e}^{-\mathrm{j}k_0 r}}{4\pi r}\int_V \boldsymbol{J}(\boldsymbol{r}')\mathrm{e}^{\mathrm{j}k_0 \boldsymbol{r}'\cdot\hat{\boldsymbol{r}}}\mathrm{d}v' \tag{2.57}$$

这就是计算天线辐射场时通常采取的近似。忽略低阶项引入最高 $k_0 r'^2/2r$ 的相位误差，意味着在远场边界 $r = 2D^2/\lambda$ 处出现 $\pi/8$ 的相位差。对于更远的距离，这个误差将会减少。

远场区域以辐射能量为主，在天线分析和设计中具有重要意义。

在场计算中必须保留二阶项 $k_0 r'^2/2r$ 的区域称为 Fresnel 区域，也称为准远场或者辐射近场区。在 Fresnel 区域的描述中没有明确的边界，而对于电大源（$D \gg \lambda$），这个区域可以定义为

$$D^2/4\lambda \leqslant r < 2D^2/\lambda \tag{2.58}$$

用于分布源的场区域如图 2-7 所示。

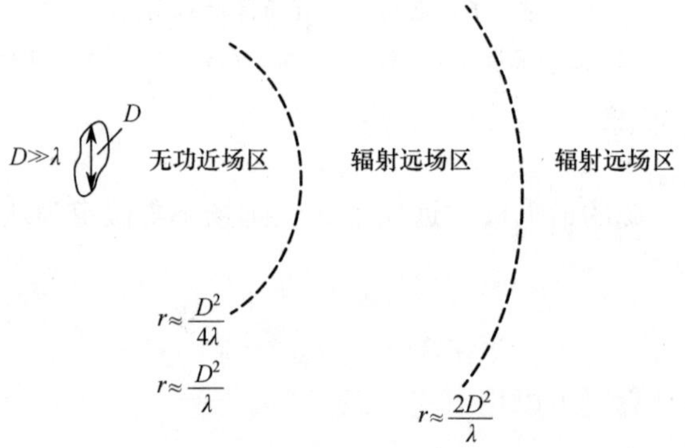

图 2-7　用于分布源的场区域

（在 Fresnel 区域，场分布取决于离开天线的距离；在 Fraunhofer 区域，场分布与距离无关）

近场区域从源向外延伸到 Fresnel 区域的内边界。对于这个以无功能量为主的区域，一般不采用近似方法计算电势和场。

2.5　通用天线远场计算

赫兹势矢量的远场表达式（2.57）可以写成

$$\boldsymbol{\pi}(r) = -\mathrm{j}\frac{Z_0}{k_0}\frac{\mathrm{e}^{-\mathrm{j}k_0 r}}{4\pi r}\boldsymbol{N}(\theta,\phi) \tag{2.59}$$

其中

$$\boldsymbol{N} = \int_V \boldsymbol{J}(r')\mathrm{e}^{\mathrm{j}k_0 \boldsymbol{r}'\cdot\hat{\boldsymbol{r}}}\mathrm{d}v' \tag{2.60}$$

磁场矢量由下式给出：

$$\boldsymbol{H}(r) = \mathrm{j}w\varepsilon_0 \boldsymbol{\nabla} \times \boldsymbol{\pi}(r) \tag{2.61}$$

由于关注点是远场区，希望结果中只保留形如 $\mathrm{e}^{-\mathrm{j}k_0 r}/r$，$r \to \infty$这样的项。进行微分运算，有

$$\begin{aligned}\boldsymbol{\nabla} \times \left\{\frac{\mathrm{e}^{-\mathrm{j}k_0 r}}{r}\boldsymbol{N}(\theta,\phi)\right\} &= \boldsymbol{\nabla}\left(\frac{\mathrm{e}^{-\mathrm{j}k_0 r}}{r}\right) \times \boldsymbol{N} + \frac{\mathrm{e}^{-\mathrm{j}k_0 r}}{r}\boldsymbol{\nabla} \times \boldsymbol{N} \\ &= -\left(\frac{\mathrm{j}k_0}{r} + \frac{1}{r^2}\right)\mathrm{e}^{-\mathrm{j}k_0 r}(\hat{\boldsymbol{r}} \times \boldsymbol{N}) + \frac{\mathrm{e}^{-\mathrm{j}k_0 r}}{r}\boldsymbol{\nabla} \times \boldsymbol{N} \\ &= \left(1 + \frac{\mathrm{j}}{k_0 r}\right)\frac{\mathrm{e}^{-\mathrm{j}k_0 r}}{r}(-\mathrm{j}k_0)\hat{\boldsymbol{r}} \times \boldsymbol{N} + \frac{\mathrm{e}^{-\mathrm{j}k_0 r}}{r}\boldsymbol{\nabla} \times \boldsymbol{N}\end{aligned} \tag{2.62}$$

注意：式（2.62）中矢量 $\boldsymbol{N}$ 的旋度为

$$\boldsymbol{\nabla} \times \boldsymbol{N} = O(1/r) \tag{2.63}$$

因此，有

$$\boldsymbol{\nabla} \times \left\{\frac{\mathrm{e}^{-\mathrm{j}k_0 r}}{r}\boldsymbol{N}(\theta,\phi)\right\} \approx \frac{\mathrm{e}^{-\mathrm{j}k_0 r}}{r}(-\mathrm{j}k_0)(\hat{\boldsymbol{r}} \times \boldsymbol{N}) + O\left(\frac{1}{r^2}\right) \tag{2.64}$$

后续公式的 $\boldsymbol{N}$ 均需加粗，$\boldsymbol{\nabla}$也需加粗，包括矢量 $\boldsymbol{H}$、$\boldsymbol{E}$ 等。因此，在远场计算中（$\boldsymbol{\nabla}\times$）可以用（$-\mathrm{j}k_0\hat{\boldsymbol{r}}\times$）来代替，即

$$\boldsymbol{H}(\boldsymbol{r}) = -\mathrm{j}k_0 \frac{\mathrm{e}^{-\mathrm{j}k_0 r}}{4\pi r}(\hat{\boldsymbol{r}} \times \boldsymbol{N}) + O\left(\frac{1}{r^2}\right) \tag{2.65}$$

注意：$\hat{\boldsymbol{r}} \times \boldsymbol{N} = \hat{\boldsymbol{r}} \times \boldsymbol{N}_t$，有

$$\boldsymbol{H}(\boldsymbol{r}) = -\mathrm{j}k_0 \frac{\mathrm{e}^{-\mathrm{j}k_0 r}}{4\pi r}(\hat{\boldsymbol{r}} \times \boldsymbol{N}_t) \tag{2.66}$$

其中

$$\boldsymbol{N}_t = \boldsymbol{N} - \hat{\boldsymbol{r}}\boldsymbol{N}_r = -\hat{\boldsymbol{r}} \times \hat{\boldsymbol{r}} \times \boldsymbol{N} \tag{2.67}$$

式中：$\boldsymbol{N}_t$ 可当作电流分布的辐射矢量，被忽略是含 $1/k_0 r^2$ 的高阶项。辐射矢量的量纲为［A · m］。$\boldsymbol{N}_t$ 可写为

$$\boldsymbol{N}_t = I_i \hat{\boldsymbol{h}}(\theta,\phi) \tag{2.68}$$

式中：I_i为参考电流，通常当作天线的输入电流；$\hat{\boldsymbol{h}}(\theta,\phi)$ 称为有效高度函数矢量。

远离源区域的电场由下式给出：

$$\boldsymbol{E}(\boldsymbol{r}) = \frac{1}{\mathrm{j}w\varepsilon_0}\boldsymbol{\nabla} \times \boldsymbol{H}(r) \tag{2.69}$$

则

$$\boldsymbol{E}(\boldsymbol{r}) = \frac{1}{\mathrm{j}w\varepsilon_0}(-\mathrm{j}k_0\hat{\boldsymbol{r}}) \times \boldsymbol{H}(r) = \mathrm{j}k_0 Z_0 \frac{\mathrm{e}^{-\mathrm{j}k_0 r}}{4\pi r}[\hat{\boldsymbol{r}} \times (\hat{\boldsymbol{r}} \times \boldsymbol{N}_t)] \tag{2.70}$$

因此，场的横向分量在远场中占主导地位。

总结以上结果，使用下面的步骤求解任何天线的远场，即

$$\boldsymbol{N} = \int_V \boldsymbol{J}(\boldsymbol{r}') \mathrm{e}^{\mathrm{j}k_0 \boldsymbol{r}' \cdot \hat{\boldsymbol{r}}} \mathrm{d}v'$$

$$\boldsymbol{N}_t = N_\theta \hat{\boldsymbol{\theta}} + N_\phi \hat{\boldsymbol{\phi}} = -\hat{\boldsymbol{r}} \times \hat{\boldsymbol{r}} \times \boldsymbol{N} \tag{2.71}$$

$$\boldsymbol{E} = E_\theta \hat{\boldsymbol{\theta}} + E_\phi \hat{\boldsymbol{\phi}} = -\mathrm{j}k_0 Z_0 \frac{\mathrm{e}^{-\mathrm{j}k_0 r}}{4\pi r} \boldsymbol{N}_t$$

$$\boldsymbol{H} = \frac{1}{Z_0} \hat{\boldsymbol{r}} \times \boldsymbol{E}$$

注意：坡印亭矢量方向为 $\boldsymbol{N}_t \times (\hat{\boldsymbol{r}} \times \boldsymbol{N}_t)$，则 $\hat{\boldsymbol{r}}$ 和 $\boldsymbol{E}$ 及 $\boldsymbol{H}$ 和 $\hat{\boldsymbol{r}}$ 构成一个右手正交矢量系统。

上述的求解流程在已知电流分布的情况下，广泛应用于求解各种类型天线的远场。

2.6 天线参数

本节将讨论各种天线参数。其中一些参数如辐射强度和方向性增益与天线的远场特性有关；另一些参数如天线阻抗则是近场量。

2.6.1 天线方向图和辐射强度

以 r 为固定半径表示出 $|\boldsymbol{E}|(\theta,\phi)$ 函数的图称为天线场辐射方向图。

天线单位立体角辐射的功率称为天线的辐射强度。如果 $\boldsymbol{S}$ 是坡印亭矢量，则

$$U = r^2 S_r(\theta,\phi) \tag{2.72}$$

式中：U 为辐射强度，单位为瓦特/单位立体角（W/sr）。在远场，坡印亭矢量由 $\boldsymbol{S} = \frac{1}{2Z_0} |\boldsymbol{E}|^2 \hat{\boldsymbol{r}}$ 给出，且

$$U(\theta,\phi) = \frac{r^2}{2Z_0} |\boldsymbol{E}|^2 \tag{2.73}$$

描述 U 的函数图 (θ,ϕ) 称为天线功率方向图。这些图形通常在远场中绘制，并与矢量有效高度函数的大小直接相关。归一化功率方向图定义为

$$U_n(\theta,\phi) = \frac{U(\theta,\phi)}{U(\theta,\phi)_{\max}} \tag{2.74}$$

对于短电偶极子，归一化场辐射和功率方向图如图 2-8 所示。

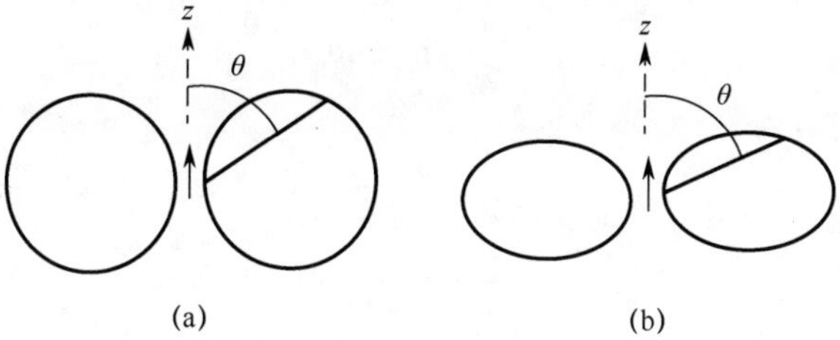

图 2-8　归一化的场辐射方向图（a）及短赫兹偶极子功率方向图（b）

2.6.2　定向性增益

天线在给定方向上的定向增益，是该方向上的辐射强度与辐射相同总平均功率的等效各向同性天线的辐射强度之比。因此，有

$$D_g = \frac{U}{U_0} = \frac{U}{P_{\mathrm{rad}}/4\pi} \tag{2.75}$$

P_{rad} 可以用辐射功率密度 S_r 表示为

$$P_{\mathrm{rad}} = \oint_S r^2 S_r \mathrm{d}\Omega \tag{2.76}$$

式中：$\mathrm{d}\Omega$ 代表单位立体角，使用式（2.76）和式（2.72），方向性增益式（2.75）也可以表示为

$$D_g(\theta,\phi) = \frac{4\pi S_r(\theta,\phi)}{\int_{4\pi} S_r(\theta,\phi)\mathrm{d}\Omega} \tag{2.77}$$

如果未指定方向，则意味着 D_g 指定在最大增益方向，这就是定向性。定向性由 D_0 表示，由下式给出：

$$D_0 = \frac{U_{\max}}{P_{\mathrm{rad}}/4\pi} = \frac{4\pi}{\int_{4\pi} U_n(\theta,\phi)\mathrm{d}\Omega} \tag{2.78}$$

定向性增益可以用定向性和归一化功率模式表示为

$$D(\theta,\phi) = D_0 U_n(\theta,\phi) \tag{2.79}$$

例 2.2　短赫兹偶极子以合适的角度向导线传输或接收大部分能量；沿着导线的长度传递的能量很少。这种方向性是天线最重要的电特性之一，它允许向特定方向发送或接收信号，而不接受其他方向的信号。

短电偶极子的复坡印廷矢量由式（2.31）给出，即

$$S_r = \frac{p^2 wk^3}{32\pi^2\varepsilon_0 r^2}\sin^2\theta$$

定向性增益表示为

$$D_g(\theta) = \frac{\sin^2\theta}{\frac{1}{2}\int_0^{\pi}\sin^3\theta \mathrm{d}\theta} = \frac{3}{2}\sin^2\theta$$

定向性 $D_0 = 3/2$。

定向性增益可以用有效高度函数矢量 $\widehat{\boldsymbol{h}}(\theta,\phi)$ 可用下式表示：

$$D_g = \frac{|\widehat{\boldsymbol{h}}(\theta,\phi)|^2}{\frac{1}{4\pi}\int_{\Omega}|\widehat{\boldsymbol{h}}(\theta,\phi)|^2 \mathrm{d}\Omega} \tag{2.80}$$

2.6.3 增益

在指定的方向上，天线的增益定义为天线辐射功率密度 $S_r(\theta,\phi)$ 与无耗的各向同性天线辐射功率密度 S_{ri} 之比，上述两者都提供天线相同数量的能量 P_t，即

$$G(\theta,\phi) = \frac{S_r(\theta,\phi)}{S_{ri}} \tag{2.81}$$

天线辐射的总能量由下式给出：

$$P_{\mathrm{rad}} = \oint_S S_r(\theta,\phi)\mathrm{d}s \tag{2.82}$$

无耗各向同性天线辐射的总功率为

$$P_{\mathrm{rad}}^i = 4\pi r^2 S_{ri} \tag{2.83}$$

这等于传输给天线的总功率 P_t。然而，由于天线系统的损耗，部分功率在天线中被耗散。指定这个功率损耗为 P_l，辐射效率定义为

$$\eta_l = \frac{P_{\mathrm{rad}}}{P_t} \tag{2.84}$$

将式（2.82）与式（2.84）结合，可得

$$S_{ri} = \frac{1}{4\pi\eta_l}\int_{4\pi} S_r(\theta,\phi)\mathrm{d}\Omega \tag{2.85}$$

将式（2.85）代入式（2.81）中，可得

$$G(\theta,\phi) = \frac{4\pi\eta_l S_r(\theta,\phi)}{\int_{4\pi} S_r(\theta,\phi)\mathrm{d}\Omega} \tag{2.86}$$

通过式（2.77），增益可以用定向性增益表示为

$$G(\theta,\phi) = \eta_l D(\theta,\phi) \tag{2.87}$$

天线增益计入了天线结构中的欧姆损耗。

2.6.4 有效口径

天线可以从入射波中获取能量，将其转换为截获功率，并将其传输到匹配

负载，该能力可以用有效口径 A_e 描述。如果接收天线位置处的入射功率密度为 S_i，则截获功率为

$$P_{\text{int}} = A_e S_i \tag{2.88}$$

有效口径又称为有效面积和接收截面。

有效口径可以用天线的方向性系数表示为

$$A_e = \frac{\lambda^2 D_0}{4\pi} \tag{2.89}$$

2.6.5 天线阻抗

考虑图2-9所示的天线。将天线包围在由3个面组成的闭合面 S 中：远场区域的面 S_a，包围天线和发生器的面 S_b 以及连接 S_a 和 S_b 的柱面 S_c。因此，可写成 $S = S_a + S_b + S_c$。由此写出包含体积 V 的曲面 S 的坡印廷定理为

$$-\frac{1}{2}\oint_S \boldsymbol{S} \cdot \mathrm{d}\boldsymbol{s} = \mathrm{j}2w\int_V \frac{1}{4}[\mu_0 \ |\boldsymbol{H}|^2 - \varepsilon_0 \ |\boldsymbol{E}|^2]\mathrm{d}v + \int_V \frac{1}{2}\boldsymbol{E} \cdot \boldsymbol{J}_a \mathrm{d}v \tag{2.90}$$

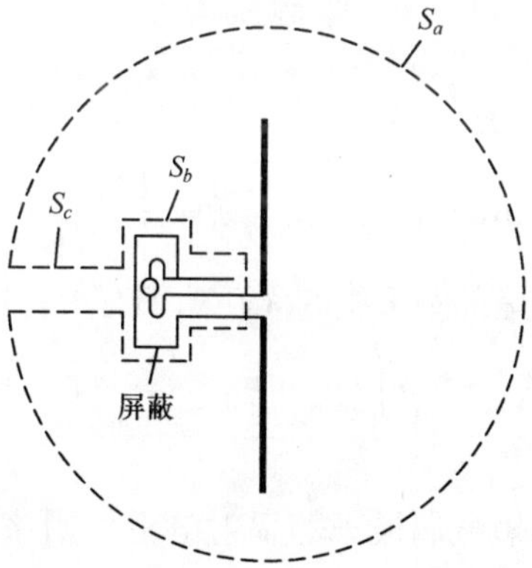

图2-9 辐射天线的坡印廷定理

在可能的情况下，把柱面 S_c 减小到最小。曲面积分的贡献是可以忽略的，因此，有

$$-\oint_{S_a} \frac{1}{2}\frac{|\boldsymbol{E}|^2}{Z_0}\mathrm{d}s - \oint_{S_b} \frac{1}{2}(\boldsymbol{E} \times \boldsymbol{H}^*) \cdot \mathrm{d}\boldsymbol{s} = \mathrm{j}2w\int_V \frac{1}{4}[\mu_0 \ |\boldsymbol{H}|^2 - \varepsilon_0 \ |\boldsymbol{E}|^2]\mathrm{d}v \tag{2.91}$$

式（2.91）中使用了远场区域 $\boldsymbol{S}$ 中的表达式。现给出式（2.91）等号左边第二个积分项的解释。根据电路理论，如果忽略位移电流和磁感应效应，则

$$\boldsymbol{E} = -\nabla\phi \tag{2.92}$$

因此，有

$$-\oint_{S_b}\frac{1}{2}(\boldsymbol{E}\times\boldsymbol{H}^*)\cdot\mathrm{d}\boldsymbol{s}=-\oint_{S_b}\frac{1}{2}(-\nabla\boldsymbol{\phi}\times\boldsymbol{H}^*)\cdot\mathrm{d}\boldsymbol{s} \tag{2.93}$$

使用矢量恒等式：

$$\nabla\times(\boldsymbol{\phi}\boldsymbol{H}^*)\equiv\nabla\boldsymbol{\phi}\times\boldsymbol{H}^*+\boldsymbol{\phi}\nabla\times\boldsymbol{H}^* \tag{2.94}$$

$$-\oint_{S_b}\frac{1}{2}(\boldsymbol{E}\times\boldsymbol{H}^*)\cdot\mathrm{d}\boldsymbol{s}=\frac{1}{2}\oint_{S_b}\nabla\times(\boldsymbol{\phi}\boldsymbol{H}^*)\cdot\mathrm{d}\boldsymbol{s}-\frac{1}{2}\oint_{S_b}(\boldsymbol{\phi}\nabla\times\boldsymbol{H}^*)\cdot\mathrm{d}\boldsymbol{s} \tag{2.95}$$

由于
$$\nabla\times\boldsymbol{H}=\boldsymbol{J}$$
则

$$-\oint_{S_b}\frac{1}{2}(\boldsymbol{E}\times\boldsymbol{H}^*)\cdot\mathrm{d}\boldsymbol{s}=-\frac{1}{2}\oint_{S_b}\boldsymbol{\phi}\boldsymbol{J}^*\cdot\mathrm{d}\boldsymbol{s} \tag{2.96}$$

显然，式（2.96）等号右边是源产生的功率，即

$$-\oint_{S_b}\frac{1}{2}(\boldsymbol{E}\times\boldsymbol{H}^*)\cdot\mathrm{d}\boldsymbol{s}=\frac{1}{2}\phi_i I_i^* \tag{2.97}$$

天线的复电压与复终端电流成正比：

$$\phi=Z_{\mathrm{ant}}I \tag{2.98}$$

式中：Z_{ant} 为天线阻抗。

天线的实部可以定义为

$$\mathrm{Re}Z_{\mathrm{ant}}\equiv R_{\mathrm{rad}}=\frac{1}{Z_0}\oint_S\frac{|\boldsymbol{E}|^2}{|I_0|^2}\mathrm{d}S \tag{2.99}$$

式中：R_{rad} 为辐射阻抗，虚部跟天线的无功功率有关，即

$$\mathrm{Im}Z_{\mathrm{ant}}=\frac{w\int_V(\mu_0|\boldsymbol{H}|^2-\varepsilon_0|\boldsymbol{E}|^2)\mathrm{d}v}{|I_0|^2} \tag{2.100}$$

例 2.3 长度为 l 的短电偶极子的辐射电阻可用该偶极子在远场中辐射的总功率求得

$$P=\oint_S\boldsymbol{S}\cdot\mathrm{d}\boldsymbol{s}$$

式中：$\boldsymbol{S}$ 为坡印亭矢量。

使用式（2.96）可得

$$P=\int_0^{2\pi}\int_0^{\pi}(I_0l)^2\frac{k_0^2Z_0}{2(4\pi)^2}\sin^2\theta\mathrm{d}s$$

$$=(I_0l)^2\frac{k_0^2Z_0}{12\pi}=\left(\frac{I_0l}{\lambda_0}\right)^2\frac{\pi}{3}Z_0$$

辐射阻抗由下式给出：

$$R_{\mathrm{rad}}=2P/I_0^2$$

因此，有

$$R_{\mathrm{rad}} = Z_0\left(\frac{2\pi}{3}\right)(l/\lambda_0)^2$$

式（2.101）对短偶极子（$l \ll \lambda_0$）是有效的，也是长度 $l \leqslant \lambda_0/4$ 偶极子的一个很好近似。

2.6.6　Friis 传输公式

如图 2-10 所示，考虑自由空间中最大增益方向上间隔距离为 R 的发射天线和接收天线，如果发射天线的发射功率为 P_t，则接收机处的功率密度为

$$S_r = G_t \frac{P_t}{4\pi R^2} \tag{2.101}$$

式中：G_t 为传输天线的增益。

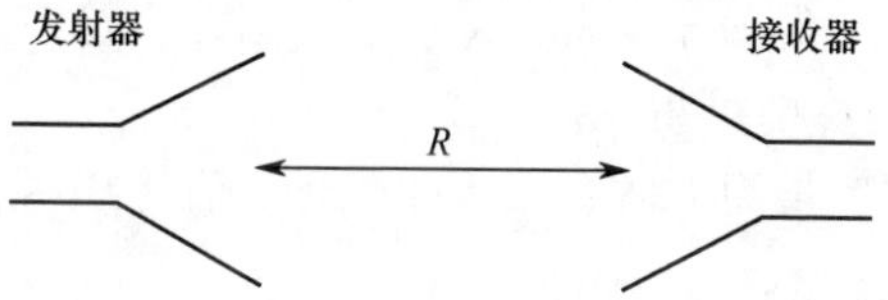

图 2-10　推导 Friis 传输公式的构造

接收天线截获功率表示为

$$P_{\mathrm{int}} = A_r S_r = A_r G_t \frac{P_t}{4\pi R^2} \tag{2.102}$$

式中：A_r 为接收天线的有效口径。

接收功率可以用截获功率表示为

$$P_{\mathrm{rec}} = \eta_r P_{\mathrm{int}} \tag{2.103}$$

式中：η_r 为接收天线效率。

通过式（2.101），可得

$$P_{\mathrm{rec}} = \eta_r A_r G_t \frac{P_t}{4\pi R^2} = G_t G_r P_t \left(\frac{\lambda}{4\pi R}\right)^2 \tag{2.104}$$

其中，使用了式（2.89），能量传输率为

$$\frac{P_{\mathrm{rec}}}{P_t} = G_t G_r \left(\frac{\lambda}{4\pi R}\right)^2 \tag{2.105}$$

若天线是收发互易的，比率可用下式给出，即

$$\frac{P_{\mathrm{rec}}}{P_t} = G_t G_r \left(\frac{\lambda}{4\pi R}\right)^2 U_t(\theta_t,\phi_t) U_r(\theta_r,\phi_r) \tag{2.106}$$

式（2.105）称为 Friis 传输公式。

习题 2

2.1　若 $\boldsymbol{F} = \boldsymbol{A}f(r)$，$\boldsymbol{A}$ 是矢量常量，f 是 r 的函数，$\boldsymbol{r} = r\hat{\boldsymbol{r}} = x\hat{\boldsymbol{x}} + y\hat{\boldsymbol{y}} + z\hat{\boldsymbol{z}}$ 是位置矢量。

(1) 证明：$\nabla \times \boldsymbol{F} = \hat{\boldsymbol{r}} \times \boldsymbol{A}\dfrac{\mathrm{d}f}{\mathrm{d}r}$。

(2) 特殊情况下，若 $f(r) = \dfrac{\mathrm{e}^{-\mathrm{j}kr}}{r}$，证明：对于 $kr \gg 1$（在远场）$\nabla \times \boldsymbol{F} \approx -\mathrm{j}k\hat{\boldsymbol{r}} \times \boldsymbol{F}$。

(3) 一般情况下，若 $\boldsymbol{F} = \boldsymbol{F}(r,\theta,\phi) = \boldsymbol{A}\dfrac{\mathrm{e}^{-\mathrm{j}kr}}{r}$，其中 $\boldsymbol{A}$ 是独立于 r 的任意矢量，但不是常量，证明：在远场 $\nabla \times \boldsymbol{F} \approx -\mathrm{j}k\hat{\boldsymbol{r}} \times \boldsymbol{F}$，$\nabla \times \nabla \times \boldsymbol{F} \approx -k^2\hat{\boldsymbol{r}} \times (\hat{\boldsymbol{r}}\boldsymbol{F})$，即在远场 $\nabla(\cdot)$ 等效于 $-\mathrm{j}k\hat{\boldsymbol{r}} \times (\cdot)$。因此，给定赫兹矢量，远场的 $\boldsymbol{E}$ 和 $\boldsymbol{H}$ 无须进行微分运算即可得到。

2.2　载流 $\hat{\boldsymbol{z}}I_0\mathrm{e}^{-\mathrm{j}\beta z}$ 长为 L 的直线天线位于 z 轴（$0 \leqslant z \leqslant L$）。$\beta$ 为实常数时，这代表行波天线。

(1) 证明赫兹矢量与源有关。

(2) 若观察点 $\boldsymbol{r}$ 满足 $r \gg L$，证明：$|r - r'| \approx r - z'\cos\theta$。

(3) 假设 $\dfrac{\mathrm{e}^{-\mathrm{j}k|r-r'|}}{|r - r'|} \approx \dfrac{\mathrm{e}^{-\mathrm{j}kr}}{r}\mathrm{e}^{\mathrm{j}kz'}\cos\theta$，计算远场的赫兹矢量。

(4) 已知远场 $\boldsymbol{E}$，证明 $\boldsymbol{E} = \hat{\boldsymbol{\theta}}E_\theta$。

2.3　求短赫兹偶极子的辐射电阻。

第 3 章　基本理论

本章，我们讨论电磁的基本理论。

3.1　唯一性定理

当使用电磁场时，假设满足波动方程和适当边界条件的场是唯一的。最重要的问题是：什么是用于确保唯一的充分和必要边界条件？

考虑一个各向同性的介质，其表面为 S，具有电流源 J。首先假设介质是无耗介质，其本构参数为

$$\begin{aligned}\varepsilon &= \varepsilon' - \mathrm{j}\varepsilon'' - \mathrm{j}\frac{\sigma}{\omega} \\ \mu &= \mu' - \mathrm{j}\mu''\end{aligned} \tag{3.1}$$

然后在表面为 S 的体积 V 内，可以得到

$$\begin{aligned}\nabla\times\boldsymbol{E} &= -\mathrm{j}\omega\mu\boldsymbol{H} \\ \nabla\times\boldsymbol{H} &= \mathrm{j}\omega\varepsilon\boldsymbol{E} + \boldsymbol{J}\end{aligned} \tag{3.2}$$

假设在区域 V 中存在两个由不同的外源产生的场（$\boldsymbol{E}^1$，$\boldsymbol{H}^1$）和（$\boldsymbol{E}^2$，$\boldsymbol{H}^2$），那么，场的差值（$\delta\boldsymbol{E}$，$\delta\boldsymbol{H}$）满足

$$\begin{aligned}\nabla\times\delta\boldsymbol{E} &= -\mathrm{j}\omega\mu\delta\boldsymbol{H} \\ \nabla\times\delta\boldsymbol{H} &= \mathrm{j}\omega\varepsilon\delta\boldsymbol{E}\end{aligned} \tag{3.3}$$

这意味着

$$\nabla\times\delta\boldsymbol{H}^* = -\mathrm{j}\omega\varepsilon^*\delta\boldsymbol{E}^* \tag{3.4}$$

现在考虑数值：

$$\begin{aligned}\nabla\cdot(\delta\boldsymbol{E}\times\delta\boldsymbol{H}^*) &= \delta\boldsymbol{H}^*\cdot\nabla\times\delta\boldsymbol{E} - \delta\boldsymbol{E}\cdot\nabla\times\delta\boldsymbol{H}^* \\ &= -\mathrm{j}\omega\mu\,|\delta\boldsymbol{H}|^2 + \mathrm{j}\omega\varepsilon^*\,|\delta\boldsymbol{E}|^2\end{aligned} \tag{3.5}$$

因此，应用散度定理，有

$$\begin{aligned}\oint_S(\delta\boldsymbol{E}\times\delta\boldsymbol{H}^*)\cdot\hat{\boldsymbol{n}}\mathrm{d}s &= -\mathrm{j}\omega\int_V(\mu\,|\delta\boldsymbol{H}|^2 - \varepsilon^*\,|\delta\boldsymbol{E}|^2)\mathrm{d}v \\ &= -\omega\int_V\left(\mu''\,|\delta\boldsymbol{H}|^2 + \left(\varepsilon'' + \frac{\sigma}{\omega}\right)|\delta\boldsymbol{E}|^2\right)\mathrm{d}v \\ &\quad - \mathrm{j}\omega\int_V(\mu'\,|\delta\boldsymbol{H}|^2 - \varepsilon'\,|\delta\boldsymbol{E}|^2)\mathrm{d}v\end{aligned} \tag{3.6}$$

如果表面积分消除，则体积积分必须消除。特别地，实部必须消失①。因此，如果μ''或ε''和σ中的任意一个量在V中不为零，无论这个数多小，$\delta\boldsymbol{E}$和$\delta\boldsymbol{H}$必须在V中消失，即解是唯一的。

但是表面积分为零的条件是什么？注意到

$$\oint_S \hat{\boldsymbol{n}} \cdot (\delta\boldsymbol{E} \times \delta\boldsymbol{H}^*)\mathrm{d}s = \oint_S (\hat{\boldsymbol{n}} \times \delta\boldsymbol{E}) \cdot \delta\boldsymbol{H}^*\mathrm{d}s = \oint_S (\delta\boldsymbol{H}^* \times \hat{\boldsymbol{n}}) \cdot \delta\boldsymbol{E}\mathrm{d}s \tag{3.7}$$

因此，如果满足下列条件，场唯一：

在S上，$\hat{\boldsymbol{n}} \times \delta\boldsymbol{E} = 0$，即$\hat{\boldsymbol{n}} \times \boldsymbol{E}$确定；

在S上，$\hat{\boldsymbol{n}} \times \delta\boldsymbol{H} = 0$，即$\hat{\boldsymbol{n}} \times \boldsymbol{H}$确定。

唯一性定理给出了场的充分和必要边界条件，这些边界条件应该用于包围所研究的区域的全部表面，以确保波动方程具有唯一解。它表明，当且仅当下列条件时，在指定有耗区域中的波动方程的解是唯一确定的。

（1）所包围表面的切向电场$\hat{\boldsymbol{n}} \times \boldsymbol{E}$确定。

（2）所包围表面的切向磁场$\hat{\boldsymbol{n}} \times \boldsymbol{H}$确定。

（3）所包围表面的部分切向电场$\hat{\boldsymbol{n}} \times \boldsymbol{E}$确定，并且剩余表面上的切向磁场$\hat{\boldsymbol{n}} \times \boldsymbol{H}$确定。

特别指定，$\hat{\boldsymbol{n}} \times \boldsymbol{E}$和/或$\hat{\boldsymbol{n}} \times \boldsymbol{H}$便于考虑表面电流和磁流。

唯一性是针对一般的有耗介质而建立的。无耗介质中的场可以被视作损耗为零的有耗介质中的场。我们还可以将唯一性定理扩展至各向异性介质，即将区域分割为小体积元，分别应用唯一性定理，而各小体积元可假设为各向同性的。然而，该方法只适用于线性介质。

在区域延伸到无穷大的情况下，我们需要一个用于远距离的等效条件，将会用于确保唯一的结果。当然，这是辐射条件。

辐射条件给出了无界有耗介质中向外辐射场的特定衰减量。特别地，用于标量场ψ的索末菲（Sommerfeld）辐射条件（1949）由下式给出：

$$\lim_{r\to\infty} r\left(\frac{\partial\psi}{\partial r} + \mathrm{j}k\psi\right) = 0 \tag{3.8}$$

可以看出，索末菲辐射条件并不严格必须；Wilcox（1956）提出了一个宽松的条件，保证唯一的结果，即

$$\lim_{r\to\infty}\int_S \left|\frac{\partial\psi}{\partial r} + \mathrm{j}k\psi\right|^2 \mathrm{d}s = 0 \tag{3.9}$$

对于一个向外辐射的球面电磁波，在无穷远处磁场与电场相关，其关系式

① 虚部必须为零的要求不能保证唯一性，因为ε'和μ'从不为零。

为 $\boldsymbol{H} = \hat{\boldsymbol{r}} \times \boldsymbol{E}/Z_0$ 。因此，电磁场的辐射条件可以表示为

$$\lim_{r\to\infty} r[\nabla \times \boldsymbol{E} + \mathrm{j}k_0 \hat{\boldsymbol{r}} \times \boldsymbol{E}] = 0 \tag{3.10}$$

$$\lim_{r\to\infty} r[\boldsymbol{H} - \frac{\hat{\boldsymbol{r}} \times \boldsymbol{E}}{Z_0}] = 0 \tag{3.11}$$

式中：Z_0 为自由空间特征阻抗。辐射条件意味着场是向外的，并且它们的径向分量比 $1/r$ 降低得更快。换句话说，坡印亭矢量指向向外，以 $1/r^2$ 规律减小。

3.2 对偶性

对偶性是由麦克斯韦方程中所反映出的描述电和磁现象的方程的数学相似性的结果，此时表达式被认为是彼此的对偶。我们希望尽可能地保持这种对偶性，甚至扩展至引入虚拟磁流和电荷的概念中。对称形式的方程如下：

$$\nabla \times \boldsymbol{E} = -\mu \frac{\partial \boldsymbol{H}}{\partial t} - \boldsymbol{M} \tag{3.12}$$

$$\nabla \times \boldsymbol{H} = \varepsilon \frac{\partial \boldsymbol{E}}{\partial t} + \boldsymbol{J} \tag{3.13}$$

$$\nabla \cdot \boldsymbol{D} = \rho_e \tag{3.14}$$

$$\nabla \cdot \boldsymbol{B} = \rho_m \tag{3.15}$$

式中：$\boldsymbol{M}$ 和 ρ_m 分别为磁流和电荷。

需要注意的是，上述等式在下列场量和材料特性的转换中是不变的，即

$$\boldsymbol{E} \to \boldsymbol{H} \quad \boldsymbol{H} \to -\boldsymbol{E}$$

$$\boldsymbol{J} \to \boldsymbol{M} \quad \boldsymbol{M} \to -\boldsymbol{J} \tag{3.16}$$

$$\rho_e \to \rho_m \quad \rho_m \to -\rho_e \tag{3.17}$$

$$\varepsilon \to \mu \quad \mu \to \varepsilon \tag{3.18}$$

这种形式的对偶性原理要求在对偶媒质中使用对偶场。在许多情况下，应用对偶性时，保持相同的媒质更方便。在这种情况下，我们使用下式转换：

$$\begin{cases} \boldsymbol{E} \to Z\boldsymbol{H} \quad \boldsymbol{H} \to -\boldsymbol{E}/Z \\ \boldsymbol{J} \to \boldsymbol{M}/Z \quad \boldsymbol{M} \to -Z\boldsymbol{J} \\ \rho_e \to \rho_m/Z \quad \rho_m \to -Z\rho_e \end{cases} \tag{3.19}$$

式中：$Z = \sqrt{\dfrac{\mu}{\varepsilon}}$ 为媒质的特征阻抗。

例 3.1　利用对偶性，我们可以通过电偶极子的场来得到磁偶极子的辐射场。位于原点长度为 ℓ 的 $\hat{z}$ 方向的短赫兹偶极子的辐射场为

$$E_\theta = \mathrm{j} \frac{k_0^2}{4\pi\omega\varepsilon_0} I_0 l \frac{\mathrm{e}^{-\mathrm{j}k_0 r}}{r} \sin\theta$$

$$H_\phi = \mathrm{j} \frac{k_0}{4\pi} I_0 l \frac{\mathrm{e}^{-\mathrm{j}k_0 r}}{r} \sin\theta$$

假设磁偶极子位于 xOy 平面上，中心位于原点处。通过对偶性，有

$$H_\theta = \mathrm{j}\frac{k_0^2}{4\pi\omega\varepsilon_0}I_0 l\frac{\mathrm{e}^{-\mathrm{j}k_0 r}}{r}\sin\theta$$

$$E_\phi = \mathrm{j}\frac{k_0}{4\pi}I_0 l\frac{\mathrm{e}^{-\mathrm{j}k_0 r}}{r}\sin\theta$$

$$\boldsymbol{E} = m\frac{\mathrm{e}^{-\mathrm{j}k_0 r}}{4\pi r}k_0^2 Z_0\sin\theta\,\hat{\boldsymbol{\phi}}$$

$$\boldsymbol{H} = -m\frac{\mathrm{e}^{-\mathrm{j}k_0 r}}{4\pi r}k_0^2\sin\theta\,\hat{\boldsymbol{\theta}}$$

这与2.2节中（式（2.45））的结果相同。

第1章的式（1.157）和式（1.158）给出了由电磁场定义的电赫兹位 $\boldsymbol{\pi}_e$。我们可以得到由虚拟磁源定义的磁赫兹位 $\boldsymbol{\pi}_m$。

$$\begin{cases}\boldsymbol{P}_m = \dfrac{\boldsymbol{M}}{\mathrm{j}\omega} \\ \nabla\cdot\boldsymbol{P}_m = -\rho_m\end{cases} \tag{3.20}$$

因此，可以得出

$$\nabla^2\boldsymbol{\pi}_m + k^2\boldsymbol{\pi}_m = -\frac{\boldsymbol{P}_m}{\mu} \tag{3.21}$$

然后，由磁源产生的电磁场如下：

$$\boldsymbol{E} = -\mathrm{j}\omega\mu\nabla\times\boldsymbol{\pi}_m \tag{3.22}$$

$$\boldsymbol{H} = \nabla(\nabla\cdot\boldsymbol{\pi}_m) + k^2\boldsymbol{\pi}_m \tag{3.23}$$

使用叠加定理，可以得到当电流密度和磁流密度都存在的通用结果：

$$\boldsymbol{E} = \nabla(\nabla\cdot\boldsymbol{\pi}_e) + k^2\boldsymbol{\pi}_e - \mathrm{j}\omega\mu\nabla\times\partial\boldsymbol{\pi}_m \tag{3.24}$$

$$\boldsymbol{H} = \mathrm{j}\omega\varepsilon\nabla\times\partial\boldsymbol{\pi}_e + \nabla(\nabla\cdot\boldsymbol{\pi}_m) + k^2\boldsymbol{\pi}_m \tag{3.25}$$

式（3.21）中，自由空间中的磁赫兹位由下式给出：

$$\boldsymbol{\pi}_m = -\mathrm{j}kY\int_V \boldsymbol{M}(\boldsymbol{r}')G(\boldsymbol{r};\boldsymbol{r}')\mathrm{d}v' \tag{3.26}$$

例3.2 考虑了一个由强度为 E_0 的横向均匀电场激发的宽度 δ 的狭缝，如图3-1所示。使用磁流的概念，有

$$\boldsymbol{K}_m = \boldsymbol{E}\times\hat{\boldsymbol{n}} = \hat{\boldsymbol{s}}E_0 \tag{3.27}$$

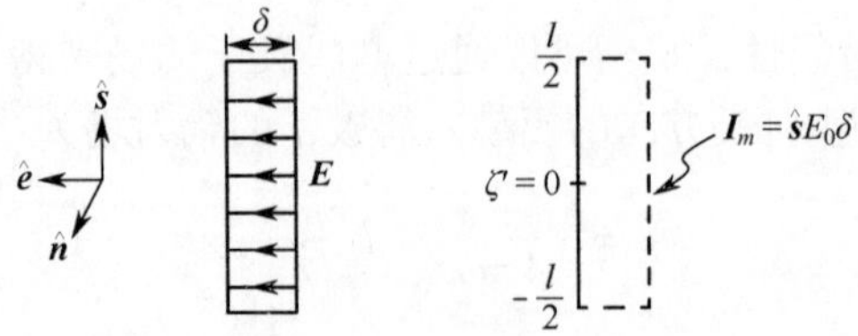

图3-1 辐射基本缝隙

总磁流为

$$I_m = \hat{s}E_0\delta \tag{3.28}$$

因此，磁化强度为

$$P_m = I_m l\,\hat{s} = E_0\delta l\,\hat{s} \tag{3.29}$$

上述结果表明，由横向电场 $\boldsymbol{E} = \hat{\boldsymbol{t}}E_0$ 激发的沿 $\hat{\boldsymbol{n}}$ 向的长度为 ℓ 的基本缝隙可以被认为是有相同长度的磁流 $\boldsymbol{I}_m = \hat{\boldsymbol{t}} \times \hat{\boldsymbol{n}}E_0\delta(V)$ 。

由上述推论可知，根据对偶性原理，可以直接由电偶极子的场得到基本缝隙的场。

对偶性可以帮助我们更好地理解不同源展示出相同的特性的物理现象。因此，它允许我们从对偶性的知识中推导出结论。在某些情况下，可以利用对偶性，通过将问题分成两部分，两部分互为对偶，进行简化分析。例如：一组对应磁流源；另一组对应电流源。

3.3　镜像原理

如果场源存在于理想导体边界附近，并且边界无限大，我们可以使用镜像原理来简化问题。

假设在位于 $z=0$ 处的理想导体表面上方有一个线元，电流沿 x 方向，如图 3-2 所示。我们要求解 $z\geqslant0$ 处的场。

$z = 0$ 处的边界条件为

$$\hat{\boldsymbol{n}} \times \boldsymbol{E} = 0 \tag{3.30}$$

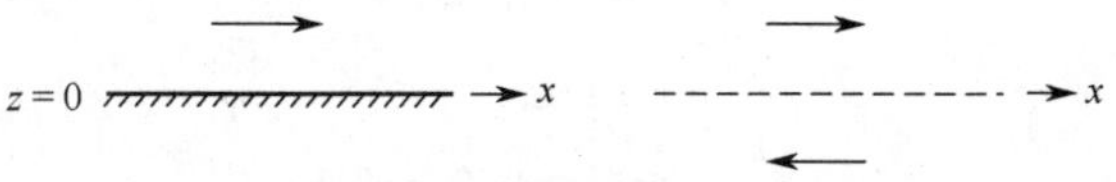

图 3-2　在接地理想导体平面上方的线元

这个边界条件可以通过去掉理想导体平面并在镜像位置引入与源电流相反的电流 $-\boldsymbol{J}_e$ 来满足。在 $z\geqslant0$ 处，场是由于两个源在无界空间的辐射得到的。

由于必要的边界条件已经满足，由唯一性定理可知，所得到的场是唯一且正确的。值得注意的是，镜像原理并未给出 $z<0$ 的场（很显然该处场等于0），只给出了我们感兴趣的上半空间的结果。

对于理想导体平面上方的任意类型的源，等效问题如图 3-3 所示。

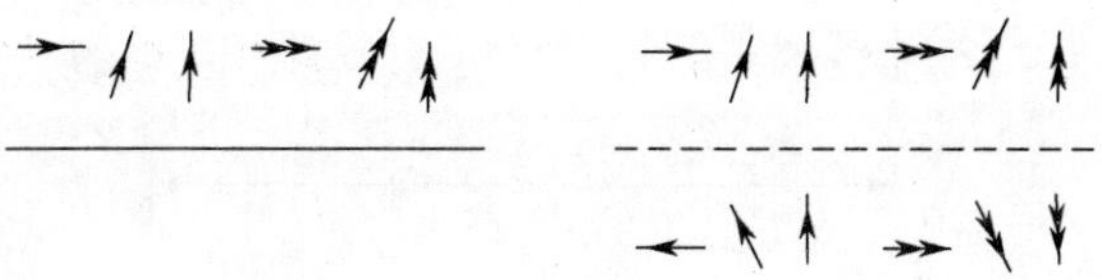

图 3-3　在接地理想导体平面上的电偶极子和磁偶极子

需要注意的是，对于理想磁平面存在类似的镜像，但他们的实际应用较少，大多数情况下我们不太关心。此外，镜像原理（具有局部的镜像电荷）只适用于理想边界。

例 3.3　考虑例 3.1 中讨论的磁偶极子，置于接地理想导体平面前方。求解 $z>0$ 区域中的辐射场，如图 3-4 所示。

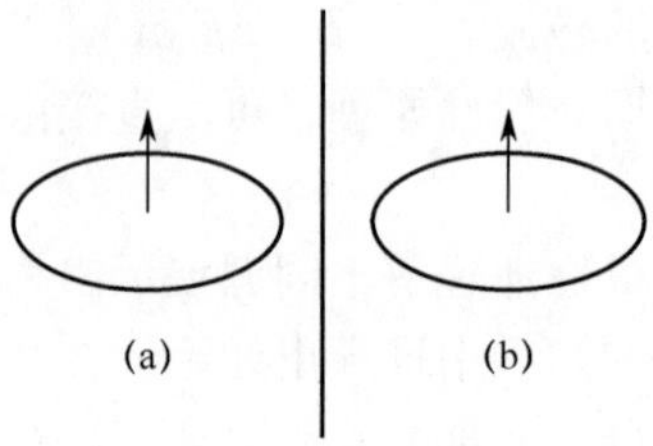

图3-4　位于接地理想导体平面上方的磁偶极子（a）和磁偶极子的镜像（b）

3.4　互易性

互易性是所有互易媒质中场的属性。当发射机和接收机互换时，互易系统不变。如图 3-5 所示，如果发射天线 T 端口加电压 V_1，在接收天线 R 端口会产生电压 V_2，而若 R 端口作为发射端加电压 V_2，在作为接收的 T 端口会产生电压 V_1。

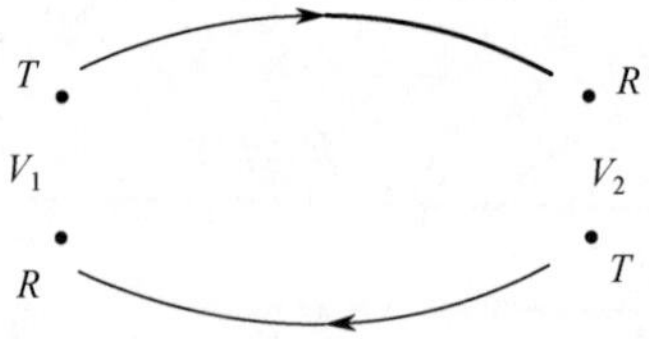

图 3-5　发射和接收天线的互易性

实际上，我们可以反转箭头方向，相当于反转时间。天线的接收和发射方向图相同就是互易性的一个结果。

现在将说明各向同性介质是互易的。考虑一个相距为 d 的小赫兹天线和环天线构成的系统，如图 3-6 所示。

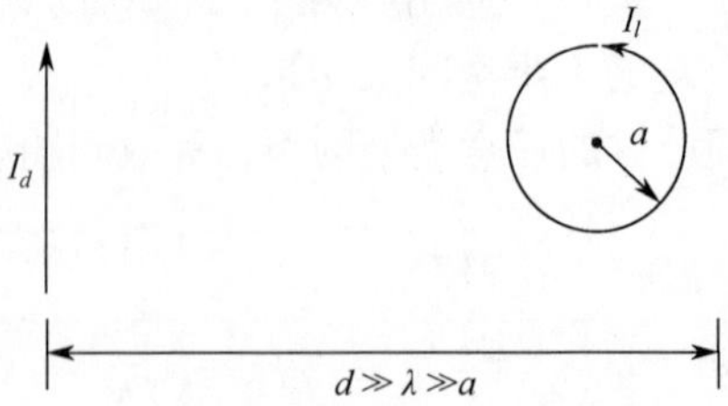

图 3-6　发射和接收偶极子的互易性

远离赫兹偶极子的场由下式给出：

$$E_{\theta}^{d} = jZk(I_{d}dl)\frac{e^{-jkr}}{4\pi r}\sin\theta \tag{3.31}$$

$$H_{\phi}^{d} = jk(I_{d}dl)\frac{e^{-jkr}}{4\pi r}\sin\theta \tag{3.32}$$

环天线的场可由对偶性给出：

$$H_{\theta}^{l} = -k^{2}I_{l}(\pi a^{2})\frac{e^{-jkr}}{4\pi r}\sin\theta \tag{3.33}$$

$$E_{\phi}^{l} = Zk^{2}I_{l}(\pi a^{2})\frac{e^{-jkr}}{4\pi r}\sin\theta \tag{3.34}$$

式（3.33）和式（3.34）中的 θ 和 ϕ 对应环天线的坐标轴。

由于受到偶极子的辐射，环天线上的感应开路电压为

$$V_{emf}^{l} = -d\Phi/dt \tag{3.35}$$

则

$$\begin{aligned} V_{emf}^{l} &= V_{l} = -j\omega\mu\oint_{S}\boldsymbol{H}\cdot\hat{\boldsymbol{n}}ds \approx -j\omega\mu H_{\phi}^{d}S \\ &= k\omega\mu(\pi a^{2})I_{d}dl\frac{e^{-jkd}}{4\pi d} \end{aligned} \tag{3.36}$$

由于受到环天线的辐射，偶极子上的感应开路电压为

$$V_{emf}^{d} = V_{d} = \int\boldsymbol{E}\cdot d\boldsymbol{l} \approx Zk^{2}I_{l}(\pi a^{2})\frac{e^{-jkd}}{4\pi d}dl \tag{3.37}$$

现在很容易得到

$$V_{d}I_{d} = V_{l}I_{l} \tag{3.38}$$

这也说明了互易性：偶极子中的感应电压（由环的电场产生）与偶极子电流的相互作用等于环天线中的感应电压（由偶极子场产生）与环电流的相互作用。该原理有时也可简单的表示为

$$\langle 2,1\rangle = \langle 1,2\rangle \tag{3.39}$$

为了正式地表述互易性原理，假设有在自由空间中振荡频率相同的源 $\boldsymbol{J}_1$ 和 $\boldsymbol{J}_2$，产生两个独立电磁场（$\boldsymbol{J}_1$，$\boldsymbol{E}_1$，$\boldsymbol{H}_1$）、（$\boldsymbol{J}_2$，$\boldsymbol{E}_2$，$\boldsymbol{H}_2$），如图3-7所示。由麦克斯韦方程可以得到

$$\nabla\times\boldsymbol{E}_{1} = -j\omega\mu\boldsymbol{H}_{1} \tag{3.40}$$

$$\nabla\times\boldsymbol{H}_{1} = j\omega\varepsilon\boldsymbol{E}_{1} + \boldsymbol{J}_{1} \tag{3.41}$$

$$\nabla\times\boldsymbol{E}_{2} = -j\omega\mu\boldsymbol{H}_{2} \tag{3.42}$$

$$\nabla\times\boldsymbol{H}_{2} = j\omega\mu\boldsymbol{E}_{2} + \boldsymbol{J}_{2} \tag{3.43}$$

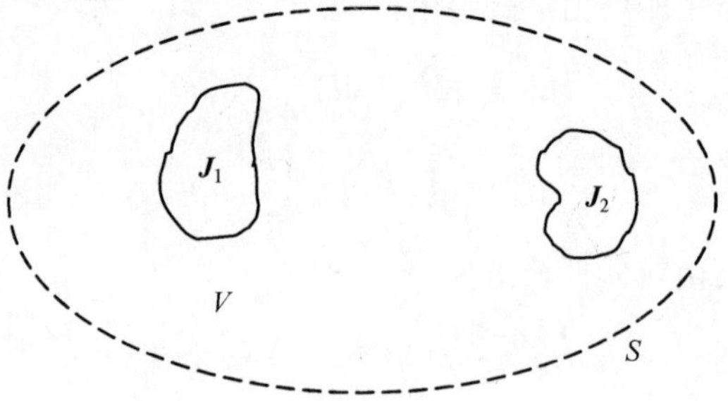

图 3-7　两个辐射分布电流的互易性

将式（3.40）点乘 $\boldsymbol{H}_2$ 和式（3.42）点乘 $\boldsymbol{H}_1$，得到的结果相减，可得

$$\boldsymbol{H}_2 \cdot \nabla \times \boldsymbol{E}_1 - \boldsymbol{H}_1 \cdot \nabla \times \boldsymbol{E}_2 = 0 \tag{3.44}$$

类似地，将式（3.41）点乘 $\boldsymbol{E}_2$ 和式（3.43）点乘 $\boldsymbol{E}_1$，得到的结果相减，可得

$$\boldsymbol{E}_2 \cdot \nabla \times \boldsymbol{H}_1 - \boldsymbol{E}_1 \cdot \nabla \times \boldsymbol{H}_2 = \boldsymbol{J}_1 \cdot \boldsymbol{E}_2 - \boldsymbol{J}_2 \cdot \boldsymbol{E}_1 \tag{3.45}$$

将后两个方程相加，可得

$$\begin{aligned}\boldsymbol{J}_1 \cdot \boldsymbol{E}_2 - \boldsymbol{J}_2 \cdot \boldsymbol{E}_1 &= \boldsymbol{E}_2 \cdot \nabla \times \boldsymbol{H}_1 - \boldsymbol{H}_1 \cdot \nabla \times \boldsymbol{E}_2 \\ &\quad - (\boldsymbol{E}_1 \cdot \nabla \times \boldsymbol{H}_2 - \boldsymbol{H}_2 \cdot \nabla \times \boldsymbol{E}_1) \\ &= \nabla \cdot (\boldsymbol{E}_1 \times \boldsymbol{H}_2 - \boldsymbol{E}_2 \times \boldsymbol{H}_1)\end{aligned} \tag{3.46}$$

在体积 V 内积分，得到洛伦兹互易定理：

$$\int_V (\boldsymbol{J}_1 \cdot \boldsymbol{E}_2 - \boldsymbol{J}_2 \cdot \boldsymbol{E}_1)\mathrm{d}v = \oint_S (\boldsymbol{E}_1 \times \boldsymbol{H}_2 - \boldsymbol{E}_2 \times \boldsymbol{H}_1) \cdot \hat{\boldsymbol{n}}\mathrm{d}s \tag{3.47}$$

对于无源区域，式（3.47）简化为

$$\oint_S (\boldsymbol{E}_1 \times \boldsymbol{H}_2 - \boldsymbol{E}_2 \times \boldsymbol{H}_1) \cdot \hat{\boldsymbol{n}}\mathrm{d}s = 0 \tag{3.48}$$

假设（$\boldsymbol{E}_1$，$\boldsymbol{H}_1$）和（$\boldsymbol{E}_2$，$\boldsymbol{H}_2$）表示存在于空心波导中的两种不同模式，这两对电磁场一定满足式（3.48）。

如果体积 V 延伸到无限远，式（3.47）中等号右边的表面积分由于辐射条件式（3.10）而消失。因此，有

$$\int_V (\boldsymbol{J}_1 \cdot \boldsymbol{E}_2 - \boldsymbol{J}_2 \cdot \boldsymbol{E}_1)\mathrm{d}v = 0 \tag{3.49}$$

成立。这就是瑞利－卡森互易定理。体积积分 $\int_V \boldsymbol{J}_1 \cdot \boldsymbol{E}_2 \mathrm{d}v$ 为场 $\boldsymbol{E}_2$ 对源 $\boldsymbol{J}_1$ 的反应，$\int_V \boldsymbol{J}_2 \cdot \boldsymbol{E}_1 \mathrm{d}v$ 为场 $\boldsymbol{E}_1$ 对源 $\boldsymbol{J}_2$ 的反应。

例 3.4　使用互易性，证明表示为源 1 的电流片 K 印刷在理想导体的表面上，在任何地方产生的场均为零。

如果导体的表面是平面的，则镜像理论确保了电流没有产生场。然而，如

果导体不是平面的，用互易性来说明电流片在任何地方产生的场均为零。

参考图 3-8，让偶极子作为场源 2，测试由 K 产生的场。偶极子天线不产生沿着导体表面分布的切向电场，因此，K 和偶极子的相互作用是 $\langle 1,2\rangle = 0$。由互易性有

$$\langle 2,1\rangle = \langle 1,2\rangle = 0$$

但是，$\langle 2,1\rangle = 0$ 是由场源 2 所测试的场源 1 产生的场，并且场源 2 可以是任意取向的任意源（电或磁）。

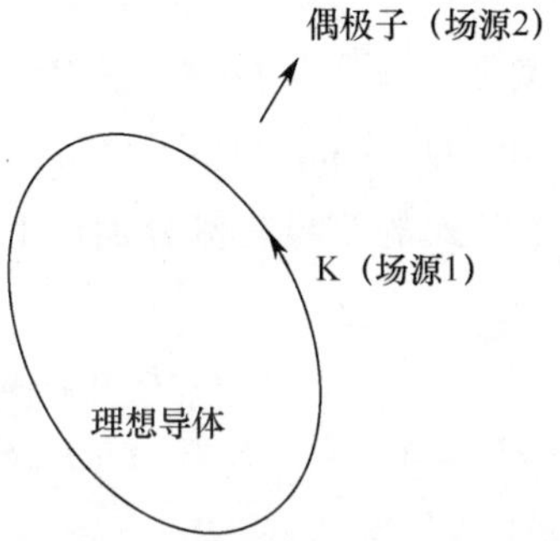

图 3-8 理想导体上的表面电流示意图（没有法向表面电流分量）

源 2 测试不到场，因此，在理想导体表面上印刷的电流片不产生场。

互易性是系统的物理属性，当构建问题的近似解决方案时，如数值解决方案，确保互易性是非常重要的。

3.5 等效原理

等效原理是电磁理论中非常有用的概念。为了计算给定的区域的场强，等效原理显示了我们如何用虚拟场源替代实际的场源，这些源在该区域中产生相同的场。等效性取决于麦克斯韦方程解的唯一性定理。

等效原理基本上分为两类，即体等效、面等效。体等效原理基于等效体电流，面等效原理依赖于等效面电流。下面，我们讨论两种类型电流的基本特性。

3.5.1 等效体电流

考虑在自由空间产生入射场（$\boldsymbol{E}^i$，$\boldsymbol{H}^i$）的电流 $\boldsymbol{J}_i$ 和磁流 $\boldsymbol{M}_i$。这些源和产生的场满足麦克斯韦方程组：

$$\begin{cases}\nabla\times\boldsymbol{E}^i = -\mathrm{j}\omega\mu_0\boldsymbol{H}^i - \boldsymbol{M}_i \\ \nabla\times\boldsymbol{H}^i = \mathrm{j}\omega\varepsilon_0\boldsymbol{E}^i + \boldsymbol{J}_i\end{cases} \tag{3.50}$$

当相同的场源在介质（ε,μ）中辐射时，它们辐射场（$\boldsymbol{E}$，$\boldsymbol{H}$）满足

$$\begin{cases}\nabla\times\boldsymbol{E}=-\mathrm{j}\omega\mu\boldsymbol{H}-\boldsymbol{M}_i\\ \nabla\times\boldsymbol{H}=\mathrm{j}\omega\varepsilon\boldsymbol{E}+\boldsymbol{J}_i\end{cases}\tag{3.51}$$

感应的极化电流是造成两对场（散射）差异的原因

$$\begin{cases}\boldsymbol{E}^s=\boldsymbol{E}-\boldsymbol{E}^i\\ \boldsymbol{H}^s=\boldsymbol{H}-\boldsymbol{H}^i\end{cases}\tag{3.52}$$

将式（3.50）和式（3.51）中的两对等式相减，我们发现散射场是无源的，且满足

$$\begin{cases}\nabla\times\boldsymbol{E}^s=-\mathrm{j}\omega(\mu\boldsymbol{H}-\mu_0\boldsymbol{H}^i)\\ \nabla\times\boldsymbol{H}^s=\mathrm{j}\omega(\varepsilon\boldsymbol{E}-\varepsilon_0\boldsymbol{E}^i)\end{cases}\tag{3.53}$$

在第一个等式和第二个等式的等号右侧分别加上与减去 $\mathrm{j}\omega\mu_0\boldsymbol{H}$ 和 $\mathrm{j}\omega\varepsilon_0\boldsymbol{E}$，可以得到

$$\begin{cases}\nabla\times\boldsymbol{E}^s=-\mathrm{j}\omega(\mu-\mu_0)\boldsymbol{H}-\mathrm{j}\omega\mu_0\boldsymbol{H}^s\\ \nabla\times\boldsymbol{H}^s=\mathrm{j}\omega(\varepsilon-\varepsilon_0)\boldsymbol{E}+\mathrm{j}\omega\varepsilon_0\boldsymbol{E}^s\end{cases}\tag{3.54}$$

或

$$\begin{cases}\nabla\times\boldsymbol{E}^s=-\boldsymbol{M}_e-\mathrm{j}\omega\mu_0\boldsymbol{H}^s\\ \nabla\times\boldsymbol{H}^s=\boldsymbol{J}_e+\mathrm{j}\omega\varepsilon_0\boldsymbol{E}^s\end{cases}\tag{3.55}$$

其中

$$\begin{cases}\boldsymbol{J}_e=\mathrm{j}\omega\varepsilon_0(\varepsilon_r-1)\boldsymbol{E}\\ \boldsymbol{M}_e=\mathrm{j}\omega\mu_0(\mu_r-1)\boldsymbol{H}\end{cases}\tag{3.56}$$

式中：($\boldsymbol{\varepsilon}_r,\mu_r$) 为介质的相对介电常数和磁导率。因此，介电材料的存在实际上等效于等效体电流 $\boldsymbol{J}_e$ 和 $\boldsymbol{M}_e$ 在无界空间中辐射。

注意：这些体电流与极化电流相同，可以直接用于构造积分方程。

3.5.1.1 电阻片边界条件

薄导电片或非磁性介电层可由电阻片表示。一个厚度为 τ 的无源电介质层，其相对复介电常数为 ε_r，等效体电流密度由下式给出，即

$$\boldsymbol{J}_{\mathrm{eq}}\equiv\mathrm{j}\omega\varepsilon_0(\varepsilon_r-1)\boldsymbol{E}\tag{3.57}$$

当介质层很薄时（图 3-9），穿过介质层的电场法向分量可以忽略不计。因此，电介质层可以由具有表面电流密度的电阻片代替，即

$$\boldsymbol{K}\equiv\lim_{\tau\to0}\int_{-\tau/2}^{\tau/2}\boldsymbol{J}_{\mathrm{eq}}\mathrm{d}\xi\approx\lim_{\tau\to0}\tau\,[\boldsymbol{J}_{\mathrm{eq}}]_{\tan}\tag{3.58}$$

其中

$$[\boldsymbol{J}_{\mathrm{eq}}]_{\tan}=\boldsymbol{J}_{\mathrm{eq}}-(\hat{\boldsymbol{n}}\cdot\boldsymbol{J}_{\mathrm{eq}})\,\hat{\boldsymbol{n}}\tag{3.59}$$

式中：ξ 坐标平行于介质层向上法向 $\hat{\boldsymbol{n}}$ 的方向，为在层内流动的横向体电流。

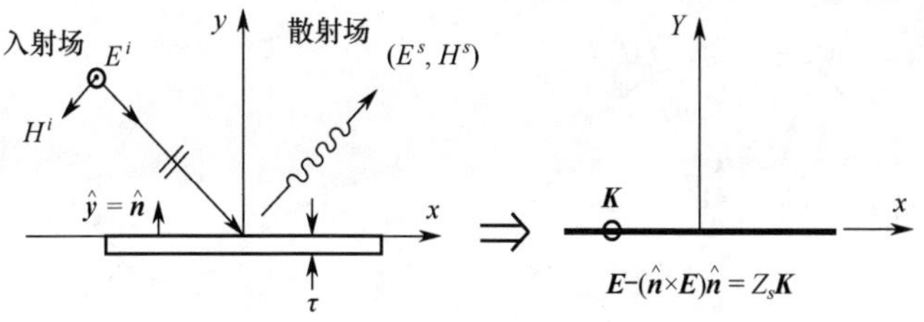

图 3-9　由电阻薄片近似的薄介电层

根据式 (3.57)，可以得到

$$\boldsymbol{E}-(\hat{\boldsymbol{n}}\cdot\boldsymbol{E})\hat{\boldsymbol{n}}=Z_s\boldsymbol{K} \tag{3.60}$$

式中：Z_s 为导电薄片的电阻率，即

$$Z_s=\frac{Z_0}{\mathrm{j}k_0\tau(\varepsilon_r-1)} \tag{3.61}$$

式 (3.60) 称为电阻片边界条件。因此，电阻片相当于一个电流片，其强度与局部切向电场成正比。对于导电率为 σ 的薄导电片，式 (3.61) 可以简化为

$$Z_s=\frac{1}{\sigma\tau} \tag{3.62}$$

3.5.2　等效面电流

等效面电流首先由 S. A. Sschelkunoff 在 1936 年提出的。

假设我们有一些由体电流 $\boldsymbol{J}_i$ 和磁流 $\boldsymbol{M}_i$ 表示的场源，这些源在每个地方都产生了场 ($\boldsymbol{E}$，$\boldsymbol{H}$)。假设有一个封闭面 S，该面将场源包围住。如果存在一些实际表面，例如一个理想导体，则可以很方便地选择一个 S 面去和这个实际表面全部重合或者部分重合，但在实际中不需要这样做。主要任务是定义 S 上的表面电流，该电流在区域外部产生场 ($\boldsymbol{E}$，$\boldsymbol{H}$)。

3.5.2.1　第一等效

为了找到等效电流，我们去掉实际的源，并假设 S 内的场是 ($\boldsymbol{E}^{\text{int}}$，$\boldsymbol{H}^{\text{int}}$)，其中上标 int 表示内场。然后，根据基本电磁边界条件可知，S 上的面电流：

$$\begin{cases}\boldsymbol{J}_e=\hat{\boldsymbol{n}}\times(\boldsymbol{H}-\boldsymbol{H}^{\text{int}})\\ \boldsymbol{M}_e=-\hat{\boldsymbol{n}}\times(\boldsymbol{E}-\boldsymbol{E}^{\text{int}})\end{cases} \tag{3.63}$$

它们在介质处处相同的无界空间中辐射 (图 3-10)。虽然面电流和原始场源在 S 面内部产生的场不相同，但是在 S 面外部可以产生相同的场。因此，面电流是等效场源。不用担心 S 内部的场，实际上，我们可以随意选择内部的场。显然，这意味着 $\boldsymbol{J}_e$ 和 $\boldsymbol{M}_e$ 的选择不是独一无二的，而是等效电流和磁流的不同组合。在产生相同外部场时，对应的内部场 ($\boldsymbol{E}^{\text{int}}$，$\boldsymbol{H}^{\text{int}}$) 可以有不同的选择。

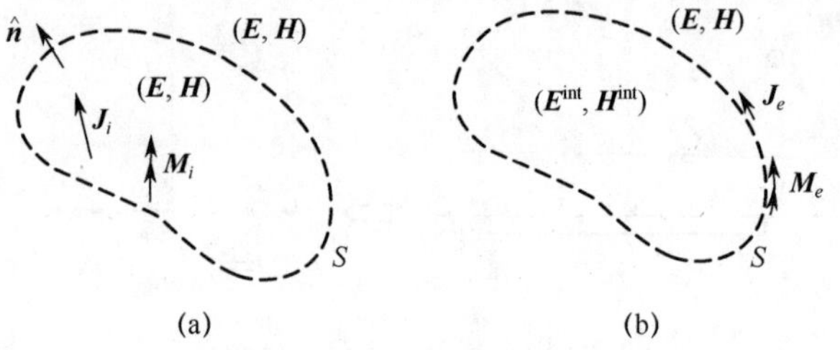

图 3-10　第一等效

3.5.2.2　拉夫等效原理

既然内部场可以任意选择，因此可以假设 S 内部场等于零，即（$\boldsymbol{E}^{\text{int}}$，$\boldsymbol{H}^{\text{int}}$）=0，则等效场源为

$$\begin{cases}\boldsymbol{J}_e = \hat{\boldsymbol{n}} \times \boldsymbol{H} \\ \boldsymbol{M}_e = -\hat{\boldsymbol{n}} \times \boldsymbol{E}\end{cases} \tag{3.64}$$

在无界空间中进行辐射，这称为拉夫等效原理①，并广泛应用于天线理论（产生天线的等效孔径）和光学学科。拉夫理论中源的引入与 Stratton-Chu 表示相似。

应该注意的是，这种形式的表面等效原理和其他形式的表面等效原理不一定有助于我们解决问题；但是它们允许我们只考虑表面电流，如构建可以数值求解的积分方程。一旦找到等效的表面电流，则可以很容易地计算出外部场。

第一等效原理需要电流和磁流，但唯一性定理表明，只有电流或者只有磁流也可以确定一个唯一场，这也促使了第二等效原理的产生。

3.5.2.3　第二等效原理

上面我们选择 S 内的场为零。因此，当 S 内介质的特性发生变化时，S 内的场也不会受到干扰。那么，我们可以在 S 内选择一个具有某种特性的介质，去消除电流或者磁流。

假设 S 是一个理想导体表面②，如图 3-11 所示，电流和磁流仅仅在理想导电体的外部流动。我们知道，在理想导体外辐射的电流产生一个零场（例 3.1）。此外，导体上的电场切向分量（$\boldsymbol{M}_e$的反方向）为 0，并且等于 $\boldsymbol{M}_e$ 方向上的原始场分量，从而

$$\begin{cases}\boldsymbol{J}_e = 0 \\ \boldsymbol{M}_e = -\hat{\boldsymbol{n}} \times \boldsymbol{E}\end{cases} \tag{3.65}$$

---

① A. E. H. Love 发表于 1941 年。

② 注意到零内场并不是必须存在于 S 内部有导电媒质。实际上，我们可以考虑选择任意媒质，只要内部场为零且等效面电流不存在。

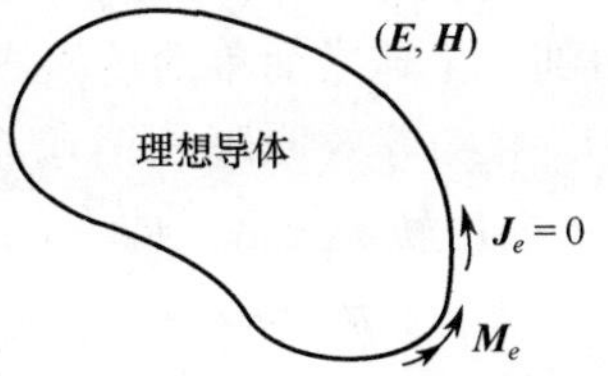

图 3-11　第二等效

当然，此时的磁流 $\boldsymbol{M}_e$ 是在导体存在时进行辐射，而不是在无界空间辐射。

需要注意的是，导体的存在并不意味着 $\hat{\boldsymbol{n}} \times \boldsymbol{E}$ 和 $\boldsymbol{M}_e$ 等于零，因为表面 S 上的切向电场并不完全等于零。

3.5.2.4　第三等效原理

我们现在选择 S 作为理想磁导体（或铁氧体）的边界，如图 3-12 所示。由互易性原理可知，$\boldsymbol{M}_e$ 是短路的，并且有

$$\begin{cases} \boldsymbol{J}_e = \hat{\boldsymbol{n}} \times \boldsymbol{H} \\ \boldsymbol{M}_e = 0 \end{cases} \tag{3.66}$$

式中：$\boldsymbol{J}_e$ 在磁体的存在下辐射。

关于 S 以外的场的计算，我们现在有 3 种类型的等效面电流。

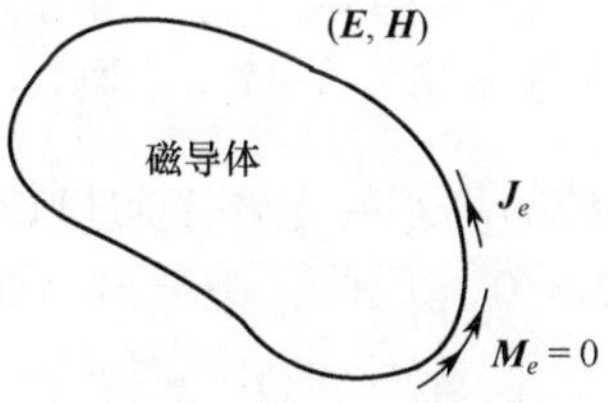

图 3-12　第三等效

例 3.5（半空间中的场）　我们寻找由 $z<0$ 处的源在 $z\geqslant 0$ 的半空间产生的场（图 3-13）。

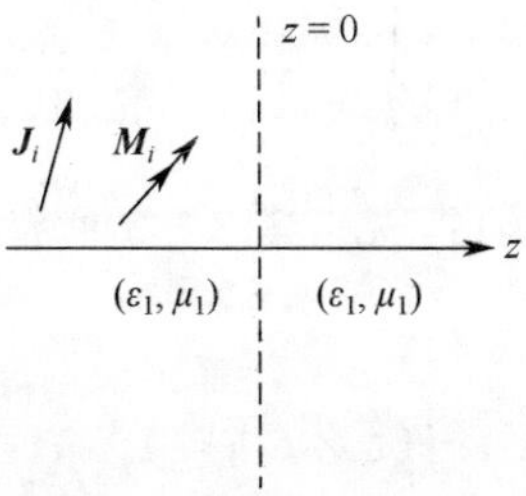

图 3-13　位于区域 $z<0$ 的源在区域 $z\geqslant 0$ 的辐射

选择表面 S 作为 $z=0$ 处的无限平面，通过将第二等效原理和镜像原理（图 3-14）相结合，可以得到一个非常简单的场表达方式。

对于 $z\geqslant 0$ 处的场，应用第二等效原理和镜像原理可以得到图 3-14（c）。因此，在 $z\geqslant 0$ 处，该场可认为是赫兹矢量，即

$$\boldsymbol{\pi}_e = 0 \tag{3.67}$$

$$\begin{aligned}\boldsymbol{\pi}_m &= -\mathrm{j}\frac{Y}{K}\int_S 2\boldsymbol{M}(\boldsymbol{r}')G(\boldsymbol{r};\boldsymbol{r}')\mathrm{d}s' \\ &= \frac{\mathrm{j}Y}{2\pi K}\int_S(\hat{z}\times\boldsymbol{E}|_{z=0})\frac{\mathrm{e}^{-\mathrm{j}k|\boldsymbol{r}-\boldsymbol{r}'|}}{|\boldsymbol{r}-\boldsymbol{r}'|}\mathrm{d}x'\mathrm{d}y'\end{aligned} \tag{3.68}$$

其中

$$\boldsymbol{E} = -\mathrm{j}kZ\nabla\times\boldsymbol{\pi}_m,\ \boldsymbol{H} = \nabla\times\nabla\times\boldsymbol{\pi}_m \tag{3.69}$$

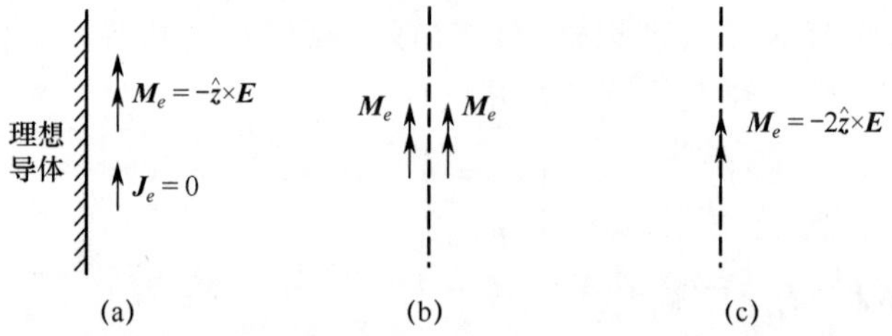

图 3-14 将第二等效和镜像理论应用于 $z=0$ 处的平面
（a）跨过磁流元的理想磁导体；（b）由镜像法去掉理想导体；
（c）将电流元放置在表面上。

现在考虑一个在 $z=0$ 处的理想导电体上的口径 A，如图 3-15 所示。在金属上我们有边界条件 $\hat{z}\times\boldsymbol{E}=0$，因此，关于 $z\geqslant 0$ 的场，有

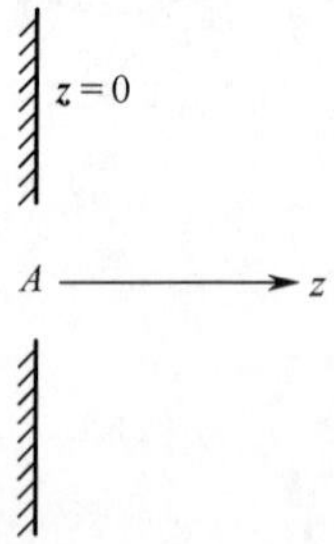

图 3-15 无限接地平面中的辐射

$$\boldsymbol{E} = \frac{1}{2\pi}\nabla\times\int_A(\hat{z}\times\boldsymbol{E}|_{z=0})\frac{\mathrm{e}^{-\mathrm{j}k|\boldsymbol{r}-\boldsymbol{r}'|}}{|\boldsymbol{r}-\boldsymbol{r}'|}\mathrm{d}x'\mathrm{d}y' \tag{3.70}$$

并且其完全取决于口径上 $E_{\tan}$ 的情况。

这是光学中所有传输问题的基础（通常可以假设 A 中的 $E_{\tan}$ 已知），并且是口径天线中瑞利－索末菲衍射公式的矢量等效。它也与平面源的辐射场的角频谱表示有关。

3.5.2.5　感应定理

感应定理（感应等效性）与拉夫等效原理密切相关。然而，感应定理常用于散射问题，而不用于口径天线问题。

假设一个被封闭面 S 包围的障碍物区域，有外加源（$\boldsymbol{J}^i$，$\boldsymbol{M}^i$）进行辐射，如图 3-16 所示。存在障碍物的情况下场为（$\boldsymbol{E}$，$\boldsymbol{H}$），不存在障碍物的情况下空间中的场为（$\boldsymbol{E}^i$，$\boldsymbol{H}^i$）。障碍物的存在导致了差异场或者干扰场，称为散射场，即

$$\begin{cases}\boldsymbol{E}^s = \boldsymbol{E} - \boldsymbol{E}^i \\ \boldsymbol{H}^s = \boldsymbol{H} - \boldsymbol{H}^i\end{cases} \tag{3.71}$$

这可以归结于障碍物区域的感应电导和极化电流。

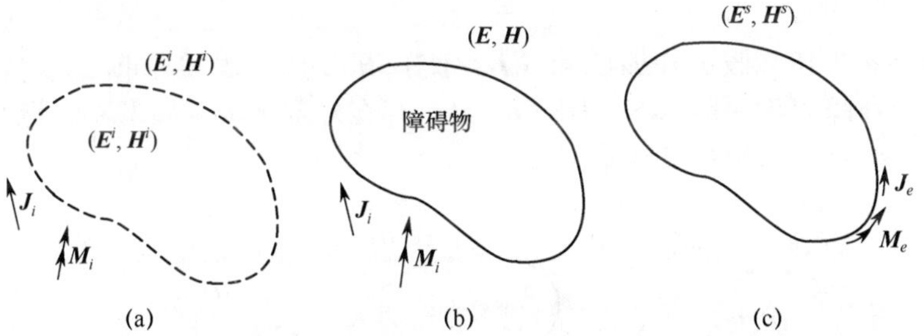

图 3-16　感应定理

为了找到散射场，我们建立了以下等效的问题。保留障碍物并定义等效的表面电流

$$\begin{cases}\boldsymbol{J}_e = \hat{\boldsymbol{n}} \times (\boldsymbol{H}^s - \boldsymbol{H}) \\ \boldsymbol{M}_e = -\hat{\boldsymbol{n}} \times (\boldsymbol{E}^s - \boldsymbol{E})\end{cases} \tag{3.72}$$

在表面 S 上，这些等效电流产生了外部散射场（$\boldsymbol{E}^s$，$\boldsymbol{H}^s$）和内部原场（$\boldsymbol{E}$，$\boldsymbol{H}$）。将式（3.71）带入式（3.72）中，可得

$$\begin{cases}\boldsymbol{J}_e = -\hat{\boldsymbol{n}} \times \boldsymbol{H}^i \\ \boldsymbol{M}_e = \hat{\boldsymbol{n}} \times \boldsymbol{E}^i\end{cases} \tag{3.73}$$

在有障碍物的空间中进行辐射，如果障碍物是理想导体，则电流被短路，并且在有障碍物存在的空间中只存在等效磁流图 3-17，有

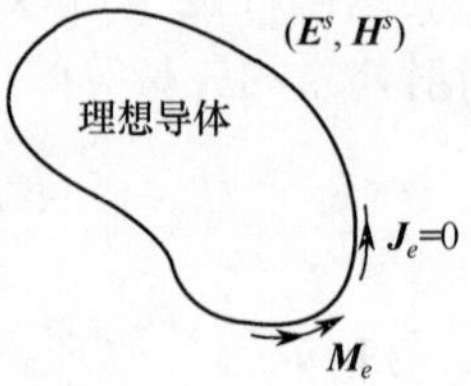

图 3-17　感应定理应用于理想导体障碍物

$$\begin{cases} \boldsymbol{J}_e = 0 \\ \boldsymbol{M}_e = \hat{\boldsymbol{n}} \times \boldsymbol{E}^i \end{cases} \tag{3.74}$$

3.5.2.6　物理等效

物理等效是用来处理导体散射问题的替代方法。对于散射问题，场源位于 S 面之外。物理等效性被用于构建可以用解析法或数值计算方法求解的积分方程。

参考图 3-18，假设外加场源（$\boldsymbol{J}^i$，$\boldsymbol{M}^i$）在存在理想导体的空间中进行辐射。在存在障碍物的情况下，场（$\boldsymbol{E}$，$\boldsymbol{H}$）存在外部区域，如果障碍物不存在，场（$\boldsymbol{E}^i$，$\boldsymbol{H}^i$）会布满整个区域。

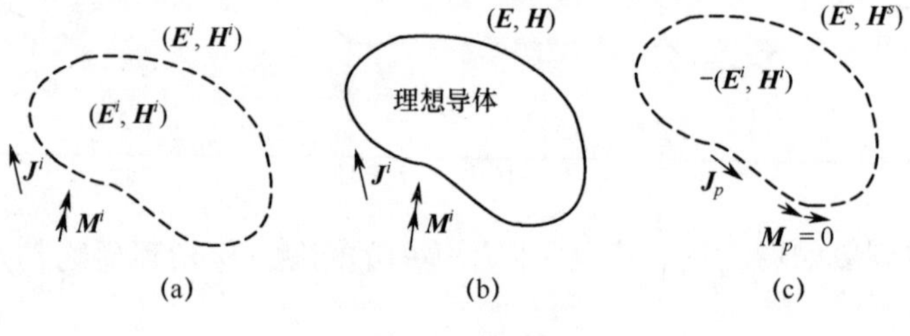

图 3-18　物理等效

为了找到散射场，我们构造了以下等效问题。保留障碍物并把导体表面切向场的标准边界条件表示为感应（或物理）面电流的形式，可得

$$\begin{cases} \boldsymbol{J}_p = \hat{\boldsymbol{n}} \times (\boldsymbol{H} - \boldsymbol{H}^{\text{int}}) \\ \boldsymbol{M}_p = -\hat{\boldsymbol{n}} \times (\boldsymbol{E} - \boldsymbol{E}^{\text{int}}) \end{cases} \tag{3.75}$$

但是，导体内部场（$\boldsymbol{E}^{\text{int}}$，$\boldsymbol{H}^{\text{int}}$）为零，即

$$\begin{cases} \boldsymbol{J}_p = \hat{\boldsymbol{n}} \times \boldsymbol{H} = \hat{\boldsymbol{n}} \times (\boldsymbol{H}^s + \boldsymbol{H}^i) \\ \boldsymbol{M}_p = -\hat{\boldsymbol{n}} \times \boldsymbol{E} = 0 \end{cases} \tag{3.76}$$

这里我们代入总磁场 $\boldsymbol{H} = \boldsymbol{H}^s + \boldsymbol{H}^i$，并且使用导体外表面上的切向电场为零的事实。式（3.76）的第二个方程意味着：

$$\hat{\boldsymbol{n}} \times \boldsymbol{E}^s = -\hat{\boldsymbol{n}} \times \boldsymbol{E}^i \tag{3.77}$$

这表明散射电场的切向分量在 S 上已知。

等效问题现在是十分清晰的：除去障碍物，物理电流 $\boldsymbol{J}_p = \hat{\boldsymbol{n}} \times \boldsymbol{H}$ 在无界空间中辐射，在 S 外部产生散射场 $(\boldsymbol{E}^s, \boldsymbol{H}^s)$，在内部产生反向感应场 $(-\boldsymbol{E}^i, -\boldsymbol{H}^i)$。

感应等效性相对于物理等效性的优点在于，由感应定理（3.74）产生的等效电流是可知的，而物理等效（3.76）产生的是一个未知场。然而，式（3.74）中的等效磁流 $\boldsymbol{M}_e$ 在障碍物存在的空间中进行辐射。借助表面电流知识来求解电场构成了边值问题。另一方面，式（3.76）中的等效电流 $\boldsymbol{J}_p$ 在无界介质中辐射，且满足自由空间格林函数。一旦获得了表面电流（通过求解精确的积分方程或通过适当的近似法），可以直接获得场量。

3.5.2.7　物理光学等效

如果导电散射体是一个无穷大、平坦的理想导体（无限接地平面），则等效问题如图 3-19 所示。

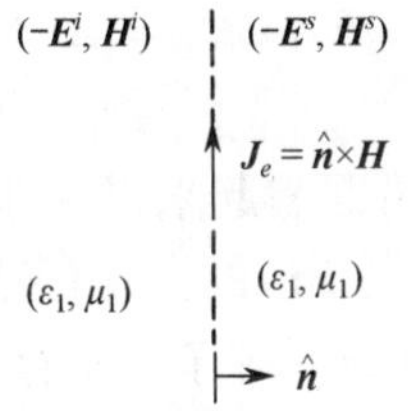

图 3-19　无限接地平面中的辐射

由于理想导电平面无限长，所以散射场实际上是反射波。因为电场的反射系数为 $R = -1$，所以理想导体表面上的切向电场为零。磁场的反射系数是一致的，即

$$\hat{\boldsymbol{n}} \times \boldsymbol{H}^i = \hat{\boldsymbol{n}} \times \boldsymbol{H}^s \tag{3.78}$$

因此，等效表面电流由下式给出：

$$\boldsymbol{J}_{p0} = 2\hat{\boldsymbol{n}} \times \boldsymbol{H}^i \tag{3.79}$$

该式是一个已知量。

实际上，如果 S 的范围不是无限的，那么，我们仍然可以使用这个等效原理去近似场。这样的近似称为物理光学近似。当导体的大小和曲率半径与工作波长相比较大时，物理光学近似是有效的。来自大型反射面天线的辐射和来自大型导体目标的散射都可以使用物理光学近似来分析，这将在第 7 章中进行讨论。

3.5.2.8　等效面电荷

基于表面等效原理，等效面电流由切向电场和切向磁场确定。使用连续性关系或表面电荷的守恒定律，可以定义如下所示的等效表面电荷：

$$
\begin{cases} \nabla_s \cdot \boldsymbol{J}_e = -\mathrm{j}\omega\rho_e \\ \nabla_s \cdot \boldsymbol{M}_e = -\mathrm{j}\omega m_e \end{cases} \tag{3.80}
$$

或等效地

$$
\begin{cases} \rho_e = \varepsilon\, \hat{\boldsymbol{n}} \cdot \boldsymbol{E} \\ m_e = \mu\, \hat{\boldsymbol{n}} \cdot \boldsymbol{H} \end{cases} \tag{3.81}
$$

3.6 巴比涅原理

巴比涅原理确立了两个不同但相近问题的场的一致性。

(1) 一个任意形状的理想导电薄板衍射的场 ($\boldsymbol{E}_1$, $\boldsymbol{H}_1$)。

(2) 通过一个孔径的传输场 ($\boldsymbol{E}_2$, $\boldsymbol{H}_2$), 该孔径和理想导电薄板有相同的位置和形状。

这个原理是根据巴比涅①命名的，他通过实验得到了两种场的关系：

$$
\boldsymbol{E}_1 + \boldsymbol{E}_2 = \boldsymbol{E}^i \tag{3.82}
$$

这两个问题是互补的。

这个结果发表于1837年，并且看起来很合理（考虑孔径或薄片缩小到零的极限情况)。该原理在光学中是很普通的：具有导电屏的平板后任一点的场，当在每点处叠加替换为互补屏时的场，等于屏不存在时每一点的场。如图3-20所示，此处的场源可以是点源或分布源。

正如1946年布克博士展示的那样，只有两种问题的场满足对偶关系，得出的结果在数学上才是精确的。这是由电磁场的矢量特性决定的。

如果一个屏理想导电，则互补屏的磁导率趋于无穷。由于不存在无限磁导率材料，可以用理想导电材料来构建初始屏和互补屏，并且互换每一点处的电磁特性，以此来得到等效的效果。换句话说，只有在互补情况下的两个场满足对偶关系时，巴比涅原理在电磁场中的应用才能在数学上达到精确。

基于第二等效原理的半空间公式的简单证明如下所示。

问题3.1 考虑如图3-21 (a) 所示的平面波照射的理想导体板。该导体板只有电流 $\boldsymbol{J}_e$，磁流 $\boldsymbol{M}_e = 0$ ，因此，可以单独用电赫兹矢量构建场。散射磁场由下式给出，即

$$
\boldsymbol{H}_1^s = \mathrm{j}kY\nabla \times \boldsymbol{\pi}_e \tag{3.83}
$$

其中

$$
\boldsymbol{\pi}_e = -\frac{\mathrm{j}Z}{k}\iint_A \boldsymbol{J}_e(\boldsymbol{r}')G(\boldsymbol{r};\boldsymbol{r}')\,\mathrm{d}s' \tag{3.84}
$$

① 雅可布·巴比涅（1794—1872），法国物理学家、天文学家。

$$J_e = \hat{z} \times H \Big|_{z=0^-}^{z=0^+} = 2\hat{z} \times H_1 \Big|_{z=0^+} \tag{3.85}$$

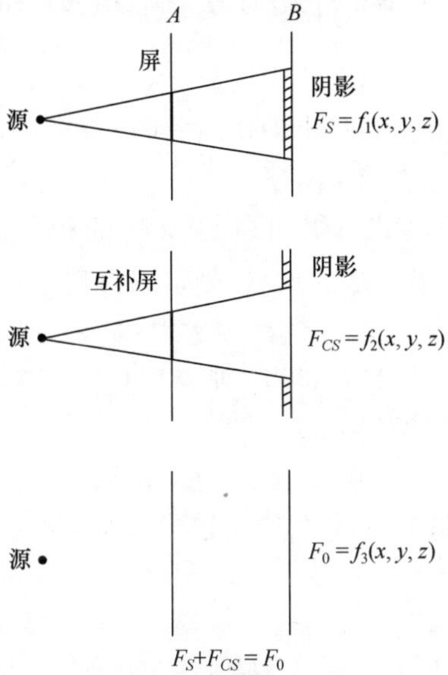

图 3-20　巴比涅光源原理：存在导电屏和互补缝隙的辐射

因此，有

$$H_1^s = \nabla \times \iint_A (2\hat{z} \times H_1 |_{z=0^+}) G(r/r') \mathrm{d}s' \tag{3.86}$$

总的场为

$$H_1 = H_1^i + H_1^s \tag{3.87}$$

问题 3.2（口径）　现在考虑由平面波照射的互补口径，如图 3-21（b）所示。对于这个问题，我们由第二等效原理进行推导，即

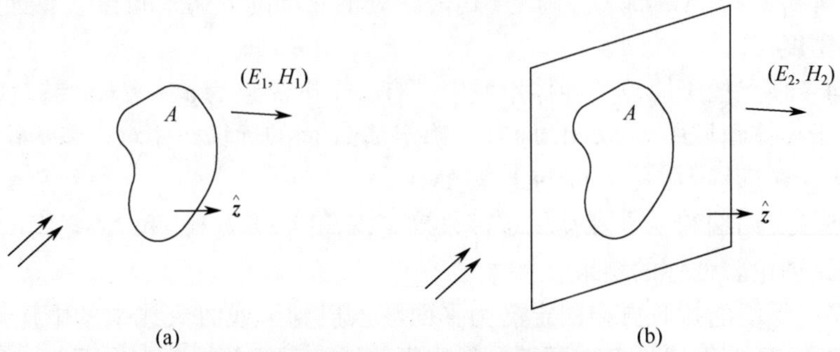

图 3-21 巴比涅电磁场原理

（a）问题 3.1；（b）问题 3.2。

$$\boldsymbol{H}_2 = \nabla\times\iint_A 2\,\hat{z}\times\boldsymbol{E}_2\big|_{z=0^+}G(\boldsymbol{r}/\boldsymbol{r}')\,\mathrm{d}s'$$

$$\boldsymbol{H}_1^s = \nabla\times\iint_A 2\,\hat{z}\times\boldsymbol{H}_1\big|_{z=0^+}G(\boldsymbol{r}/\boldsymbol{r}')\,\mathrm{d}s' \tag{3.88}$$

根据这个等式，我们可以在 A 中构造 $\hat{z}\times\boldsymbol{E}_2$的积分方程，其中仅涉及 $z\leqslant0$ 区域中的入射场的 E_2^i。通过口径上的切向电场 $\hat{z}\times\boldsymbol{E}_2$，可以得到场 E_2。这可以通过口径上的切向电场的连续来实现。

比较 H_1^s 和 E_2 的表达式，很明显，$\hat{z}\times\boldsymbol{E}_1$ 的积分方程与问题 3. 2 中的 $\hat{z}\times\boldsymbol{E}_2$积分方程相同。如果（$H_1^i=E_2^i$），则可以得到

$$\boldsymbol{H}_1^s = \boldsymbol{E}_2 \tag{3.89}$$

换句话说，如果入射场是对偶的，那么巴比涅原理确保了这两个问题中的结果场也是对偶的，可以得到

$$\boldsymbol{H}_1^i = \boldsymbol{H}_1 - \boldsymbol{E}_2 = \boldsymbol{E}_2^i \tag{3.89}$$

通过巴比涅原理，缝隙天线的许多问题可以简化为线性互补天线，其结果是已经知道的。

习题 3

3.1　确定小赫兹偶极子的辐射远场，垂直位于无限接地平面上方，距离为 h。绘制 $h=0.46\lambda$ 和 $h=2\lambda$ 的辐射方向图。

3.2　在一个理想导电平面上方距离 h 处有一个长度为 ℓ 的导线，导电线上有恒定电流 I。其远场在 θ（$0\leqslant\theta\leqslant\pi/2$）方向上的较远距离 r 处。

（1）确定 $|\boldsymbol{r}-\boldsymbol{r}'|$ 的近似值。

（2）确定产生的电赫兹矢量。

3.3　位于 $z=0$ 的理想导电平面之上的 (x',y',z') 处无穷小电流源的电流距为 $\boldsymbol{p}=p_1\hat{\boldsymbol{x}}+p_2\hat{\boldsymbol{y}}+p_3\hat{\boldsymbol{z}}$。确定 (x,y,z) 处的磁场的表达式和导电平面上的表面电流密度。

3.4　顶点位于原点的导体角域中，有一个电流距为 $\boldsymbol{p}=Il\hat{\boldsymbol{y}}$ 的赫兹单极子垂直置于导体角域中点 $(d,0,0)$ 处，确定其 xy 面的远场。注意：表达式随 (r,φ) 变化。在远场中，$r\gg d$ 和 l 且 $kr\gg1$ 。

3.5　应用瑞利－卡森互易定理来确定 V_1和 I_3以及 $V_3{}'$ 和 $I_1{}'$ 之间的关系。通过电路理论验证你的结果。

3.6　天线的接收方向图定义为平面波入射到天线时天线端的电压。根据互易原理，证明由线性各向同性材料构成的任何天线的接收方向图与其发射方向图相同。

3.7　由两个独立电荷分布 ρ_1 和 ρ_2 产生的势函数（V_1，V_2）分别满足泊松

方程

$$\nabla^2 V_1 = -\rho_1/\varepsilon_0, \quad \nabla^2 V_2 = -\rho_2/\varepsilon_0$$

类似于洛伦兹互易定理，对 V_1、V_2、ρ_1 和 ρ_2 建立在自由空间中的互易定理。

3.8　对于电流和磁流同时存在的情况，推导洛伦兹和瑞利－卡森互易定理。

3.9　证明由瑞利－卡森互易定理可以看出，由理想导电平面 S 所包围的区域 V 中，存在两个线性电流元 $\boldsymbol{K}_1$ 和 $\boldsymbol{K}_2$，则 $\boldsymbol{E}_1 \cdot \boldsymbol{K}_2 = \boldsymbol{E}_2 \cdot \boldsymbol{K}_1$。在表达式中，$\boldsymbol{E}_1$ 和 $\boldsymbol{E}_2$ 分别由 $\boldsymbol{K}_1$ 和 $\boldsymbol{K}_2$ 产生。

3.10　令 $(\boldsymbol{E}, \boldsymbol{H})$ 为在所用空间中都满足辐射条件的麦克斯韦方程的无源解。令 $(\boldsymbol{E}', \boldsymbol{H}')$ 为满足辐射条件且包含任意电流元 $\boldsymbol{J}$ 的麦克斯韦方程的解。通过证明在所有空间中 $\boldsymbol{J} \cdot \boldsymbol{E} = 0$，说明无源解 $(\boldsymbol{E}, \boldsymbol{H})$ 一定是一个零场。

3.11　电阻片的特性由 R（Ω/m^2）决定。给出穿过电阻片的电磁场矢量 $\boldsymbol{E}$、$\boldsymbol{H}$、$\boldsymbol{D}$ 和 $\boldsymbol{B}$ 的边界条件。电阻片周围的介质是空气。

3.12　点电荷 q 位于原点。确定位于球面 $r = a$ 处的等效表面电荷，使得在去掉原点处点电荷 q 时，在 $r > a$ 区域中能保持相同的场 $\boldsymbol{E}$。

3.13　点电荷 q 位于原点。假设在区域 $r<a$ 中存在均匀场 $\boldsymbol{E} = \hat{\boldsymbol{x}}E_0$。确定位于球面 $r = a$ 处的等效源，使得在去掉原点处点电荷 q 时，$r > a$ 的场保持不变。

3.14　平面波通常入射到大导电屏幕上半径为 a 的圆孔上。估算口径上的入射场，确定远离屏幕的另一侧的衍射电场强度（提示：使用贝塞尔函数的积分表示）

$$\int_0^{2\pi} \mathrm{e}^{\mathrm{j}x\cos(\phi-\phi')}\mathrm{d}\phi' = 2\pi J_0(x)$$

和定义 $\int xJ_0(x)\,\mathrm{d}x = xJ_1(x)$。

第 4 章　正旋电磁波与导波

亥姆霍兹方程的齐次解称为正旋电磁波。本章将讨论这个方程在直角坐标系、圆柱坐标系和球面坐标系下的解，它们分别称为平面波、柱面波和球面波。本章还将介绍产生这种波的来源并讨论波极化、波速和平面波角谱表示。

在引入正旋电磁波之后，本章将讨论平面和圆柱波导。

4.1　平面电磁波

平面电磁波是麦克斯韦方程组在无源情况下的解，它随时间 t 变化并且只与波传播方向 ζ 的坐标有关。这意味着，在每一个瞬时时刻，$\boldsymbol{E}$ 和 $\boldsymbol{H}$ 幅度与方向都是不变的，并且 $\boldsymbol{E}$、$\boldsymbol{H}$ 所在平面与 ζ 方向垂直。

研究麦克斯韦方程组：

$$\nabla \times \boldsymbol{E} = -\mu \frac{\partial \boldsymbol{H}}{\partial t} \tag{4.1}$$

$$\nabla \times \boldsymbol{H} = \sigma \boldsymbol{E} + \varepsilon \frac{\partial \boldsymbol{E}}{\partial t} \tag{4.2}$$

$$\nabla \cdot \boldsymbol{E} = 0 \tag{4.3}$$

$$\nabla \cdot \boldsymbol{H} = 0 \tag{4.4}$$

考虑 $\boldsymbol{r} \cdot \hat{\boldsymbol{\zeta}} = \zeta$ 的平面，中 $\boldsymbol{r}$ 为平面上任意一点，ζ 为源点到平面的距离，$\hat{\boldsymbol{\zeta}}$ 为 ζ 方向的单位矢量。

考虑到平面波条件，可得

$$\nabla = \hat{\boldsymbol{\zeta}} \frac{\partial}{\partial \zeta} \tag{4.5}$$

则

$$\hat{\boldsymbol{\zeta}} \times \frac{\partial \boldsymbol{E}}{\partial \zeta} = -\mu \frac{\partial \boldsymbol{H}}{\partial t} \tag{4.6}$$

$$\hat{\boldsymbol{\zeta}} \times \frac{\partial \boldsymbol{H}}{\partial \zeta} = \sigma \boldsymbol{E} + \varepsilon \frac{\partial \boldsymbol{E}}{\partial t} \tag{4.7}$$

$$\hat{\boldsymbol{\zeta}} \cdot \frac{\partial \boldsymbol{E}}{\partial \zeta} = 0 \tag{4.8}$$

$$\hat{\boldsymbol{\zeta}} \cdot \frac{\partial \boldsymbol{H}}{\partial \zeta} = 0 \tag{4.9}$$

取 $\boldsymbol{H} = \boldsymbol{H}(\zeta, t)$，对其求全微分得

$$\mathrm{d}\boldsymbol{H} = \frac{\partial \boldsymbol{H}}{\partial \zeta}\mathrm{d}\zeta + \frac{\partial \boldsymbol{H}}{\partial t}\mathrm{d}t \tag{4.10}$$

根据式（4.6）、式（4.9）及式（4.10）可得

$$\hat{\boldsymbol{\zeta}} \cdot \mathrm{d}\boldsymbol{H} = \hat{\boldsymbol{\zeta}} \cdot \left[\frac{\partial \boldsymbol{H}}{\partial \zeta}\mathrm{d}\zeta + \frac{\partial \boldsymbol{H}}{\partial t}\mathrm{d}t\right] \equiv 0 \tag{4.11}$$

则 $\mathrm{d}\boldsymbol{H}_\zeta = 0$。这说明，$\boldsymbol{H}_\zeta$ 与 ζ、t 无关，忽略该项，可知

$$\hat{\boldsymbol{\zeta}} \cdot \boldsymbol{H} = 0 \tag{4.12}$$

同理，可得

$$\hat{\boldsymbol{\zeta}} \cdot \boldsymbol{E} = 0 \tag{4.13}$$

由此可知，$\boldsymbol{E}$、$\boldsymbol{H}$ 和 $\hat{\boldsymbol{\zeta}}$ 组成一个右手正交系。

4.1.1　平面正旋电磁波

平面正旋电磁波是如下所示的齐次波动方程在笛卡儿坐标系下的解，即

$$\nabla^2 \psi + k^2 \psi = 0 \tag{4.14}$$

可以使用分离变量法来求解该方程，如图 4-1 所示。

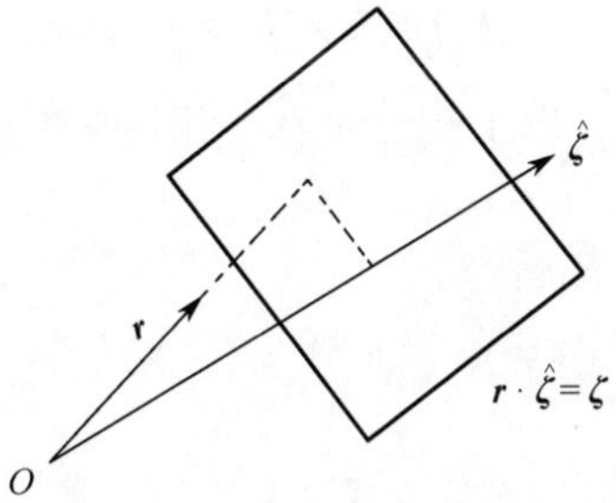

图 4-1　传播方向为 $\hat{\zeta}$ 的平面波

在笛卡儿坐标系下，拉普拉斯算子为

$$\nabla^2 = \frac{\partial^2}{\partial x^2} + \frac{\partial^2}{\partial y^2} + \frac{\partial^2}{\partial z^2}$$

对于笛卡儿坐标系下 $\boldsymbol{E}$、$\boldsymbol{H}$ 的任意分量 ψ，假设

$$\psi = X(x)Y(y)Z(z) \tag{4.15}$$

代入波动方程式（4.14）中，并在方程式两侧同时除以 ψ，则

$$\frac{1}{X}\frac{\mathrm{d}^2 X}{\mathrm{d}x^2} + \frac{1}{Y}\frac{\mathrm{d}^2 Y}{\mathrm{d}y^2} + \frac{1}{Z}\frac{\mathrm{d}^2 Z}{\mathrm{d}z^2} + k^2 = 0 \tag{4.16}$$

由于方程中几项相互独立，故左边 3 项应均为常数，则

$$-k_x^2-k_y^2-k_z^2+k^2=0$$

其中：k_x、k_y、k_z 为分离常数，且

$$k^2=k_x^2+k_y^2+k_z^2 \tag{4.17}$$

这也称为一致性关系。显然，其中只有两个分离常数是独立的，第三个分离常数可由上述的关系式求出。此时，有

$$\frac{\mathrm{d}^2X}{\mathrm{d}x^2}+k_x^2X=0 \tag{4.18}$$

同理，另外两个参数 Y 和 Z 也满足相似的等式。由于这几个分离的常量可以取实数、虚数或复数，上述等式的解 $h(k_xx)$ 可以用几种形式表示，如三角函数、指数函数或双曲函数，则正旋电磁波基函数为

$$\psi=h(k_xx)h(k_yy)h(k_zz) \tag{4.19}$$

在特定的问题上，满足边界条件的分离常数为本征值，相应的 ψ 为本征函数。波动方程的一般解为本征解的线性组合，即

$$\psi=\sum\sum B(k_x,k_y)h(k_xx)h(k_yy)h(k_zz) \tag{4.20}$$

式中：$B(k_x,k_y)$ 为常数，用于求和的两个分离常数的选择取决于实际问题。

式（4.20）为 ψ 的傅里叶形式，在k_x和k_y取合适的离散值（如波导问题或腔体问题）时，此时，本征值是离散的，称为离散谱，在其他情况下，它的值为连续的，有

$$\psi=\int_C\int_C f(k_x,k_y)h(k_xx)h(k_yy)h(k_zz)\,\mathrm{d}k_x\mathrm{d}k_y \tag{4.21}$$

式中：f 为相应的权函数，以上积分是在k_x和k_y所在复平面上某一指定路径上的积分。

考虑到正旋电磁波基函数：

$$\psi=\mathrm{e}^{-\mathrm{j}k_xx}\mathrm{e}^{-\mathrm{j}k_yy}\mathrm{e}^{-\mathrm{j}k_zz}=\mathrm{e}^{-\mathrm{j}\boldsymbol{k}\cdot\boldsymbol{r}} \tag{4.22}$$

其中

$$\begin{cases}\boldsymbol{k}=k_x\hat{\boldsymbol{x}}+k_y\hat{\boldsymbol{y}}+k_z\hat{\boldsymbol{z}}\\ \boldsymbol{r}=x\hat{\boldsymbol{x}}+y\hat{\boldsymbol{y}}+z\hat{\boldsymbol{z}}\end{cases} \tag{4.23}$$

式（4.22）也可以写成

$$\psi=\mathrm{e}^{-\mathrm{j}k\hat{\boldsymbol{k}}\cdot\boldsymbol{r}} \tag{4.24}$$

式中：k 为传播常数，则式（4.24）为一个有效的电场：

$$\boldsymbol{E}=\boldsymbol{E}_0\psi \tag{4.25}$$

式中：$\boldsymbol{E}_0$为常矢量且$\boldsymbol{E}_0\cdot\hat{\boldsymbol{k}}=0$，$\boldsymbol{E}_0$垂直于传播方向，满足散度条件$\nabla\cdot\boldsymbol{E}=0$，由式（4.5）和式（4.6）可得

$$\boldsymbol{H}=Y\hat{\boldsymbol{k}}\times\boldsymbol{E}_0\psi \tag{4.26}$$

这是一个横向电磁波（TEM 波），即平面电磁波。

4.1.2　表面电流

考虑 xy 平面的一个面电流，假设该电流在 x 方向线极化且不随 x、y 变化，则

$$\boldsymbol{J}(z) = \hat{\boldsymbol{x}} \boldsymbol{J}_{S0}\delta(z) \tag{4.27}$$

由于上面的电流源只与 z 有关，并且没有散射物体，因此有 $\frac{\partial}{\partial x} = \frac{\partial}{\partial y} = 0$。由麦克斯韦方程组，有

$$\frac{\mathrm{d}\boldsymbol{E}_x}{\mathrm{d}z} = -\mathrm{j}\omega\mu\boldsymbol{H}_y \tag{4.28}$$

$$-\frac{\mathrm{d}\boldsymbol{H}_y}{\mathrm{d}z} = \boldsymbol{J}_{S0}\delta(z) + \mathrm{j}\omega\varepsilon\boldsymbol{E}_x \tag{4.29}$$

$$\frac{\mathrm{d}\boldsymbol{E}_y}{\mathrm{d}z} = \mathrm{j}\omega\mu\boldsymbol{H}_x \tag{4.30}$$

$$\frac{\mathrm{d}\boldsymbol{H}_x}{\mathrm{d}z} = \mathrm{j}\omega\varepsilon\boldsymbol{E}_y \tag{4.31}$$

该方程组中的第二组方程是无源的，并且与第一组方程相互独立，因此有 $\boldsymbol{E}_y = \boldsymbol{H}_x = 0$。所以，此问题可以在适当情况下（如 $z \to \infty$）用第一组方程描述。对第一个方程求微分，可得

$$\left(\frac{\mathrm{d}^2}{\mathrm{d}z^2} + k^2\right)\boldsymbol{E}_x = \mathrm{j}\omega\mu\boldsymbol{J}_{S0}\delta(z) \tag{4.32}$$

$$\boldsymbol{H}_y = -\frac{1}{\mathrm{j}\omega\mu}\frac{\mathrm{d}\boldsymbol{E}_x}{\mathrm{d}z} \tag{4.33}$$

其中

$$k = k_d\sqrt{1 - \mathrm{j}\tan\delta} \tag{4.34}$$

$$\tan\delta = \frac{\sigma}{\omega\varepsilon_d}\quad k_d = \omega\sqrt{\mu\varepsilon_d} \tag{4.35}$$

考虑到有界条件，我们要求 $k \in C$，则

$$\lim_{z\to\pm\infty}\boldsymbol{E}_x = 0 \tag{4.36}$$

为求解二阶常微分方程，使

$$\boldsymbol{E}_x = -\mathrm{j}\omega\mu\boldsymbol{J}_{S0}g \tag{4.37}$$

则

$$\frac{\mathrm{d}^2 g}{\mathrm{d}z^2} + k^2 g = -\delta(z) \tag{4.38}$$

其中

$$\lim_{z\to\pm\infty} g = 0 \tag{4.39}$$

这是一个与第三类 Strum-Liouville 方程相关的格林函数。它的解可以由下式解出，即

$$g(z,0)=\frac{e^{-jk|z|}}{2jk},\mathrm{Im}k<0 \tag{4.40}$$

或

$$\boldsymbol{E}_x(z)=-\frac{\omega\mu}{2k}\boldsymbol{J}_{S0}e^{-jk|z|} \tag{4.41}$$

令

$$\boldsymbol{J}_{S0}=-\frac{2k}{\omega\mu}$$

则归一化电场强度为

$$\boldsymbol{E}_x(z)=e^{-jk|z|} \tag{4.42}$$

相应的磁场强度为

$$\boldsymbol{H}_y(z)=\frac{1}{Z}e^{-jkz},z>0$$

$$\boldsymbol{H}_y(z)=-\frac{1}{Z}e^{jkz},z<0 \tag{4.43}$$

其中特性阻抗为 Z，且 $Z=\frac{\omega\mu}{k}$，同时有

$$\hat{\boldsymbol{n}}\times(\boldsymbol{H}_1-\boldsymbol{H}_2)=\boldsymbol{J}_S \tag{4.44}$$

4.1.3 电磁波的极化

平面波的极化是由电场强度矢量随时间变化的矢端轨迹决定的。电场强度矢量必须位于与传播方向垂直的方向上，但在与传播方向垂直的平面上，它的方向会随时间变化，如图 4-2 所示。

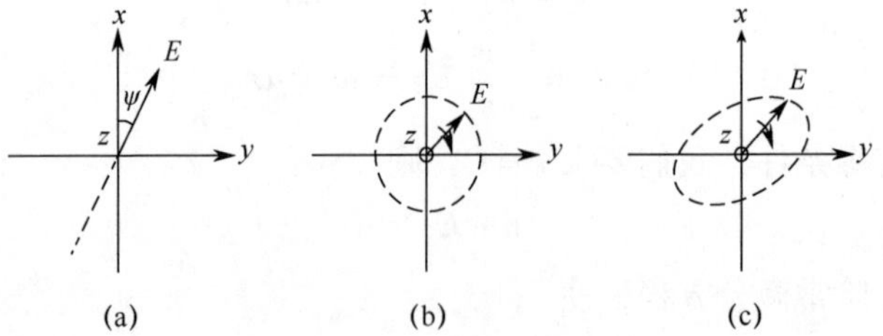

图 4-2 波的极化

（a）线极化；（b）圆极化；（c）椭圆极化。

假设平面波在 z 方向传播。那么，$\boldsymbol{E}$ 必定在 xy 面上，使

$$\boldsymbol{E}=(A_x e^{j\delta_x}\hat{x}+A_y e^{j\delta_y}\hat{y})e^{-jkz} \tag{4.45}$$

式中：A_x、A_y、δ_x 和 δ_y 是实数。它们表示横向平面上电场分量的幅度和相

位，则

$$\boldsymbol{E}_x(z,t) = A_x\cos(\omega t - kz + \delta_x) \tag{4.46}$$

$$\boldsymbol{E}_y(z,t) = A_y\cos(\omega t - kz + \delta_y) \tag{4.47}$$

波的极化取决于A_x、A_y、δ_x、δ_y的相对大小。

1. 线极化

如果$\delta_x = \delta_y$，则

$$\frac{\boldsymbol{E}_y(z,t)}{\boldsymbol{E}_x(z,t)} = \frac{A_y}{A_x} \tag{4.48}$$

电场强度矢量的矢端轨迹为一条直线，并且相对于 x 轴恒为一个角度 $\phi = \arctan\frac{A_y}{A_x}$（图 4-3）。

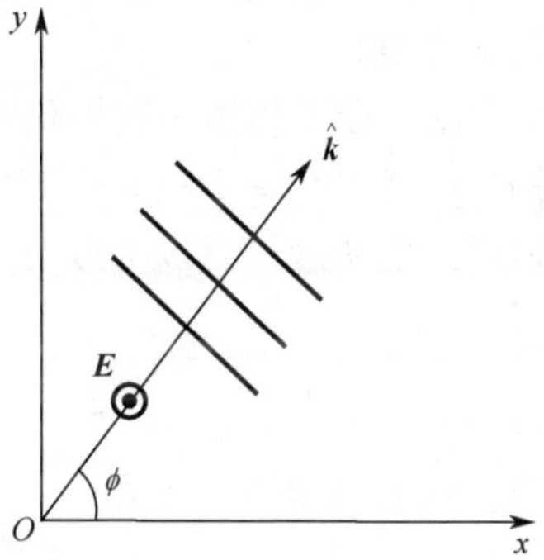

图 4-3　传播方向、波矢量及波前相位面之间的关系

2. 圆极化

如果 $\delta_x - \delta_y = \delta = \pm\frac{\pi}{2}$且 $A_x = A_y = A$，则

$$\{\boldsymbol{E}_x(z,t)\}^2 + \{\boldsymbol{E}_y(z,t)\}^2 = A^2 \tag{4.49}$$

电场强度矢量的矢端轨迹在 xy 平面上是一个半径为 A 的圆。顺着传播方向看，如果旋转方向为顺时针方向，则为右旋圆极化。在这种情况下，电场强度矢量 x 分量相位领先 y 分量（$\delta = \pi/2$）。如果顺着传播方向看，旋转方向为逆时针方向，则为左旋圆极化，电场强度矢量 x 分量相位落后于 y 分量（$\delta = -\pi/2$）。这是电气工程学中的标准定义，与经典光学恰恰相反。

3. 椭圆极化

如果 $\delta_x = \delta_y \neq \pm\frac{\pi}{2}$且 $A_x \neq A_y$，则

$$\left\{\frac{\boldsymbol{E}_x(z,t)}{A_x}\right\}^2 + \left\{\frac{\boldsymbol{E}_y(z,t)}{A_y}\right\}^2 - 2\frac{\boldsymbol{E}_x(z,t)}{A_x}\frac{\boldsymbol{E}_y(z,t)}{A_y}\cos\delta = \sin^2\delta \tag{4.50}$$

电场强度矢量在 xOy 平面上的矢端轨迹为椭圆形。左旋和右旋的定义与之前圆极化的相同。

特定的极化方式可以用来提高目标探测能力和减少杂波干扰，这在雷达和遥感中十分重要。在所有极化方式中，线极化是最简单的极化方式，因为任何极化波都可以用两种相位和幅度合适的线极化波合成得到。所以，在理论上只研究线极化平面波就已经足够了。

4.1.4 无耗介质

在无耗介质中，传播常数 k 为实数。假设单位矢量 $\hat{\boldsymbol{k}}$ 也为实矢量①，在 $\hat{\boldsymbol{k}}$ 方向上传播的场在形式上没有任何变化。波的幅度 E_0 不变，等相位面

$$k\hat{\boldsymbol{k}}\cdot\boldsymbol{r} = 常数 \tag{4.51}$$

与 $\hat{\boldsymbol{k}}$ 垂直，这样的波称为均匀平面波。

例 4.1 下式为一个在 xOy 平面上传播的线极化波，即

$$\boldsymbol{E} = \hat{z}\boldsymbol{E}_0\,\mathrm{e}^{-\mathrm{j}(k_x x+k_y y)} = \hat{z}\boldsymbol{E}_0\,\mathrm{e}^{-\mathrm{j}k(x\cos\phi+y\sin\phi)}$$

式中：ϕ 为传播矢量与 x 轴之间的角度。磁场强度矢量在 xOy 平面上为

$$\begin{aligned}\boldsymbol{H} &= Y\hat{\boldsymbol{k}}\times\boldsymbol{E}\\ &= YE_0(\hat{x}\sin\phi - \hat{y}\cos\phi)\,\mathrm{e}^{-\mathrm{j}k(x\cos\phi+y\sin\phi)}\end{aligned}$$

式中：$\boldsymbol{Y}$ 为介质的特性导纳，则复坡印亭矢量为

$$\tilde{\boldsymbol{S}} = \frac{1}{2}(\boldsymbol{E}\times\boldsymbol{H}^*) = \hat{\boldsymbol{k}}Y\frac{|E_0|^2}{2} \tag{4.52}$$

显然，在传播方向上这是一个实矢量。在传播方向上的电磁功率流密度的时间平均值为 $Y\dfrac{|E_0|^2}{2}$。

既然我们只是要求 $\hat{\boldsymbol{k}}=1$，所以即使介质是无耗的，$\hat{\boldsymbol{k}}$ 也不一定必须为实数。

假设

$$\hat{\boldsymbol{k}} = \boldsymbol{k}' - \mathrm{j}\boldsymbol{k}'' \tag{4.53}$$

式中：$\boldsymbol{k}'$、$\boldsymbol{k}''$ 为实矢量，要求

$$\hat{\boldsymbol{k}}\cdot\hat{\boldsymbol{k}} = \boldsymbol{k}'^2 - \boldsymbol{k}''^2 - 2\mathrm{j}\,\boldsymbol{k}'\cdot\boldsymbol{k}'' = 1 \tag{4.54}$$

所以，对于均匀平面波，应当满足

$$\boldsymbol{k}'' = 0,\boldsymbol{k}' = 1 \tag{4.55}$$

---

① 实际上，$\hat{\boldsymbol{k}}$ 不一定必须为实矢量。

或者满足

$$\boldsymbol{k}' \cdot \boldsymbol{k}'' = 0 \tag{4.56}$$

在后一种情况中，场 ϕ 可由下式求出：

$$\phi = \mathrm{e}^{-k\boldsymbol{k}''\cdot\boldsymbol{r}}\,\mathrm{e}^{-\mathrm{j}k\boldsymbol{k}'\cdot\boldsymbol{r}} \tag{4.57}$$

式中：第一个 $\mathrm{e}^{-k\boldsymbol{k}''\cdot\boldsymbol{r}}$参数控制幅度，第二个 $\mathrm{e}^{-\mathrm{j}k\boldsymbol{k}'\cdot\boldsymbol{r}}$参数控制相位。确切地说，等相位面为

$$\boldsymbol{k}' \cdot \boldsymbol{r} = 常数 \tag{4.58}$$

这些平面都垂直于传播方向 $\boldsymbol{k}'$。在这种情况下幅度不恒定，等幅度面为

$$\boldsymbol{k}'' \cdot \boldsymbol{r} = 常数 \tag{4.59}$$

这些平面垂直于 $\boldsymbol{k}''$并平行于 $\boldsymbol{k}'$。

这是一个非均匀平面波的例子（图 4-4）。它可以看作一个在复数方向上传播的平面波。值得注意的是，在这个例子中，幅度的变化并不在传播方向上。

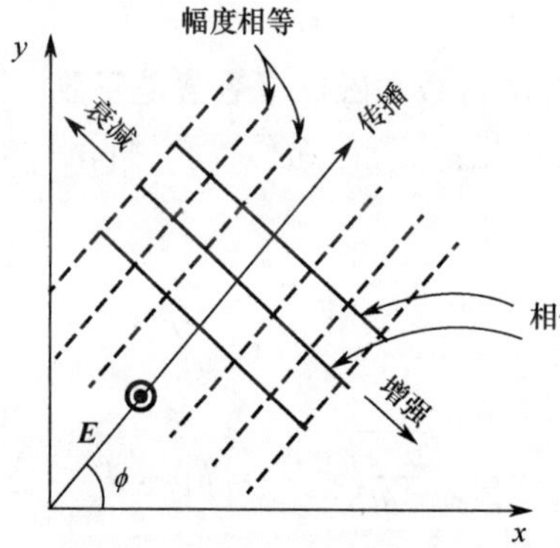

图 4-4　在无耗介质中传播的非均匀平面波等幅度面与等相位面垂直

例 4.2　再次研究例 4.1 中的线极化波：

$$\begin{aligned}\boldsymbol{E} &= \hat{z}\,\mathrm{e}^{-\mathrm{j}k(x\cos\phi + y\sin\phi)} \\ &= \hat{z}\,\mathrm{e}^{-\mathrm{j}k[x(a_1 - \mathrm{j}a_2) + y(b_1 - \mathrm{j}b_2)]} \\ &= \hat{z}\,\mathrm{e}^{-k[xa_2 + yb_2]}\,\mathrm{e}^{-\mathrm{j}k[xa_1 + yb_1]}\end{aligned}$$

其中

$$\begin{aligned}1 &= \cos^2\phi + \sin^2\phi \\ &= (a_1 - \mathrm{j}\,a_2)^2 + (b_1 - \mathrm{j}\,b_2)^2 \\ &= a_1^2 + b_1^2 - a_2^2 - b_2^2 - 2\mathrm{j}(a_1\,a_2 + b_1\,b_2)\end{aligned}$$

式中：$a_1a_2 + b_1b_2 = 0$，则等相位面可由下式得出：

$$xa_1 + yb_1 = 常数$$

等幅度面为

$$xa_2 + yb_2 = 常数$$

显然，由于它们的斜率关系为$\frac{b_1}{a_1} = -\frac{a_2}{b_2}$，等相位面和等幅度面是相互垂直的。

复坡印亭矢量的实数部分和虚数部分分别为

$$\begin{cases} \mathrm{Re}\tilde{\boldsymbol{S}} = \frac{Y}{2}(a_1\hat{\boldsymbol{x}} + b_1\hat{\boldsymbol{y}})\,\mathrm{e}^{-2k[xa_2+yb_2]} \\ \mathrm{Im}\tilde{\boldsymbol{S}} = -\frac{Y}{2}(a_2\hat{\boldsymbol{x}} + b_2\hat{\boldsymbol{y}})\,\mathrm{e}^{-2k[xa_2+yb_2]} \end{cases}$$

式中：第一个表达式表示在传播方向上有功功率流密度的时间平均值；第二个表达式为垂直于传播方向即等相位面上无功功率流密度的时间平均值。

非均匀平面波在平面介质界面发射全反射时出现，而在薄膜波导的分析中，有时会称为漏模。

4.1.5 有耗介质

对于有耗介质来说，介电常数和磁导率通常是复数，因此，它的波数为

$$k = \omega\sqrt{\mu\varepsilon} = \omega\sqrt{\mu'\varepsilon'(1 - \mathrm{j}\tan\delta)} \tag{4.60}$$

其中损耗角正切为

$$\tan\delta = \frac{\varepsilon''}{\varepsilon'} + \frac{\mu''}{\mu'} + \frac{\sigma}{\omega\varepsilon'} \tag{4.61}$$

显然，波数为复数，即

$$k = \omega\sqrt{\frac{\mu'\varepsilon'}{\cos\delta}}\mathrm{e}^{-\mathrm{j}\frac{\delta}{2}} = k_1 - \mathrm{j}k_2 \tag{4.62}$$

在这种情况下，即使波在实矢量方向 $\hat{\boldsymbol{k}}$ 传播，波也会在传播方向衰减。因此，有

$$\phi = \mathrm{e}^{-\mathrm{j}k\hat{\boldsymbol{k}}\cdot\boldsymbol{r}} = \mathrm{e}^{-k_2\hat{\boldsymbol{k}}\cdot\boldsymbol{r}}\,\mathrm{e}^{-\mathrm{j}k_1\hat{\boldsymbol{k}}\cdot\boldsymbol{r}} \tag{4.63}$$

一般习惯根据材料的导电能力来对材料进行分类。假设介质极化损耗和磁化损耗是可以忽略的，损耗主要是电阻损耗，则

$$\tan\delta = \frac{\sigma}{\omega\varepsilon'} \tag{4.64}$$

如果 $\tan\delta \ll 1$，则介质为电介质，并且

$$k = \omega\sqrt{\mu'\varepsilon'(1 - \mathrm{j}\tan\delta)} \approx \omega\sqrt{\mu'\varepsilon'}\left(1 - \mathrm{j}\frac{\tan\delta}{2}\right) \tag{4.65}$$

所以，有

$$\begin{cases} k_1 = \omega\sqrt{\mu'\varepsilon'} \\ k_2 = \frac{\sigma}{2}\sqrt{\frac{\mu'}{\varepsilon'}} \end{cases} \tag{4.66}$$

如果 $\tan\delta \gg 1$，则介质为良导体，并且

$$k \approx \omega \sqrt{-\mathrm{j}\mu'\varepsilon'\tan\delta} = \frac{1-\mathrm{j}}{\sqrt{2}}\sqrt{\omega\mu'\sigma} \tag{4.67}$$

则

$$k_1 \approx k_2 = \sqrt{\frac{\omega\mu'\sigma}{2}} \tag{4.68}$$

应该注意的是，一种材料表现为电介质还是良导体取决于工作频率（假设所有参数与频率无关）。例如，海水在低于 100MHz 时为良导体（频率越低，导电性能越好），但在高于 1GHz 时为电介质（图 4-5）。

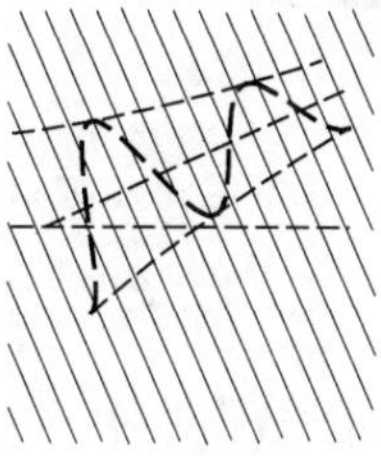

图 4-5　在有耗介质中传播的非均匀平面波等幅面与等相位面平行

电磁波场强振幅衰减为表面处$\frac{1}{e}$的深度称为集肤深度（穿透深度），即

$$\delta = \sqrt{\frac{2}{\omega\mu'\sigma}} = \sqrt{\frac{1}{\pi f\mu'\sigma}} \tag{4.69}$$

集肤深度随着频率的增加、电导率的增加而减小。

当一个平面波从真空入射到良导体（$\tan \gg 1$）中时，折射角度为

$$\theta_t \approx \arctan\left(\sqrt{\frac{2\omega\varepsilon_0}{\sigma}}\sin\theta_i\right) \tag{4.70}$$

式中：σ 为电导率。

折射角 θ_t非常小，所以在实际应用时，可以假设在良导体中，折射波垂直于表面传播。实际上，当电磁波射入一个导体时，电磁波振幅会以 $\mathrm{e}^{-\frac{z}{\delta}}$的指数形式衰减，其中 z 为进入导体的深度，δ 为集肤深度且可由式（4.69）求出。因此，在大多数情况下可认为电场不能穿透良导体。然而，当需要考虑到导体中的热损耗时，可以像下面这样处理。

首先，假设电磁场满足理想导体边界条件：

$$\hat{\boldsymbol{n}} \times \boldsymbol{E}^{[0]} = 0 \tag{4.71}$$

式中：上标［0］表示电场的零阶近似值。

表面电流密度 $\boldsymbol{K}$ 可由边界条件求出，即

$$\boldsymbol{K}^{[0]} = \hat{\boldsymbol{n}} \times \boldsymbol{H}^{[0]} \tag{4.72}$$

电场切向分量的一阶近似值与该电流密度之间的关系为

$$\hat{\boldsymbol{n}} \times \boldsymbol{E}^{[1]} = Z_S \hat{\boldsymbol{n}} \times \boldsymbol{H}^{[0]} \tag{4.73}$$

式中：Z_S为导体的表面阻抗，即

$$Z_S = \frac{1+\mathrm{j}}{\sigma\delta}(\Omega) \tag{4.74}$$

式中：δ 为集肤深度（图 4-6）。

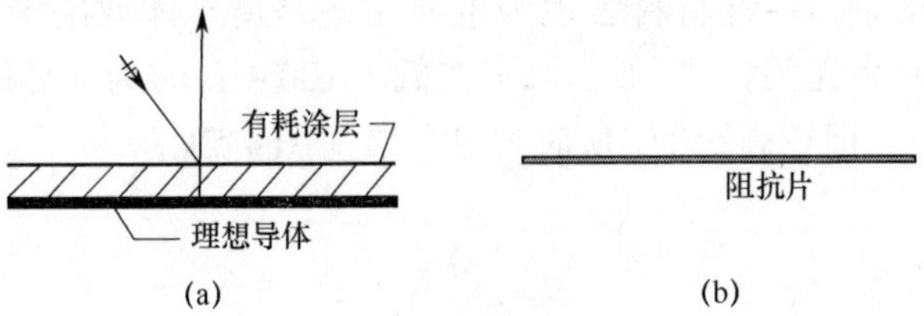

图 4-6　覆有有耗介质的导体板，有耗介质厚度为 τ 且损耗系数高（a）及 $-\hat{\boldsymbol{n}} \times \hat{\boldsymbol{n}} \times \boldsymbol{E} = Z_S \hat{\boldsymbol{n}} \times \boldsymbol{H}$ 的等效阻抗板（b）

例 4.3　在 1MHz 下，铜的集肤深度为

$$\delta = \sqrt{\frac{2}{\omega \mu_0 \sigma}}$$

则其表面阻抗为

$$Z_S = \frac{1+\mathrm{j}}{\sigma\delta} = 2.6 \times 10^{-4}(1+\mathrm{j})\Omega$$

将 $\boldsymbol{K}$ 代入式（4.73），可得

$$-\hat{\boldsymbol{n}} \times \hat{\boldsymbol{n}} \times \boldsymbol{E} = Z_S \hat{\boldsymbol{n}} \times \boldsymbol{H} \tag{4.75}$$

这称为标准阻抗边界条件（SIBC），也称为 Shchukin Leontovich 边界条件①。这个边界条件展示了不同阻抗下电场切向分量与磁场切向分量的关系。

如图 4-6 所示，对于一个覆有有耗电介质的金属，其表面阻抗为

$$Z_S = \mathrm{j}Z_0 \frac{n}{\varepsilon_r}\tan(nk_0\tau) \tag{4.76}$$

式中：τ 为介质厚度；$n = \sqrt{\varepsilon_r \mu_r}$ 为折射率。

式（4.76）为将正常波射入到有耗介质假设为传输线模型求得的结果。

一般来说，当阻抗边界条件满足如下条件时，阻抗边界条件有效，即

$$|n| \gg 1, |\mathrm{Im}\{n\}| k_0 t \gg 1 \tag{4.77}$$

式中：第一个条件（$|n| \gg 1$）保证电场在介质中为沿内法线方向从真空射入到介质中的平面波；第二个条件（$|\mathrm{Im}\{n\}| k_0 t \gg 1$）要求入射行波会有足够的衰减，从而保证在界面没有反射出的外射行波。除此之外，对于非均匀介质，

① 以俄罗斯科学家 Alexandr N. Shchukin（1900—1990）和 Mikhail A. Leontovich 的名字命名。

如果介质阻抗的横向变化很缓慢，SIBC 标准仍然有效，即

$$\left|\frac{1}{k\,\eta_s}\nabla_S\,\eta_s\right| \ll 1 \tag{4.78}$$

式中：∇_S表示真空介质的横切面上的梯度。

特别地，标准阻抗边界条件不考虑垂直于介质层的极化电流，因此，最适于处理接近垂直入射的情况。

4.1.6　向平面介质分界面的入射和反射

在本节中，我们将讨论两个半无限介质平面的分界面上的平面波的反射和透射。为了分析任意极化下斜入射波的反射和透射，通常把电场分为水平极化分量和垂直极化分量，并对两个分量分别研究。水平极化和垂直极化是相对于入射平面定义的。入射平面是由波矢量和界面法线单位矢量决定的。

不失一般性，我们把 xOy 面（$z=0$）作为边界面，xOz 面为入射面。介质 1 参数为 ε_1和 μ_1，介质 2 的参数为 ε_2和 μ_2。平面波从介质 1 斜入射到介质 2 中。θ_i为入射波与界面法线之间的夹角，称为入射角。

4.1.6.1　垂直极化

我们先考虑垂直极化分量，如图 4-7 所示。$\boldsymbol{k}_i$为入射波矢量，$\boldsymbol{k}_r$为反射波矢量，$\boldsymbol{k}_t$为透射波矢量，即

$$\boldsymbol{k}_i = k_1[\hat{\boldsymbol{x}}\sin\theta_i + \hat{\boldsymbol{z}}\cos\theta_i] \tag{4.79}$$

$$\boldsymbol{k}_r = k_1[\hat{\boldsymbol{x}}\sin\theta_r - \hat{\boldsymbol{z}}\cos\theta_r] \tag{4.80}$$

$$\boldsymbol{k}_t = k_1[\hat{\boldsymbol{x}}\sin\theta_t + \hat{\boldsymbol{z}}\cos\theta_t] \tag{4.81}$$

式中：$k_1=\omega\sqrt{\varepsilon_1\mu_1}$；$k_2=\omega\sqrt{\varepsilon_2\mu_2}$；$\theta_r$和$\theta_t$分别是反射角和折射角，如图 4-7 所示。

入射电场为

$$\boldsymbol{E}_i = E_0\,\hat{\boldsymbol{y}}\,\mathrm{e}^{-\mathrm{j}k_1(z\cos\theta_i + x\sin\theta_i)} \tag{4.82}$$

式中：E_0为入射电场的幅度。反射电场和透射电场分别为

$$\boldsymbol{E}_r = E_0\,R_\perp\,\hat{y}\,\mathrm{e}^{-\mathrm{j}k_1(-z\cos\theta_r + x\sin\theta_r)} \tag{4.83}$$

$$\boldsymbol{E}_t = E_0\,T_\perp\,\hat{y}\,\mathrm{e}^{-\mathrm{j}k_2(z\cos\theta_t + x\sin\theta_t)} \tag{4.84}$$

式中：$R_\perp$和$T_\perp$分别为垂直极化波的反射系数与透射系数。相应的磁场为

$$\boldsymbol{H}_i = \frac{1}{\omega\mu_1}\boldsymbol{k}_i \times \boldsymbol{E}_i \tag{4.85}$$

$$\boldsymbol{H}_r = \frac{1}{\omega\mu_1}\boldsymbol{k}_r \times \boldsymbol{E}_r \tag{4.86}$$

$$\boldsymbol{H}_t = \frac{1}{\omega\mu_2}\boldsymbol{k}_t \times \boldsymbol{E}_t \tag{4.87}$$

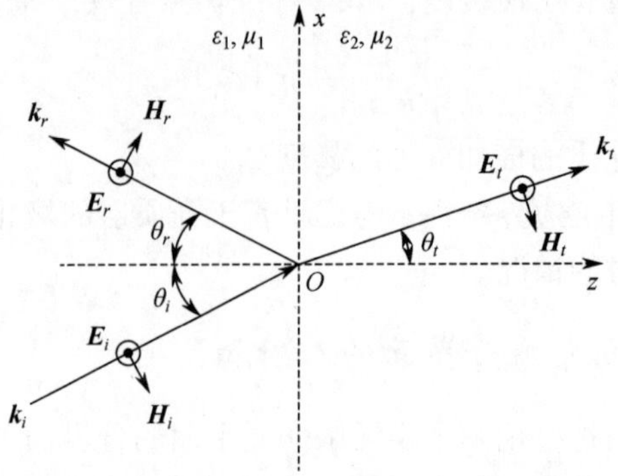

图 4-7　TE 极化波在均匀介质分界平面上的折射与反射

上面公式中的$R_\perp$、$T_\perp$和图 4-7 中的θ_r、θ_t的值满足分界处的切向电场和切向磁场的连续性：

$$\hat{z}\times[\boldsymbol{E}_i+\boldsymbol{E}_r]|_{z=0}=\hat{z}\times\boldsymbol{E}_t|_{z=0} \tag{4.88}$$

$$\hat{z}\times[\boldsymbol{H}_i+\boldsymbol{H}_r]|_{z=0}=\hat{z}\times\boldsymbol{H}_t|_{z=0} \tag{4.89}$$

式（4.88）和式（4.89）可以分为实数部分和虚数部分，一共有 4 个等式来求出$R_\perp$、$T_\perp$、θ_r、θ_t的值。将式（4.82）、式（4.83）和式（4.84）代入式（4.88）中可导出反射定律，即

$$\theta_i=\theta_r \tag{4.90}$$

同时，也可以得到斯涅尔折射定律，即

$$k_1\sin\theta_i=k_2\sin\theta_t \tag{4.91}$$

式（4.91）也可以表示为折射条件：

$$n_1\sin\theta_i=n_2\sin\theta_t \tag{4.92}$$

从式（4.85）、式（4.86）和式（4.87）解得电场。再将电场代入式（4.89）中，联合式（4.90）和式（4.91）可以得到垂直极化波反射系数和透射系数为

$$R_\perp=\frac{\eta_2\cos\theta_i-\eta_1\cos\theta_t}{\eta_2\cos\theta_i+\eta_1\cos\theta_t} \tag{4.93}$$

$$T_\perp=\frac{2\eta_2\cos\theta_i}{\eta_2\cos\theta_i+\eta_1\cos\theta_t} \tag{4.94}$$

式中：$\eta_1=\sqrt{\frac{\mu_1}{\varepsilon_1}}$；$\eta_2=\sqrt{\frac{\mu_2}{\varepsilon_2}}$为波阻抗。

4.1.6.2　水平极化

图 4-8 所示为水平极化波的情况。入射波、反射波和透射波的波矢量与垂直极化波的相同。入射波的电场为

$$\boldsymbol{E}_i = \boldsymbol{E}_0[\hat{\boldsymbol{x}}\cos\theta_i - \hat{\boldsymbol{z}}\sin\theta_i]\,\mathrm{e}^{-\mathrm{j}k_1(z\cos\theta_i + x\sin\theta_i)} \tag{4.95}$$

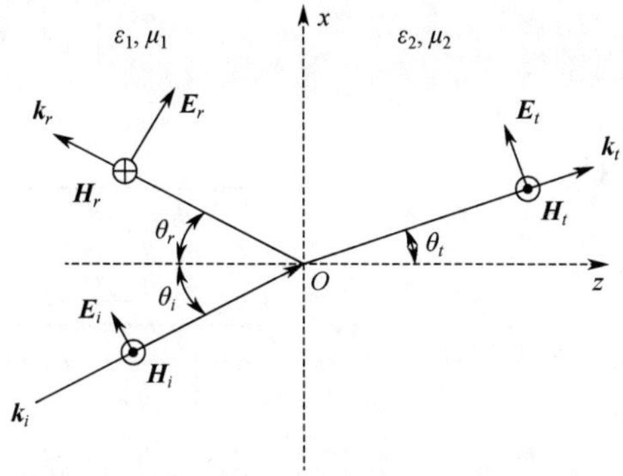

图 4-8　TM 极化波在均匀介质分界平面上的折射与反射

反射波和透射波的电场为

$$\boldsymbol{E}_r = R_{\parallel}E_0[\hat{\boldsymbol{x}}\cos\theta_r + \hat{\boldsymbol{z}}\sin\theta_r]\,\mathrm{e}^{-\mathrm{j}k_1(-z\cos\theta_r + x\sin\theta_r)} \tag{4.96}$$

$$\boldsymbol{E}_t = T_{\parallel}E_0[\hat{\boldsymbol{x}}\cos\theta_t - \hat{\boldsymbol{z}}\sin\theta_t]\,\mathrm{e}^{-\mathrm{j}k_2(z\cos\theta_t + x\sin\theta_t)} \tag{4.97}$$

式中：$R_{\parallel}$和$T_{\parallel}$分别为水平极化波的反射系数与透射系数。

求解过程类似于垂直极化波的。根据边界条件可求得θ_i、θ_r和θ_t之间的关系，如式（4.90）和式（4.91）所示。所以，反射定律和斯涅尔折射定律同时适用于两种极化。水平极化波的反射系数和透射系数为

$$R_{\parallel} = \frac{\eta_2\cos\theta_t - \eta_1\cos\theta_i}{\eta_2\cos\theta_t + \eta_1\cos\theta_i} \tag{4.98}$$

$$T_{\parallel} = \frac{2\eta_2\cos\theta_t}{\eta_2\cos\theta_t + \eta_1\cos\theta_i} \tag{4.99}$$

4.1.6.3　传输线模型法

这里我们对传输线模型法作简要介绍。这是一种简单而直观的方法，在处理多层介质问题时十分有效。平面波在边界面处的反射和透射可以看成是具有不同特性阻抗的两条传输线的交界处的反射与透射系数。在图 4-9 中，图（a）为任意极化平面波的反射和透射，图（b）为其等效传输线模型。在传输线模型中，传输常数为β，特性阻抗为Z。

首先给出两条传输线交界处的反射和透射的一些基本结论。假设源在$z<0$处，入射波的电压和电流可以写成

$$V_i(z) = V_0\,\mathrm{e}^{-\mathrm{j}\beta_i z} \tag{4.100}$$

$$I_i(z) = I_0\,\mathrm{e}^{-\mathrm{j}\beta_i z} \tag{4.101}$$

式中：V_0为入射波电压的幅值。

传输线的特性阻抗为入射电压与入射电流之比：

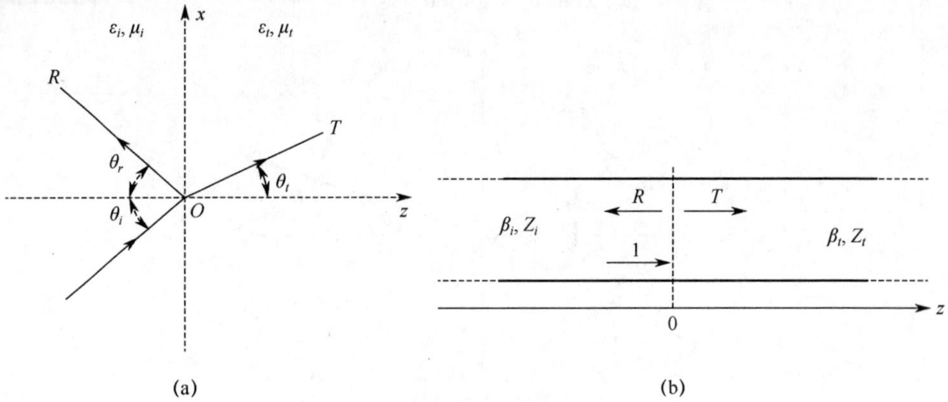

图 4-9　反射和透射现象及其传输线模型

$$Z_i = \frac{V_0}{I_0} \tag{4.102}$$

则从入射波和反射波可知 $z<0$ 处的总电压和总电流为

$$V(z) = V_0[\mathrm{e}^{-\mathrm{j}\beta_i z} + R\,\mathrm{e}^{\mathrm{j}\beta_i z}], z < 0 \tag{4.103}$$

$$I(z) = \frac{V_0}{Z_i}[\mathrm{e}^{-\mathrm{j}\beta_i z} - R\,\mathrm{e}^{\mathrm{j}\beta_i z}], z < 0 \tag{4.104}$$

如图 4-9 所示，R 为交界处的反射系数，$z>0$ 处的总电压和总电流为

$$V(z) = T V_0\,\mathrm{e}^{-\mathrm{j}\beta_t z}, z > 0 \tag{4.105}$$

$$I(z) = \frac{TV_0}{Z_t}\mathrm{e}^{-\mathrm{j}\beta_t z}, z > 0 \tag{4.106}$$

式中：T 为交界处的透射系数。

从基本传输线理论可知，交界处的反射系数和透射系数为

$$R = \frac{Z_t - Z_i}{Z_t + Z_i} \tag{4.107}$$

$$T = \frac{2Z_t}{Z_t + Z_i} \tag{4.108}$$

介质边界处的反射和透射问题可以用等效的传输线问题来表示，即以电压表示切向电场，以电流表示切向磁场，并相应地定义特性阻抗。例如，在垂直极化下，Z_i和Z_t分别为

$$Z_i = -\frac{E_y^{\mathrm{inc}}}{H_x^{\mathrm{inc}}} = \frac{\eta_i}{\cos\theta_i} \tag{4.109}$$

$$Z_t = -\frac{E_y^{\mathrm{trn}}}{H_x^{\mathrm{trn}}} = \frac{\eta_t}{\cos\theta_t} \tag{4.110}$$

将式（4.109）和式（4.110）代入式（4.107）和式（4.108）中可以得

到式（4.93）和式（4.94）。传输线模型很容易推广到多层介质系统中，我们将在本章后面的部分讨论该问题。从网络分析中可知，传输线的一部分可以看作是一个二端口网络。图 4-10 所示为一个长度为 d、传输常数为 β、特性阻抗为 Z 的传输线及其等效二端口网络。图 4-10 所示为该二端口网络的特性矩阵（矩阵 $\boldsymbol{A}$、$\boldsymbol{B}$、$\boldsymbol{C}$、$\boldsymbol{D}$）、总电压和总电流。分别为

$$\begin{bmatrix} \boldsymbol{V}_1 \\ \boldsymbol{I}_1 \end{bmatrix} = \begin{bmatrix} \boldsymbol{A} & \boldsymbol{B} \\ \boldsymbol{C} & \boldsymbol{D} \end{bmatrix} \begin{bmatrix} \boldsymbol{V}_2 \\ \boldsymbol{I}_2 \end{bmatrix} \tag{4.111}$$

对于图 4-10 中的传输线，其矩阵 $\boldsymbol{A}$、$\boldsymbol{B}$、$\boldsymbol{C}$、$\boldsymbol{D}$ 的值为

$$\boldsymbol{A} = \cos\beta d \tag{4.112}$$

$$\boldsymbol{B} = \mathrm{j}Z\sin\beta d \tag{4.113}$$

$$\boldsymbol{C} = \frac{\mathrm{j}\sin\beta d}{Z} \tag{4.114}$$

$$\boldsymbol{D} = \cos\beta d \tag{4.115}$$

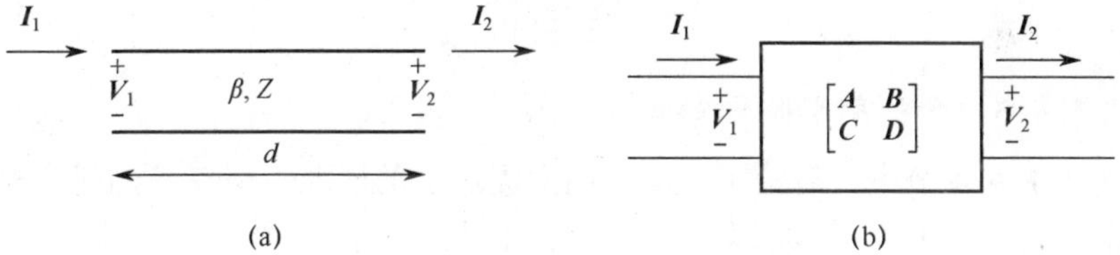

图 4-10　一段传输线及其散射矩阵表示

矩阵 $\boldsymbol{A}$、$\boldsymbol{B}$、$\boldsymbol{C}$、$\boldsymbol{D}$ 的一个重要性质是级联性质，当有多个网络级联时，级联系统的矩阵 $\boldsymbol{A}$、$\boldsymbol{B}$、$\boldsymbol{C}$、$\boldsymbol{D}$ 为各个网络的矩阵 $\boldsymbol{A}$、$\boldsymbol{B}$、$\boldsymbol{C}$、$\boldsymbol{D}$ 的乘积。该性质在后面的多层介质情况下会用到。

4.1.6.4　全透射和布鲁斯特角

推导完反射系数和透射系数，现在我们开始研究什么条件下会发生全反射或全透射。首先研究全透射的情况，发生全透射时反射系数为 0，即 $R=0$。发生全透射（无反射）时的入射角称为布鲁斯特角，记为θ_B。

考虑垂直极化，由式（4.93）可知反射系数。设$R_\perp=0$，有

$$\eta_2\cos\theta_B = \eta_1\cos\theta_t \tag{4.116}$$

根据斯涅尔定律式（4.91），可求得

$$\sin^2\theta_B = \frac{1-\dfrac{\varepsilon_2\mu_1}{\varepsilon_1\mu_2}}{1-\left(\dfrac{\mu_1}{\mu_2}\right)^2} \tag{4.117}$$

为了在实际中实现这样的入射角，式（4.117）的右侧值必须取 0 ~ 1。假定为非磁性材料，则$\mu_1=\mu_2=\mu_0$，式（4.117）为无限大，此时，在现实中无

法实现。除了铁磁性材料外，大多数介质的非磁性假设都是成立的，所以对于非磁性材料而言，垂直极化波没有全透射。

进一步研究式（4.117）发现，当$\varepsilon_1=\varepsilon_2$，$\mu_1\neq\mu_2$时，垂直极化波存在布鲁斯特角，即

$$\theta_B = \arctan\left(\sqrt{\frac{\mu_2}{\mu_1}}\right) \tag{4.118}$$

下面研究水平极化波的情况。从式（4.98）中设$R_{\parallel}=0$，由斯涅尔定律式（4.91）可求得

$$\sin^2\theta_B = \frac{1-\dfrac{\varepsilon_1\mu_2}{\varepsilon_2\mu_1}}{1-\left(\dfrac{\varepsilon_1}{\varepsilon_2}\right)^2} \tag{4.119}$$

考虑非磁性材料，当$\mu_1=\mu_2=\mu_0$时，布鲁斯特角为

$$\theta_B = \arctan\left(\sqrt{\frac{\varepsilon_2}{\varepsilon_1}}\right) \tag{4.120}$$

4.1.6.5 全反射和临界角

在4.1.6.4节中，讨论了平面界面上无反射的情况。现在我们研究全反射的情况。首先假设入射波以θ_i为入射角射到介质交界面。由斯涅尔定律式（4.92）可得透射角为

$$\sin\theta_t = \frac{n_1}{n_2}\sin\theta_i \tag{4.121}$$

考虑光从光密介质射入到光疏介质中的情况，即$n_1>n_2$。由式（4.92）可知，$\theta_t>\theta_i$。当$\theta_t=\pi/2$时，折射光线沿边界面射出，并且没有能量传播到第二层介质中。此时的入射角称为临界角θ_C，即

$$\theta_C = \arctan\left(\frac{n_1}{n_2}\right) \tag{4.122}$$

当入射角大于临界角时，入射平面波发生全反射，第二层介质中的透射波为非非均匀波。

4.1.7 多层介质中的传播

如图4-11所示，考虑斜入射平面波穿过N层介质层的情况。入射角θ_i、反射角θ_r和投射角θ_t如图4-11所示。直接对图4-11的情况进行分析，需要分别分析水平极化和垂直极化的情况，这相当麻烦。这种方法需要同时导出和求解$N+1$个界面上的边界条件。然而，我们可以用更为简单的方法来求解——传输线模型法，这个方法在4.1.6节已经介绍过了。如图4-11所示，可以通过将切向电场转化为电压，将切向磁场转化为电流来得到等效的传输线问题。

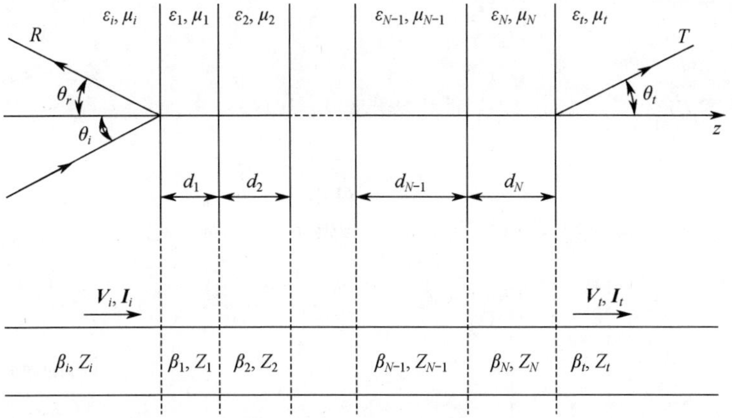

图 4-11　一个多层介质的反射与透射

首先考虑垂直极化的情况。第 m 层介质的特性阻抗和传输常数为

$$\beta_m = \omega\sqrt{\varepsilon_m\mu_m}\sqrt{1-\frac{\varepsilon_i\mu_i}{\varepsilon_m\mu_m}\sin^2\theta_i} \tag{4.123}$$

$$Z_m = \frac{\omega\mu_m}{\beta_m} \tag{4.124}$$

由式（4.115）可知，矩阵的第 m 层为

$$A_m = \cos\beta_m d_m \tag{4.125}$$

$$B_m = \mathrm{j}\,Z_m\sin\beta_m d_m \tag{4.126}$$

$$C_m = \frac{\mathrm{j}\sin\beta_m d_m}{Z_m} \tag{4.127}$$

$$D_m = \cos\beta_m d_m \tag{4.128}$$

如前所述，多级系统的矩阵 $\boldsymbol{A}$、$\boldsymbol{B}$、$\boldsymbol{C}$、$\boldsymbol{D}$ 为各个单网络的矩阵 $\boldsymbol{A}$、$\boldsymbol{B}$、$\boldsymbol{C}$、$\boldsymbol{D}$ 的乘积，则

$$\begin{bmatrix}\boldsymbol{V}_i\\ \boldsymbol{I}_i\end{bmatrix} = \begin{bmatrix}\boldsymbol{A} & \boldsymbol{B}\\ \boldsymbol{C} & \boldsymbol{D}\end{bmatrix}\begin{bmatrix}\boldsymbol{V}_t\\ \boldsymbol{I}_t\end{bmatrix} \tag{4.129}$$

其中

$$\begin{bmatrix}\boldsymbol{A} & \boldsymbol{B}\\ \boldsymbol{C} & \boldsymbol{D}\end{bmatrix} = \begin{bmatrix}A_1 & B_1\\ C_1 & D_1\end{bmatrix}\begin{bmatrix}A_2 & B_2\\ C_2 & D_2\end{bmatrix}\cdots\begin{bmatrix}A_N & B_N\\ C_N & D_N\end{bmatrix} \tag{4.130}$$

求解式（4.129）可得反射系数和透射系数：

$$R = \frac{A+\dfrac{B}{Z_t}-Z_i\left(C+\dfrac{D}{Z_t}\right)}{A+\dfrac{B}{Z_t}+Z_i\left(C+\dfrac{D}{Z_t}\right)} \tag{4.131}$$

$$T = \frac{2}{A + \frac{B}{Z_t} + Z_i\left(C + \frac{D}{Z_t}\right)} \tag{4.132}$$

在水平极化下，第 m 层介质的特性阻抗为

$$Z_m = \frac{\beta_m}{\omega\varepsilon_m} \tag{4.133}$$

然而，水平极化结果和垂直极化的结果一样（图 4-12）。

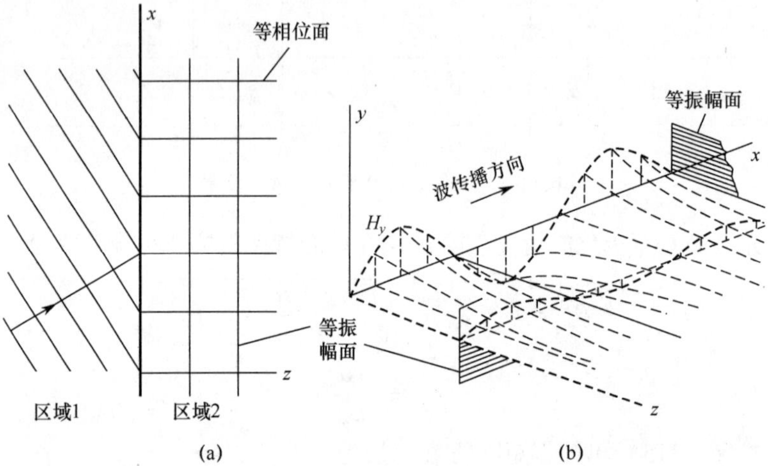

图 4-12　平面波入射角大于临界角时，介质 2 中的平面波为非均匀波
（a）区域 1 和区域 2 中的等相位面；（b）沿传播方向的磁场分量的振幅。

4.1.8　向非均匀多层介质的入射和反射

在本节中，我们将研究平面波在非均匀多层介质中的反射特性，该多层介质的介电常数缓慢变化。特别地，我们将从这样的介质中发现不同反射系数下的多种等式。

考虑一个非均匀介质板，它的介电常数是一个关于空间变量的函数。为方便起见，假设该介质层的介电常数 ε 是一个关于 z 的函数。介质板在 x 和 y 方向上是无限长的。

如图 4-13 所示，一个横电磁波（TM 极化）斜入射该介质层，即

$$\boldsymbol{E}_i = \hat{\boldsymbol{y}}\,\mathrm{e}^{-\mathrm{j}k_0x\sin\theta_0 + \mathrm{j}k_0z\cos\theta_0} \tag{4.134}$$

式中：k_0为波数；θ_0为入射角。该电磁场满足无源麦克斯韦方程组：

$$\begin{cases}\nabla \times \boldsymbol{E} = -\mathrm{j}\omega\mu\boldsymbol{H} \\ \nabla \times \boldsymbol{H} = \mathrm{j}\omega\varepsilon\boldsymbol{E}\end{cases} \tag{4.135}$$

由于介质层在 y 方向上是无限长的，故场在 y 和 $\frac{\partial}{\partial y} = 0$ 上有对称性。对于

式（4.135）的第一个麦克斯韦方程，有

$$\begin{cases}\dfrac{\partial E_y}{\partial z} = \mathrm{j}\omega\mu \boldsymbol{H}_x \\ \dfrac{\partial E_y}{\partial x} = -\mathrm{j}\omega\mu \boldsymbol{H}_z\end{cases} \tag{4.136}$$

对于式（4.135）的第二个方程，有

$$\frac{\partial \boldsymbol{H}_x}{\partial z} - \frac{\partial \boldsymbol{H}_z}{\partial x} = \mathrm{j}\omega\varepsilon \boldsymbol{E}_y \tag{4.137}$$

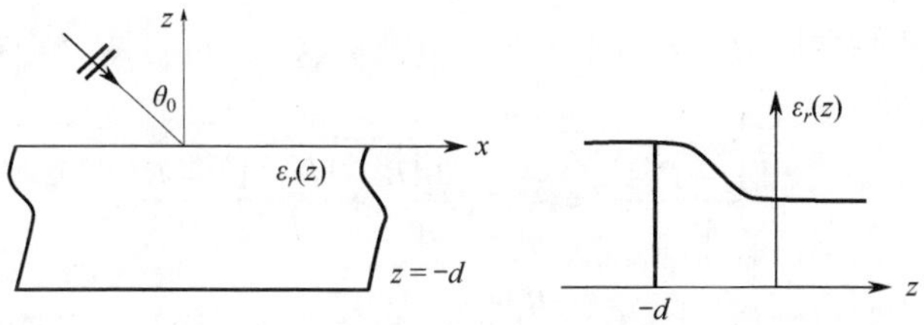

图 4-13　介电常数为 $\varepsilon(z)$ 的非均匀介质层

根据 x 方向上的相位匹配条件，可以求得该方向上的相位常数为

$$k_x = k_0 \sin\theta_0 \tag{4.138}$$

则 $\dfrac{\partial}{\partial x} = -\mathrm{j}k_x$。联合式（4.136）中的第二个方程和式（4.137），可得

$$\frac{\partial H_x}{\partial z} - \mathrm{j}\left(\frac{k_z^2}{\omega\mu}\right)E_y = 0 \tag{4.139}$$

其中

$$k_z = \sqrt{k_0^2\, \varepsilon_r(z) - k_x^2} \tag{4.140}$$

式中：k_z为 z 方向上的相位常数；ε_r为该介质的相对介电常数。

为了找到反射系数的方程，我们在非均匀介质中的每个点都定义了入射场（向下传播）和反射场（向上传播），即

$$\boldsymbol{E}_y^i = A(z)\,\mathrm{e}^{-\mathrm{j}k_x x}, \boldsymbol{H}_x^i = \frac{k_z}{\omega\mu}A(z)\,\mathrm{e}^{-\mathrm{j}k_x x} \tag{4.141}$$

$$\boldsymbol{E}_y^r = B(z)\,\mathrm{e}^{-\mathrm{j}k_x x}, \boldsymbol{H}_x^r = -\frac{k_z}{\omega\mu}B(z)\,\mathrm{e}^{-\mathrm{j}k_x x} \tag{4.142}$$

介质的局部反射系数为

$$R \equiv \frac{B}{A} \tag{4.143}$$

由式（4.141）和式（4.142）求解并相加可得到总场，将总场代入式（4.137）和式（4.139）中，可得

$$\frac{d(A-B)}{dz} = jk_z(A+B) - \frac{k'_z}{k_z}(A-B) \tag{4.144}$$

$$\frac{d(A+B)}{dz} = jk_z(A-B) \tag{4.145}$$

其中，式（4.144）可以分成两个方程。将左边的A'和B'分别提取出来，可得

$$A' = jk_zA - \frac{k'_z}{2k_z}(A-B) \tag{4.146}$$

$$B' = jk_zB + \frac{k'_z}{2k_z}(A-B) \tag{4.147}$$

式（4.146）两侧乘以B，式（4.147）两侧乘以A，再将两个等式相减并除以A^2，可得

$$\frac{B'A - BA'}{A^2} = -jk_z\frac{2AB}{A^2} + \frac{k'_z}{2k_z}\frac{A^2-B^2}{A^2} \tag{4.148}$$

等式（4.148）等号左侧可定为$\left(\frac{B}{A}\right)'$。结合式（4.143），$R$的微分方程为

$$R' = -j2k_zR + \frac{k'_z}{2k_z}(1-R^2) \tag{4.149}$$

这是一个TM极化的非线性Riccati型微分方程，一般我们将式（4.149）写成

$$R' = -j2k_zR + \gamma(1-R^2) \tag{4.150}$$

式中：γ与极化方式有关：

$$\gamma = \begin{cases} \dfrac{k'_z}{2k_z} & \text{TE 极化} \\ \dfrac{1}{2}\left(\dfrac{k_z}{\varepsilon_r}\right)'\dfrac{\varepsilon_r}{k_z} & \text{TM 极化} \end{cases} \tag{4.151}$$

为了求得式（4.151）的特解，需要给反射系数R一个初始边界条件。如果该介质层在一个半无限空间上，可以假设

$$\lim_{z\to-\infty} R(z) = 0 \tag{4.152}$$

或者，如果介质层在$z=-d$平面与一个理想导体相接，则

$$R(-d) = -1 \tag{4.153}$$

4.1.8.1 迭代法

当介质层的反射系数很小时，Riccati微分方程可以用迭代法求解。假设介质层为半无限空间，式（4.150）可以写成

$$R' + j2k_zR = \gamma(z)(1-R^2) \tag{4.154}$$

将式（4.154）两边乘以积分因子$\exp\left(2j\int_{z_0}^{z}k_z dz\right)$并从$-\infty$到$z$积分，可得

$$R(z)=\exp\left(-2\mathrm{j}\int_{z_0}^{z}k_z\mathrm{d}z\right)\left\{\int_{-\infty}^{z}\gamma(z)[1-R^2(z)]\exp(2\mathrm{j}\int_{z_0}^{z}k_z\mathrm{d}z)\mathrm{d}z\right\} \tag{4.155}$$

式中：z_0为介质中任意一点，其反射系数已知。

由初始边界条件式（4.152）可知

$$R(z_0)=\int_{-\infty}^{z_0}\gamma(z)[1-R^2)]\exp\left(2\mathrm{j}\int_{z_0}^{z}k_z\mathrm{d}z\right)\mathrm{d}z \tag{4.156}$$

对于小反射系数R，一阶近似解可以通过忽略R^2项求解得到。反射系数的一阶近似解为

$$R_1(z_0)=\int_{-\infty}^{z_0}\gamma(z)\exp\left(2\mathrm{j}\int_{z_0}^{z}k_z\mathrm{d}z\right)\mathrm{d}z \tag{4.157}$$

将R_1代入式（4.156）等号右边可得二阶近似解：

$$R_2(z_0)=\int_{-\infty}^{z_0}\gamma(z)[1-{R_1}^2(z)]\exp\left(2\mathrm{j}\int_{z_0}^{z}k_z\mathrm{d}z\right)\mathrm{d}z \tag{4.158}$$

更高阶的近似解可以用以上的迭代法求得。

上述的迭代法只适用于介电常数连续且任意点都不存在全反射的情况。

4.1.8.2　阻抗公式法

相同的问题用阻抗公式来表示。将介质中每个点的波阻抗定义为

$$Z=\frac{\boldsymbol{E}_y}{\boldsymbol{H}_x} \tag{4.159}$$

为了得到波阻抗的方程，上述的方程对Z求微分，可得

$$Z'=\frac{\boldsymbol{E}'_y\boldsymbol{H}_x-\boldsymbol{E}_y\boldsymbol{H}'_x}{\boldsymbol{H}_x^2} \tag{4.160}$$

联立式（4.136）和式（4.160），可得

$$Z'=\frac{\mathrm{j}\omega\mu\boldsymbol{H}_x^2-\dfrac{\mathrm{j}}{\omega\mu}k_z^2\boldsymbol{E}_y^2}{\boldsymbol{H}_x^2} \tag{4.161}$$

即

$$Z'=\mathrm{j}k_0Z_0\left[1-\left(\frac{k_z}{k_0Z_0}\right)^2Z^2\right] \tag{4.162}$$

将阻抗归一化，$\eta=\dfrac{Z}{Z_0}$，式（4.162）变为

$$\eta'=\mathrm{j}k_0\left[1-\left(\frac{k_z}{k_0}\right)^2\eta^2\right] \tag{4.163}$$

使用变换$\xi=\dfrac{\eta}{\mathrm{j}k_0}$，可得

$$\xi' = 1 + k_z^2 \xi^2 \tag{4.164}$$

式（4.164）是一个波阻抗的 Riccati 微分方程。

4.1.9 波速

在前面已经提到过，在平面波中，有

$$\psi(z,t) = A_0 \mathrm{e}^{-\mathrm{j}(kz-\omega t)}$$

等相位面以一定的速度前进，这个速度称为相速。在简单介质中，相速为

$$v_p = \frac{\omega}{k} \tag{4.165}$$

式中：ω 为波的角频率；k 为波数。

在真空中，平面波的相速等于光速 c。然而，在电介质中，相速不等于 c。相速v_p与光速 e 的比值为

$$n = \frac{c}{v_p} = \sqrt{\mu_r \varepsilon_r} \tag{4.166}$$

式中：ε_r和μ_r分别为介质的相对介电常数和相对磁导率。式（4.166）称为介质折射率。

对于无耗介质中的平面波来说，相位常数 $k=\omega\sqrt{\mu\varepsilon}$是 ω 的线性函数。所以，相速v_p是一个常数且与f无关。然而，在某些情况下（如波在有耗电介质或波导中传播时），相位常数并不是关于频率的线性函数。不同频率的波会以不同的相速传播，这称为波的色散。

简单的正旋电磁波不能携带信息。为了进行通信，我们必须在上面加载信息，如载波、调幅、调频或脉冲调制，使产生的信号频率有所扩展。通常来说，这种波的频率带宽很小。群速的概念适用于窄带电磁波。

在无限大的均匀介质中，考虑一个在 z 方向传播的时变信号。使用傅里叶变换，可以将信号写成

$$\psi(z,t) = \int_{-\infty}^{+\infty} A(k) \mathrm{e}^{-\mathrm{j}(kz-\omega t)} \mathrm{d}k \tag{4.167}$$

式中：$A(k)$是幅度的函数。

假设 $A(k)$在 $k_c-\Delta k \leqslant k \leqslant k_c+\Delta k$ 外忽略不计，则

$$\psi(z,t) = \int_{k_c-\Delta k}^{k_c+\Delta k} A(k) \mathrm{e}^{-\mathrm{j}(kz-\omega t)} \mathrm{d}k \tag{4.168}$$

这通常称为波束或波群。波束可以看作波矢和频率不同的平面单色波的叠加。

注意：空间中的场实际上是频谱或波长谱的展开。

例 4.4 考虑一个脉冲长度为 L 的波在 z 方向传播。$t=0$ 时，脉冲的形状如图 4-14 所示，即

$$f(z,0) = \cos k_0 z, |z| < \frac{L}{2}$$
$$= 0, |z| > \frac{L}{2}$$

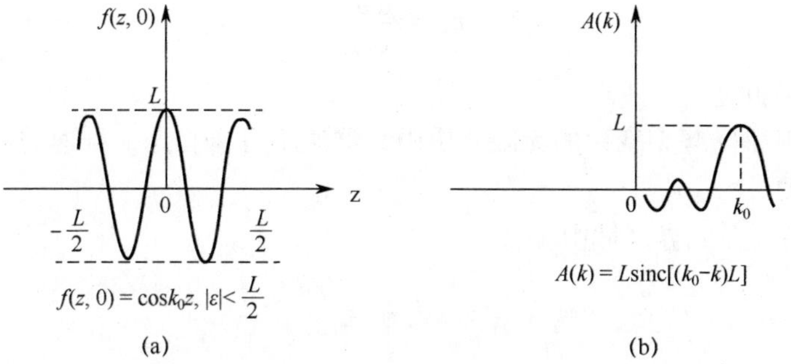

图4-14　$t=0$ 时沿 z 方向传播的宽度为 L 的脉冲

将上式写成相位复矢量形式 $f(z)=\mathrm{Re}\{e^{jk_0z}\}$，则波束为

$$\psi(z,t) = \int_{-\infty}^{+\infty} A(k)\, e^{j(\omega t - kz)} dk$$

其中

$$A(k) = \int_{-\infty}^{+\infty} e^{jk_0z}\, e^{-jkz} dz = \int_{-\frac{L}{2}}^{\frac{L}{2}} e^{j(k_0-k)z} dz$$

我们发现

$$A(k) = 2\frac{\sin(k_0 - k)L/2}{k_0 - k}$$

显然，$A(k)$的窄空间谱意味着能获得更宽的脉冲长度 L，则波束为

$$\psi(z,t) = L\int_{k_c-\Delta k}^{k_c+\Delta k} \mathrm{sinc}[(k_0 - k)L]\, e^{j(\omega t - kz)} dk$$

假设 ω 是关于 k 的函数，但是值从k_c偏离了 $2\Delta k$，则

$$\omega(k) = \omega(k_c) + \left.\frac{d\omega}{dk}\right|_{k_c}(k - k_c) + \cdots \tag{4.169}$$

故

$$kz - \omega t = k_c z - \omega_c t + (k - k_c)\left(z - \left.\frac{d\omega}{dk}\right|_{k_c} t\right) + \cdots \tag{4.170}$$

所以可以将波束写成

$$\psi = \tilde{\psi}\, e^{-j(k_c z - \omega_c t)} \tag{4.171}$$

其中，空间平均振幅为

$$\tilde{\psi}(z,t) = \int_{k_c-\Delta k}^{k_c+\Delta k} A(k)\, e^{-j(k-k_c)\left(z - \frac{d\omega}{dk}\big|_{k_c} t\right)} dk \tag{4.172}$$

平均振幅在表面恒定，即

$$z - \left.\frac{\mathrm{d}\omega}{\mathrm{d}k}\right|_{k_c} t = \text{常数} \tag{4.173}$$

显然，波束传播的波速为

$$v_g = \left.\frac{\mathrm{d}\omega}{\mathrm{d}k}\right|_{k_c} \tag{4.174}$$

这就是群速。

在折射率随频率变化的无限介质中，群速不等于相速。群速的概念对于波导至关重要。

例 4.5 在无界区域中，有

$$\omega = k v_p = \frac{kc}{n}$$

式中：n 为折射率。

如果 n 与 ω 无关，则

$$v_g = \frac{c}{n} = v_p$$

为相速。但是，如果 $n = n(\omega)$，则媒质为色散介质，且

$$v_g = \frac{c}{n} - \frac{kc}{n^2}\frac{\mathrm{d}n}{\mathrm{d}\omega} = v_p\left(1 - \frac{k}{n}\frac{\mathrm{d}n}{\mathrm{d}\omega}\right)$$

群速与相速的关系如下：

$$v_g = \frac{v_p}{1 - \dfrac{\omega}{v_p}\dfrac{\mathrm{d}\,v_p}{\mathrm{d}\omega}} = v_p\left(1 - \frac{k}{n}\frac{\mathrm{d}n}{\mathrm{d}\omega}\right) \tag{4.175}$$

我们可以根据色散情况来划分不同的区域：

如果$\dfrac{\mathrm{d}v_p}{\mathrm{d}\omega} = 0$，则相速与 ω 无关，介质为非色散的；

如果$\dfrac{\mathrm{d}v_p}{\mathrm{d}\omega} < 0$ 或$\dfrac{\mathrm{d}n}{\mathrm{d}\omega} > 0$，为正常色散且$v_g < v_p$；

如果$\dfrac{\mathrm{d}\,v_p}{\mathrm{d}\omega} > 0$ 或$\dfrac{\mathrm{d}n}{\mathrm{d}\omega} < 0$，为反常色散且$v_g < v_p$。

图 4-15 所示为正常色散。介质的 $\omega - k$ 曲线。

例 4.6 一般来说，$v_g < v_p$，但是当$\dfrac{\mathrm{d}n}{\mathrm{d}\omega} < 0$，在反常色散的区域 v_g可能会大于 v_p。例如，在一个良导体中，有

$$k \approx \sqrt{\frac{\omega\mu\sigma}{2}}$$

所以，本例中的等效折射率为关于频率的函数，即

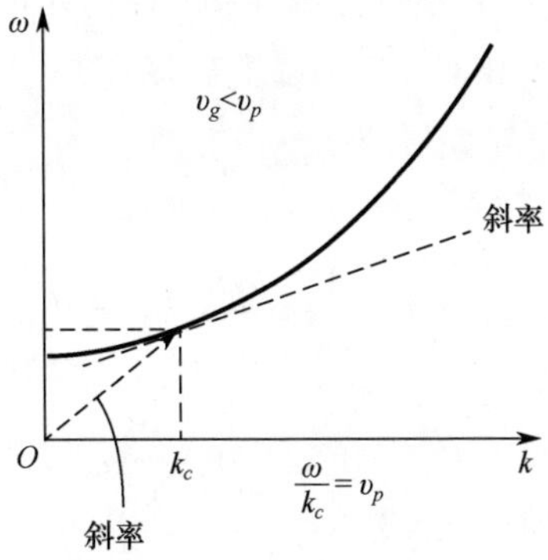

图 4-15　一个正常色散介质的 $\omega-k$ 曲线图

$$n=\frac{c}{v_p}=\frac{kc}{\omega}=c\sqrt{\frac{\mu\sigma}{2\omega}}$$

介质为反常色散介质。

在正常色散区中，群速v_g等于信号能量传播的速度，反常色散区中则不是这样。由于频率不同的波速不同，色散会引起脉冲扩展。

4.2　平行板波导

在本节中，我们将研究波导结构，这些波导的模可以用平面波来表示。下面介绍平行板波导的基本概念。

4.2.1　平行板波导

如图 4-16 所示，考虑以 $x=0$ 和 $x=a$ 处理想导体板为边界的均匀介质空间。这样的结构就形成了平行板波导。接下来，我们研究在波导中沿 z 方向传播的波。

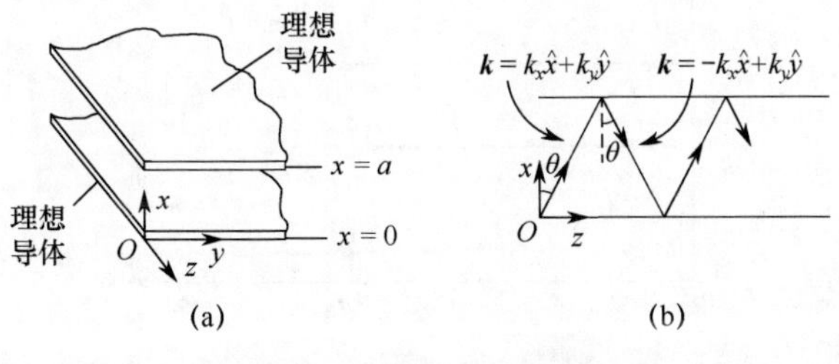

图 4-16　一个平行板波导

(a) 波导的几何结构；(b) 波导内的弹跳波。

由于整个结构与 y 无关，所以存在与 y 无关的场。最简单的场要么在 y 方

向有 $\boldsymbol{E}$（$\boldsymbol{E}=\hat{y}E_y$），要么在 y 方向有 $\boldsymbol{H}$（$\boldsymbol{H}=\hat{y}E_y$）。前一种 $\boldsymbol{E}$ 相对于 $\hat{z}$ 为横向电场（TE_z）；后一种 $\boldsymbol{H}$ 为相对于 $\hat{z}$ 为横向磁场（TM_z）。我们首先研究 TE_z 波。TM_z 波可以由对偶求出。

在波导内部电场满足均匀波动方程：

$$\left(\frac{\partial^2}{\partial x^2}+\frac{\partial^2}{\partial z^2}+k^2\right)E_y=0 \tag{4.176}$$

满足边界条件

$$E_y=0,x=0,x=a \tag{4.177}$$

考虑在 z 方向传播的波，假设

$$E_y=\mathrm{e}^{-\mathrm{j}(k_x x+k_z z)}+A\mathrm{e}^{-\mathrm{j}(-k_x x+k_z z)} \tag{4.178}$$

其中，传播常数满足

$$k_x^2+k_z^2=k^2 \tag{4.179}$$

根据 $x=0$ 处的边界条件，可得 $A=-1$，则

$$E_y(x,z)=-2\mathrm{j}\sin(k_x x)\mathrm{e}^{-\mathrm{j}k_z z} \tag{4.180}$$

再使用 $x=a$ 处的边界条件，有

$$k_x=\frac{m\pi}{a} \tag{4.181}$$

这是传播矢量的横向分量的一个条件，也称为横向谐振条件。

需要关注的是波导传播常数 k_z。已知 k_x，可得特征方程：

$$k_z=\sqrt{k^2-\left(\frac{m\pi}{a}\right)^2} \tag{4.182}$$

归一化传播常数 k_z/k 随频率变化的模式示意图，如图 4-17 所示。从特征方程中发现 k_z 只能取离散值。它定义了两种模：当 $k>m\pi/a(a>m\lambda/2)$ 时传播；当 $k<m\pi/a(a<m\lambda/2)$ 时截止。

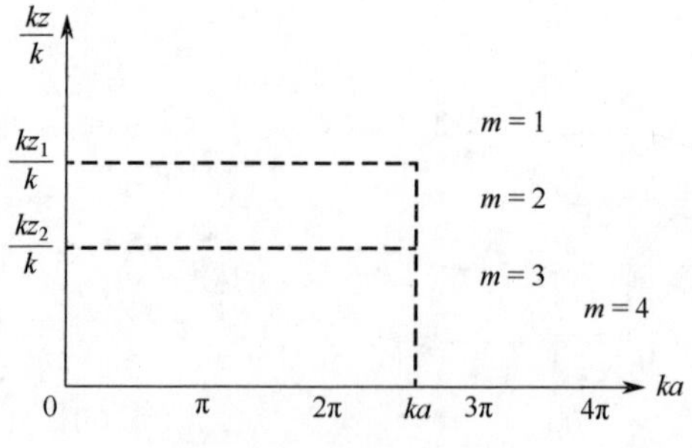

图 4-17　TE_{mn} 情况下的长度为 a 的平行板波导的模

这是一种截止现象，每一种模都有一个截止频率。我们根据它们的截止频率对模式进行排序，主模的截止频率最低。不管频率多低，都可能有一个可以

传播的模。此时，$m=0$，称为 TM_0 模（TE_0 模不存在）。

对于一个给定的波导和给定的频率，存在有限个可传播模（$k_z^2>0$），有限个衰减模或截止模（$k_z^2<0$）。

4.2.1.1　相速

相速是沿波导传播的速度，即

$$v_e=\frac{\omega}{k_z}\frac{v_p}{\sqrt{1-\left(\frac{m\pi}{ka}\right)^2}} \tag{4.183}$$

式中：$v_p=(\varepsilon\mu)^{1/2}=c/n$ 为波在介质中的速度；n 为折射率。

波导中的相速与模和频率有关。这会引起波导中波的色散。同时，由于 $v_e>v$，这种导波称为快波。

上面的相速可以用来定义一个等效折射率。假设有一个无限大介质（无边界）中，其折射率即为该等效折射率，在该介质中，波的速度与在波导中的相速相等，则

$$n_e=\frac{c}{v_e}=\frac{c}{v}\sqrt{1-\left(\frac{m\pi}{ka}\right)^2}=n\sqrt{1-\left(\frac{m\pi}{ka}\right)^2} \tag{4.184}$$

即 $n_e\leqslant n$。这是微波透镜设计的基础，即平板透镜（TE 模）有着和标准凸透镜一样的光学聚焦性能，如图 4-18 所示。

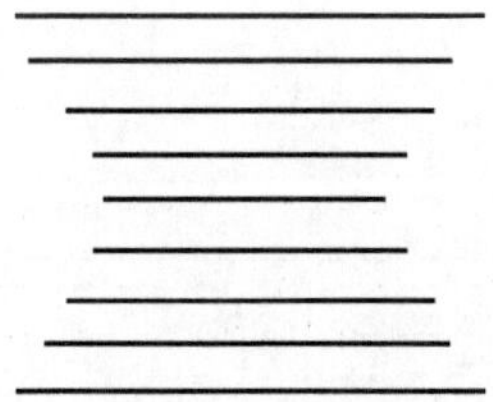

图 4-18　有聚焦功能的 TE 模微波透镜

4.2.1.2　群速

群速对于波导模式研究而言非常重要。在平行板波导中，有

$$\frac{1}{v_g}=\frac{\mathrm{d}k_z}{\mathrm{d}\omega}=\frac{\mathrm{d}}{\mathrm{d}\omega}\sqrt{\left(\frac{\omega n}{c}\right)^2-\left(\frac{m\pi}{a}\right)^2} \tag{4.185}$$

如果 n 与 ω 无关，我们只需关注模式色散，则

$$\frac{1}{v_g}=\frac{\omega\left(\frac{n}{c}\right)^2}{\sqrt{\left(\frac{\omega n}{c}\right)^2-\left(\frac{m\pi}{a}\right)^2}}=\frac{v_e}{v_p^2} \tag{4.186}$$

群速 v_g 小于光速 c。对比 v_e 和 v_g 的表达式，可得

$$v_e v_g = v_p^2 \tag{4.187}$$

图 4-19 所示为 ω 与 k_z 的关系曲线。当 $k_z \to 0$ 时，相速接近于无限大，群速接近于 0。当 $k_z \to \infty$ 或 $\omega \to \infty$ 时，相速和群速都接近与光在介质中的速度，这就是 TEM 的波速。

如果折射率是关于 ω 的函数，v_g 的值会因 $\mathrm{d}n/\mathrm{d}\omega$ 的材料色散而增加。

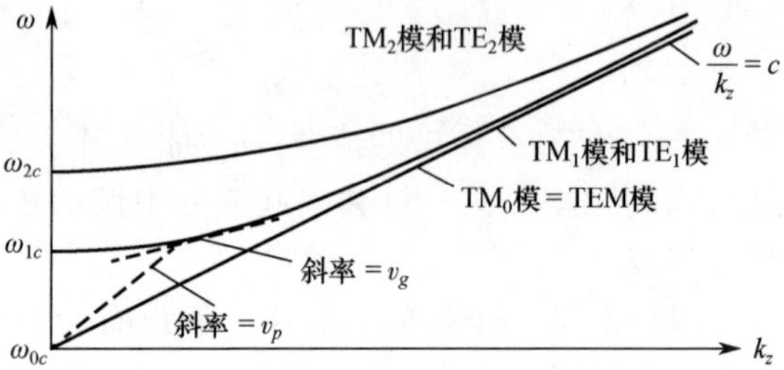

图 4-19　平行板波导的 $\omega - k_z$ 曲线

波导中的模式色散会限制通信时的带宽容量。尽管我们可以通过材料和频率选择来使材料色散最小化，但不能避免模式色散。

主模 TE_1 和 TM_1 的瞬时场图分别如图 4-20 和图 4-21 所示。平板上的切向电场为 0，而切向磁场不为 0。切向磁场在波导壁（$\boldsymbol{K} = \hat{\boldsymbol{n}} \times \boldsymbol{H}$）感应出表面电流。传播方向由 $\boldsymbol{E} \times \boldsymbol{H}$ 决定。

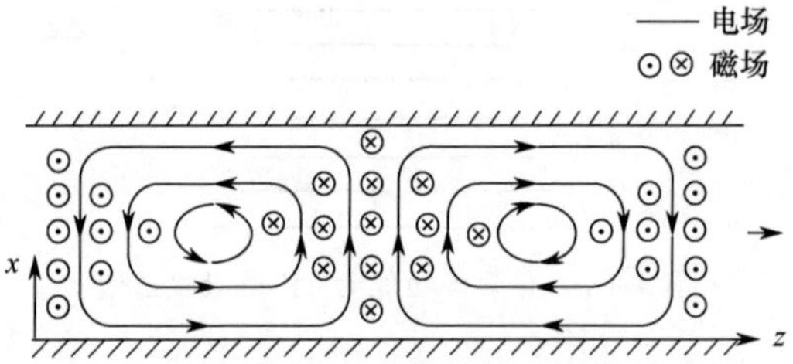

图 4-20　TE_1 模的场分布图

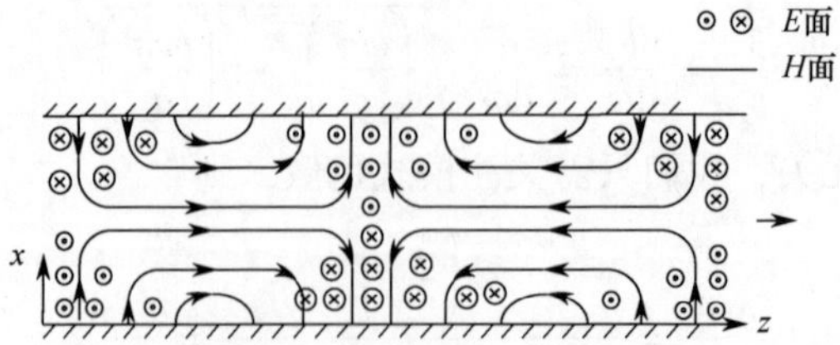

图 4-21　TM_1 模的场分布图

4.2.2 接地介质块

在波导中，我们关注一种具有金属地板的均匀介质（图4-22），其厚度为 a，折射率为 n_1。在该情况下有很多模存在于波导中，但是只有一组模是无损传播的。

在 z 方向传播的最简单的模是 $\boldsymbol{E}$ 在 y 方向的模（TE_z）和 $\boldsymbol{H}$ 在 y 方向的模（TM_z）。

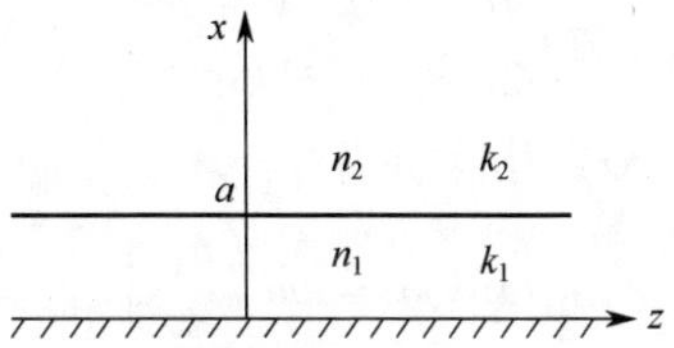

图4-22 具有金属地板的介质波导示意图

首先研究 TM_z 模，即

$$\boldsymbol{H} = \hat{\boldsymbol{y}}H_y \tag{4.188}$$

$$E_x = -\frac{Z_0}{\mathrm{j}k_0n_1^2}\frac{\partial H_y}{\partial z}, E_z = \frac{Z_0}{\mathrm{j}k_0n_1^2}\frac{\partial H_y}{\partial x}, i = 1,2 \tag{4.189}$$

假设边界在 $x=0$ 和 $x=a$ 处。在 $0\leqslant x\leqslant a$ 处，有

$$H_y^1 = \mathrm{e}^{-\mathrm{j}(k_xx+k_zz)} + A\mathrm{e}^{-\mathrm{j}(-k_xx+k_zz)} \tag{4.190}$$

$$E_z^1 = -\frac{Z_0}{k_0}\frac{k_x}{n_1^2}\{\mathrm{e}^{-\mathrm{j}(k_xx+k_zz)} + A\mathrm{e}^{-\mathrm{j}(-k_xx+k_zz)}\} \tag{4.191}$$

其中

$$k_x^2 + k_z^2 = k_1^2 = (n_1k_0)^2 \tag{4.192}$$

由于需要一个实数传播常数（$k_z^2>0$），则

$$k_x < n_1k_0 \tag{4.193}$$

在 $x=0$ 处的边界条件为 $E_z=0$，$A=1$。

此时，介质内传播的波应在上表面发生全反射，接下来讨论如何确定这样的模。值得注意的是，这种波对于大多数的微带应用而言并不合适。由于内部全反射，在外部区域（$a\leqslant x\leqslant\infty$）$x$ 方向上应迅速衰减。因此，有

$$H_y^2 = B\mathrm{e}^{-px-\mathrm{j}k_zz} \tag{4.194}$$

所以

$$E_z^2 = -\frac{Z_0}{\mathrm{j}k_0}\frac{p}{n_2^2}B\mathrm{e}^{-px-\mathrm{j}k_zz} \tag{4.195}$$

其中

$$-p^2+k_z^2=k_2^2=(n_2k_0)^2 \tag{4.196}$$

根据介质表面电磁场切向分量的连续性条件可求出 B 和 p。由切向电场连续性可知

$$E_z^1=E_z^2, x=a \tag{4.197}$$

$$2\mathrm{j}\frac{Z_0k_x}{k_0n_1^2}\sin k_xa=-\frac{Z_0}{\mathrm{j}k_0}\frac{p}{n_2^2}B\mathrm{e}^{-p} \tag{4.198}$$

由切向磁场连续性可知

$$H_y^1=H_y^2, x=a \tag{4.199}$$

$$2\cos k_xa=B\mathrm{e}^{-pa} \tag{4.200}$$

将式（4.199）和式（4.200）相除，有

$$k_x\tan k_xa=pa\left(\frac{n_1}{n_2}\right)^2 \tag{4.201}$$

或

$$k_x\tan k_xa=\left(\frac{n_1}{n_2}\right)^2\sqrt{(k_0a)^2(n_1^2-n_2^2)-(k_xa)^2} \tag{4.202}$$

对 k_xa 来说，这是一个超越方程。对于一个给定的波导结构，已知 k_0a、n_1 和 n_2，该方程有有限个 k_x 解。将方程写成如下形式可通过作图求解，即

$$X\tan X=\left(\frac{n_1}{n_2}\right)^2\sqrt{V^2-X^2} \tag{4.203}$$

式中：$X=k_xa$；$V=k_0a\sqrt{n_1^2-n_2^2}$。

如图 4-23 所示，$X\tan X$ 与半径为 V 的圆的交点即为式（4.203）的解。

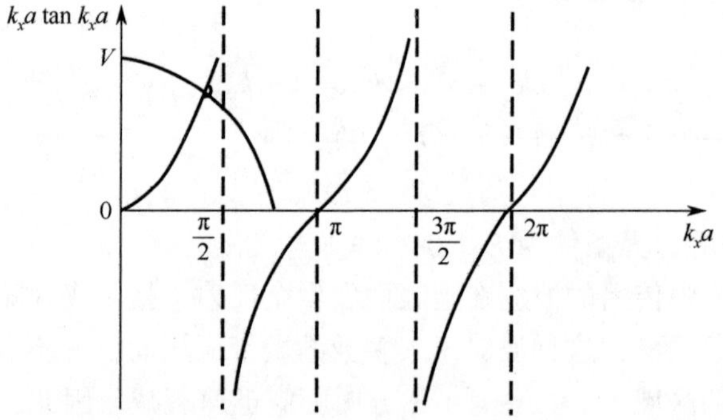

图 4-23　式（4.203）的图形解

从图 4-23 中可以看出，当满足如下条件时，波导中会激励出 m 模：

$$(m-1)\pi<V<m\pi \tag{4.204}$$

其截止频率为

$$V_{nc}=n\pi, 0\leqslant n\leqslant m-1 \tag{4.205}$$

参数 V 在光学中称为数值孔径，它与工作频率、介质板厚度和介质参数直接相关。

考虑 TE_z 模，有

$$\boldsymbol{E} = \hat{\boldsymbol{y}}E_y \tag{4.206}$$

以及

$$E_x = -\frac{Z_0}{\mathrm{j}k_0 n_1^2}\frac{\partial H_y}{\partial z}, E_z = \frac{Z_0}{\mathrm{j}k_0 n_1^2}\frac{\partial H_y}{\partial x}, i = 1,2 \tag{4.207}$$

考虑到 $x=0$ 和 $x=a$ 处的边界条件。在内部区域（$0 \leqslant x \leqslant a$），有

$$E_y^1 = \mathrm{e}^{-\mathrm{j}(k_x x + k_z z)} + C\mathrm{e}^{-\mathrm{j}(-k_x x + k_z z)} \tag{4.208}$$

$$E_z^1 = -\frac{Z_0}{k_0}\frac{k_x}{n_1^2}\{\mathrm{e}^{-\mathrm{j}(k_x x + k_z z)} - A\mathrm{e}^{-\mathrm{j}(-k_x x + K - zz)}\} \tag{4.209}$$

其中，k_x、k_z 和 k_1 存在一致性关系。由 $x=0$ 处的边界条件可知，$A=1$。

在外部区域，有

$$H_y^2 = B\mathrm{e}^{-px-\mathrm{j}k_z z} \tag{4.210}$$

因此

$$E_z^2 = -\frac{Z_0}{k_0}\frac{p}{n_2^2}B\mathrm{e}^{-px-\mathrm{j}k_z z} \tag{4.211}$$

其中

$$-q^2 + k_z^2 = k_2^2 = (n_2 k_0)^2 \tag{4.212}$$

使用介质表面电磁场切向分量的连续性条件可以求出 D 和 q。电场切向分量的连续性条件为

$$E_z^1 = E_z^2, x = a \tag{4.213}$$

$$2\mathrm{j}\frac{Z_0 k_x}{k_0 n_1^2}\sin k_x a = -\frac{Z_0}{\mathrm{j}k_0}\frac{p}{n_2^2}B\mathrm{e}^{-p} \tag{4.214}$$

磁场切向分量的连续性为

$$H_y^1 = H_y^2, x = a \tag{4.215}$$

$$2\cos k_x a = B\mathrm{e}^{-pa} \tag{4.216}$$

将式（4.215）和式（4.216）相除可得

$$k_x \tan k_x a = pa\left(\frac{n_1}{n_2}\right)^2 \tag{4.217}$$

或

$$k_x \tan k_x a = \left(\frac{n_1}{n_2}\right)^2 \sqrt{(k_0 a)^2(n_1^2 - n_2^2) - (k_x a)^2} \tag{4.218}$$

$$X\tan X = \left(\frac{n_1}{n_2}\right)^2 \sqrt{V^2 - X^2} \tag{4.219}$$

图 4-24 所示为式（4.219）的图形解。

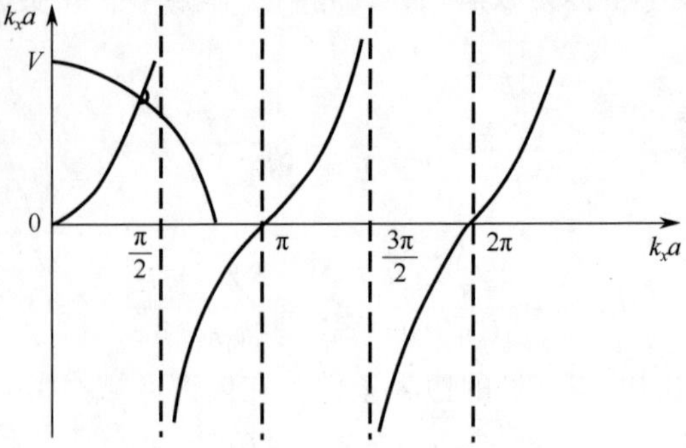

图 4-24　式（4.219）的图形解

在图 4-24 中，显然，当 m 满足如下条件时，会激励起 m 模：

$$(m-1)\pi < V < m\pi \tag{4.220}$$

其截止频率为

$$V_{nc} = n\pi, 0 \leqslant n \leqslant m-1 \tag{4.221}$$

参数 V 在光学中称为数值孔径，它同样直接与工作频率、介质板厚度和介质对参数相关。

4.2.3　介质平行板波导

波导用来储存电磁能并引导其朝一个指定方向传播。目前，我们的例子中的波导全为金属或部分为金属。然而，纯粹的介质结构也可以用做波导，这些波导称为介质波导。

介质平板波导是最简单的介质波导，由厚度为 d 的平面介质板及其上下两个半无限大媒质构成。本节首先基于几何光学简单介绍介质平板波导场的约束机理；然后通过求解麦克斯韦方程组得到严格解和相应的模式。

图 4-25 所示为电磁波在介质板（折射率为 n_1，厚度为 d）中的射线轨迹。介质平板两侧的媒质的折射率分别为 n_2 和 n_3。一般而言，$n_2 \neq n_3$，此时，介质板波导称为非对称介质板波导。如果 $n_2 = n_3$，则问题就变为对称介质平板波导问题。

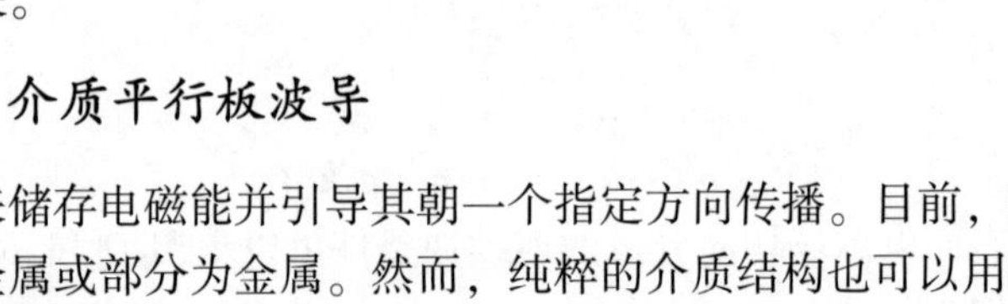

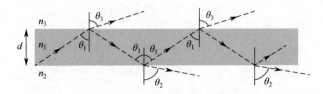

图 4-25　厚度为 d 的介质平行板波导

如图 4-25 所示，导波在介质板内以入射角 θ_1 射向上、下两个边界面，折

射角分别为 θ_2 和 θ_3。不失一般性，假设 $n_2 \geqslant n_3$，并假设介质平板的折射率大于周边介质，即

$$n_1 > n_2 \geqslant n_3 \tag{4.222}$$

假设式（4.222）成立，当入射角 θ_1 大于边界上的临界角时，会发生全反射。若上方边界和下方边界的临界角分别为 θ_c^1 和 θ_c^2，则

$$\theta_c^1 = \arcsin\left(\frac{n_3}{n_1}\right) \tag{4.223}$$

$$\theta_c^2 = \arcsin\left(\frac{n_2}{n_1}\right) \tag{4.224}$$

由于 $n_2 \geqslant n_3$，则 $\theta_c^2 \geqslant \theta_c^1$。因此，当 $\theta_1 > \theta_c^2$ 时，导波在介质板上下两面的边界上都会发生全反射，波就只在介质平板内传播。如前所述，式（4.222）即介质板的折射率大于周围媒质是约束模式的必要条件，否则无法保证全反射，能量也会从边界处泄漏。现在我们从麦克斯韦方程组出发，利用界面上的边界条件，对问题进行处理，进而得到更严格的解。为简便起见，将问题简化为对称介质平板波导问题。非对称情况下的解可通过引申得到。

图 4-26 所示为对称介质平板厚度为 d 时的情况。假设平板在 yOz 平面上，上、下边界分别为 $x = d/2$ 和 $x = -d/2$。平板的介电常数和磁导率及周围半空间如图 4-26 所示。不失一般性，假设在 y 轴方向不发生变化，因此，有

$$\frac{\partial}{\partial y} = 0 \tag{4.225}$$

平板的模可以分为 TE 模和 TM 模。TE 模在传播方向上没有电场分量，TM 模在传播方向上没有磁场分量。

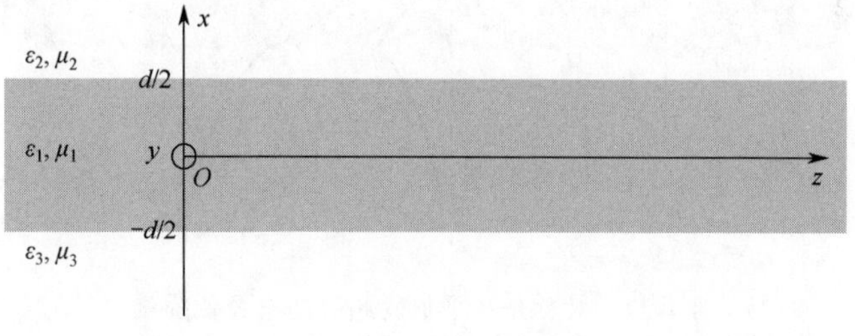

图 4-26　介质平板波导；传播方向为 z 轴方向

4.2.3.1　TM 模

TM 模的非零场分量为 H_y、E_x 和 E_z。对于在平板内传播的波，场在 $\pm\hat{x}$ 方向上必须是凋落的。3 个区域中的电场 z 分量分别为

$$E_z = E^+ \mathrm{e}^{-\alpha(x-d/2)} \mathrm{e}^{-\mathrm{j}k_z z}, x \geqslant d/2 \tag{4.226}$$

$$E_z = (A\sin(k_x x) + B\cos(k_x x))\mathrm{e}^{-\mathrm{j}k_z z}, -d/2 \leqslant x \leqslant d/2 \tag{4.227}$$

$$E_z = E^- e^{\alpha(x+d/2)} e^{-jk_z z}, x \leqslant -d/2 \tag{4.228}$$

式中：A、B、E^+和E^-为待定的常量值。

波矢分量k_x、k_z和α满足

$$k_z^2 + k_x^2 = \omega^2 \varepsilon\mu \tag{4.229}$$

$$k_z^2 - \alpha^2 = \omega^2 \varepsilon_0\mu_0 \tag{4.230}$$

从式（4.229）和式（4.230）中消去k_z，可得

$$k_z^2 + \alpha^2 = \omega^2(\varepsilon\mu - \varepsilon_0\mu_0) \tag{4.231}$$

为使k_x和α为实数，$\varepsilon\mu$必须大于$\varepsilon_0\mu_0$，该条件和由射线追踪法获得的式（4.222）相同。

通过对式（4.227）的仔细研究可以发现，场分布可分为奇模和偶模，分别对应正弦项和余弦项，这一现象可以通过图4-27中更清晰地看到。通过分别考虑奇数解和偶数解可以更方便地求解该问题。首先考虑奇数解，它所描述的场在介质内以$\sin(k_x x)$函数的形式变化。奇模的3个区域中的电场z分量分别为

$$E_z = E_0^+ e^{-\alpha(x-d/2)} e^{-jk_z z}, x \geqslant d/2 \tag{4.232}$$

$$E_z = A\sin(k_x x) e^{-jk_z z}, -d/2 \leqslant x \leqslant d/2 \tag{4.233}$$

$$E_z = E_0^- e^{\alpha(x+d/2)} e^{-jk_z z}, x \leqslant -d/2 \tag{4.234}$$

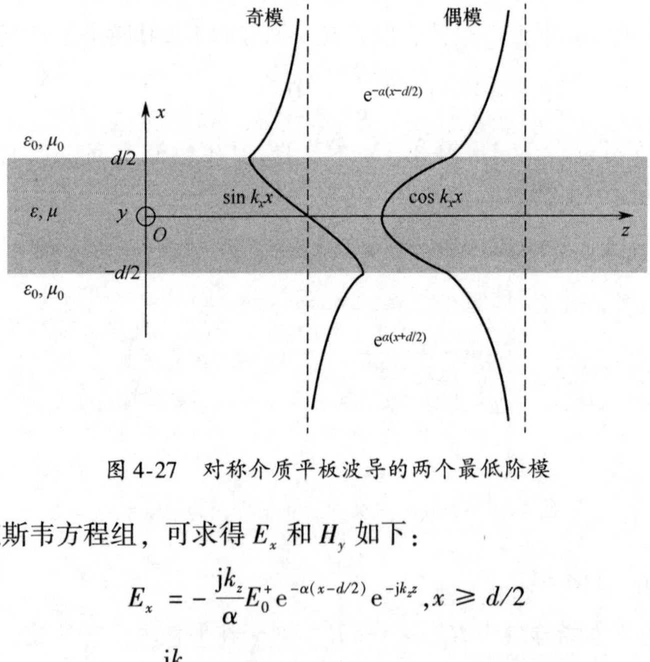

图4-27　对称介质平板波导的两个最低阶模

由麦克斯韦方程组，可求得E_x和H_y如下：

$$E_x = -\frac{jk_z}{\alpha} E_0^+ e^{-\alpha(x-d/2)} e^{-jk_z z}, x \geqslant d/2 \tag{4.235}$$

$$E_x = -\frac{jk_z}{k_x} A\cos(k_x x) e^{-jk_z z}, -d/2 \leqslant x \leqslant d/2 \tag{4.236}$$

$$E_x = \frac{jk_z}{\alpha} E_0^- e^{\alpha(x+d/2)} e^{-jk_z z}, x \leqslant -d/2 \tag{4.237}$$

$$H_y = -\frac{j\omega\varepsilon_0}{\alpha}E_0^+ e^{-\alpha(x-d/2)} e^{-jk_z z}, x \geqslant d/2 \tag{4.238}$$

$$H_y = -\frac{j\omega\varepsilon}{k_x}A\cos(k_x x) e^{-jk_z z}, -d/2 \leqslant x \leqslant d/2 \tag{4.239}$$

$$H_y = \frac{j\omega\varepsilon_0}{\alpha}E_0^- e^{\alpha(x+d/2)} e^{-jk_z z}, x \leqslant -d/2 \tag{4.240}$$

由 $x = \pm d/2$ 处的边界条件及上述解，可得

$$\alpha = \frac{\varepsilon_0}{\varepsilon}k_x \tan\left(\frac{k_x d}{2}\right) \tag{4.241}$$

接下来，考虑偶模。偶模的3个区域中的电场 z 分量（图4-25）为

$$E_z = E_e^+ e^{-\alpha(x-d/2)} e^{-jk_z z}, x \geqslant d/2 \tag{4.242}$$

$$E_z = B\cos(k_x x) e^{-jk_z z}, -d/2 \leqslant x \leqslant d/2 \tag{4.243}$$

$$E_z = E_e^- e^{\alpha(x+d/2)} e^{-jk_z z}, x \leqslant -d/2 \tag{4.244}$$

同样地，在偶模中，有

$$\alpha = -\frac{\varepsilon_0}{\varepsilon}k_x \cot\left(\frac{k_x d}{2}\right) \tag{4.245}$$

为求得奇模和偶模的 k_x 和 α，式（4.241）和式（4.245）必须同时由式（4.231）求得，这需要求解非线性系统。图4-28为式（4.241）和式（4.245）的图形解，其中 V 为圆的半径，其值可由

$$V = \frac{\omega d}{2}\sqrt{\varepsilon\mu - \varepsilon_0\mu_0} \tag{4.246}$$

解出。

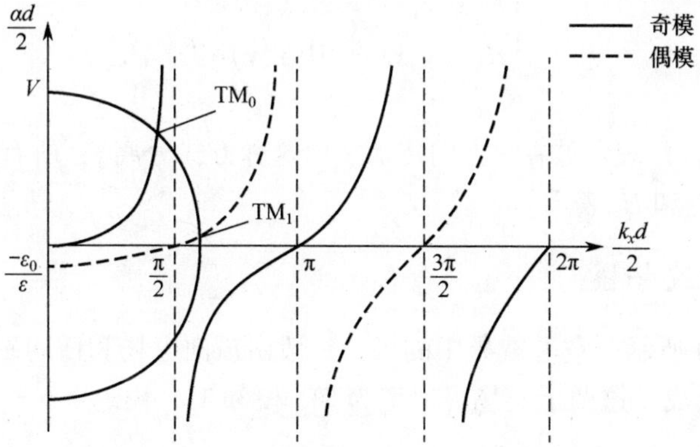

图4-28　式（4.241）和式（4.245）的图形解

4.2.3.2　TE模

用相同的方法可得TE模的解。为简便起见，此处省略求解过程并直接给出了最终结果。对于TE奇模，色散方程为

$$\alpha = \frac{\mu_0}{\mu} k_x \tan\left(\frac{k_x d}{2}\right) \tag{4.247}$$

对于 TE 偶模，有

$$\alpha = -\frac{\mu_0}{\mu} k_x \cot\left(\frac{k_x d}{2}\right) \tag{4.248}$$

求解过程类似于 TM 模的情况，图 4-29 所示为介质平行板波导的不同模式的色散示意图。

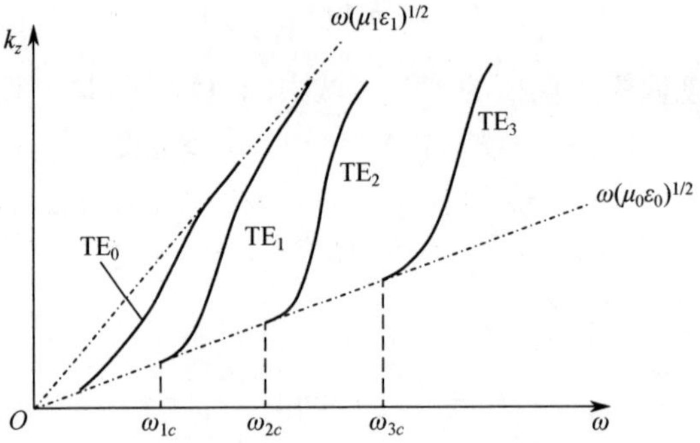

图 4-29　介质平行板波导的不同模式的色散示意图

4.3　空心波导

对于一个无限长圆柱空心波导，可以假设场在 z 方向上空间变化满足

$$\begin{cases} E(x,y,z) = E(x,y)\mathrm{e}^{-\mathrm{j}k_z z} \\ H(x,y,z) = H(x,y)\mathrm{e}^{-\mathrm{j}k_z z} \end{cases} \tag{4.249}$$

式中：$k_z > 0$。

式（4.249）表示波在 z 方向传播。以这种方式分离 z，所有的场量都可以用纵向分量 E_z 和 H_z 表示。

4.3.1　波导模

如图 4-30 所示，空心波导中的场，一般由横向电场和横向磁场（相对于 z 方向）叠加组成。这两个类场可以记为 TE_z 模和 TM_z 模。

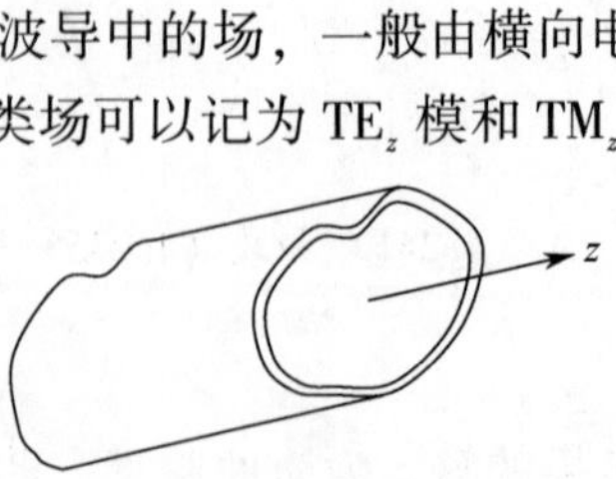

图 4-30　圆柱形空心波导

4.3.1.1 TE$_z$ 模

$$H_z = \psi_h \tag{4.250}$$

$$H_t = -\frac{\mathrm{j}\beta}{\Gamma^2}\nabla_t\psi_h \tag{4.251}$$

$$E_z = 0 \tag{4.252}$$

$$\boldsymbol{E}_t = Z_{\mathrm{TE}}(\boldsymbol{H}_t \times \hat{z}) \tag{4.253}$$

$$Z_{\mathrm{TE}} = kZ/\beta \tag{4.254}$$

其中，ψ_h 满足亥姆霍兹方程：

$$(\nabla_t^2 + \Gamma^2)\psi_e = 0 \tag{4.255}$$

服从边界条件：

$$\left.\frac{\partial\psi_h}{\partial n}\right|_S = 0 \tag{4.256}$$

其中，Γ 满足相容性条件：

$$\Gamma^2 = k^2 - \beta^2 \tag{4.257}$$

4.3.1.2 TM$_z$ 模

$$E_z = \psi_e \tag{4.258}$$

$$E_t = -\frac{\mathrm{j}\beta}{\Gamma^2}\nabla_t\psi_e \tag{4.259}$$

$$H_z = 0 \tag{4.260}$$

$$\boldsymbol{H}_t = \frac{\hat{z} \times \boldsymbol{E}_t}{Z_{\mathrm{TM}}} \tag{4.261}$$

$$Z_{\mathrm{TM}} = \beta Z/k \tag{4.262}$$

其中，ψ_e 满足亥姆霍兹方程：

$$(\nabla_t^2 + \Gamma^2)\psi_e = 0 \tag{4.263}$$

服从边界条件：

$$\psi_e \mid s = 0 \tag{4.264}$$

在边界条件式（4.256）和式（4.264）约束下，式（4.255）和式（4.263）构成特征值问题。为了满足一个圆柱形表面上的边界条件，ψ 必须是振荡，而 Γ^2 必须是非负数。对于 $\Gamma = \Gamma_i$ 的某个值，称为特征值。对应于满足适当边界条件的解的 ψ_i，称为特征函数。通常，有无穷多个离散特征值和相应的本征函数个数。在波导问题中，习惯上称本征函数为模。

4.3.2 截止频率

对于一个给定的频率 ω，波导中每个模的传播常数可由下式确定：

$$\beta_i^2 = k^2 - \Gamma_i^2 \tag{4.265}$$

根据定义，当$\beta_i=0$时，在截止频率ω_{ci}模i发生截止或不传播，则

$$k_{ci} = \Gamma_i \tag{4.266}$$

$$\omega_{ci} = c\Gamma_i \tag{4.267}$$

式中：c为光速。因此，有

$$f_{ci} = \frac{c}{2\pi}\Gamma_i \tag{4.268}$$

采用上面的方法，第i个模的传播数可以表示为

$$\beta_i = k\left(1-\frac{\omega_{ci}^2}{\omega^2}\right)^{\frac{1}{2}} = k\left(1-\frac{f_{ci}^2}{f^2}\right)^{\frac{1}{2}} \tag{4.269}$$

对于$f>f_{ci}$，传播常数β_i是实数，第i模的波可以在波导中没有衰减的情况下传播；对于$f<f_{ci}$，β_i是虚数，这种模不能传播，称为截止模或凋落模。

4.3.3 波导波长

第i模的波导波长被定义为

$$\lambda_{gi} = 2\pi/\beta_i \tag{4.270}$$

从式（4.269）中可得

$$\lambda_{gi} = \lambda\left(1-\frac{f_{ci}^2}{f^2}\right)^{\frac{1}{2}} \tag{4.271}$$

式（4.271）表明，波导中的波长总是大于自由空间中的波长。

波导第i模的相速度由以下公式给出：

$$v_{pi} = \frac{\omega}{\beta_i} = \frac{\omega}{k}\frac{1}{(1-f_{ci}^2/f^2)^{\frac{1}{2}}}$$

$$= \frac{1}{(1-f_{ci}^2/f^2)^{\frac{1}{2}}} \tag{4.272}$$

式中：c（光速）为在自由空间中的相速度。

值得注意的是，当大于截止频率时，波导中的相速度v_{pi}大于c，而且在截止频率时相速度为无穷大。

第i模的群速度由以下公式给出：

$$v_{gi} = \frac{\partial\omega}{\partial\beta_i} = \frac{\partial(ck)}{\partial\beta_i} = c\frac{\partial k}{\partial\beta_i} \tag{4.273}$$

因此，有

$$v_{gi} = \frac{\beta_i}{k} = c\left(1-\frac{f_{ci}^2}{f^2}\right)^{\frac{1}{2}} \tag{4.274}$$

式（4.274）表明截止频率时的群速为零，并且有下式成立：

$$v_{pi}v_{gi} = c^2 \tag{4.275}$$

4.3.4　模的正交性

模式函数在波导的横截面上具有正交性。我们可以把波导的横截面看作是由闭曲线 C 围成的面积 S。取两个不同的模函数 ψ_i 和 ψ_j，其中 $i \neq j$，此处，ψ_i 和 ψ_j 既可以是 E 模也可以是 H 模。

由于 ψ_i 和 ψ_j 是两个不同的特征函数，通过应用格林函数的第二定理可以证明它们的内积是零。因此，有

$$\int_S \psi_i \psi_j \mathrm{d}s = 0, \quad i \neq j \tag{4.276}$$

考虑到 ψ 表示纵向分量 E_z 或 H_z，我们发现，两种不同模式场的轴向分量是正交的，两者之间没有耦合。

此外，通过格林函数第一恒等式，有

$$\int_S \nabla_t \psi_i \cdot \nabla_t \psi_j \mathrm{d}s = 0, \quad i \neq j \tag{4.277}$$

考虑到对于 E 模而言，E_t 与 $\nabla_t \psi$ 有关，而 H 模的 H_t 与 $\nabla_t \psi$ 有关，我们发现，两种不同的 E 模的横向电场和两种不同的 H 模的横向磁场是正交的。

与此同时，有

$$\int_S (\nabla_t \psi_i \times \hat{z}) \cdot (\nabla_t \psi_j \times \hat{z}) \mathrm{d}s = 0, \quad i \neq j \tag{4.278}$$

由于 E 模的 H_t 与 $\nabla_t \psi \times \hat{z}$ 有关，以及 H 模的 E_t 与 $\nabla_t \psi \times \hat{z}$ 有关，因此，两种不同 E 模的横向磁场和两种不同 H 模的横向电场是正交的。

最后，我们注意到：

$$\int_S (\nabla_t \psi_{hi} \times \hat{z}) \cdot \nabla_t \psi_{ej} \mathrm{d}s = 0, \quad i \neq j \tag{4.279}$$

式（4.279）表明，一个 H 模和一个 E 模的横向电场是正交的。类似地，对于横向磁场也是一样。

总之，两种不同的 E 模或一种 E 模和 H 模的横向电场是相互正交的。对于任何两种（E 模和 H 模）模式的横向磁场，情况也是如此。

上述正交分解特性同样适用于有限导电壁的波导以及那些填充非均匀介质的波导。对于前者，模式通过非理想壁发生耦合；对于后者，模式既不是 E 模也不是 H 模，而是两种模式的混合（混合模）。

在无耗的波导中，功率流是每种模承载的功率之和。

4.3.5　矩形空心波导

矩形波导是射频系统中最早使用的传输线之一。图 4-31 显示了填充了介电常数 ε 和磁导率 μ 的材料的矩形波导的几何形状。假定波导壁为 PEC。波导沿 x 轴和 y 轴的尺寸分别用 a 和 b 表示，并且假定波导沿 z 轴无限延伸。根据

惯例假设 $a>b$，但是这个假设并不影响结果的普适性。

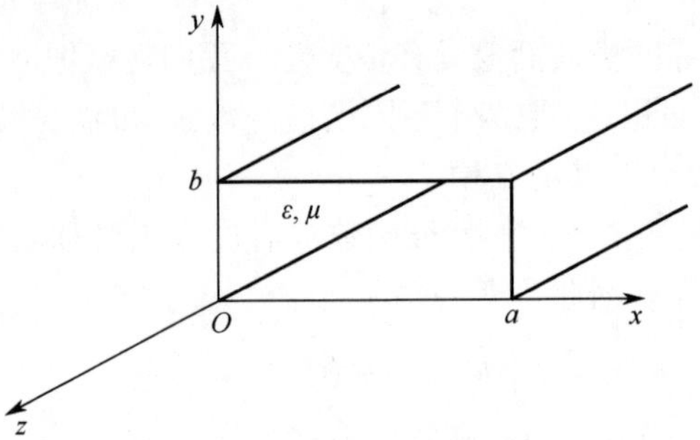

图 4-31　矩形空心波导

可以看出，矩形中空波导的边界条件不支持 TEM 模。然而，TE_z 和 TM_z 模式可以在某些条件下沿着波导传播。

4.3.5.1　TE_z 模

TE_z 模的特征是 $E_z=0$ 和 $H_z=\psi_h(x,y)e^{-j\beta z}$，其中 $\psi_h(x,y)$ 必须满足式（4.255）。在笛卡儿坐标系中，式（4.255）中的波动方程可以简化为

$$\left(\frac{\partial^2}{\partial x^2}+\frac{\partial^2}{\partial y^2}+\Gamma^2\right)\psi_h(x,y)=0 \tag{4.280}$$

其中，Γ 满足

$$\Gamma^2=k^2-\beta^2 \tag{4.281}$$

用变量分离法，令

$$\psi_h(x,y)=X(x)Y(y) \tag{4.282}$$

将式（4.282）代入式（4.280）中，可以得到

$$\frac{1}{X}\frac{d^2X}{dx}+\frac{1}{Y}\frac{d^2Y}{dy}+\Gamma^2=0 \tag{4.283}$$

通过引入分离常数 k_x 和 k_y，式（4.283）可以分解成两个线性二阶微分方程：

$$\frac{d^2X}{dx^2}+k_x^2X=0 \tag{4.284}$$

$$\frac{d^2Y}{dy^2}+k_y^2Y=0 \tag{4.285}$$

分离常数受到以下条件约束：

$$k_x^2+k_y^2=\Gamma^2 \tag{4.286}$$

因此，对于 $\psi_h(x,y)$ 的通解有如下形式：

$$\psi_h(x,y)=(A\cos k_x x+B\sin k_x x)(C\cos k_y y+D\sin k_y y) \tag{4.287}$$

为了计算式（4.287），必须在波导壁应用电场切向分量为 0 的边界条

件，即

$$E_x(x,0,z) = 0 \tag{4.288}$$

$$E_x(x,b,z) = 0 \tag{4.289}$$

$$E_y(0,y,z) = 0 \tag{4.290}$$

$$E_y(a,y,z) = 0 \tag{4.291}$$

求解可得 $D = B = 0$，以及

$$k_x = \frac{m\pi}{a},\quad m = 0,1,2,\cdots \tag{4.292}$$

$$k_y = \frac{n\pi}{b},\quad n = 0,1,2,\cdots \tag{4.293}$$

为了进一步简化解，对常数进行合并 $AC = A_{mn}$。因此，TE_{mn} 模的 H_z 的基本解为

$$H_z = A_{mn}\cos\frac{m\pi x}{a}\cos\frac{n\pi y}{b}\mathrm{e}^{-\mathrm{j}\beta z} \tag{4.294}$$

其余场分量可以用麦克斯韦方程求解：

$$E_x = \frac{\mathrm{j}\omega\mu n\pi}{\Gamma^2 b}A_{mn}\cos\frac{m\pi x}{a}\sin\frac{n\pi y}{b}\mathrm{e}^{-\mathrm{j}\beta z} \tag{4.295}$$

$$E_y = \frac{-\mathrm{j}\omega\mu m\pi}{\Gamma^2 a}A_{mn}\sin\frac{m\pi x}{a}\cos\frac{n\pi y}{b}\mathrm{e}^{-\mathrm{j}\beta z} \tag{4.296}$$

$$E_z = 0 \tag{4.297}$$

$$H_x = \frac{\mathrm{j}\beta m\pi}{\Gamma^2 a}A_{mn}\sin\frac{m\pi x}{a}\cos\frac{n\pi y}{b}\mathrm{e}^{-\mathrm{j}\beta z} \tag{4.298}$$

$$H_y = \frac{\mathrm{j}\beta n\pi}{\Gamma^2 b}A_{mn}\cos\frac{m\pi x}{a}\sin\frac{n\pi y}{b}\mathrm{e}^{-\mathrm{j}\beta z} \tag{4.299}$$

这里必须注意的是，需要排除 $m = n = 0$ 的特殊情况，因为它将导致一个零解。TE_{mn} 模的传播常数为

$$\beta = \sqrt{k^2 - \left(\frac{m\pi}{a}\right)^2 - \left(\frac{n\pi}{b}\right)^2} \tag{4.300}$$

TE_{mn} 模的截止频率由 $(f_c)_{mn}$ 表示，即

$$(f_c)_{mn} = \frac{1}{2\pi\sqrt{\varepsilon\mu}}\sqrt{\left(\frac{m\pi}{a}\right)^2 + \left(\frac{n\pi}{b}\right)^2} \tag{4.301}$$

假设 $a > b$，可以很容易地看出具有最低截止频率的模是 TE_{10} 模，则

$$(f_c)_{10} = \frac{1}{2a\sqrt{\varepsilon\mu}} \tag{4.302}$$

具有最低截止频率的模式也称为主模。主模的截止频率特别重要，因为只有高于其频率的波才能沿波导传播。

4.3.5.2 TM_z 模

对于 TM_z 模，遵循与 TE_z 模相似的推导过程。为了简洁起见，并直接给出结果。TM_{mn}模的场分量的一般解如下：

$$E_x = \frac{-j\beta m\pi}{a\Gamma^2}B_{mn}\cos\frac{m\pi x}{a}\sin\frac{n\pi y}{b}e^{-j\beta z} \tag{4.303}$$

$$E_y = \frac{-j\beta n\pi}{b\Gamma^2}B_{mn}\sin\frac{m\pi x}{a}\cos\frac{n\pi y}{b}e^{-j\beta z} \tag{4.304}$$

$$E_z = B_{mn}\sin\frac{m\pi x}{a}\sin\frac{n\pi y}{b}e^{-j\beta z} \tag{4.305}$$

$$H_x = \frac{j\omega\varepsilon n\pi}{b\Gamma^2}B_{mn}\sin\frac{m\pi x}{a}\cos\frac{n\pi y}{b}e^{-j\beta z} \tag{4.306}$$

$$H_x = \frac{-j\omega\varepsilon m\pi}{a\Gamma^2}B_{mn}\cos\frac{m\pi x}{a}\sin\frac{n\pi y}{b}e^{-j\beta z} \tag{4.307}$$

$$H_z = 0 \tag{4.308}$$

其中传播常数β与式（4.300）中 TE_z 的表达式中的相同。

仔细分析 TM_z 模的场表达式，可以发现 TM_{00}、TM_{10}以及 TM_{01}均会导致零解。因此，主模是具有截止频率的 TM_{11}模（图 4-32）：

$$(f_c)_{11} = \frac{1}{2\sqrt{\varepsilon\mu}}\sqrt{\left(\frac{1}{a}\right)^2 + \left(\frac{1}{b}\right)^2} \tag{4.309}$$

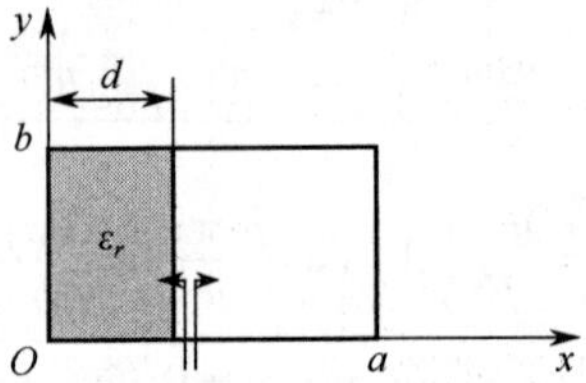

图 4-32　部分填充的矩形波导

4.3.6　波纹矩形波导

波纹喇叭被广泛认为是非常适于宽带微波应用的天线。它们是微波反射天线馈源的主要形式。图 4-33 显示了典型的波纹矩形波导。

喇叭波纹使电场发生渐变，从而降低了喇叭边缘和旁瓣电平的衍射。主瓣光滑且几乎旋转对称。当喇叭用作反射器天线的馈电时，这是至关重要的，因为它使天线的交叉极化分辨率最大化。

对这类波导分析的关键，是在两个波纹之间的给定节点上建立如图 4-10 所示散射矩阵模型。在节点上散射矩阵的推导，涉及在节点两端所有模式总功率的匹配。在节点左边和右边的模式数量通常是任意的。不过，为了得到收敛的解，节点两边的模式数必须服从相对收敛条件。如果在节点两端的模式数目相同（图 4-33），则会简化分析和计算过程。

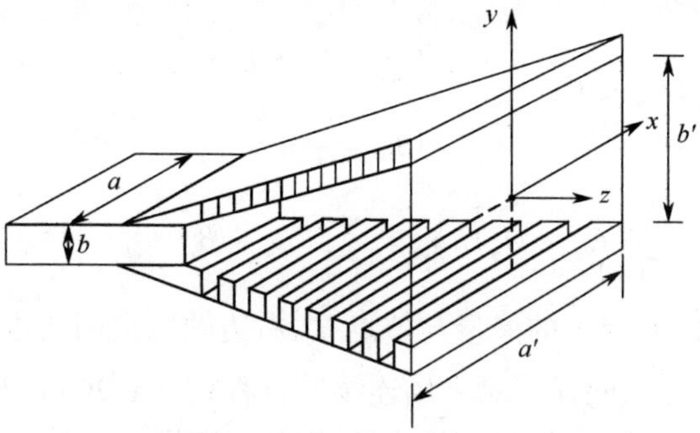

图 4-33　波纹矩形波导

节点间均匀波导中的行波横向电场可以用模式谱表示。节点左边的横向电、磁模函数由下标 L（即 e_{nL} 和 h_{nL}）表示，而在这个节点的右边是用下标 R 表示。

在节点的左边，总的横向电场和磁场为

$$E_{\mathrm{L}} = \sum_{n=1}^{N_{\mathrm{L}}} [A_n \mathrm{e}^{-\gamma_n Z} + B_n \mathrm{e}^{\gamma_n Z}] e_{n\mathrm{L}} \tag{4.310}$$

$$H_{\mathrm{L}} = \sum_{n=1}^{N_{\mathrm{L}}} [A_n \mathrm{e}^{-\gamma_n Z} - B_n \mathrm{e}^{\gamma_n Z}] h_{n\mathrm{L}} \tag{4.311}$$

式中：A_n 和 B_n 是在节点左边模 n 的正向和反射振幅系数；γ_n 是它相应的传播常数；N_{L} 是在节点左边保留的模的数量。

在节点的右手边，横向的电场和磁场表示如下：

$$E_{\mathrm{R}} = \sum_{n=1}^{N_{\mathrm{R}}} [D_n \mathrm{e}^{-\gamma_n Z} + C_n \mathrm{e}^{\gamma_n Z}] e_{n\mathrm{R}} \tag{4.312}$$

$$H_{\mathrm{R}} = \sum_{n=1}^{N_{\mathrm{R}}} [D_n \mathrm{e}^{-\gamma_n Z} - C_n \mathrm{e}^{\gamma_n Z}] h_{n\mathrm{R}} \tag{4.313}$$

式中：C_n 和 D_n 是在节点右边模 n 的正向和反射振幅系数；节点 γ_n 是相应的传播常数，在节点右边保留的模的数量用 N_{R} 表示。

横向总场必须在节点处匹配。如果节点左侧波导的横截面积为 S_{L}，节点的右侧为 S_{R}，则由边界条件可知区域 $S_{\mathrm{R}} - S_{\mathrm{L}}$ 上的横向电场将为零。面 S_{L} 上的切向场将是连续的。将式（4.198）~式（4.201）与如下式所示节点处表达切向场连续性的表达式相结合：

$$E_{\mathrm{R}} = \begin{cases} E_{\mathrm{L}}, & S_{\mathrm{L}} \\ 0, & S_{\mathrm{R}} - S_{\mathrm{L}} \end{cases} \tag{4.314}$$

以及

$$H_{\mathrm{R}} = H_{\mathrm{L}}, \quad S_{\mathrm{L}} \tag{4.315}$$

在 $z=0$ 处施加上述边界条件，可得

$$\sum_{n=1}^{N_{\mathrm{R}}} (C_n + D_n) e_{n\mathrm{R}} = \begin{cases} \sum_{n=1}^{N_{\mathrm{L}}} (A_n + B_n) e_{n\mathrm{L}} \quad , & S_{\mathrm{L}} \\ 0, & S_{\mathrm{R}} - S_{\mathrm{L}} \end{cases} \tag{4.316}$$

$$\sum_{n=1}^{N_{\mathrm{R}}} (C_n + D_n) h_{n\mathrm{R}} = \sum_{n=1}^{N_{\mathrm{L}}} (A_n - B_n) h_{n\mathrm{L}} \ , \quad S_{\mathrm{L}} \tag{4.317}$$

对电场连续性方程中的矢量与节点 $\hat{h}_{n\mathrm{R}}$ 右边的磁模函数进行矢量积，并在表面 S_{R} 上进行积分。同样，对磁场连续性方程式（4.205）和节点 $\hat{e}_{n\mathrm{L}}$ 左边的电场模函数进行矢量积，并在表面的 S_{L} 积分。利用模式的正交性，得到联立矩阵方程：

$$\begin{aligned} \boldsymbol{P}^{\mathrm{T}}(\boldsymbol{A} + \boldsymbol{B}) &= \boldsymbol{Q}(\boldsymbol{C} + \boldsymbol{D}) \\ \boldsymbol{R}(\boldsymbol{A} - \boldsymbol{B}) &= \boldsymbol{P}(\boldsymbol{D} - \boldsymbol{C}) \end{aligned} \tag{4.318}$$

式中：$\boldsymbol{A}$ 和 $\boldsymbol{B}$ 是包含节点左侧部分中未知模态系数 $\boldsymbol{A}_{n\mathrm{L}}$ 和 $\boldsymbol{B}_{n\mathrm{L}}$ 的 N_{L} – 元素列矢量；$\boldsymbol{C}$ 和 $\boldsymbol{D}$ 是包含节点右侧部分中未知模系数 $C_{n\mathrm{R}}$ 和 $D_{n\mathrm{R}}$ 的 N_{R} – 元素列矢量；矩阵 $\boldsymbol{P}$ 是 $N_{\mathrm{L}} \times N_{\mathrm{R}}$ 的方阵，其元素是表示左侧的模 i 与右侧的模 j 之间的互耦合功率的积分，即

$$P_{ij} = \int_{S_{\mathrm{L}}} (e_{i\mathrm{L}} \times h_{j\mathrm{R}}) \cdot \hat{z} \mathrm{d}s \tag{4.319}$$

矩阵 $\boldsymbol{P}^{\mathrm{T}}$ 是 $\boldsymbol{P}$ 的转置。矩阵 $\boldsymbol{Q}$ 是描述在节点右侧的模之间的自耦合功率 $N_{\mathrm{R}} \times N_{\mathrm{R}}$ 的对角矩阵。$\boldsymbol{Q}$ 的元素为

$$Q_{ii} = \int_{S_{\mathrm{R}}} (e_{i\mathrm{R}} \times h_{i\mathrm{R}}) \cdot \hat{z} \mathrm{d}s \tag{4.320}$$

类似地，矩阵 $\boldsymbol{R}$ 是描述在节点左侧的模之间的自耦合功率 $N_{\mathrm{L}} \times N_{\mathrm{L}}$ 的对角矩阵，其元素表示为

$$R_{ii} = \int_{S_{\mathrm{L}}} (e_{i\mathrm{L}} \times h_{i\mathrm{L}}) \cdot \hat{z} \mathrm{d}s \tag{4.321}$$

式（4.319）~式（4.321）的功率耦合积分包含了节点两边的波导类型的信息。必须对它们进行适当的均质或非均匀截面的评定。这可以通过解析或数值来完成。数值计算减少了数学计算的工作量，但增加了计算时间，因为在每个节点上，需要对所有的模态组合进行计算。在某些情况下分析评估是可能的，但会涉及相当多的数学问题，可能会节省大量的计算机时间。

式（4.318）可以整理成散射矩阵形式：

$$\begin{bmatrix} \boldsymbol{B} \\ \boldsymbol{D} \end{bmatrix} = \begin{bmatrix} \boldsymbol{S}_{11} & \boldsymbol{S}_{12} \\ \boldsymbol{S}_{21} & \boldsymbol{S}_{22} \end{bmatrix} \begin{bmatrix} \boldsymbol{A} \\ \boldsymbol{C} \end{bmatrix} \tag{4.322}$$

其中元素 $\boldsymbol{S}$ 为

$$\begin{cases}\boldsymbol{S}_{11} = \{\boldsymbol{R} + \boldsymbol{P}\boldsymbol{Q}^{-1}\boldsymbol{P}^{\mathrm{T}}\}^{-1}\{\boldsymbol{R} - \boldsymbol{P}\boldsymbol{Q}^{-1}\boldsymbol{P}^{\mathrm{T}}\} \\ \boldsymbol{S}_{12} = 2\{\boldsymbol{R} + \boldsymbol{P}\boldsymbol{Q}^{-1}\boldsymbol{P}^{\mathrm{T}}\}^{-1}\boldsymbol{P} \\ \boldsymbol{S}_{21} = 2\{\boldsymbol{Q} + \boldsymbol{P}^{\mathrm{T}}\boldsymbol{R}^{-1}\boldsymbol{P}\}^{-1}\boldsymbol{P}^{\mathrm{T}} \\ \boldsymbol{S}_{22} = -\{\boldsymbol{Q} + \boldsymbol{P}^{\mathrm{T}}\boldsymbol{R}^{-1}\boldsymbol{P}\}^{-1}\{\boldsymbol{Q} - \boldsymbol{P}^{\mathrm{T}}\boldsymbol{R}^{-1}\boldsymbol{P}\}\end{cases} \tag{4.323}$$

上述所描述的散射矩阵 $\boldsymbol{S}$ 称为广义散射矩阵。该矩阵不应与只和传播模的波振幅有关的传统散射矩阵 $\boldsymbol{S}_c$ 混淆。如果想要计算波导节点 $\boldsymbol{S}_c$ 矩阵，那么，相应的广义 $\boldsymbol{S}$ 矩阵应该用（理论上）无限的模来计算。随后，只选择与传播模式有关的 $\boldsymbol{S}$ 散射矩阵元素，构造传统的散射矩阵 $\boldsymbol{S}_c$。

上述分析建立在面 S_{R} 大于面 S_{L} 的假设上。如果不是这样（S_{L} 大于 S_{R}），那么，$\boldsymbol{S}$ 的元素就变成

$$\begin{cases}\boldsymbol{S}_{11} = -\{\boldsymbol{R} + \boldsymbol{P}^{\mathrm{T}}\boldsymbol{Q}^{-1}\boldsymbol{P}\}^{-1}\{\boldsymbol{R} - \boldsymbol{P}^{\mathrm{T}}\boldsymbol{Q}^{-1}\boldsymbol{P}\} \\ \boldsymbol{S}_{12} = 2\{\boldsymbol{R} + \boldsymbol{P}^{\mathrm{T}}\boldsymbol{Q}^{-1}\boldsymbol{P}\}^{-1}\boldsymbol{P}^{\mathrm{T}} \\ \boldsymbol{S}_{21} = 2\{\boldsymbol{Q} + \boldsymbol{P}\boldsymbol{R}^{-1}\boldsymbol{P}^{\mathrm{T}}\}^{-1}\boldsymbol{P} \\ \boldsymbol{S}_{22} = \{\boldsymbol{Q} + \boldsymbol{P}\boldsymbol{R}^{-1}\boldsymbol{P}^{\mathrm{T}}\}^{-1}\{\boldsymbol{Q} - \boldsymbol{P}\boldsymbol{R}^{-1}\boldsymbol{P}^{\mathrm{T}}\}\end{cases} \tag{4.324}$$

矩阵的元素 $\boldsymbol{P}$、$\boldsymbol{Q}$ 和 $\boldsymbol{R}$ 为

$$p_{ij} = \int_{S_{\mathrm{R}}} (e_{i\mathrm{R}} \times h_{j\mathrm{L}}) \cdot \mathrm{d}s_{\mathrm{R}} \tag{4.325}$$

$$Q_{ii} = \int_{S_{\mathrm{R}}} (e_{i\mathrm{R}} \times h_{i\mathrm{R}}) \cdot \mathrm{d}s_{\mathrm{R}} \tag{4.326}$$

$$R_{ii} = \int_{S_{\mathrm{L}}} (e_{i\mathrm{L}} \times h_{j\mathrm{L}}) \cdot \mathrm{d}s_{\mathrm{L}} \tag{4.327}$$

综上所述，即为用于分析矩形节和波导部分的任何组合形式的广义模匹配分析方法。

在波纹喇叭节点间通常有一些均匀波导，均匀波导部分的散射矩阵元素为

$$\boldsymbol{S}_{11} = \boldsymbol{S}_{22} = 0, \boldsymbol{S}_{12} = \boldsymbol{S}_{21} = \boldsymbol{V} \tag{4.328}$$

其中，$\boldsymbol{V}$ 的元素为

$$V_{nn} = \mathrm{e}^{-\gamma_n \ell} \tag{4.329}$$

的 $N \times N$ 对角矩阵，ℓ 是这部分的长度，γ_n（$1 < n < N$）是波导中 n 阶模的传播常数。原则上，波导部分可以包含有耗材料，所以 γ_n 是复数。但这将导致大量不必要的计算。因为有耗材料的影响可以通过微扰方法来考虑。对于行波模式而言，传播常数是纯虚数（$\gamma_n = \mathrm{j}\beta_n$）；对于衰减模式而言，传播常数是纯实数（$\gamma_n = \alpha_n$）。分析中必须包含大量的衰减模。这是因为均匀部分的长度通常会相对较短，这样在波到达下一个节点时，衰减波的幅度可能仍然很大。

假设现在有许多波导节点和一些均匀波导结构部分（在它们之间），它们的广义散射矩阵是已知的。对整体系统的广义散射矩阵的计算可以得到如下结

果。假设两个散射矩阵为 $\boldsymbol{S}^a$ 和 $\boldsymbol{S}^b$，其元素为

$$\boldsymbol{S}^a = \begin{bmatrix} \boldsymbol{S}_{11}^a & \boldsymbol{S}_{12}^a \\ \boldsymbol{S}_{21}^a & \boldsymbol{S}_{22}^a \end{bmatrix} \tag{4.330}$$

$$\boldsymbol{S}^b = \begin{bmatrix} \boldsymbol{S}_{11}^b & \boldsymbol{S}_{12}^b \\ \boldsymbol{S}_{21}^b & \boldsymbol{S}_{22}^b \end{bmatrix} \tag{4.331}$$

将级联矩阵表示为 $\boldsymbol{S}^c$，有

$$\boldsymbol{S}^c = \begin{bmatrix} \boldsymbol{S}_{11}^c & \boldsymbol{S}_{12}^c \\ \boldsymbol{S}_{21}^c & \boldsymbol{S}_{22}^c \end{bmatrix} \tag{4.332}$$

其中

$$\begin{aligned} \boldsymbol{S}_{11}^c &= \boldsymbol{S}_{11}^a + \boldsymbol{S}_{12}^a \{\boldsymbol{I} - \boldsymbol{S}_{11}^b \boldsymbol{S}_{11}^a\}^{-1} \boldsymbol{S}_{11}^b \boldsymbol{S}_{11}^a \\ \boldsymbol{S}_{12}^c &= \boldsymbol{S}_{12}^a \{\boldsymbol{I} - \boldsymbol{S}_{11}^b \boldsymbol{S}_{22}^a\}^{-1} \boldsymbol{S}_{12}^b \\ \boldsymbol{S}_{21}^c &= \boldsymbol{S}_{21}^b \{\boldsymbol{I} - \boldsymbol{S}_{22}^a \boldsymbol{S}_{11}^b\}^{-1} \boldsymbol{S}_{21}^a \\ \boldsymbol{S}_{22}^c &= \boldsymbol{S}_{22}^b + \boldsymbol{S}_{21}^b \{\boldsymbol{I} - \boldsymbol{S}_{22}^a \boldsymbol{S}_{11}^b\}^{-1} \boldsymbol{S}_{22}^a \boldsymbol{S}_{12}^b \end{aligned} \tag{4.333}$$

式中：$\boldsymbol{I}$ 为单位矩阵。

级联处理的优点是：在分析开始时，不必知道节点和均匀波导段的确切数目，因为从输入到输出是以逻辑方式进行处理的。

电场和磁场的横向分量为

$$E_t = \sum_i V_i e_i = \sum_i V_i^{(h)} e_i^{(h)} + \sum_i V_i^{(e)} e_i^{(h)} \tag{4.334}$$

$$H_t = \sum_i I_i h_i = \sum_i I_i^{(h)} h_i^{(h)} + \sum_i I_i^{(e)} h_i^{(h)} \tag{4.335}$$

磁场特征矢量 $\hat{\boldsymbol{h}}_i$ 和 $\hat{\boldsymbol{e}}_i$ 相关：

$$\boldsymbol{h}_i = \hat{z} \times \boldsymbol{e}_i \tag{4.336}$$

函数 $\hat{\boldsymbol{e}}_i^{(h)}$ 和 $\hat{\boldsymbol{e}}_i^{(e)}$ 具有矢量正交性：

$$\int e_i^{(e)} \cdot e_j^{(e)} \mathrm{d}s = \begin{cases} 1, & i = j \\ 0, & i \neq j \end{cases} \tag{4.337}$$

$$\int e_i^{(e)} \cdot e_j^{(h)} \mathrm{d}s = 0 \tag{4.338}$$

从 H 模和 E 模电位获得电场特征矢量 $\boldsymbol{e}_i^{(h)}$ 和 $\boldsymbol{e}_i^{(e)}$：

$$\boldsymbol{e}_i^{(h)} = \hat{z} \times \nabla_t \psi_i^{(h)} \tag{4.339}$$

$$\boldsymbol{e}_i^{(e)} = -\nabla_t \psi_i^{(e)} \tag{4.340}$$

矩形截面 $a \times b$ 的均匀波导的 E 模电位为

$$\psi_i^{(e)} = \sqrt{\frac{\varepsilon_{0m}\varepsilon_{0n}/ab}{(m\pi/a)^2 + (n\pi/b)^2}} \sin\frac{m\pi x}{a} \sin\frac{n\pi y}{b} \tag{4.341}$$

式中：m，$n=1$，2，3，…，ε_{0n}为 Neumann's 系数，即

$$\varepsilon_{0n}=\begin{cases}1, & n=0\\ 2, & n>0\end{cases} \tag{4.342}$$

波导的 H 模电位为

$$\psi_i^{(e)}=\sqrt{\frac{\varepsilon_{0m}\varepsilon_{0n}/ab}{(m\pi/a)^2+(n\pi/b)^2}}\cos\frac{m\pi x}{a}\cos\frac{n\pi y}{b} \tag{4.343}$$

式中：m，$n=1$，2，3，…，而且不包含模 $m=n=0$。

因此，尺寸为 $a\times b$ 的矩形波导中的横向电场为

$$e_i^{(h)}=\frac{\sqrt{\varepsilon_{0m}\varepsilon_{0n}/ab}}{(m\pi/a)^2+(n\pi/b)^2}\cdot\left[\hat{x}\frac{n\pi}{b}\cos\frac{m\pi x}{a}\sin\frac{n\pi y}{b}-\hat{y}\frac{m\pi}{a}\sin\frac{m\pi x}{a}\cos\frac{n\pi y}{b}\right] \tag{4.344}$$

$$e_i^{(e)}=\frac{\sqrt{\varepsilon_{0m}\varepsilon_{0n}/ab}}{(m\pi/a)^2+(n\pi/b)^2}\cdot\left[\hat{x}\frac{m\pi}{a}\cos\frac{m\pi x}{a}\sin\frac{n\pi y}{b}+\hat{y}\frac{n\pi}{b}\sin\frac{m\pi x}{a}\cos\frac{n\pi y}{b}\right] \tag{4.345}$$

模的传播常数为

$$\gamma_i=\begin{cases}\mathrm{j}\sqrt{k_0^2-k_{ci}^2}, & k_0>k_{ci}\\ \sqrt{k_{ci}^2-k_0^2}, & k_0<k_{ci}\end{cases}$$

其中

$$k_{ci}=\sqrt{(m\pi/a)^2+(n\pi/b)^2} \tag{4.346}$$

模的特征阻抗为

$$Z_i^{(e)}=\frac{V_i^{(e)}}{I_i^{(e)}}=\frac{\gamma_i}{\mathrm{j}\omega\varepsilon_0} \tag{4.347}$$

$$Z_i^{(h)}=\frac{V_i^{(h)}}{I_i^{(h)}}=\frac{\mathrm{j}\omega\mu_0}{\gamma_i} \tag{4.348}$$

4.4　平面辐射源

令 $\psi(x,y,z)$ 是满足亥姆霍兹方程的标量函数。假设已知 $z=0$ 平面中的 ψ，在半空间 $z\geqslant0$ 中求解 ψ（图 4-34）。

在 $z\geqslant0$ 区域，ψ 的通解表达式可由式（4.21）给出。对于任意加权函数 f 和相应的积分路径 C，可得

$$\psi(x,y,z)=\iint_C f(k_x,k_y)\,\mathrm{e}^{-\mathrm{j}(k_x x+k_y y+k_z z)}\,\mathrm{d}k_x\mathrm{d}k_y \tag{4.349}$$

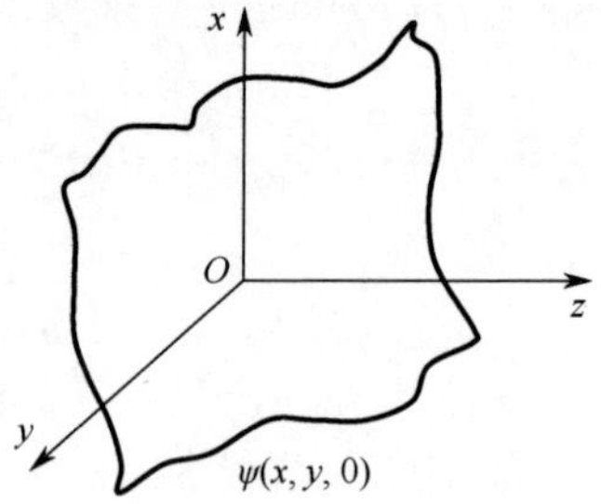

图 4-34　$z=0$ 平面上的辐射源

其中

$$k_z = \pm\sqrt{k^2 - {k_x}^2 - {k_y}^2} \tag{4.350}$$

考虑辐射条件:

$$\mathrm{Re}\, k_z \geqslant 0, \mathrm{Im}\, k_z \leqslant 0 \tag{4.351}$$

当 $z \geqslant 0$ 时，有

$$\psi(x,y,z) = \iint_{-\infty}^{\infty} f(k_x,k_y)\, \mathrm{e}^{-\mathrm{j}z\sqrt{k^2-k_x^2-k_y^2}}\, \mathrm{e}^{-\mathrm{j}(k_x x + k_y y)} \mathrm{d}k_x \mathrm{d}k_y \tag{4.352}$$

当 $z=0$ 时，有

$$\psi(x,y,0) = \iint_{-\infty}^{\infty} f(k_x,k_y)\, \mathrm{e}^{-\mathrm{j}(k_x x + k_y y)} \mathrm{d}k_x \mathrm{d}k_y \tag{4.353}$$

这是函数 f 的傅里叶变换，所以可以写为

$$f(k_x,k_y) = \frac{1}{4\pi}\iint_{-\infty}^{\infty} \psi(x,y,0)\, \mathrm{e}^{\mathrm{j}(k_x x + k_y y)} \mathrm{d}k_x \mathrm{d}k_y \tag{4.354}$$

由于 $z=0$ 平面中的 $\psi(x,y,0)$ 已知，所以该问题可以由式（4.352）求解。

$\psi(x,y,z)$ 中的指数项表示的是平面波，其传播方向由方向余弦 k_x/k、k_y/k①和 k_z/k 定义，f 是每个平面波分量的幅度或加权因子。因此，该表达式通常称为平面波的角谱，f 的谱是 $z=0$ 处场分布的傅里叶变换。该方法广泛用于电磁学和光学。

由式（4.352）可知，每对频谱（k_x,k_y）对应（和产生）着空间中特定方向上的一个平面波。在 $k_x^2+k_y^2<k^2$ 的条件下，平面波沿着 z 方向传播。在这种情况下，平面波是均匀的，辐射能量远离 $z=0$ 平面。但是，如果 $k_x^2+k_y^2>k^2$，则平面波在 z 方向衰减，并且是非均匀的，仅与无功（或存储）功率相关。在光学中，后者称为不可见区域，而前者称为可见区域。

例 4.7　考虑如图 4-35 所示无限长窄缝平行板波导的二维问题。

假设在平行板波导中具有 TEM 模:

① 译者注：原稿有误，原文是 k_y/y。

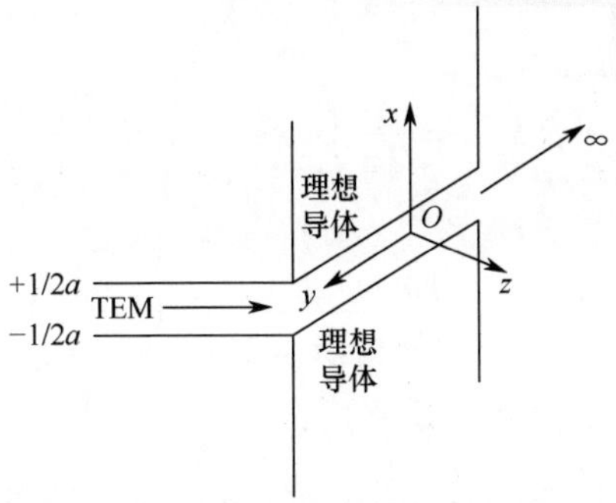

图 4-35　由平行平板波导的 TEM 模式激发的理想导电壁窄狭缝孔径

$$\boldsymbol{H} = \hat{\boldsymbol{y}} H_y$$

在 $z \geqslant 0$ 处，由于对称性，$\boldsymbol{H}$ 与 y 无关，且 $\boldsymbol{H}$ 在 y 方向上。考虑亥姆霍兹方程：

$$(\nabla^2 + k^2) H_y = 0$$

有

$$k_x^2 + k_z^2 = k^2$$

磁场的平面波角频谱表示为

$$H_y(x,z) = \int_{-\infty}^{\infty} f(k_x) \mathrm{e}^{-\mathrm{j}z\sqrt{k^2-k_x^2}} \mathrm{e}^{-\mathrm{j}k_x x} \mathrm{d}k_x$$

从麦克斯韦方程中，电场分量由下式给出：

$$E_x(x,z) = -\frac{Z}{\mathrm{j}k}\frac{\partial H_y}{\partial z}$$

$$E_z(x,z) = \frac{Z}{\mathrm{j}k}\frac{\partial H_y}{\partial x}$$

因此，有

$$\begin{cases} E_x(x,z) = Z\displaystyle\int_{-\infty}^{\infty} \frac{\sqrt{k^2 - k_x^2}}{k} f(k_x) \mathrm{e}^{-\mathrm{j}z\sqrt{k^2-k_x^2}} \mathrm{e}^{-\mathrm{j}k_x x} \mathrm{d}k_x \\ E_z(x,z) = -Z\displaystyle\int_{-\infty}^{\infty} \frac{k_x}{k} f(k_x) \mathrm{e}^{-\mathrm{j}z\sqrt{k^2-k_x^2}} \mathrm{e}^{-\mathrm{j}k_x x} \mathrm{d}k_x \end{cases}$$

为了求出 $f(k_x)$ 的表达式，在导体表面施加电场的切向边界条件，即

$$E_x = 0, z = 0 \text{（在理想导体上）}$$

取傅里叶逆变换：

$$\frac{\sqrt{k^2 - k_x^2}}{k} f(k_x) = \frac{Y}{2\pi}\int_{-\infty}^{\infty} E_x(x,0) \mathrm{e}^{\mathrm{j}k_x x} \mathrm{d}x = \frac{Y}{2\pi}\int_{-a/2}^{a/2} E_x(x,0) \mathrm{e}^{\mathrm{j}k_x x} \mathrm{d}x$$

口面场可以用 TEM 波近似：

$$E_z = 0, \quad E_x(x,0) = 1, \quad |x| < a/2$$

则

$$\frac{\sqrt{k^2-k_x^2}}{k}f(k_x) = \frac{Y}{2\pi}\int_{-a/2}^{a/2}\mathrm{e}^{\mathrm{j}k_x x}\mathrm{d}x = \frac{Ya}{2\pi}\frac{\sin k_x a/2}{k_x a/2}$$

其中

$$f(k_x) = \frac{Ya}{2\pi}\frac{k}{\sqrt{k^2-k_x^2}}\sin(k_x a/2)$$

将这个结果代入磁场的表达式，最终可得

$$H_y(x,z) = \frac{Ya}{2\pi}\int_{-\infty}^{\infty}\frac{k}{\sqrt{k^2-k_x^2}}\mathrm{sinc}(k_x a/2)\mathrm{e}^{-\mathrm{j}z\sqrt{k^2-k_x^2}}\mathrm{e}^{-\mathrm{j}k_x x}\mathrm{d}k_x, z\geqslant 0$$

这个积分无法解析求值。在距离口面很远的地方，可以用驻相法（最速下降）技术进行渐进求值。由 $\mathrm{sinc}(k_x a/2)$ 项可以看出 k_x 是小值的重要性。

4.5 柱面波

考虑在圆柱坐标系下的波动方程：

$$\frac{1}{\rho}\frac{\partial}{\partial\rho}\left(\rho\frac{\partial\psi}{\partial\rho}\right)+\frac{1}{\rho^2}\frac{\partial^2\psi}{\partial\phi^2}+\frac{\partial^2\psi}{\partial z^2}+k^2\psi = 0 \tag{4.355}$$

通过分离变量法解决这个偏微分方程。采用如下形式的通解：

$$\psi(\rho,\phi,z) = R(\rho)\Phi(\phi)Z(z) \tag{4.356}$$

将式（4.356）代入式（4.355），可得

$$\frac{1}{R}\frac{1}{\rho}\frac{\mathrm{d}}{\mathrm{d}\rho}\left(\rho\frac{\mathrm{d}R}{\mathrm{d}\rho}\right)+\frac{1}{\Phi}\frac{1}{\rho^2}\frac{\mathrm{d}^2\Phi}{\mathrm{d}\phi^2}+\frac{1}{Z}\frac{\mathrm{d}^2Z}{\mathrm{d}z^2}+k^2 = 0 \tag{4.357}$$

式（4.357）等号左边的第三项只与 z 有关，同时式中的其他项也与 z 无关，因此必是一个常数。这个常数为 $-k_z^2$，记为

$$\frac{\mathrm{d}^2Z}{\mathrm{d}z^2}+k_z^2Z = 0 \tag{4.358}$$

其解为

$$Z(z) = \mathrm{e}^{\pm\mathrm{j}k_z z} \tag{4.359}$$

令 $k_\rho^2=k^2-k_z^2$。对式（4.357）乘以 ρ^2，得到

$$\frac{1}{R}\rho\frac{\mathrm{d}}{\mathrm{d}\rho}\left(\rho\frac{\mathrm{d}R}{\mathrm{d}\rho}\right)+k_\rho^2\rho^2+\frac{1}{\Phi}\frac{\mathrm{d}^2\Phi}{\mathrm{d}\phi^2} = 0 \tag{4.360}$$

按照同样的推导，式（4.360）中等号左边第二项是常数 $-v^2$，即

$$\frac{\mathrm{d}^2\Phi}{\mathrm{d}\phi^2}+v^2\Phi = 0 \tag{4.361}$$

其解为

$$\Phi(\phi) = \mathrm{e}^{\pm\mathrm{j}v\phi} \tag{4.362}$$

剩下一个方程 $R(\rho)$ 为

$$\rho\frac{\mathrm{d}}{\mathrm{d}\rho}\left(\rho\frac{\mathrm{d}R}{\mathrm{d}\rho}\right)+[(k_\rho\rho)^2-v^2]R=0 \tag{4.363}$$

相当于

$$\frac{\mathrm{d}^2R}{\mathrm{d}\rho^2}+\frac{1}{\rho}\frac{\mathrm{d}R}{\mathrm{d}\rho}+\left[k_\rho^2-\frac{v^2}{\rho^2}\right]R=0 \tag{4.364}$$

这是 v 阶贝塞尔（Bessel）方程。同其他的分离方程一样，它是二阶微分方程，有两个线性无关的解。方程在 $\rho=0$ 处奇异，所以其中一个解必在 $\rho=0$ 处奇异，另一个是有限解。最后指出，解是 $k_\rho\rho$ 的函数。特解为

$$\Psi(\rho,\phi,a)=B_v(k_\rho\rho)\,\mathrm{e}^{\pm\mathrm{j}\nu\phi}\,\mathrm{e}^{\pm\mathrm{j}k_zz} \tag{4.365}$$

其中

$$k_\rho^2+k_z^2=k^2 \tag{4.366}$$

这是圆柱坐标系中波函数的一般形式（图 4-35）。

Bessel 函数为

$$\frac{\mathrm{d}^2B_v}{\mathrm{d}\rho^2}+\frac{1}{\rho}\frac{\mathrm{d}B_v}{\mathrm{d}\rho}+\left[k_\rho^2-\frac{v^2}{\rho^2}\right]B_v=0 \tag{4.367}$$

在实际问题中，v 是实数（$v\in R$），由于方程含有 v^2，所以 $v\geqslant 0$ 就足够了。接下来寻找两个独立的解。

在 $\rho=0$ 时存在的有限解是第一类的 Bessel 函数，其表达式为

$$\mathrm{J}_v(k_\rho\rho)=\sum_{m=0}^{\infty}\frac{(-1)^m(k_\rho\rho/2)^{(v+2m)}}{m!(m+v)!} \tag{4.368}$$

第一类 Bessel 函数小、大参数近似式为

$$k_\rho\rho\ll 1,\mathrm{J}_v(k_\rho\rho)\approx\frac{1}{\nu!}\left(\frac{k_\rho\rho}{2}\right)^v$$

$$k_\rho\rho\ll 1,\mathrm{J}_v(k_\rho\rho)\approx\sqrt{\frac{2}{\pi k_\rho\rho}}\cos\left(k_\rho\rho-\frac{v\pi}{2}-\frac{\pi}{6}\right) \tag{4.369}$$

Bessel 函数的渐进特性类似于一个阻尼驻波，在无穷远处衰减为零。

如果 v 不是整数，独立于第一个解的另一个解显然是 $\mathrm{J}_{-v}(k_\rho\rho)$，在 $\rho=0$ 时，这个解是无穷大的。然而，如果 v 是整数，即 $v=n$，则

$$\mathrm{J}_{-n}(k_\rho\rho)=(-1)^n\mathrm{J}_n(k_\rho\rho) \tag{4.370}$$

这个解不再独立于第一个解。第二个解必须要独立构造，通常选择的是诺依曼（Neumann）函数：

$$\mathrm{N}_n(k_\rho\rho)=\lim_{v\to n}\frac{\mathrm{J}_v(k\rho)\cos(v\pi)-\mathrm{J}_{-v}(k\rho)}{\sin(v\pi)} \tag{4.371}$$

Neumann 函数的小参数近似为

$$k_\rho\rho\ll 1\mathrm{N}_0(k_\rho\rho)\approx\frac{2}{\pi}\ln\left(\frac{\gamma k_\rho\rho}{2}\right)$$

$$N_n(k_\rho\rho) \approx -\frac{(n-1)!}{\pi}\left(\frac{2}{k_\rho\rho}\right)^n, n>0 \tag{4.372}$$

其中，$\gamma=1.78107\cdots$是欧拉（Euler）常数，$\ln\gamma=0.57722$。因此，$\rho=0$ 时，对于所有的 n，N_n是无穷的。Neumann 函数近似为

$$k_\rho\rho \gg 1, N_n \approx \sqrt{\frac{2}{\pi k_\rho\rho}}\sin(k_\rho\rho - n\pi/2 - \pi/4) \tag{4.373}$$

任何 J_n和 N_n的组合都可以作为第二个解，并且基于大参数$k_\rho\rho$，有两种特别重要的组合。即第一类汉开尔（Hankel）函数：

$$H_n^{(1)}(k_\rho\rho) = J_n(k_\rho\rho) + jN_n(k_\rho\rho) \tag{4.374}$$

和第二类 Hankel 函数：

$$H_n^{(2)}(k_\rho\rho) = J_n(k_\rho\rho) - jN_n(k_\rho\rho) \tag{4.375}$$

第一类 Hankel 函数近似为

$$H_n^{(1)}(k_\rho\rho) \approx \sqrt{\frac{2}{\pi k_\rho\rho}}\,e^{j(k_\rho\rho - n\pi/2 - \pi/4)} \tag{4.376}$$

式中：k_ρ为正实数，又因为时间因子$e^{j\omega t}$，它是一个内向行波。同样

$$H_n^{(2)}(k_\rho\rho) \approx \sqrt{\frac{2}{\pi k_\rho\rho}}\,e^{-j(k_\rho\rho - n\pi/2 - \pi/4)} \tag{4.377}$$

对于求解也特别重要，因为实数k_ρ和时间因子保证该解是一个外向的波。因此，它满足辐射条件。

4.5.1 线源

振荡电流的线源辐射圆柱波。考虑沿 z 轴的电流强度为I_0的线源，如图 4-36 所示。与线源相关的电流密度由下式给出：

$$\boldsymbol{J}(\rho) = \hat{z}I_0\delta(x)\delta(y) \tag{4.378}$$

在圆柱坐标系下，有

$$\boldsymbol{J}(\rho) = \hat{z}I_0\frac{\delta(\rho)}{2\pi\rho} \tag{4.379}$$

由于轴对称，辐射电场与 ϕ 和 z 无关。因此，由麦克斯韦方程可知

$$\begin{cases}\dfrac{dH_z}{d\rho} = -j\omega\varepsilon E_\phi \\ \dfrac{1}{\rho}\dfrac{d(\rho E_\phi)}{d\rho} = -j\omega\mu H_z\end{cases} \tag{4.380}$$

以及

$$\begin{cases}\dfrac{dE_z}{d\rho} = -j\omega\mu H_\phi \\ \dfrac{1}{\rho}\dfrac{d(\rho H_\phi)}{d\rho} = J_z + j\omega\varepsilon E_z\end{cases} \tag{4.381}$$

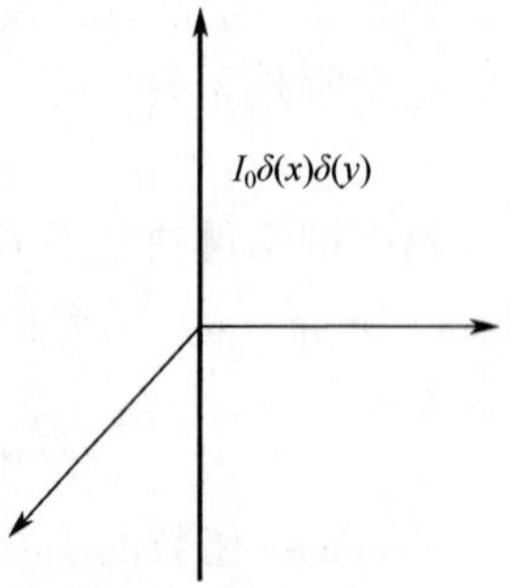

图 4-36　无限线源

而且 $E_\rho = H_\rho = 0$。式（4.380）和式（4.381）无关而且它是无源的。可得出结论：$H_z = E_{\text{phi}} = 0$。结合式（4.381）可得

$$\frac{1}{\rho}\left[\frac{\mathrm{d}}{\mathrm{d}\rho}\frac{\rho \mathrm{d} E_z}{\mathrm{d}\rho}\right] + k^2 E_z = \mathrm{j}\omega\mu I_0 \frac{\delta(\rho)}{2\pi\rho} \tag{4.382}$$

当 ρ 很大时，应满足辐射条件。

为了求解这个方程，对式（4.382）的两边进行傅里叶变换可得

$$\frac{\mathrm{d}^2 \tilde{E}_z}{\mathrm{d}\, y^2} = k_y^2 \tilde{E}_z = \mathrm{j}\omega\mu I_0 \delta(y) \tag{4.383}$$

其中

$$\tilde{E}_z(k_x, y) = \int_{-\infty}^{\infty} E_z(x, y)\, \mathrm{e}^{-\mathrm{j}k_x x}\mathrm{d}x \tag{4.384}$$

以及 $k_y = \sqrt{k^2 - k_x^2}$。令

$$\tilde{G} = -\frac{\tilde{E}_z}{\mathrm{j}\omega\mu I_0} \tag{4.385}$$

则

$$\frac{\mathrm{d}^2 \tilde{G}}{\mathrm{d}\, y^2} + k_y^2 \tilde{G} = -\delta(y) \tag{4.386}$$

满足辐射条件。这个格林（Green）函数问题的解是由式（4.40）给出，即

$$\tilde{G} = \mathrm{e}^{\frac{-\mathrm{j}k_y |y|}{2\mathrm{j}k_y}}, \Im k_y < 0 \tag{4.387}$$

取逆变换：

$$G = \frac{1}{2\pi}\int_{-\infty}^{\infty} \mathrm{e}^{\frac{-\mathrm{j}k_y |y|}{2\mathrm{j}k_y}} \mathrm{e}^{\mathrm{j}k_x x}\mathrm{d}\, k_x \tag{4.388}$$

由 Hankel 函数的积分可知

$$\frac{1}{\pi}\int_{-\infty}^{+\infty} \mathrm{e}^{\frac{-\mathrm{j}\sqrt{k^2-k_x^2}\,|y|}{\sqrt{k^2-k_x^2}}} \mathrm{e}^{\mathrm{j}k_x x}\mathrm{d}\, k_x = \mathrm{H}_0^{(2)}\left[k\sqrt{x^2 + y^2}\right] \tag{4.389}$$

因此，Green 函数为

$$G(\rho) = \frac{1}{4\mathrm{j}}\mathrm{H}_0^{(2)}(k\rho) \tag{4.390}$$

式（4.390）称为二维自由空间的 Green 函数。电场是位于 z 轴上的无限线源产生的：

$$E_z = -\frac{\omega\mu I_0}{4}\mathrm{H}_0^{(2)} \tag{4.391}$$

从式（4.381）得到磁场：

$$H_\phi = -\frac{\mathrm{j}kI_0}{4}\mathrm{H}_1^{(2)}(k\rho) \tag{4.392}$$

如果线源位于 ρ'，则电场为

$$E_z = \frac{-\omega\mu I_0}{4}\mathrm{H}_0^{(2)}(k|\rho - \rho'|) \tag{4.393}$$

4.5.2 柱面波变换

考虑平面波在正 x 方向传播并沿 z 方向极化，则

$$\boldsymbol{E} = \hat{z}E_0\,\mathrm{e}^{-\mathrm{j}kx} = \hat{z}E_0\,\mathrm{e}^{-\mathrm{j}k\rho\cos\phi} \tag{4.394}$$

该波可以表示为无限多柱面波分量的组合。由于展开式在原点处应该仍然是有限，可令

$$\boldsymbol{E} = \hat{z}E_0\sum_{n=-\infty}^{\infty} a_n \mathrm{J}_n(k_\rho\rho)\,\mathrm{e}^{\mathrm{j}n\phi} \tag{4.395}$$

为了利用指数函数$\mathrm{e}^{\mathrm{j}n\phi}$的正交性求解系数 a_n，将两边乘以 $\mathrm{e}^{-\mathrm{j}m\phi}$，并取从 $0\sim2\pi$ 的积分：

$$\begin{aligned}\int_0^{2\pi}\mathrm{e}^{-\mathrm{j}(k\rho\cos\phi+m\phi)}\mathrm{d}\phi &= \int_0^{2\pi}\left[\sum_n a_n\mathrm{J}_n(k\rho)\,\mathrm{e}^{\mathrm{j}n\phi}\right]\mathrm{e}^{\mathrm{j}m\phi}\mathrm{d}\phi\\ &= \sum_n a_n\mathrm{J}_n(k\rho)\,\mathrm{e}^{\mathrm{j}n\phi}\int_0^{2\pi}\mathrm{e}^{\mathrm{j}(n-m)\phi}\mathrm{d}\phi\end{aligned} \tag{4.396}$$

使用恒等式：

$$\int_0^{2\pi}\mathrm{e}^{\mathrm{j}(x\cos\phi+m\phi)}\mathrm{d}\phi = 2\pi\,\mathrm{j}^m\,\mathrm{J}_m(x) \tag{4.397}$$

$$\int_0^{2\pi}\mathrm{e}^{\mathrm{j}(n-m)\phi}\mathrm{d}\phi = 2\pi\,\delta_{mn} \tag{4.398}$$

式中：δ_{mn}是 Kronecker delta 函数，则

$$\int_0^{2\pi}\mathrm{e}^{-\mathrm{j}(k\rho\cos\phi+m\phi)}\mathrm{d}\phi = 2\pi\,\mathrm{j}^{-m}\,\mathrm{J}_{-m}(-k\rho) \tag{4.399}$$

使用式（4.370），得到

$$2\pi\mathrm{j}^{-m}\,\mathrm{J}_m(k\rho) = 2\pi a_m\,\mathrm{J}_m(k\rho) \tag{4.400}$$

则系数有以下表达式：

$$a_m = \mathrm{j}^{-m} \tag{4.401}$$

最后，平面波可以用以下形式表示：

$$E_z = E_0\,\mathrm{e}^{-\mathrm{j}kx} = E_0\,\mathrm{e}^{-\mathrm{j}k\rho\cos\phi} = \sum_{n=-\infty}^{\infty}\mathrm{j}^{-n}\,\mathrm{J}_n(k\rho)\,\mathrm{e}^{\mathrm{j}n\phi} \tag{4.402}$$

4.5.3 加法定理

考虑波函数：

$$\begin{aligned}\psi &= \mathrm{H}_0^{(2)}(k|\boldsymbol{\rho}-\boldsymbol{\rho}'|)\\ &= \mathrm{H}_0^{(2)}\left(k\sqrt{\rho^2+\rho'^2-2\rho\rho'\cos(\phi-\phi')}\right)\end{aligned} \tag{4.403}$$

可以把 ψ 看作是位于 P'处线源的波函数，其位置矢量为$\boldsymbol{\rho}'$。由于线源沿

着 z 轴，则可以原点 O 为参考点来表示波函数。

注意：对于 $\rho<\rho'$，ψ 在 $\rho=0$ 处是有限的且 ϕ 的周期为 2π。因此，波函数可表示为 $J_n(\rho)e^{jn\phi}$，对于 $\rho>\rho'$，ψ 表示外向波，并且波函数可表达为 $H_n^{(2)}(\rho)e^{jn\phi}$。同样，$\psi$ 在不带撇的坐标系和带撇的坐标系是对称的。

令

$$\psi=\begin{cases}\sum\limits_{n=-\infty}^{\infty} b_n H_n^{(2)}(k\rho')J_n(k\rho)e^{jn(\phi-\phi')}, & \rho<\rho' \\ \sum\limits_{n=-\infty}^{\infty} b_n J_n(k\rho')H_n^{(2)}(k\rho)e^{jn(\phi-\phi')}, & \rho>\rho'\end{cases} \tag{4.404}$$

式中：b_n为展开系数。

为了计算 $\{b_n\}$，我们将利用 Hankel 函数式（4.377）的渐近展开式，其中 $\rho'\to\infty$，$\phi'=0$，即

$$H_n^{(2)}(k|\rho-\rho'|)\approx\sqrt{\frac{2}{\pi k\rho'}}\,e^{-j\left[k(\rho'-\rho\cos\phi)-\frac{2n+1}{4}\pi\right]} \tag{4.405}$$

使用式（4.404）和式（4.405），则

$$\psi\approx\sqrt{\frac{2}{\pi k\rho'}}\,e^{-j(k\rho'-\frac{\pi}{4})}\,e^{jk\rho\cos\phi} \tag{4.406}$$

另外，因为$\rho'>\rho$，有

$$\begin{aligned}\psi&=\sum_{n=-\infty}^{\infty} b_n H_n^{(2)}(k\rho')J_n(k\rho)e^{jn(\phi-\phi')}\\&\approx\sqrt{\frac{2}{\pi k\rho'}}\,e^{-j(k\rho'-\frac{\pi}{4})}\sum_{n=-\infty}^{\infty} b_n j^n J_n(k\rho)e^{jn\phi}\end{aligned} \tag{4.407}$$

又因为

$$e^{jk\rho\cos\phi}=\sum_{n=-\infty}^{\infty} j^n J_n(k\rho)e^{jn\phi} \tag{4.408}$$

比较以上两个方程，可得

$$b_n=1 \tag{4.409}$$

因此，有

$$H_0^{(2)}(k|\rho-\rho'|)=\begin{cases}\sum\limits_{n=-\infty}^{\infty} H_n^{(2)}(k\rho')J_n(k\rho)e^{jn(\phi-\phi')}, & \rho<\rho' \\ \sum\limits_{n=-\infty}^{\infty} J_n(k\rho')H_n^{(2)}(k\rho)e^{jn(\phi-\phi')}, & \rho>\rho'\end{cases} \tag{4.410}$$

式（4.410）称为 Hankel 函数的加法定理。当式（4.410）等号右边使用第一类 Hankel 函数时，该定理对$H_0^{(1)}$是有效的。

Bessel 函数的加法定理可以写成

$$J_0(k|\rho-\rho'|)=\sum_{n=-\infty}^{\infty}J_n(k\rho')J_n(k\rho)e^{jn(\phi-\phi')}\ \forall\rho \tag{4.411}$$

4.5.4 圆形金属波导

设有一个非常简单的半径为 a 的圆形金属管波导，其中充满了无损耗电介质或空气。在圆波导 z 方向上求解无耗传输模。

这些模可以分为两种不同的类型，即具有横向于 z 方向的磁场或电场模。

4.5.4.1 横向磁模

在这种情况下，磁场相对于波导轴是横向的，并且没有纵向磁场分量。因此，有

$$\boldsymbol{H}_z=0 \tag{4.412}$$

电赫兹矢量：

$$\boldsymbol{\pi}_e=\hat{z}\psi(\rho,\phi,z) \tag{4.413}$$

满足波动方程：

$$(\nabla^2+k^2)\psi=0 \tag{4.414}$$

电磁场用赫兹位表示：

$$\begin{aligned}\boldsymbol{E}&=\nabla\nabla\cdot\boldsymbol{\pi}_e+k^2\boldsymbol{\pi}_e\\&=\frac{\partial^2\psi}{\partial\rho\,\partial z}\hat{\boldsymbol{\rho}}+\frac{1}{\rho}\frac{\partial^2\psi}{\partial\rho\,\partial z}\hat{\boldsymbol{\phi}}+(k^2-k_z^2)\psi\hat{z}\end{aligned} \tag{4.415}$$

以及

$$\boldsymbol{H}=jkY\nabla\times\boldsymbol{\pi}_e=jkY\left(\frac{1}{\rho}\frac{\partial\psi}{\partial\phi}\hat{\boldsymbol{\rho}}+\frac{\partial\psi}{\partial\rho}\hat{\boldsymbol{\phi}}\right) \tag{4.416}$$

如上所述，$\boldsymbol{H}$ 没有 z 方向的分量。

要构造标量波动方程的解 ψ，以满足约束条件：

(1) 在 z 方向的无损耗传播；

(2) 在圆波导内任意一处的有限场，包括 $\rho=0$；

(3) 在理想导电壁处，没有切向电场分量。

为了满足条件 (1)，令

$$Z(z)=e^{-jk_z z} \tag{4.417}$$

由于场函数 ϕ 必须是单值函数，则

$$\Phi(2v\pi+\phi)=\Phi(\phi),\ \forall\phi \tag{4.418}$$

同时，令 v 为整数，则可取 $n\geqslant0$，有

$$\Phi(\phi)=a_n\cos n\phi+b_n\sin n\phi \tag{4.419}$$

根据条件 (2)，令

$$R(\rho)=J_n(k_\rho\rho) \tag{4.420}$$

则设

$$\psi(\rho,\phi,z) = \mathrm{J}_n(k_\rho\rho)(a_n\cos n\phi + b_n\sin n\phi)\mathrm{e}^{-\mathrm{j}k_z z} \tag{4.421}$$

其中

$$k_\rho^2 + k_z^2 = k^2 \tag{4.422}$$

式中：n 为任意的非负整数。

最后还需要满足在 $\rho = a$ 处的边界条件，通过对场分量的检验可以发现，若下式成立

$$\mathrm{J}_n(k_\rho a) = 0 \tag{4.423}$$

则可以满足边界条件。

Bessel 函数 $\mathrm{J}_n(x)$ 具有无穷个离散零点，间隔约为 π。我们可以用升序对这些零点排序，将其表示为

$$X_{np}, p = 1,2,\cdots$$

式中：n 为 Bessel 函数的阶数；p 为零点的顺序。

TM_{np} 模的传播常数 k_z 的值为

$$k_z = \sqrt{k^2 - \left(\frac{X_{np}}{a}\right)^2} \tag{4.424}$$

可得截止频率为

$$f_{cnp} = \frac{cX_{np}}{2\pi a} \tag{4.425}$$

截止波长为

$$\lambda_{cnp} = \frac{2\pi a}{X_{np}} \tag{4.426}$$

式中：c 为介质中的光速。

TM 的主模是 TM_{01} 模，其优势是在 ϕ 方向具有对称性。

4.5.4.2　横向电模

横向电模分析非常类似于 TM_z 模，并且该模由磁场赫兹电位得到

$$\boldsymbol{\pi}_m = \hat{z}\psi(\rho,\phi,z) \tag{4.427}$$

由对偶性可知

$$\boldsymbol{E} = -\mathrm{j}kZ\left(\frac{1}{\rho}\frac{\partial\psi}{\partial\phi}\hat{\boldsymbol{\rho}} - \frac{\partial\psi}{\partial\rho}\hat{\boldsymbol{\phi}}\right) \tag{4.428}$$

$$\boldsymbol{H} = \frac{\partial^2\psi}{\partial\rho\,\partial z}\hat{\boldsymbol{\rho}} + \frac{1}{\rho}\frac{\partial^2\psi}{\partial\phi\,\partial z}\hat{\boldsymbol{\phi}} + \left(k^2 + \frac{\partial^2}{\partial z^2}\right)\psi\hat{z} \tag{4.429}$$

其中，ψ 的表达式与之前的一样，在 $\rho = a$ 处的边界条件是 $E_\phi = 0$，这要求

$$\mathrm{J}_n'(k_\rho a) = 0 \tag{4.430}$$

式中，“$'$” 表示关于参数的导数。如果将零点表示为

$$X_{np}', p = 1,2,\cdots$$

则

$$k_z = \sqrt{k^2 - \left(\frac{X'_{np}}{a}\right)^2} \tag{4.431}$$

而且TM_{np}模的截止频率和波长为

$$f_{cnp} = \frac{cX'_{np}}{2\pi a} \tag{4.432}$$

和

$$\lambda_{cnp} = \frac{2\pi a}{X'_{np}} \tag{4.433}$$

4.5.4.3 基模

X'_{np}最小的值是$X'_{11}=1.841$，由于它小于任何X_{np}模，圆柱波导中的主模或基模是TE_{11}模。

这种模唯一的缺点是在实际圆柱中存在波导壁损耗，并且不是最小衰减。事实上，存在几种TE_{0p}模具有较低的衰减且有较高的截止频率。然而，单独激励（和维持）其中一种模式，而不激励起TE_{mn}模（在实际中）是非常困难的。

4.5.5 圆形波纹喇叭

图4-37所示为微波频率下典型的锥形波纹喇叭。这种喇叭的主要优点是旁瓣低，高交叉极化分辨率。波纹状的喇叭在10%～15%的带宽上以可以实现低至-40dB的正交极化隔离度。

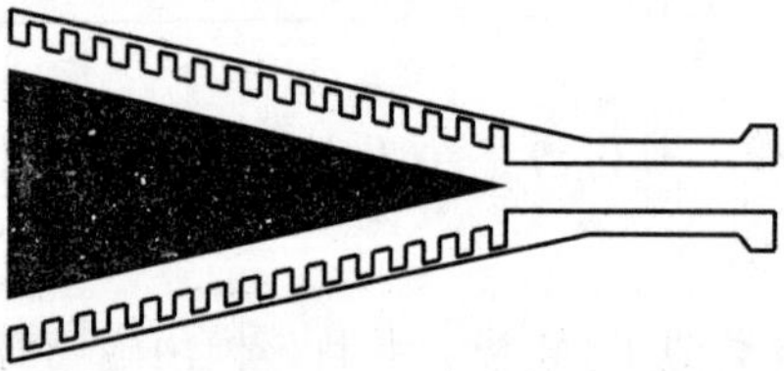

图4-37　典型的圆柱形波纹喇叭

波纹喇叭的构造是如图4-38所示的波纹波导的横截面。深度和自由空间波长之间有一个简单的关系：

$$d = \lambda_0/4 \tag{4.434}$$

在圆形波导中的TM模和TE模在传播方向上的场分布分别表示为

$$E_z^{TM} = \sum_{n=1}^{\infty} J_n(k_c^{TM}R)[C_1\sin n\phi + C_2\cos n\phi]e^{-j\beta_{TM}z} \tag{4.435}$$

$$H_z^{TE} = \sum_{n=1}^{\infty} J_n(k_c^{TE}R)[C_3\sin n\phi + C_4\cos n\phi]e^{-j\beta_{TE}z} \tag{4.436}$$

通过麦克斯韦方程可以得到这些模的径向分布和圆周分布。

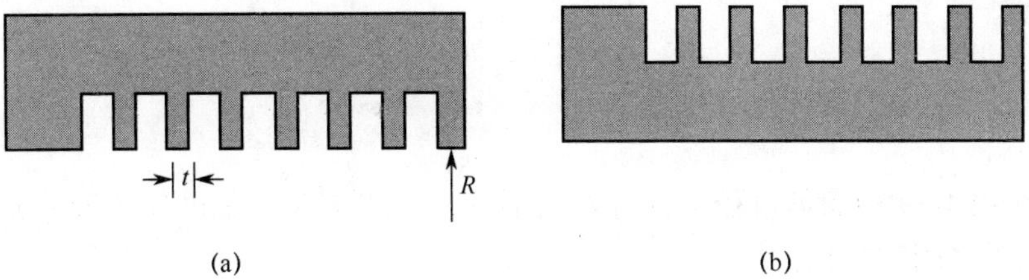

图 4-38　波纹圆形喇叭的一部分

可以看出，在半径为 R 普通圆波导中，由于这些模具有不同的传播常数k_z和截止波数k_c，无法通过组合形成新的行波模式。这些差别来自于金属表面对 E 和 H 不同的边界条件。然而，采用合适的波纹表面阻抗边界条件，可以使电场仅有传播方向分量，没有圆周向分量，并且 TE 模和 TM 模以相等的速度传输，形成混合模式。在这些条件下，可以将圆形波纹波导内的模组合成一种模式，使 E 具有线性极化分布，向波导壁逐渐减少到零。

为了分析该波导，考虑如图 4-38 所示的同轴阶梯不连续波导，从左侧激励单位幅度的TE_{11}模。在 ϕ 坐标系中，此物理模型在 ϕ 坐标下是对称的，并且可以保留激励源关于 ϕ 的变化。因此，只需要更高阶的径向模，包括TE_{1r}模和TM_{1r}模，其中 $r=1$，2，…为方便表示起见，去掉模式数中的“1”。仅与方位角变化有关且半径为 a 的圆波导内归一化标量电位可以表示为

$$\psi_r^h = N_r^h \mathrm{J}_1\left(\frac{x'_{1r}\rho}{a}\right)\cos\phi \tag{4.437}$$

$$\psi_r^e = N_r^e \mathrm{J}_1\left(\frac{x_{1r}\rho}{a}\right)\sin\phi \tag{4.438}$$

其中，归一化因子N_r^h和N_r^e分别为

$$N_r^h = \sqrt{\frac{2}{\pi}}\frac{1}{\sqrt{x'^2_{r1}-1}\mathrm{J}_1(x'_{1r})} \tag{4.439}$$

$$N_r^e = \sqrt{\frac{2}{\pi}}\frac{1}{\sqrt{x^2_{r1}-1}\mathrm{J}_2(x_{1r})} \tag{4.440}$$

式中：x_{1r}和 x'_{1r}分别为J_1和J'_1的第 r 个零点。

横向电场模矢量表示为

$$\boldsymbol{e}_r^{(h)} = \hat{\boldsymbol{\rho}}\frac{N_r^h}{\rho}\mathrm{J}_1\left(\frac{x'_{1r}}{a}\right)\sin\phi + \hat{\boldsymbol{\phi}}\frac{N_r^h x'_{1r}}{a}\mathrm{J}'_1\left(\frac{x'_{1r}\rho}{a}\right)\cos\phi \tag{4.441}$$

$$\boldsymbol{e}_r^{(e)} = -\hat{\boldsymbol{\rho}}\frac{N_r^h x_{1r}}{\rho}\mathrm{J}'_1\left(\frac{x_{1r}\rho}{a}\right)\sin\phi - \hat{\boldsymbol{\phi}}\frac{N_r^e}{\rho}\mathrm{J}_1\left(\frac{x_{1r}\rho}{a}\right)\cos\phi \tag{4.442}$$

并且 H 模和 E 模的截止波数分别为

$$k_{cr}^{h}=\frac{x_{1r}'}{a} \tag{4.443}$$

$$k_{cr}^{e}=\frac{x_{1r}}{a} \tag{4.444}$$

在图4-39中圆形口径上计算左（较小）波导的TE_k模和右（较大）波导的TE_m模之间的内积：

$$\langle \boldsymbol{e}_k^{(h)},\boldsymbol{e}_m^{(h)}\rangle=\frac{2}{a_{\mathrm{L}}a_{\mathrm{R}}}\frac{\mathrm{J}_1'\left(x_{1m}'\dfrac{a_{\mathrm{L}}}{a_R}\right)}{\mathrm{J}_1(x_{1m}')}\frac{x_{1k}'^2x_{1m}'}{\sqrt{(x_{1k}'^2)(x_{1m}'^2-1)}}\frac{1}{\left(\dfrac{x_{1k}'}{a_{\mathrm{L}}}\right)^2-\left(\dfrac{x_{1m}'}{a_{\mathrm{R}}}\right)^2} \tag{4.445}$$

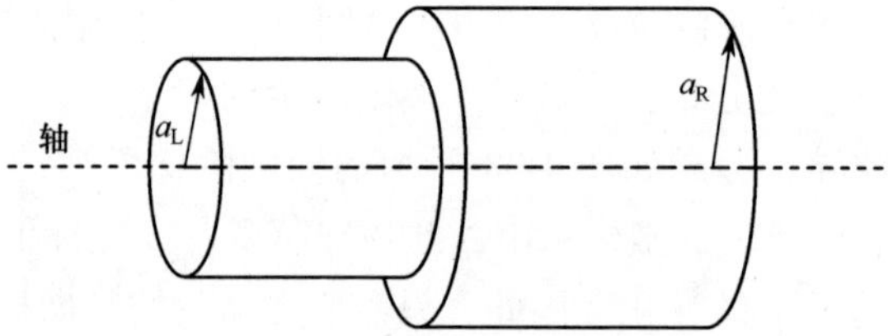

图4-39　同心圆阶梯

同理，有

$$\langle \boldsymbol{e}_k^{(e)},\boldsymbol{e}_m^{(e)}\rangle=\frac{2}{a_R^2}\frac{\mathrm{J}_1\left(x_{1m}\dfrac{a_{\mathrm{L}}}{a_{\mathrm{R}}}\right)}{\mathrm{J}_2(x_{1m})}\frac{1}{\left(\dfrac{x_{1k}'}{a_{\mathrm{L}}}\right)^2-\left(\dfrac{x_{1m}'}{a_{\mathrm{R}}}\right)^2} \tag{4.446}$$

$$\langle \boldsymbol{e}_k^{(h)},\boldsymbol{e}_m^{(e)}\rangle=\frac{-2\mathrm{J}_1\left(x_{1m}\dfrac{a_{\mathrm{L}}}{a_{\mathrm{R}}}\right)}{x_{1m}\sqrt{x_{1k}'^2-1}\,\mathrm{J}_2(x_{1m})} \tag{4.447}$$

$$\langle \boldsymbol{e}_k^{(e)},\boldsymbol{e}_m^{(h)}\rangle=0 \tag{4.448}$$

波纹波导的特征方程式为

$$\frac{1}{u^3}\frac{\mathrm{J}_n(u)}{\mathrm{J}_n'(u)}\left[\left(\frac{u\,\mathrm{J}_n'(u)}{\mathrm{J}_n(u)}\right)^2-n^2+\left(\frac{nu}{kR}\right)^2\right]^2=-\frac{1}{\tan(kd)\left(1-\dfrac{t}{p}\right)kR} \tag{4.449}$$

其中

$$u=k_cR \tag{4.450}$$

式（4.449）中：k为波数；p为周期；d为槽深；t为波纹的脊宽（图4-37）。

对式 (4.449)求解 u，得到截止波数k_c的解。

现给出一个简单的波纹圆喇叭在 x 波段的数值结果，图 4-40 描述了喇叭的形状和几何参数。图 4-41 所示为用圆柱模匹配方法在 10GHz 处计算的归一化方向图。

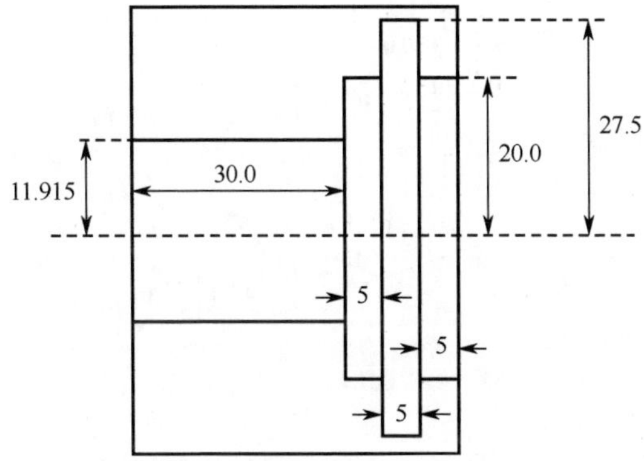

图 4-40　简单的波纹圆形喇叭（以 mm 为单位）

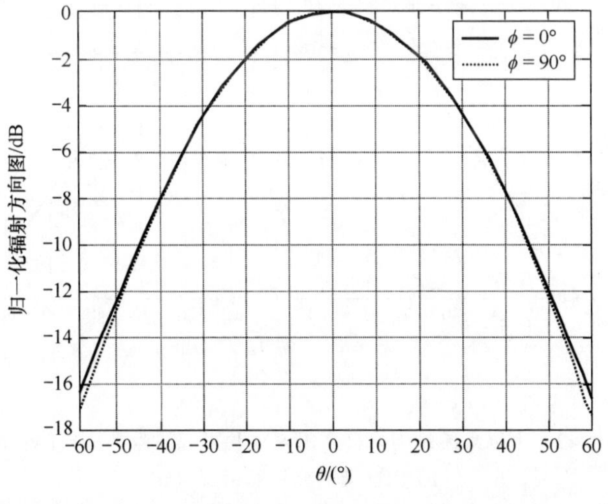

图 4-41　图 4-39 所示的圆形喇叭在 10GHz 处的辐射方向图

在第二个例子中，通过圆柱模式匹配方法分析图 4-42 所示的锥形波纹喇叭。这种方法适用于小张角喇叭，同时给出了天线的归一化方向图。

4.5.6　同轴波导

与矩形波导的情况一样，圆波导中的所有模都具有非零截止频率。对于平行板波导，可以发现有一种模（TE_0），实际上是 TEM 模，并且具有零截止频率。这表明，在圆波导中需要第二个壁来实现零截止频点，因此引出了同轴波

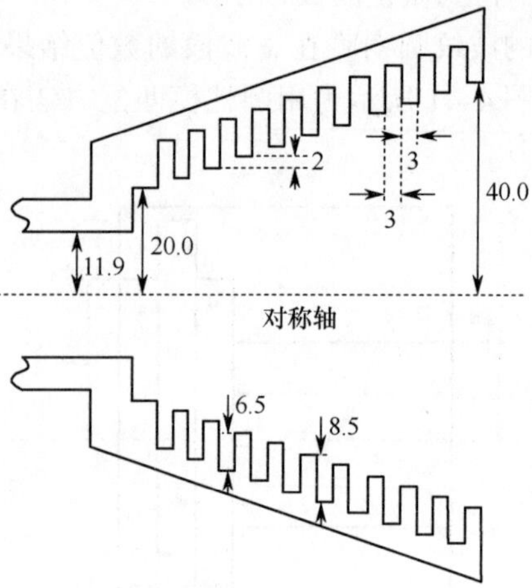

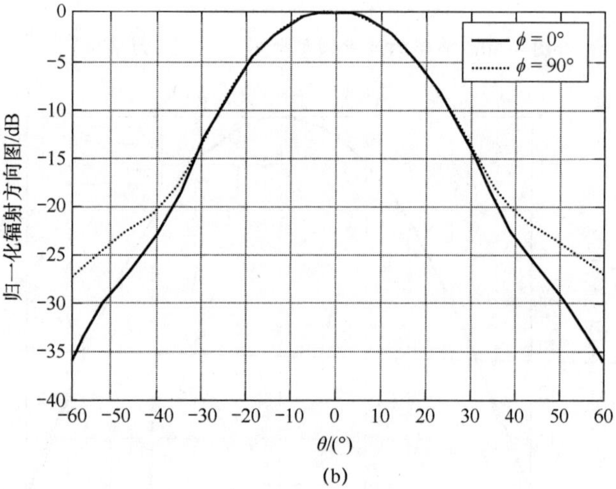

图 4-42　小张角圆锥喇叭（所有尺寸均以 mm 为单位）(a) 及在 10 GHz 处的喇叭辐射图（b）

导的概念。

考虑半径为 a 的圆金属波导，其同轴内导体的半径为 b（图 4-43）。两导体之间的空间充满了无耗均匀介质。接下来寻找该区域相应的无耗传播模。所需的边界条件如下：

(1) $\rho=a,b$ 时，$E_z=0$，要求 $\rho=a,b$ 时，$k_\rho^2\psi=0$；

(2) $\rho=a,b$ 时，$E_\phi=0$，要求 $\rho=a,b$ 时，$\partial\psi/\partial\phi=0$。

我们现在将研究在这种波导中传播的各种模。

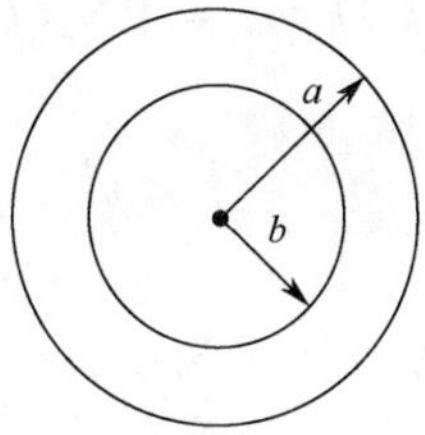

图 4-43　同轴波导

4.5.6.1　TEM 模

检验边界条件可以发现，如果让 $k_\rho=0$，对应于 $k_z=k$，则自动满足 E_z 的边界条件。如果选择 $n=0$，则有

$$\Phi(\phi) = \cos n\phi = 1, n = 0 \tag{4.451}$$

同时满足 E_ϕ 的边界条件。在这种情况下，具有 $E_z=H_z\equiv 0$，且

$$\boldsymbol{E} = \hat{\boldsymbol{\rho}} E_0 \frac{\mathrm{e}^{-\mathrm{j}kz}}{k\rho} \tag{4.452}$$

$$\boldsymbol{H} = \hat{\boldsymbol{\phi}} \frac{E_0}{Z} \frac{\mathrm{e}^{-\mathrm{j}kz}}{k\rho} \tag{4.453}$$

则横向电磁模（TEM）可以存在，其中 Z 是填充介质的特征阻抗，k 是相应的波数。这种特殊的模不会截止，并且在所有频率都可以传播，因此，它是基模。

可以通过感应电压计算 TEM 模的电流和特性阻抗：

$$V_b - V_a = -\int_a^b E_\rho \mathrm{d}\rho = \frac{E_0}{k}\ln(a/b) \tag{4.454}$$

$$I = \oint_c H \cdot \mathrm{d}\ell = \int_0^{2\pi} \frac{E_0}{Zka} a\mathrm{d}\phi = \frac{2\pi E_0}{Zk} \tag{4.455}$$

$$Z_c = \frac{V_b - V_a}{I} = \frac{Z}{2\pi}\ln(a/b) \tag{4.456}$$

对于介质填充的波导，特性阻抗为

$$Z_c = \frac{60}{\sqrt{\varepsilon_r}}\ln(a/b) \tag{4.457}$$

式中：ε_r 是填充材料的相对介电常数。

4.5.6.2　高阶模

高阶模可以分为横向磁模和横向电模。在满足边界条件的条件下，横向磁模来自 $\boldsymbol{\pi}_e=\hat{z}\psi(\rho,\phi,z)$（注意：文中的 $\boldsymbol{\pi}_e$ 均为矢量，应加粗斜体）满足

$$(\nabla_t^2 + k_\rho^2)\psi = 0 \tag{4.458}$$

由于不考虑 $\rho=0$，可以选择

$$\psi(\rho,\phi,z)=[\mathrm{J}_n(k_\rho\rho)+A_n\mathrm{N}_n(k_\rho\rho)]_{\cos}^{\sin}n\phi\mathrm{e}^{-\mathrm{j}k_z z} \tag{4.459}$$

式中：A_n 为系数，其中

$$k_\rho^2+k_z^2=k^2 \tag{4.460}$$

因此，有

$$\mathrm{J}_n(k_\rho a)+A_n\mathrm{N}_n(k_\rho a)=0 \tag{4.461}$$

$$\mathrm{J}_n(k_\rho b)+A_n\mathrm{N}_n(k_\rho b)=0 \tag{4.462}$$

当且仅当下式成立时，有

$$\frac{\mathrm{N}_n(k_\rho a)}{\mathrm{N}_n(k_\rho b)}=\frac{\mathrm{J}_n(k_\rho a)}{\mathrm{J}_n(k_\rho b)} \tag{4.463}$$

A_n 可以有解，这是波导的特征方程。对于任何整数 $n\geqslant 0$，这个方程有无穷个离散解 $k_\rho=k_\rho^p$（$p=1,2,\cdots$），从而产生相应的传播常数 k_z。对于 $n=0$ 模，其特征方程为

$$\frac{\mathrm{N}_0(k_\rho a)}{\mathrm{N}_0(k_\rho b)}=\frac{\mathrm{J}_0(k_\rho a)}{\mathrm{J}_0(k_\rho b)} \tag{4.464}$$

如果 $k_\rho\to 0$，即 $k_z\to k$，则 $\mathrm{N}_0(k_\rho a)=\mathrm{N}_0(k_\rho b)$，它的唯一解是 $k_\rho=0$（$a\neq b$），这是 TEM 模。对于另一极限，$k_z\ll k$，而且 k_ρ 值很大，使用 Bessel 函数的渐近展开式：

$$\mathrm{J}_0(k_\rho a)\approx\sqrt{\frac{2}{\pi k_\rho a}}\cos(k_\rho a-\pi/4) \tag{4.465}$$

$$\mathrm{N}_0(k_\rho a)\approx\sqrt{\frac{2}{\pi k_\rho a}}\sin(k_\rho a-\pi/4) \tag{4.466}$$

进而可得

$$\sin[k_\rho(a-b)]=0=\sin m\pi,m=1,2,\cdots(m\neq 0) \tag{4.467}$$

因此，有

$$k_{\rho 0m}=\frac{m\pi}{a-b} \tag{4.468}$$

并且 TM_{0m} 模的传播常数为

$$k_{z0m}=\sqrt{k^2-\left(\frac{m\pi}{a-b}\right)^2} \tag{4.469}$$

其截止波长为

$$\lambda_{c0m}=\frac{2\pi}{k_{\rho 0m}}=\frac{2(a-b)}{m} \tag{4.470}$$

例如，对于 TM_{01} 模，有

$$\lambda_{c01}=2(a-b) \tag{4.471}$$

而对于下一个模：

$$\lambda_{c11}=\pi(a+b) \tag{4.472}$$

这是同轴波导的平均周长。这意味着，TM_{11} 模的截止频率低于 TM_{01} 模的截止频率。

TE 模可通过类似的方式得出。其特征方程为

$$\frac{N_n'(k_\rho a)}{N_n'(k_\rho b)} = \frac{J_n'(k_\rho a)}{J_n'(k_\rho b)}, n \neq 0 \tag{4.473}$$

式（4.473）给出了这个模的传播常数。这些模也有非零截止频率。可以看出，对于 $n=1$，上述等式的解近似为

$$k_{\rho 1m} \approx \frac{2\pi m}{a+b} \tag{4.474}$$

其截止波长近似为

$$\lambda_{c1m} = \frac{2\pi}{k_{\rho 1m}} \approx \frac{\pi(a+b)}{m} \tag{4.475}$$

对于 TM_{11} 模，有

$$\lambda_{c1m} \approx \pi(a+b) \tag{4.476}$$

当波长大于 $\pi(a+b)$ 时，同轴线可以在 TEM 模式下工作，而不会激励更高阶模。

4.5.7　电介质棒

对于折射率超过周围介质的介质圆柱体，可以用于通过外部介质辐射的波导模（图 4-44）。因此，这些模式称为漏模。

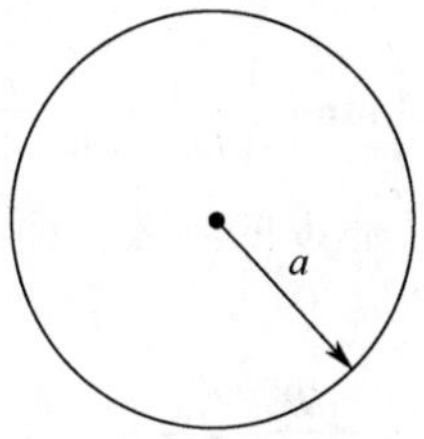

图 4-44　半径为 a 的圆形介质棒

在介质棒中，只有当场不具有方位角（ϕ）变化时，TE 模和 TM 模才存在。换句话说，这些模一般有 6 个非零分量，可以通过使用电场和磁场的赫兹矢量来构造模（注意：文中的 $\boldsymbol{\pi}_e$、$\boldsymbol{\pi}_m$ 均为矢量，应加粗斜体）：

$$\boldsymbol{\pi}_e = \hat{z}\psi_e(\rho,\phi,z), \boldsymbol{\pi}_m = \hat{z}\psi_m(\rho,\phi,z)$$

通过在两个区域中选择适当形式的 ψ_e 和 ψ_m，并且通过在介质界面 $\rho=a$ 处施加边界条件，可以将特征方程表示为

$$\left\{\frac{1}{u}\frac{J_n'(u)}{J_n(u)} - \frac{1}{v}\frac{H_n^{(2)\prime}(v)}{H_n^{(2)}(v)}\right\}\left\{\frac{n_1^2}{u}\frac{J_n'(u)}{J_n(u)} - \frac{n_2^2}{v}\frac{H_n^{(2)\prime}(v)}{H_n^{(2)}(v)}\right\} = \left\{\frac{nk_z}{k_0}\left(\frac{1}{u^2}-\frac{1}{v^2}\right)\right\}^2 \tag{4.477}$$

其中

$$u = k_{\rho 1a}, \quad v = k_{\rho 2a} \tag{4.478}$$

以及

$$k_{\rho 1}^2 + k_z^2 = (n_1 k_0)^2, k_{\rho 2}^2 + k_z^2 = (n_2 k_0)^2 \tag{4.479}$$

对于轴对称的情况，$n=0$，此时特征方程可以解耦。对应于 TE 模的第一个因子变为零；对于 TM 模，则第二因子变为零。

通常，如在介质波导中，模式沿介质棒无衰减传播，而在外介质中场必然是衰减的。

4.6 球面波

考虑球坐标系中亥姆霍兹波方程：

$$\frac{1}{r^2}\frac{\partial}{\partial r}\left(r^2\frac{\partial\psi}{\partial r}\right) + \frac{1}{r^2\sin\theta}\frac{\partial}{\partial\theta}\left(\sin\theta\frac{\partial\psi}{\partial\theta}\right) + \frac{1}{r^2\sin^2\theta}\frac{\partial^2\psi}{\partial\phi^2} + k^2\psi = 0 \tag{4.480}$$

采用分离变量：

$$\Psi(r,\theta,\phi) = R(r)H(\theta)\Phi(\phi) \tag{4.481}$$

将式（4.481）代入 Ψ 的方程，可得

$$\frac{H\Phi}{r^2}\frac{\mathrm{d}}{\mathrm{d}r}\left(r^2\frac{\mathrm{d}R}{\mathrm{d}r}\right) + \frac{R\Phi}{r^2\sin\theta}\frac{\mathrm{d}}{\mathrm{d}\theta}\left(\sin\theta\frac{\mathrm{d}H}{\mathrm{d}\theta}\right) + \frac{RH}{r^2\sin^2\theta}\frac{\mathrm{d}^2\Phi}{\mathrm{d}\phi^2} + k^2\Psi = 0 \tag{4.482}$$

式（4.482）两边同时乘以 $r^2\sin^2\theta$，然后除以 Ψ，可得

$$\frac{\sin^2\theta}{R}\frac{\mathrm{d}}{\mathrm{d}r}\left(r^2\frac{\mathrm{d}R}{\mathrm{d}r}\right) + \frac{\sin\theta}{H}\frac{\mathrm{d}}{\mathrm{d}\theta}\left(\sin\theta\frac{\mathrm{d}H}{\mathrm{d}\theta}\right) + \frac{1}{\Phi}\frac{\mathrm{d}^2\Phi}{\mathrm{d}\phi^2} + k^2r^2\sin^2\theta = 0 \tag{4.483}$$

式（4.483）等号左边第三项只是 ϕ 的函数，而其他项与 ϕ 无关。因此，应该是一个常数。令

$$\frac{\Phi''}{\Phi} = -v^2 \tag{4.484}$$

式中：v 是分离常数，将 v 代入式（4.483），并除以$\sin^2\theta$，可得

$$\frac{1}{R}\frac{\mathrm{d}}{\mathrm{d}r}\left(r^2\frac{\mathrm{d}R}{\mathrm{d}r}\right) + \frac{1}{H\sin\theta}\frac{\mathrm{d}}{\mathrm{d}\theta}\left(\sin\theta\frac{\mathrm{d}H}{\mathrm{d}\theta}\right) - \frac{v^2}{\sin^2\theta} + (kr)^2 = 0 \tag{4.485}$$

引入一个新的分离常数μ，可以得到

$$\frac{1}{H\sin\theta}\frac{\mathrm{d}}{\mathrm{d}\theta}\left(\sin\theta\frac{\mathrm{d}H}{\mathrm{d}\theta}\right) - \frac{v^2}{\sin^2\theta} = -\mu^2 \tag{4.486}$$

以及

$$\frac{1}{R}\frac{\partial}{\partial r}\left(r^2\frac{\mathrm{d}R}{\partial r}\right) + k^2r^2 = \mu^2 \tag{4.487}$$

分离常数 v 和 μ 的选择，需要受到物理要求的约束，即在空间中的任何定

点，其解必须是单值。

在下面的讨论中，假设 ϕ 的取值范围为 $0 \leqslant \phi \leqslant 2\pi$。这意味着电位必须在 ϕ 的取值范围中呈周期性，周期为 2π，从而保证其单值性。因此，ν 必须是整数 m，即

$$\frac{\mathrm{d}^2 \Phi}{\mathrm{d}\phi^2} + m^2 \Phi = 0 \tag{4.488}$$

式（4.488）是谐波方程。

考虑 H（ϕ）满足方程：

$$\frac{1}{\sin\theta} \frac{\mathrm{d}}{\mathrm{d}\theta}\left(\sin\theta \frac{\mathrm{d}H}{\mathrm{d}\theta}\right) + \left[\mu^2 - \frac{m^2}{\sin^2\theta}\right] H = 0 \tag{4.489}$$

式（4.489）是 Sturm-Liouville 微分方程。分别考虑以下情况来求解这个方程。

在这种情况下，ϕ 没有变化，令 $m = 0$，则

$$\frac{1}{\sin\theta} \frac{\mathrm{d}}{\mathrm{d}\theta}\left(\sin\theta \frac{\mathrm{d}H}{\mathrm{d}\theta}\right) + \mu^2 H = 0 \tag{4.490}$$

必须选择构成完备集的函数 $H_n(\theta)$。幸运的是，若 $\theta = 0$ 和 $\theta = \pi$ 时，$H(\theta)$ 是有限的，则上述方程的解形成一个完备集。在这种情况下，当且仅当 μ 为整数时，该方程才有解，即

$$\mu^2 = n(n+1), n = 0,1,2,\cdots \tag{4.491}$$

μ 的选择还使微分方程的级数解在有限项（n 次多项式）处截止。因此，可得勒让德方程：

$$\frac{1}{\sin\theta} \frac{\mathrm{d}}{\mathrm{d}\theta}\left(\sin\theta \frac{\mathrm{d}H}{\mathrm{d}\theta}\right) + n(n+1) H = 0 \tag{4.492}$$

其相应函数是勒让德多项式：

$$\mathrm{H}_n(\theta) = \mathrm{P}_n(\theta) = \frac{1}{2^n n!}\left[\frac{\mathrm{d}}{\mathrm{d}(\cos\theta)}\right]^n (\cos^2\theta - 1)^n \tag{4.493}$$

它们在区间 $-1 \leqslant \cos\theta \leqslant 1$ 中形成完备集。因此，任意波函数可由一系列的勒让德多项式来表示。

前几个多项式为

$$\begin{cases} \mathrm{P}_0(\cos\theta) = 1 \\ \mathrm{P}_1(\cos\theta) = \cos\theta \\ \mathrm{P}_2(\cos\theta) = \dfrac{1}{2}(3\cos^2\theta - 1) \\ \mathrm{P}_3(\cos\theta) = \dfrac{1}{2}(5\cos^3\theta - 3\cos\theta) \end{cases} \tag{4.494}$$

若令 $z = \cos\theta$，则

$$P_n(z) = \frac{1}{2^n n!}\left(\frac{d}{dz}\right)^n (z^2 - 1)^n \tag{4.495}$$

这是罗德里格斯的公式。勒让德多项式的正交关系为

$$\int_0^{\pi} P_n(\cos\theta) P_\ell(\cos\theta)\sin\theta d\theta = \frac{2}{2n+1}\delta_{n\ell} \tag{4.496}$$

其相应的归一化函数为$\left(\dfrac{2n+1}{2}\right)^{1/2} P_n\ (\cos\theta)$。

1. 傅里叶－勒让德级数

由于$P_n(\cos\theta)$形成完备的正交集，任何函数都可以用其展开，而展开系数可用广义傅里叶级数来表示。因此，若有一个函数：

$$f(\theta), 0 \leqslant \theta \leqslant \pi$$

则可以将它表示为

$$f(\theta) = \sum_{n=0}^{\infty} a_n P_n(\cos\theta), \quad 0 \leqslant \theta \leqslant \pi \tag{4.497}$$

其中

$$a_n = \frac{2n+1}{2}\int_0^{\pi} f(\theta) P_n(\cos\theta)\sin\theta d\theta \tag{4.498}$$

2. 无方位角对称

在这种情况下，建立缔合勒让德方程：

$$\frac{1}{\sin\theta}\frac{d}{d\theta}\left(\sin\theta\frac{dH}{d\theta}\right) + \left[n(n+1) - \frac{m^2}{\sin^2\theta}\right]H = 0 \tag{4.499}$$

式（4.499）的解是$P_n^m(\cos\theta)$和$Q_n^m(\cos\theta)$，它们分别是第一类和第二类的缔合勒让德函数。

除了$P_n^m(\cos\theta)$这项解（m 和 n 均为整数）之外，其他形式的解在$\theta=0$和$\theta=\pi$处是奇异的。注意：

$$P_n^m(\cos\theta) = \sin^m\theta P_n^{(m)}(\cos\theta) \quad m,n > 0, m \leqslant n \tag{4.500}$$

式中：$P_n^{(m)}$ 为 n 阶的勒让德函数的 m 阶导数，以及

$$P_n^m(\cos\theta) = 0, m > 0 \tag{4.501}$$

积函数还可以表示为

$$P_n^m(\cos\theta)e^{jm\phi} = T_{mn}^e(\theta,\phi) + jT_{mn}^o(\theta,\phi) \tag{4.502}$$

它们同样也会出现在波动方程的解中，即

$$T_{mn}^e(\theta,\phi) = P_n^m(\cos\theta)\cos m\phi \tag{4.503}$$

$$T_{mn}^o(\theta,\phi) = P_n^m(\cos\theta)\sin m\phi \tag{4.504}$$

这里称为田形调和函数，它们在球面上形成一个完备正交集。因此，在球面上定义的任何波函数，都可以通过一系列田形调和函数来表示。T^e和T^o的

正交关系如下：

$$\int_0^{2\pi}\int_0^{\pi} T_{mn}^{e}(\theta,\phi)T_{pq}^{o}(\theta,\phi)\sin\theta\mathrm{d}\theta\mathrm{d}\phi = 0 \tag{4.505}$$

$$\int_0^{2\pi}\int_0^{\pi} T_{mn}^{i}(\theta,\phi)T_{pq}^{i}(\theta,\phi)\sin\theta\mathrm{d}\theta\mathrm{d}\phi = 0, mn \neq pq, i = e,o \tag{4.506}$$

$$\int_0^{2\pi}\int_0^{\pi} |T_{mn}^{i}(\theta,\phi)|^2\sin\theta\mathrm{d}\theta\mathrm{d}\phi = \frac{2\pi}{2n+1}\frac{(n+m)}{(n-1)}(1+\delta_{0m}), i = e,o \tag{4.507}$$

式中：δ_{0m}为 Kronecker delta 函数。

最后一个分离方程是球面 Bessel 方程：

$$\frac{\mathrm{d}}{\mathrm{d}r}\left(r^2\frac{\mathrm{d}R}{\mathrm{d}r}\right) + [(kr)^2 - n(n+1)]R = 0 \tag{4.508}$$

令 $R = \sqrt{\frac{\pi}{2kr}}B$，那么，从式（4.508）可得

$$\frac{\mathrm{d}^2B}{\mathrm{d}r^2} + \frac{1}{r}\frac{\mathrm{d}B}{\mathrm{d}r} + \left[k^2 - \frac{(n+1/2)}{r^2}\right]B = 0 \tag{4.509}$$

式（4.509）是 $n+1/2$ 阶 Bessel 方程，B 是相应的柱面 Bessel 函数。方程的解可以通过球面 Bessel 函数 $b_n(kr)$ 由下式给出

$$R_n(r) = b_n(kr) = \sqrt{\frac{\pi}{2kr}}B_{n+1/2}(kr) \tag{4.510}$$

球面 Bessel 函数的一般性质与圆柱形 Bessel 函数相似。

此外，注意到对于 $n=0$，球面 Bessel 函数的形式特别简单：

$$\mathrm{j}_0(kr) = \frac{\sin kr}{kr} n_0(kr) = -\frac{\cos kr}{kr} \tag{4.511}$$

$$\mathrm{h}_0^{(1)}(kr) = \frac{\mathrm{e}^{\mathrm{j}kr}}{\mathrm{j}kr}\mathrm{h}_0^{(2)}(kr) = -\frac{\mathrm{e}^{\mathrm{j}kr}}{\mathrm{j}kr} \tag{4.512}$$

在原点 $r=0$ 处，有唯一的球面 Bessel 函数 j_n（kr）。

再来分析波动方程，一般解由以下公式给出

$$\Psi = \sum_m\sum_n C_{mn}b_n(kr)\mathrm{L}_n^m(\cos\theta)\mathrm{h}(m\phi), m,n \in I \tag{4.513}$$

因此，球面内（包括 $r=0$）的场由下式给出

$$\Psi_{in} = \sum_{mn} C_{mn}\mathrm{j}_n(kr)\mathrm{P}_n^m(\cos\theta)\mathrm{e}^{\mathrm{j}m\phi} \tag{4.514}$$

在球面外（包含 $r\to\infty$）的场由下式给出

$$\Psi_{in} = \sum_{mn} C_{mn}\mathrm{h}_n^{(2)}(kr)\mathrm{P}_n^m(\cos\theta)\mathrm{e}^{\mathrm{j}m\phi} \tag{4.515}$$

4.6.1　球面波变换

考虑极化为 $\hat{x}$ 方向，传播方向为 $\hat{z}$ 方向的电场，有

$$\boldsymbol{E}=\hat{\boldsymbol{x}}\mathrm{e}^{-\mathrm{j}kz}=\hat{\boldsymbol{x}}\mathrm{e}^{-\mathrm{j}kr\cos\theta} \tag{4.516}$$

此处用球面波表示场（平面波）。

因为场与 ϕ 无关，$m=0$ 并且场在原点处有限大，有

$$\mathrm{e}^{-\mathrm{j}kr\cos\theta}=\sum_{n=0}^{\infty}a_n\mathrm{j}_n(kr)\mathrm{P}_n(\cos\theta) \tag{4.517}$$

很明显，式（4.517）是傅里叶勒让德多项式的展开，其中

$$a_n=\mathrm{j}^{-n}(2n+1) \tag{4.518}$$

4.6.2 点源

实际中几乎所有源都会激发球面波。直观上看，任何有限源从远处看都像一个点，点源具有球面对称性并且发出球面波。然而，最主要的球面波源是无限小的偶极子电流。

考虑位于原点的小电流元：

$$\boldsymbol{J}\mathrm{d}v=I_0\mathrm{d}\ell\mathrm{e}^{\mathrm{j}\omega t}\hat{\boldsymbol{z}} \tag{4.519}$$

由于其位于原点，所以电赫兹矢量为（全文 $\boldsymbol{\pi}_e$ 应为加粗斜体）

$$\begin{aligned}\boldsymbol{\pi}_e&=-\mathrm{j}\frac{Z}{k}I_0\mathrm{d}\ell\frac{\mathrm{e}^{-\mathrm{j}kr}}{4\pi r}\hat{\boldsymbol{z}}\\&=-\hat{\boldsymbol{z}}\frac{Z}{4\pi}I_0\mathrm{d}\ell h_0^{(2)}(\mathrm{kr})\end{aligned} \tag{4.520}$$

式中：$\mathrm{h}_0^{(2)}(kr)$为第二类球汉开尔函数；$\boldsymbol{\pi}_e$ 为“真”球面波，其振幅在 r 为常数的球面恒定不变，此球面也是 $\hat{\boldsymbol{r}}$ 方向传播的相位波前。

由于电流源在远区，所以形成的电磁场为

$$\begin{aligned}\boldsymbol{E}&=\nabla\nabla\cdot\boldsymbol{\pi}+k^2\boldsymbol{\pi}\\&\approx-\hat{\boldsymbol{\theta}}\mathrm{j}\frac{kZ_0I\mathrm{d}\ell}{4\pi r}\sin\theta\mathrm{e}^{-\mathrm{j}kr}\end{aligned} \tag{4.521}$$

$$\boldsymbol{H}\approx-\hat{\boldsymbol{\phi}}\mathrm{j}\frac{kI\mathrm{d}\ell}{4\pi r}\sin\theta\mathrm{e}^{-\mathrm{j}kr} \tag{4.522}$$

能量传播方向仍是 $\boldsymbol{E}\times\boldsymbol{H}$ 方向，也就是 $\hat{\boldsymbol{r}}$ 方向。但是，在球面（随 θ 变化）上 $|\boldsymbol{E}|$ 和 $|\boldsymbol{H}|$ 不是常数。在电磁场中，球面波前等相位面上，不可能出现均匀各向同性球面波（标量情况下可能）。

4.6.2.1 电流矩和偶极矩

考虑长度为 ℓ 的线性小电流元，其电流为常量 I_0（实际为 $I_0\mathrm{e}^{\mathrm{j}\omega t}$），并且电流元沿 $\hat{\boldsymbol{z}}$ 方向。（总）电流矩为

$$\boldsymbol{p}_i=\int_V\boldsymbol{J}(r')\mathrm{d}v'=\hat{\boldsymbol{z}}\int_{-\ell/2}^{\ell/2}I(z')\mathrm{d}z'=I_0\ell\hat{\boldsymbol{z}} \tag{4.523}$$

假设有两个电荷（随时间变化）$+q$ 和 $-q$ 相距 ℓ，并沿 z 轴放置。当 ℓ 很

小时，形成时变电偶极子。偶极矩定义为

$$\boldsymbol{P} = q\ell\,\hat{z} \tag{4.524}$$

由于 $I_0 = \dfrac{\mathrm{d}q}{\mathrm{d}t} = \mathrm{j}\omega q$，进一步有

$$\boldsymbol{P} = \frac{I_0 \ell}{\mathrm{j}\omega}\hat{z} \tag{4.525}$$

因此，电流矩和偶极矩之间的关系可以写为

$$\boldsymbol{P}_i = \mathrm{j}\omega \boldsymbol{P} \tag{4.526}$$

4.6.3 加法定理

在远离原点 $\boldsymbol{r}'$处的 z 向赫兹偶极子的电赫兹矢量为

$$\boldsymbol{\pi}_e = -\hat{z}\frac{Z}{4\pi}I_0\mathrm{d}\ell \mathrm{h}_0^{(2)}(k|\boldsymbol{r}-\boldsymbol{r}'|) \tag{4.527}$$

通常需要用球面波函数来表示 $\boldsymbol{\pi}_e$（包括相应的场）。运用加法定理可得

$$\mathrm{h}_0^{(2)}(k|r-r'|) = \begin{cases} \sum\limits_{n=0}^{\infty}(2n+1)\mathrm{h}_n^{(2)}(kr')\mathrm{j}_n(kr)\mathrm{P}_n(\cos\xi), & r < r' \\ \sum\limits_{n=0}^{\infty}(2n+1)\mathrm{h}_n^{(2)}(kr)\mathrm{j}_n(kr')\mathrm{P}_n(\cos\xi), & r > r' \end{cases} \tag{4.528}$$

其中

$$\cos\xi = \cos\theta\cos\theta' + \sin\theta\sin\theta'\cos(\phi-\phi') \tag{4.529}$$

习题 4

4.1 求出波的传播方向 $E(r,t) = \cos(100t + 4x + 2y + 4z)$。

4.2 求出小赫兹偶极子的远区辐射场。椭圆极化波的瞬时表达式为 $\boldsymbol{E}(z,t) = 3\cos(\omega t - k_0 z)\hat{\boldsymbol{x}} + 4\sin(\omega t - k_0 z)\hat{\boldsymbol{y}}(\mathrm{V/m})$。

（1）求出波的复矢量 $\boldsymbol{E}(z)$。

（2）波的坡印廷矢量的瞬时值和平均值是多少？

4.3 椭圆极化波表示为两个圆极化波的叠加：

$$\boldsymbol{E} = (\hat{\boldsymbol{x}} + \mathrm{j}\hat{\boldsymbol{y}})\mathrm{e}^{\mathrm{j}kz} + 2(\hat{\boldsymbol{x}} - \mathrm{j}\hat{\boldsymbol{y}})\mathrm{e}^{\mathrm{j}(kz+\pi/4)} \quad (\mathrm{V/m})$$

（1）求出电场瞬时值的表达式。

（2）每个圆极化波和叠加波的平均坡印廷矢量是什么？

4.4 无源区域的电场只含有分量 $E_y(x,t)$，分量与 y 和 z 无关。考虑此区域为电导率为 σ 的有耗介质。若 $E_y(x,t)$ 为时间的谐波振荡函数，有 $E_y(x,t) = \mathrm{Re}E_y(x)\mathrm{e}^{\mathrm{j}\omega t}$，求 $E_y(x)$ 的微分方程。

4.5 400MHz 时的海水的电参数为 $\mu_r \approx 1$，$\varepsilon_r \approx 81$，$\sigma \approx 1$。在此频率下，

这个介质可以被认为有良介质或者是良导体吗？求出相位常数、衰减常数和趋肤深度。

4.6　单位振幅的10kHz平面波以30°的夹角从空气入射到海水。假设海水的相对介电常数和导电性分别为81和4S/m。

（1）求出发射波的表达式以及实际的透射角。

（2）海水中波的波长是多少？

（3）海水中的传播速度是多少？

4.7　对于有耗电介质 $\varepsilon_r'' \gg \varepsilon_r'$，$\mu_r = 1$，$\sigma = 0$，证明衰减系数为 $\alpha = \frac{2\pi}{\lambda_0}\sqrt{\frac{\varepsilon_r''}{2}}$，求出平面波的幅度衰减到进入介质的初始值的 $\frac{1}{2}$ 的波长的距离。

4.8　对于有耗电介质 $\varepsilon_r' \gg \varepsilon_r''$，$\mu_r = 1$，$\sigma = 0$：

（1）证明衰减系数为 $\alpha = \frac{\pi}{\lambda_0}\sqrt{\frac{\varepsilon_r''}{\varepsilon_r'}}$；

（2）假设损耗角正切为0.001，求出平面波的幅度衰减到进入介质的初始值的 $\frac{1}{2}$ 的波长的距离。

4.9　有一个平面波 $\boldsymbol{E} = 2\hat{\boldsymbol{y}}\mathrm{e}^{-\alpha z}\cos(10^8 t - \beta z)$（V/m），其传播介质的参数为 $\varepsilon_r = 2$，$\mu_r = 20$，$\sigma = 3\mathrm{S/m}$，对该介质分类，计算衰减常数和相位常数。求出磁场强度和进入尺寸为 $a \times b \times d$ 的矩形盒的瞬时有效功率密度。

4.10　证明式（4.70）。

4.11　一个平面波入射到折射率为 n 的介电半空间：

（1）求出电压驻波比（VSWR）；

（2）求出功率反射系数。

4.12　为了减少战斗机在电磁波频率为100MHz被发现的概率，战斗机身覆盖一层10mm厚的磁性钛酸盐涂层，其相对介电常数和可透性为 $\varepsilon_r = \mu_r = 120 - \mathrm{j}60$：

（1）求出涂层的折射率；

（2）正常入射情况下，反射波衰减多少dB？

4.13　菲涅尔棱镜是一种利用界面内全反射将线极化平面波100%转换到圆极化波的装置。

（1）简述其原理。

（2）对于 $n_1 = 3.0$ 和 $n_2 = 1$（空气）的两介质之间的界面，求出实现此功能的入射角 θ_1。

4.14　考虑从密介质（$x<0$）入射到另一种介质（$x>0$）的两种介质问题。当入射角大于临界角 θ_{1c} 时，$|R| = 1$，但是这不意味着当 $\theta_1 > \theta_{1c}$ 时，在 $x>0$ 中

没有场。使用复坡印廷矢量，检查所有入射角的功率流（θ_1 以上及以下）。

（1）$X<0$ 时。

（2）$X>0$ 时。

4.15　证明式（4.74）中表面阻抗 Z_s 的电阻部分是厚度等于趋肤深度 δ 和电导率 σ 的方形薄板的等效直流电阻。

4.16　宽度为 b 的平行板波导，其部分填充了相对介电常数为 ε_r 的均匀介质，厚度 $a<b$（图 4-32），介质面和波导壁平行。求出波导传输常数的特征方程。

4.17　$a\times b$ 的矩形波导工作在 TM 模式下，当工作频率 f 小于或者高于截止频率 f_{mnc} 时，求出波导的总功率并讨论功率的性质。

4.18　已知矩形金属波导的尺寸为 $a=1\text{cm}$，$b=2.5\text{cm}$。

（1）确定空波导的前 3 种模式，并得到对应的截止频率。

（2）简述在波导横截面上主模式的电场强度分布。

（3）在不改变波导尺寸的前提下，怎样降低主导模式的截止频率。

（4）如果把 a 减小到 0.5cm，主模截止频率会改变多少？下一种模式呢？

4.19　求出矩形波导中的反射波，波导含有厚度为 h 的介电层，相对介电常数为 ε_r，入射波为TE_{10}模，公式为 $\boldsymbol{E}=E_0\sin\dfrac{\pi x}{a}\mathrm{e}^{-\mathrm{j}k_z z}\hat{\boldsymbol{y}}$，其中 $k_z=\sqrt{k_0^2-(\pi/a)^2}$ 。

4.20　如果工作频率是截止频率的 1.8 倍，试确定在 $4\text{cm}\times 1\text{cm}$ 的矩形波导中，TE_{10}模传播的相速度和群速度。

4.21　已知接地电介质平板波导工作在 TM 模式，其厚度 $a=0.5\text{cm}$，相对介电常数 $\varepsilon_r=2.56$。

（1）求出前 6 个模式的截止频率。

（2）在 $f=30\text{GHz}$ 时，传播模式的传播常数是多少？

（3）计算 30GHz 时每种传播模式下，平板外的功率与平板内功率的比值。

4.22　已知薄膜波导的 3 个区域 $0\leqslant x\leqslant a$、$x>a$ 和 $x<0$ 分别为 3 种均匀介电材料 n_1、n_2 和 n_3，并且 $n_1>n_2$，n_3。该结构在 y 和 z 方向是有限的。假设为 TE 模（$\boldsymbol{E}=\hat{\boldsymbol{y}}E_y$）。

（1）确定在薄膜中无耗传播的场，并推导出特征方程。

（2）若在 3 个介质中 z 方向的能量流 P_1、P_2 和 P_3，有

$$P=\int S_z\mathrm{d}x$$

证明：$P=P_1+P_2+P_3=\Gamma\left(a+\dfrac{1}{p_2}+\dfrac{1}{p_3}\right)$。

式中：P_2 和 P_3 是 n_2 和 n_3 媒质中的衰减因子；Γ 是薄膜中与场强成正比的因子。

4.23　平面波从空气中垂直入射到 $-\ell/2 \leqslant z \leqslant \ell/2$ 的介质层，其中折射率变化为

$$n(z) = \frac{A}{A + (0.5 - z/\ell)}$$

式中：$A = n_1/(1-n_1)$。在外层，$z > \ell/2$ 时折射率为 1（空气），$z < -\ell/2$ 时为 n_1。计算 $n_1 = 2$ 和 $k_0\ell = 0.2$、0.5、1.0、2.0、4.0、6.0 时层的上表面的反射系数与相位值的大小。

4.24　对一些大尺度的海洋波，其相速度由 $u_p = g/\omega$ 给出。式中：g 为重力加速度；ω 为波的角频率。求出这种波的群速度和相速度的比值。

4.25　利用麦克斯韦方程组的空间傅里叶变换，求出行波在导电介质中的色散关系。

4.26　100MHz 的平面波在色散媒质中以 $c/3$ 的相速度进行传播，c 为真空中的光速。介质的色散使得相速度与波长的平方根成正比，求出群速度。

4.27　求出非磁性介质的相速度和群速度，其相对介电常数为

$$\varepsilon(\omega) = 1 + \frac{\omega_p^2}{\omega_0^2 - \omega^2}$$

仅考虑高频或低频（与 ω_0 相比）的情况。

4.28　在时间 $t = 0$ 时构造一维波包 ψ，其振幅由高斯函数给出：

$$A(k) = A_0 \exp[-(k-k_0)^2/(\Delta k)^2]$$

式中：A_0、k_0 和 Δk 为常数。求出波包的宽度 Δx 与有助于波包的波数 Δk 的范围之间的关系。

4.29　表面电流密度为

$$\boldsymbol{K} = K_0 \cos\frac{\pi x}{a}\hat{\boldsymbol{y}}, \ -a/2 \leqslant x \leqslant a/2, \ -b/2 \leqslant y \leqslant b/2$$

其位于 $z = 0$ 平面。求出远场区该电流源辐射的电场。

4.30　在圆柱坐标系各向同性介质中，任何电磁场都具有

$$\boldsymbol{E}(\rho,\phi,z) = \boldsymbol{E}(\rho,\phi)\mathrm{e}^{-\mathrm{j}k_z z}, \boldsymbol{H}(\rho,\phi,z) = \boldsymbol{H}(\rho,\phi)\mathrm{e}^{-\mathrm{j}k_z z}$$

电场和磁场可以单独用 E_z 和 H_z 表示，并能推导出满足 E_z 和 H_z 的无源微分方程。

4.31　利用问题 4.30 的结果，在包括 z 轴（$\rho = 0$）但排除无穷大（$\rho = \infty$）的圆柱形区域中，写出所有场分量的通用表达式。

4.32　TM_{01} 波在内径为 1cm 的高导电性空心管中传播。此模式下，其频率是截止频率的 1.5 倍。z 方向电场的最大峰值为 1000V/m。

（1）工作频率是多少？

（2）z 方向上，电流密度的最大峰值是多少？用 A/m 表示。

4.33　在半径为 a 和 b（$a \leqslant \rho \leqslant b$）的同轴线中，求出能够表示 TEM 模式

($E_z=0$，$H_z=0$）的磁场的矢量波函数 $\boldsymbol{M}=\nabla\times(\psi\hat{z})$。假设同轴线为理想导电体，介质为空气。

4.34　在$\frac{1}{4}$圆波导横截面的波导中，求出可用来表示电场中TE模式的矢量波函数 $\boldsymbol{M}=\nabla\times(\psi\hat{z})$。

4.35　求出下式的傅里叶-勒让德级数展开

$$f(\theta,\phi)=\begin{cases}1, 0<\theta<\pi/2\\0, \pi/2<\theta<\pi\end{cases}$$

4.36　假设 $R(r)$ 满足 $\frac{\mathrm{d}}{\mathrm{d}r}\left(r^2\frac{\mathrm{d}R}{\mathrm{d}r}\right)+[(kr)^2-n(n+1)]R=0$，有 $R(r)=\sqrt{\frac{\pi}{2kr}}B_{n+1/2}(kr)$。验证 $B_{n+1/2}$ 是 $n+1/2$ 阶的Bessel函数，即它满足 $n+1/2$ 阶Bessel函数。

4.37　v 取任意值时，$\mathrm{J}_v(x)$ 定义为 $\mathrm{J}_v(x)=\sum_{m=0}^{\infty}(-1)^m\frac{(x/2)^{v+2m}}{m!(m+v)!}$

通过整理 $\sin x$ 和 $\cos x$ 级数，证明：

$$\mathrm{j}_0(x)=\sqrt{\pi/2x}\,\mathrm{J}_{1/2}(x)=\frac{\sin x}{x};$$

$$\mathrm{n}_0(x)=-\sqrt{\pi/2x}\,\mathrm{J}_{-1/2}(x)=-\frac{\cos x}{x}。$$

提示：倍角公式为 $(m+1/2)!=\frac{(2m+1)!}{m!}2^{-2m-1}\sqrt{\pi}$。

第二部分

散射理论

第5章　雷达

雷达是一种通过发射无线电波查找视觉范围以外物体，并确定其距离的电子系统。雷达一词代表无线电侦查和探测。雷达常用来测量位于发射天线辐射波束内某一物体或目标的距离，如飞机或军舰。

雷达不仅能发现远距离物体的存在和范围，而且还能确定其在空间中的位置、大小、形状、速度和运动方向。虽然雷达最初是作为一种战争工具开发的，但如今在和平时期它也被广泛使用，包括空中交通管制、探测天气模式和跟踪航天器。

所有雷达系统都使用高频无线电发射机发送电磁波，频率范围从 300MHz 一直到微波频率，光束路径中的物体将这些波反射回发射器。

5.1　发展历史

雷达的基本概念是建立在电波反射定律基础上的。德国工程师 Christian Hulsmeyer 是第一个提出在探测设备中使用无线电回声的人，该设备设计用于避免海上航行中的碰撞。1922 年，意大利发明家 Guglielmo Marconi 提出了一种类似的装置。

第一个成功的无线电测距实验发生在 1924 年，当时英国物理学家 Edward Victor Appleton 爵士使用无线电回波来确定电离层的高度，电离层是高层大气的电离层，可反射更长的无线电波。美国物理学家 Gregory Breit 和 Merle Antony Tuve 在接下来的一年中采用了后来在大多数雷达系统中采用的无线电脉冲技术，分别对电离层进行了相同的测量。直到 20 世纪 30 年代，电子技术和设备得到改进，后者才得到了发展。

第一个实用的雷达系统是由英国物理学家 Robert Watson-Watt 爵士在 1935 年生产的。他的工作使英国人在这项重要技术上处于领先地位，在 1939 年他们在英格兰的南海岸和东海岸建立了一系列雷达站，以探测空中或海上的侵略者。同年，两名英国科学家取得了第二次世界大战期间雷达技术的最重要进展。物理学家 Henry Boot 和生物物理学家 John T. Randall 发明了一种电子管，称为共振腔磁控管。这种类型的电子管能够产生大功率高频无线电脉冲，从而允许开发使用激光的微波雷达。如今，微波雷达（也称为 LIDAR（光检测和测距)) 被用于通信和测量大气污染。

20 世纪 30 年代开发的先进雷达系统在不列颠战役中发挥了重要作用，这是一次发生于 1940 年 8 月至 10 月的空战。在此战役中，德国空军未能赢得对英格兰的制空权。尽管德国人拥有自己的雷达系统，但英美两国一直保持技术优势。

超视距（OTH）雷达是为探测远超视距的军事目标而研制的。它们使用从电离层反射的 5～28MHz 无线电波，一次就能“跳跃”3500km。海洋表面的特性是从海洋表面散射回雷达的微小能量中提取的。OTH 雷达可以测量表面风（布拉格共振波）方向、径向海流（两个雷达的电流矢量)、海况（如均方根波高)、表面风速、主导波周期、主导波方向、非定向（标量）海浪频谱以及浪涌和风浪频谱的组合。

5.2 运作方式

典型雷达系统的框图如图 5-1 所示。雷达设备由发射机、天线、接收机和指示器组成。雷达发射机和接收机通常位于同一个位置，发射机通过天线发射电磁波，将电磁波集中成指向所需方向的波束。当这些波在光束路径中遇见物体时，一些波会从物体上反射，形成回波信号（图 5-2)。天线收集回波信号中包含的能量并将其传送给接收器，通过计算机放大处理，雷达接收器在指示器的屏幕上产生视觉信号，本质上是一个计算机显示器。

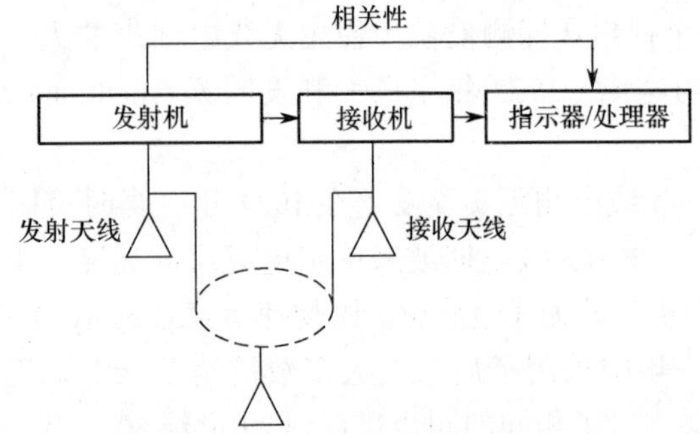

图 5-1　典型雷达系统框图

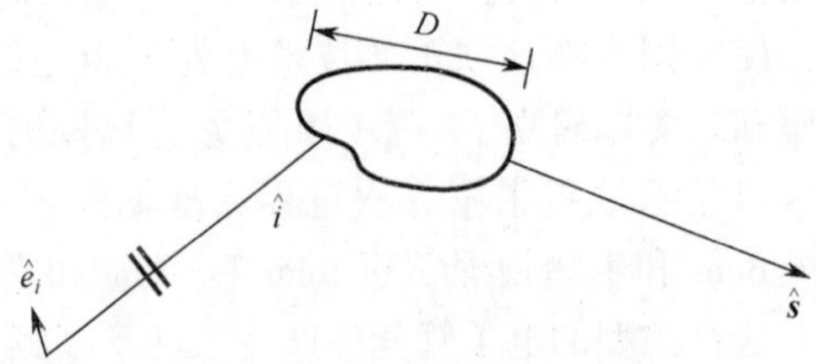

图 5-2　目标散射的平面波

5.2.1 发射机

为了成功地运行雷达，发射机必须发射大量能量，并接收、检测和测量以回波形式返回的无线电能量，约占总无线电能量的 10^{-12}。

利用脉冲系统是一种在强搜索信号存在的情况下解决弱回波信号检测问题的方法。能量脉冲的传输时间为 0.1～5μs，此后，发射机在数百微秒或数千微秒的时间内保持静音。在脉冲或广播期间，通过 TR（发射－接收）开关将接收机与天线隔离；在脉冲之间的时间间隔内，通过 ATR（反 TR）开关将发射机与天线断开。

脉冲调制器或脉冲发生器不断地从电源（如发电机）中吸取电流，并将所需电压、功率、持续时间和间隔的脉冲传送到发射机中的磁控管。脉冲必须具有陡峭的上升沿和下降沿，但在脉冲期间功率和电压不应有明显变化。

连续波雷达是一种连续的信号，而不是脉冲。多普勒雷达通常用来测量物体（如汽车）的速度，它以恒定的频率发射。

调频（FM）雷达广播是频率均匀变化的连续信号。首先，在传输、反射和接收信号的过程中，发射频率会发生变化；然后，测量回波接收回波频率和发射机频率之间瞬时的频差，并将其转换为发射机和目标之间的距离。尽管它们在较短的范围内运行，但它们比脉冲类型更精确。

5.2.2 雷达天线

雷达天线必须是高度定向的。天线在微波频率下工作，具有更高的分辨率，并且对敌方对抗信号的敏感性更低。雷达束的必要扫描是通过天线扫描获得的。用于检测飞机的地面雷达通常具有两组：一组水平扫描以检测飞机并确定其方位角；另一组在飞机报告后垂直扫描并确定飞机高度。许多新的雷达天线采用带有电子扫描的阵列。

5.2.3 接收机

理想的接收机必须放大和测量极高频率的微弱信号，但目前尚未设计出能够直接执行此功能的移动放大器，因此，通过超外差电路将信号转换为约 30MHz 的中频（IF 信号），并在此频率下进行放大。雷达信号的射频信号（RF 信号）需要高精度的振荡器和混频器。现在已经开发出用于产生高功率微波振荡信号的电路，将其称为速调管。中心频率以常规方式放大，然后将信号送入计算机。

5.2.4 计算机处理

大多数现代雷达通过模数转换器将接收到的模拟信号转换成数字信号。高速计算机对数字信号进行处理，以提取有关目标的信息。首先，信号从地面返回，通过移动目标显示（MTI）过滤器去除不需要的物体。其次，通过快速频率变换（FFT）将信号分解成离散的频率分量。最后，将来自多个脉冲的信号合并后，目标检测由恒定的误报率（CFAR）处理器确定。CFAR 计算机必须以最佳方式平衡检测与错误警报。

5.2.5 雷达显示器

在现代雷达显示器中，目标检测、速度和位置可能会加载在显示高分辨率地形特征的地图上。计算机和高速电子设备的最新进展为雷达的显示和处理做出了贡献。

5.3 辅助雷达系统

上面讨论的雷达系统称为主要系统，其工作原理是来自目标的无源回波。另一组雷达设备（统称为辅助系统）取决于目标的响应。这些设备大多数都用于导航和通信。

5.3.1 应答机

雷达信标（也称为 racon 或转发器）是辅助雷达设备，每当接收到脉冲时便发出一个脉冲。这样的信标极大地扩展了雷达装置的范围，因为即使是来自低功率发射机的发射脉冲也比回声强得多。发送初始脉冲的雷达发射机称为询问器，该脉冲在信标上的作用称为触发。

雷达信标的最简单形式几乎在瞬间发出与接收到的具有相同频率的单个脉冲，从而产生强烈的回声。信标也可以在不同的频率上答复，或者可以在信标上加入校准的延迟，这样它就比询问器看起来更远。这样的仪器着陆系统中可能会使用延迟来测量距机场跑道的距离，而不是距信标本身的距离。

信标还可以设计成发送一个编码的响应，从而确保导航器在作用范围上不会弄错。

5.3.2 雷达识别

雷达识别（IFF）是飞机上携带的一种编码雷达信标，用于战时的目标识别，IFF 是“识别”“朋友”或“敌人”的缩写。IFF 装置包含一个紧急开关，当遇险飞机的机组人员将其打开时，它会立即向正在询问的雷达装置发出警报并指示飞机的位置。

5.4　应对措施

干扰雷达的方法主要有两种：电子干扰，即以敌人接收器的频率进行发射干扰；机械干扰，分散材料，如铝箔条，会产生回波并干扰真实目标的探测。

其他技术包括有效利用目标的几何形状，以便将最小能量返回到雷达，以及在目标体上使用雷达吸收材料（RAM），以消耗大部分反射能量。

5.5　雷达散射截面

当雷达发射机发送一个短脉冲能量时，其中的一部分能量被目标反射回雷达单元。该能量通常由用于发射的同一天线接收。发射脉冲和接收脉冲之间经过的时间为 $2r/c$，其中 r 为距离，c 为光速。通过测量经过的时间可以确定 r。

如图5-3所示，考虑入射波照亮自由空间中的目标，入射波可以表示为

$$\boldsymbol{E}^i = \boldsymbol{E}_0 \mathrm{e}^{-\mathrm{j}\boldsymbol{k}\cdot\boldsymbol{r}} = \hat{\boldsymbol{e}}_i E_0 \mathrm{e}^{-\mathrm{j}k\hat{\boldsymbol{\imath}}\cdot\boldsymbol{r}} \tag{5.1}$$

式中：k 是波数；$\hat{\boldsymbol{\imath}}$ 是波传播方向的单位矢量；$\hat{\boldsymbol{e}}_i$ 是极化单位矢量。散射场定义为目标存在时的总场与目标不存在时的总场之差，即

$$\boldsymbol{E}^s = \boldsymbol{E}^t - \boldsymbol{E}^i, \boldsymbol{H}^s = \boldsymbol{H}^t - \boldsymbol{H}^i \tag{5.2}$$

解决散射问题的目的通常是通过解决边界问题来确定散射场（$\boldsymbol{E}^s$，$\boldsymbol{H}^s$），从而确定总场（$\boldsymbol{E}^t$，$\boldsymbol{H}^t$）。

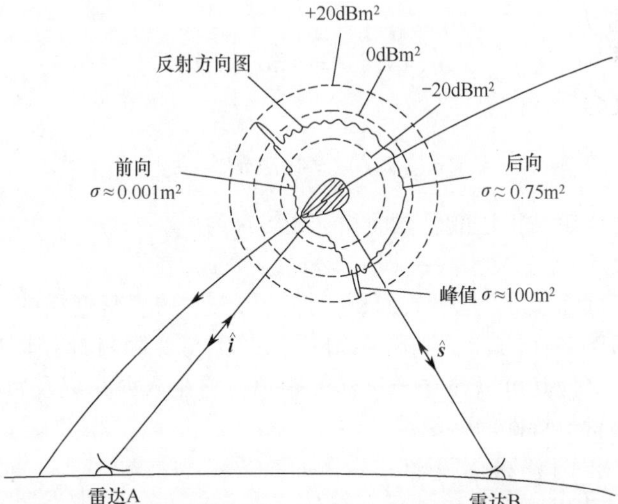

图5-3　目标散射的平面波

散射体外部区域可分为以下两个子区域。

（1）区域Ⅰ：$R<2D^2/\lambda$，其中散射场的振幅和相位变化相对复杂。

（2）区域Ⅱ：$R>2D^2/\lambda$，其中散射场具有球面波。

因此，远离散射体的场强为

$$\boldsymbol{E}^S = E_0 \frac{\mathrm{e}^{-\mathrm{j}k_0R}}{R}\boldsymbol{f}(\hat{s},\hat{\imath}) \tag{5.3}$$

当平面电磁波从 $\hat{\imath}$ 方向照射目标时，矢量函数 $\boldsymbol{f}(\hat{s},\hat{\imath})$ 表示远场中散射波在 $\hat{\boldsymbol{s}}$ 方向上的振幅、相位和极化，它称为散射振幅，并由下式得出：

$$\boldsymbol{f}(\hat{\boldsymbol{s}},\hat{\boldsymbol{\imath}}) = -\mathrm{j}k_0Z_0\int_V[\hat{\boldsymbol{r}}\times\hat{\boldsymbol{r}}\times\boldsymbol{J}(r')]\mathrm{e}^{\mathrm{j}k_0r'\cdot\hat{r}}\mathrm{d}v' \tag{5.4}$$

由式（2.71）可知，散射振幅 $\boldsymbol{f}$ 是 θ 和 ϕ 的矢量函数，并且只有 $\hat{\boldsymbol{\theta}}$ 和 $\hat{\boldsymbol{\phi}}$ 分量。换句话说，远场中的散射场是向外传播的球形 TEM 波，散射场一般是椭圆极化。

目标处的入射功率密度为

$$\boldsymbol{S}_i = \frac{1}{2}(\boldsymbol{E}^i\times\boldsymbol{H}^{i*}) = \frac{|\boldsymbol{E}^i|^2}{2Z_0}\hat{\boldsymbol{\imath}} \tag{5.5}$$

在 $\hat{s}$ 方向上，距离物体 R 的散射功率通量密度 $\boldsymbol{S}_S$ 由下式得出：

$$\boldsymbol{S}_s = \frac{1}{2}(\boldsymbol{E}^s\times\boldsymbol{H}^{s*}) = \frac{|\boldsymbol{E}^s|^2}{2Z_0}\hat{\boldsymbol{s}} \tag{5.6}$$

微分散射截面为

$$\sigma_d = \lim_{R\to\infty}R^2\frac{S_s}{S_i} = |\boldsymbol{f}(\hat{\boldsymbol{s}},\hat{\boldsymbol{\imath}})|^2 \tag{5.7}$$

双站 RCS 为

$$\sigma_{bi}(\hat{\boldsymbol{s}},\hat{\boldsymbol{\imath}}) = 4\pi\sigma_d(\hat{\boldsymbol{s}},\hat{\boldsymbol{\imath}}) \tag{5.8}$$

功率密度为

$$\sigma_{bi}(\hat{\boldsymbol{s}},\hat{\boldsymbol{\imath}}) = \lim_{R\to\infty}4\pi R^2\frac{S_s}{S_i} \tag{5.9}$$

后向散射或单站雷达散射截面积（RCS）为

$$\sigma_b(\hat{\boldsymbol{\imath}}) = \sigma_{bi}(-\hat{\boldsymbol{\imath}},\hat{\boldsymbol{\imath}}) \tag{5.10}$$

雷达散射截面积 σ_{bi} 是等效面积，将其与入射功率密度相乘，并将此功率各向同性散射到各个方向，则将在雷达上产生与实际目标相同的返回功率，RCS 的这种定义使其可以独立于目标的距离。它是入射角以及目标的观测角、极化、频率和材料特性的强函数。

表 5-1 列出了微波频率下许多物体的 RCS。

对 RCS 使用以下定义

$$\sigma_{bi}(\hat{\boldsymbol{s}},\hat{\boldsymbol{\imath}}) = \frac{P_s}{S_i} \tag{5.11}$$

式中：P_s 是虚拟散射体（在目标位置）辐射的总（时间平均）功率，该散射体在各个方向上都与其在所考虑的方向上保持相同的场 $\boldsymbol{E}^s$。因此，有

$$P_s = 4\pi R^2 S_s \tag{5.12}$$

式中：S_s 是式（5.6）给出的散射功率密度；S_i 是入射功率密度。

显然，式（5.9）和式（5.11）中的定义是等效的。

表 5-1　微波频率下若干物体的典型 RCS

目标	σ/m^2
小型厢式货车	200
轿车	100
雅博喷气机	100
常规喷气式飞机	40
大型轰炸机	40
船舱机动船	10
大型战斗机	6
小型战斗机	2
4 人小飞机	2
成年男子	1
巡航导弹	0.5
鸟	0.01
苍蝇	0.00001

上述雷达散射截面积定义适用于三维散射体。对于二维目标，我们必须确定每单位长度的雷达散射截面积，也称为雷达回波宽度。它定义为

$$\sigma_{bi}^{2d} = \lim_{\rho\to\infty} 2\pi\rho \frac{S_s}{S_i} \tag{5.13}$$

式中：ρ 为圆柱坐标系中的半径。

雷达散射截面积可以通过物体周围所有角度的总观测散射功率定义为

$$\sigma_s = \int_{4\pi} \sigma_d \mathrm{d}\Omega = \int_{4\pi} \left| \boldsymbol{f}(\hat{\boldsymbol{s}}, \hat{\boldsymbol{\imath}}) \right|^2 \mathrm{d}\Omega \tag{5.14}$$

式中：$\mathrm{d}\Omega$ 表示立体角微元。同样，雷达散射截面积也可以用散射场表示为

$$\sigma_s = \frac{\int_{S_0} \mathrm{Re}\left[\frac{1}{2}(\boldsymbol{E}^s \times \boldsymbol{H}^{s*})\right] \cdot \mathrm{d}\boldsymbol{S}}{|S_i|} \tag{5.15}$$

式中：S_0是目标周围的任意闭合面。

物体总吸收功率的测量可以通过吸收截面给出。与进入物体的总功率通量相对应的物体截面可以通过以下公式给出

$$\sigma_\alpha = \frac{-\int_S \mathrm{Re}\left[\frac{1}{2}(\boldsymbol{E}^t \times \boldsymbol{H}^{t*})\right]\cdot \mathrm{d}\boldsymbol{S}}{|S_i|} \tag{5.16}$$

或者，吸收截面积 σ_α 可以表示为散射体体积内的总功率损失。因此，有

$$\sigma_\alpha = \frac{\int_v k\varepsilon_r''(\boldsymbol{r}')|\boldsymbol{E}^t(\boldsymbol{r}')|^2 \mathrm{d}v'}{|E_i|^2} \tag{5.17}$$

总截面积或消光截面积是雷达散射截面积和吸收截面积的总和，即

$$\sigma_t = \sigma_s + \sigma_a \tag{5.18}$$

雷达散射截面积和消光截面积之比称为散射反照率，即

$$W_0 = \frac{\sigma_s}{\sigma_t} = \frac{1}{\sigma_t}\int_{4\pi} |\boldsymbol{f}(\hat{\boldsymbol{s}},\hat{\boldsymbol{\imath}})|^2 \mathrm{d}\Omega \tag{5.19}$$

此外，目标的散射截面积和几何截面之比称为目标的吸收效率，即

$$Q_s = \frac{\sigma_s}{\sigma_g} \tag{5.20}$$

5.6 雷达方程

考虑一个可以照亮雷达横截面为 σ 的目标雷达系统，目标位于发射和接收天线远场，即

$$R_1 > 2D_t^2/\lambda, R_2 > 2D_r^2/\lambda \tag{5.21}$$

式中：D_t 和 D_r 表示天线的最大尺寸。

目标处的入射功率密度为

$$S_i = \frac{1}{4\pi R_1^2} G_t(\hat{\boldsymbol{\imath}}) P_t \tag{5.22}$$

式中：G_t 是发射天线增益。

接收天线的返回功率密度可以表示为

$$S_r = \sigma_{bi}(\hat{\boldsymbol{s}},\hat{\boldsymbol{\imath}}) \frac{S_i}{4\pi R_2^2} \tag{5.23}$$

接收功率为

$$P_r = A_r(\hat{\boldsymbol{s}}) S_r \tag{5.24}$$

式中：A_r 是接收天线的有效面积，即

$$A_r(\hat{\boldsymbol{s}}) = \frac{\lambda^2}{4\pi} G_r(-\hat{\boldsymbol{s}}) \tag{5.25}$$

式中：G_r 是接收天线增益。

因此，对于双基地雷达系统，有

$$\frac{P_r}{P_t}=\frac{\lambda^2 G_t(\hat{\boldsymbol{\iota}})G_r(-\hat{\boldsymbol{s}})\sigma_{bi}(\hat{\boldsymbol{s}},\hat{\boldsymbol{\iota}})}{(4\pi)^3 R_1^2 R_2^2} \tag{5.26}$$

如果雷达在单站模式下工作（$\hat{\boldsymbol{s}}=-\hat{\boldsymbol{\iota}}$ 且 $R_1=R_2=R$），即

$$\frac{P_r}{P_t}=\frac{\lambda^2 G_t^2(\hat{\boldsymbol{\iota}})\sigma_b(-\hat{\boldsymbol{\iota}},\hat{\boldsymbol{\iota}})}{(4\pi)^3 R^4} \tag{5.27}$$

例 5.1 峰值功率 $P_t=10^5$W、天线增益 $G=40$dB 的雷达系统在 3GHz 下工作。如果最小可检测功率为 10pW，则确定可检测横截面 $\sigma=2\text{m}^2$ 目标的最大范围。

根据雷达方程：

$$R_{\max}=\left[\frac{\lambda^2 P_t G_t^2 \sigma_b}{(4\pi)^3 P_r}\right]^{1/4}$$

替换指定值，我们发现

$$R_{\max}=\left[\frac{(0.1)^2(10^5)(10^4)^2(2)}{(4\pi)^3(10^{-12})}\right]^{1/4}$$

最大范围为 $R_{\max}$。

5.7 多普勒效应

多普勒效应是相对于观察者而言，任何发出的波（如光或声波）的波源接近或远离时在频率上的明显变化。

因为运动目标返回信号的频率与发射频率不同，这种频率变化可用于测量目标径向速度。

为了描述多普勒效应，我们定义了一个平面波：

$$\Phi(z,t)=A\cos(\omega t-\beta z) \tag{5.28}$$

式中：$\beta=\omega/c$。这是一个在（z，t）坐标系中以速度 c 移动的平面波。假设有一个局部坐标系（z'，t）以速度 $v \ll c$ 沿着 z 方向正向移动，假设两者在 $t=0$ 处重合，则 $z=z'$，由此可得

$$z'=z-vt \tag{5.29}$$

对于运动过程中的观察者来说，平面波看起来像

$$\begin{aligned}\Phi(z',t)&=A\cos(\omega t-\beta z'-\beta vt)\\&=A\cos\left[\omega\left(1-\frac{v}{c}\right)t-\beta z'\right]\\&=A\cos(\omega' t-\beta z)\end{aligned} \tag{5.30}$$

其中

$$\omega' = \omega\left(1 - \frac{v}{c}\right) \tag{5.31}$$

因此，对于与行波方向相同的运动观测者来说，波的频率似乎更低。如果观察者的运动方向与波相反，那么，观察者会注意到波的频率上升。换句话说

$$\omega' = \omega\left(1 \mp \frac{2v}{c}\right) \tag{5.32}$$

式中：减号（-）适用于远离的目标；加号（+）适用于接近的目标。

对于 $\hat{\boldsymbol{c}}$ 方向的波和速度为 $\boldsymbol{v}$ 的观测者，多普勒频移由下式给出，即

$$\Delta\Omega = -\omega\frac{\boldsymbol{v}\cdot\hat{\boldsymbol{c}}}{c} \tag{5.33}$$

频率差和发射频率之比与目标速度和光速之比相同。

多普勒效应可在气象雷达中用来探测风速，也可用于警用雷达探测移动车辆的速度，因为对于通常的速度，v/c 很小，多普勒频移很小，除非雷达频率很大。因此，大多数多普勒雷达工作在微波区域。

例 5.2 用雷达枪检测超速驾驶者，此处以给定频率向迎面而来的汽车发射波。反射波以不同的频率返回到枪中，该频率取决于被跟踪车辆的移动速度。枪中的一个装置将传输频率与接收频率进行比较，以确定汽车的速度。

警用雷达的工作频率是 3GHz，假设一辆车以 179km/h 的速度向雷达移动，计算雷达测得的频移。

警用雷达的频率精确地移动了 1kHz。通过合理的设计雷达接收器，使其不接收与发射机频率相同的回波，并且只放大那些与发射频率不同的回波，则只显示移动目标。这样的接收器可以在黑暗中辨认出在地面上行驶的车辆。

5.8 雷达杂波

雷达杂波被定义为来自无关目标的无用反射波。这些杂波构成了干扰所需信号观测的无用信号、回声或图像。从建筑物到树木，再到电磁波，所有的一切都可能导致混乱。这种干扰会阻碍雷达操作员寻找特定目标或特定环境特征。

杂波的确切含义取决于雷达系统的实际应用。例如，对于监视雷达，来自地面、海洋、雨水和其他大气活动，以及鸟类和昆虫的非期望回波构成了杂波。对于遥感雷达来说，地面和海洋特征是观测目标，来自它们的回波不能被视为杂波。

雷达杂波可以分为三类。

（1）面杂波。地面和海面作为目标而言是具有雷达横截面的，但由于它们的分布面积较大，因此确定一个新的参数作为单位面积的雷达横截面将更为

方便一些。这是一个无量纲参数，称为规范化参数。

归一化雷达散射横截面（NRCS），用σ°表示。此参数是波长、入射角、表面粗糙度和表面纹理的函数。

（2）地杂波。雷达地杂波是指从地球表面返回的无用雷达回波，与目标（如飞机和其他移动和静止目标）返回的期望回波相竞争和干扰。地表变化包括表面粗糙度、物质、水分和植被覆盖。

地杂波的一种简单模型是常数γ模型，它遵循一般规律：

$$\sigma^{\circ}(\alpha) = \gamma \sin^{n}\alpha, \quad -1 < n < 3 \tag{5.34}$$

式中：α是掠射角或俯角（相对于水平面的入射角）；γ是一个常数，与考虑中的表面散射功率有关。

表5-2给出了各种类型的典型γ值。

该模型与远离法线入射角的大掠射角测量值相匹配。n的负值对应于高植被的情况。

表5-2 各类情况γ均值

类型	均方根高度（σ_h）/m	γ/dB
山	100	-5
城市	10	-5
丛林山谷	10	-10
山谷	10	-12
农场与沙漠	3	-15
森林	1	-20
光滑区域	0.3	-25

（3）海杂波。海杂波是辐射电磁波与海浪相互作用的结果。海杂波是一种自生界面，可看作是具有分布性和无方向性的源，雷达在海洋环境中工作时，受到不需要的海杂波影响，对雷达性能有很大的限制。在大风条件下，尖锐波可以将微波能量反射回雷达。海杂波具有中等到较大的反射性，并延伸到很远的范围。它通过风和波混合运动的反射进一步使近地表速度分析复杂化。破碎波在雷达上比不破碎波发出更强烈的信号。

海面重力波对海杂波的主要贡献是布拉格共振散射。这种行为是由波长为雷达波长1/2的海浪散射产生的，并沿径向移动靠近或远离雷达。例如，一个在20MHz频率下工作的超视距雷达只能看到7.5m长的精确地向雷达移动或远离雷达的海浪。高频海洋回波的频谱结构非常简单，两条多普勒频移线：一条是向雷达传播的布拉格共振波产生的正频移回波；另一条是远离雷达的布拉格共振波产生的负频移线。这些线的精确位移和相对大小允许我们提取有关表面风流的信息，布拉格共振散射也发生在主波长的谐波上。这些会导致谱中出现二阶峰。

由于海洋表面由海浪的随机组合构成，并且海洋表面的细节以随机方式变化，因此将需要额外的散射计算过程。其中包括横向波的散射和横波间的相互作用。如果这些横穿的海浪产生一个新的波，其宽度等于雷达波长的1/2，则会发生布拉格回归散射。其他方向产生中间比率，允许提取方向，尽管对雷达波具有左右模糊性。

径向移动的重力波后向散射的雷达能量按其相速度的比例产生多普勒将频移。如果表面电流传输重力波，则会增加一个额外的多普勒频移，该频移与表面电流的径向分量成比例。

由于 σ° 与不同表面入射角具有相似的依赖关系，因此，尝试建立一个参数最少的简单模型来预测 σ° 的行为。我们将在这里展示两个这样的模型。

第一个模型是式（5.34），用于陆地和海洋。如前所述，常数 γ 模型通常适用于大掠射角。然而，在较小的掠射角下，由于传播路径损失，σ° 的测量值实际上低于模型的预测值。对于接近法向的入射，由于表面的准镜面反射，测量值会高于模型的预测值。为了测量接近法向入射的地面杂波的 NRCS，雷达应具有非常窄的脉冲或天线波束宽度。因此，测量应在非常高的高度进行。

上述模型也可用于预测海面的 σ°。在这种情况下，γ 与博弗特风常数 K_B 和雷达波长有关。γ 在所有海风方向上的平均值由下式给出，即

$$10\lg\gamma = 6K_B - 10\lg\lambda - 64 \tag{5.35}$$

式中：λ 为波长，单位为 m；K_B为风常数，表示海面的状态。

表 5-3 列出了各种海况下 γ 的值。

表 5-3　各种海况下 γ 的值

海况	风常数 K_B	λ_γ/dB	均方根高度 σ_h/m
0	1	-58	0.003
1	2	-52	0.027
2	3	-46	0.09
3	4	-40	0.21
4	5	-34	0.42
5	6	-28	0.71
6	7	-22	1.14
7	8	-16	1.70
8	9	-10	2.43
9	10	-4	3.33

对于地杂波和海杂波，另一个有用的经验模型由下式给出，即

$$\sigma^{\circ} = \begin{cases} C\dfrac{\sin^{n}\alpha}{\cos^{u}\alpha}, 0^{\circ} \leqslant \alpha \leqslant \alpha_G \\ \sigma^{\circ}(\alpha_G), \alpha_G \leqslant \alpha \leqslant 90^{\circ} \end{cases} \tag{5.36}$$

其中

$$\begin{cases} -1 \leqslant n \leqslant 3, 0 \leqslant u \leqslant 1, \text{陆地} \\ 1 \leqslant n \leqslant 2, 1 \leqslant u \leqslant 5, \text{海洋} \end{cases} \tag{5.37}$$

该模型通过4个参数描述了σ°的行为。参数u和n分别控制了σ°对接近法向和远离法向的入射角依赖性，C和α_G是控制相对大小的参数。后一个参数通常选择为

$$C = 0.01, \ \alpha_G = 85^{\circ} \tag{5.38}$$

由于接近法向入射时σ°的确切形状很难预测，可以通过经验模型给出$85 \leqslant \alpha \leqslant 90$时的常数$\sigma^{\circ}$。

5.8.1 杂波统计

传统而言，因海杂波具有随机波形，故其被视为随机过程。前面给出的模型实际上是平均NRCS与掠角的函数。如果将σ本身绘制为角度的函数，则数据将在给定曲线周围的±3 dB范围内散乱分布。

多年来，在具有低分辨率能力的雷达中，杂波回波被认为具有高斯分布。在具有高分辨率能力的现代雷达系统中，观察到的杂波的统计偏离正常。杂波的振幅统计量由瑞利分布、对数正态分布、污染正态分布、韦伯分布、对数韦伯分布和K分布建模。

有证据表明，海杂波实际上是混乱的，并且可以通过5个耦合的非线性差分方程建模。

5.9 非气象回波

下面，我们将回顾一些在实践中遇到的主要非气象雷达回波和杂波。

例如，丘陵、树木和塔楼等固定的目标，不是杂乱的唯一来源。大气边界层中的昆虫回波也是常见的。平均而言，由于虫子随风被推进，它们成了优秀的示踪剂来测量风。与此同时，它们也形成了一个奇特的背景，可以用于跟踪其他低反射现象，如阵风前线、细线、海风。

鸟类在雷达气象学中可能非常麻烦。一侧的脉冲分辨率通常为几百米，一只鸟就可以返回一个移动的强雷达回波。当迁移季节开始时，这个问题变得非常重要。

当风切变条件恰到好处时，在最低几百米的大气中，上升的温暖潮湿空气

的干热羽流通常会形成长的带状卷。昆虫和鸟类进入热上升气流并共同造成强烈的回波。

在适当的大气条件下，空气的折射率可以随着高度的变化而变化，从而使透射光束向下弯曲到表面，然后遇到地面，再沿着弯曲的路径返回雷达，称为异常传播（AP）。通常，在寒冷的天气中可以观察到 AP，此时，由于相应的温度反转导致雷达波束向下弯曲。

第 6 章　规范散射问题

本章将讨论边界与主流坐标系一致的物体散射问题。由于这些边值问题及其相关问题已有正式简明的解决方案，通常称其为规范电磁散射问题。

6.1　圆柱

对规范散射问题的讨论首先从无限长的圆柱体开始，考虑导体圆柱和介质圆柱。

6.1.1　导电圆柱

考虑一个半径为 a 的理想导电圆柱，平面波沿 z 轴方向入射。相对于入射轴定义两种不同的入射极化：E 极化或横向磁极化（TM_z）和 H 极化或横向电极化（TE_z）。下面将分别介绍两种极化。

6.1.1.1　横向磁极化

如图 6-1 所示，通过平面波照射圆柱体，使电场极化在 z 方向上。不失一般性，假设波沿 x 方向传播。因此，有

$$\boldsymbol{E}^i = \hat{z}E_0\mathrm{e}^{-\mathrm{j}kx} \tag{6.1}$$

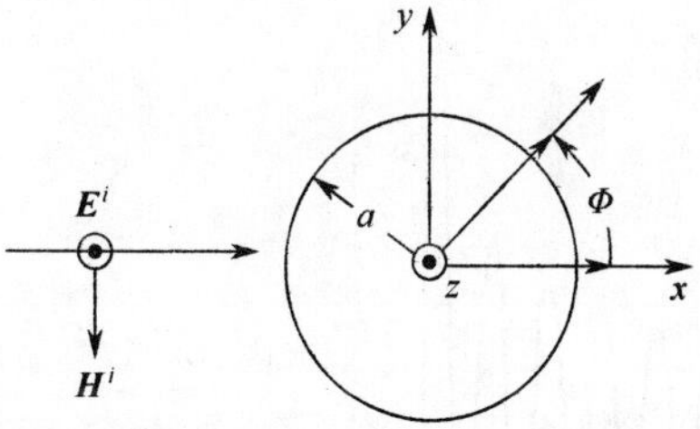

图 6-1　理想导电圆柱体对平面波的 TM_z 散射

圆柱体的存在引起入射场的绕射，绕射场可以写为

$$\boldsymbol{E}^t = \boldsymbol{E}^i + \boldsymbol{E}^s \tag{6.2}$$

通过求解波动方程并匹配导体表面上的边界条件，找到外部区域 $\rho \geqslant a$ 的散射场 $\boldsymbol{E}^s$。为此，使用附录 C 中的式（C. 13）扩展了圆柱谐波的入射场为

$$\boldsymbol{E}^{i} = \hat{z}E_0 \sum_{n=-\infty}^{\infty} \mathrm{j}^{-n} \mathrm{J}_n(k\rho)\mathrm{e}^{\mathrm{j}n\phi} \tag{6.3}$$

此时的散射场为

$$\boldsymbol{E}^{s} = \hat{z}E_0 \sum_{n=-\infty}^{\infty} \mathrm{j}^{-n} a_n \mathrm{H}_n^{(2)}(k\rho)\mathrm{e}^{\mathrm{j}n\phi} \tag{6.4}$$

此处，使用第二类 Hankel 函数描述离开圆柱的散射场。对圆柱表面上总电场的切向分量代入 Dirichlet 边界条件，即

$$E_z^t = 0,\ \rho = a \tag{6.5}$$

可得

$$E_z^t = E_0 \sum_{n=-\infty}^{\infty} \mathrm{j}^{-n} [\mathrm{J}_n(ka) + a_n \mathrm{H}_n^{(2)}(ka)]\mathrm{e}^{\mathrm{j}n\phi} = 0 \tag{6.6}$$

未知系数为

$$a_n = -\frac{\mathrm{J}_n(ka)}{\mathrm{H}_n^{(2)}(ka)} \tag{6.7}$$

因此，散射场可以写为

$$\boldsymbol{E}^{s} = -\hat{z}E_0 \sum_{n=-\infty}^{\infty} \mathrm{j}^{-n} \frac{\mathrm{J}_n(ka)}{\mathrm{H}_n^{(2)}(ka)} \mathrm{H}_n^{(2)}(k\rho)\mathrm{e}^{\mathrm{j}n\phi} \tag{6.8}$$

绕射场（总场）为

$$\boldsymbol{E}^{t} = \hat{z}E_0 \sum_{n=-\infty}^{\infty} \mathrm{j}^{-n} \left[\frac{\mathrm{H}_n^{(2)}(ka)\mathrm{J}_n(k\rho) - \mathrm{J}_n(ka)\mathrm{H}_n^{(2)}(k\rho)}{\mathrm{H}_n^{(2)}(ka)}\right]\mathrm{e}^{\mathrm{j}n\phi} \tag{6.9}$$

对于尺寸为 $ka = 2$ 的导电圆柱体，电场强度 E_z^t 沿 x 轴的变化如图 6-2 所示。x 轴入射部分（$kx < -ka$）的驻波是由圆柱被照射部分的反射场与入射场干涉引起的，并且注意阴影区域在此频率下并不是完全“暗”的。另外，正

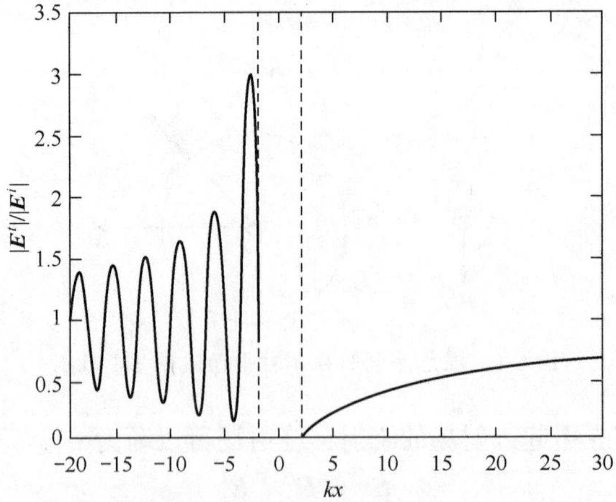

图 6-2　由 TM_z 平面波照射的 $k_0a = 2$ 的理想导电圆柱体沿 x 轴的绕射电场大小

如预期，总场 E_z^t 在距离足够大时接近入射场 E_z^i，即

$$\lim_{kx\to\infty}\left|\frac{E_z}{E_z^i}\right| = 1 \tag{6.10}$$

E_z^t 明显小于 E_z^i 的区域范围给出了阴影区域大小的概念。

根据麦克斯韦方程，可将磁场强度矢量写为

$$\boldsymbol{H} = -\frac{1}{\mathrm{j}\omega\mu}\left(\hat{\boldsymbol{\rho}}\frac{1}{\rho}\frac{\partial E_z}{\partial\phi} - \hat{\boldsymbol{\phi}}\frac{\partial E_z}{\partial\rho}\right) \tag{6.11}$$

其分量可显式写为

$$H_\rho^s = -\frac{E_0}{\mathrm{j}\omega\mu}\frac{1}{\rho}\sum n\mathrm{j}^{-(n-1)}\frac{\mathrm{J}_n(ka)}{\mathrm{H}_n^{(2)}(ka)}\mathrm{H}_n^{(2)}(k\rho)\mathrm{e}^{\mathrm{j}n\phi} \tag{6.12}$$

$$H_\phi^s = -\frac{kE_0}{\mathrm{j}\omega\mu}\sum \mathrm{j}^{-n}\frac{\mathrm{J}_n(ka)}{\mathrm{H}_n^{(2)}(ka)}\mathrm{H}_n^{(2)\prime}(k\rho)\mathrm{e}^{\mathrm{j}n\phi} \tag{6.13}$$

6.1.1.2　远区散射场

为了找到远区散射场，我们使用 Hankel 函数式（4.377）的展开，得到

$$E_z^s \sim -E_0\sqrt{\frac{2\mathrm{j}}{\pi k}}\frac{\mathrm{e}^{-\mathrm{j}k\rho}}{\sqrt{\rho}}\sum_{n=-\infty}^{\infty}\frac{\mathrm{J}_n(ka)}{\mathrm{H}_n^{(2)}(ka)}\mathrm{e}^{\mathrm{j}n\phi} \tag{6.14}$$

因此，雷达散射回波宽度式（5.13）由下式给出，即

$$\sigma_{2d} = \frac{4}{k}\left|\sum_{n=-\infty}^{\infty}\frac{\mathrm{J}_n(ka)}{\mathrm{H}_n^{(2)}(ka)}\mathrm{e}^{\mathrm{j}n\phi}\right|^2 \tag{6.15}$$

同样地，回波宽度也可以写成

$$\sigma_{2d} = \frac{2\lambda}{\pi}\left|\sum_{n=0}^{\infty}\varepsilon_n\frac{\mathrm{J}_n(ka)}{\mathrm{H}_n^{(2)}(ka)}\cos n\phi\right|^2 \tag{6.16}$$

其中

$$\varepsilon_n = \frac{2}{1+\delta_{0n}} \tag{6.17}$$

是诺伊曼数。通常以 σ 表示每单位波长的回波宽度，从而

$$\frac{\sigma_{2d}}{\lambda} = \frac{2}{\pi}\left|\sum_{n=0}^{\infty}\varepsilon_n\frac{\mathrm{J}_n(ka)}{\mathrm{H}_n^{(2)}(ka)}\cos n\phi\right|^2 \tag{6.18}$$

图 6-3 描述了不同半径的理想导体圆柱的每单位波长的 TM_z 雷达回波宽度。

6.1.1.3　表面感应电流

可以将由导电目标散射的电磁场归因于在其表面上的感应电流，即

$$\boldsymbol{K} = \hat{\boldsymbol{n}}\times\boldsymbol{H}^t,\quad \rho = a \tag{6.19}$$

式中：$\hat{\boldsymbol{n}} = \hat{\boldsymbol{\rho}}$ 是垂直于圆柱表面的单位矢量。所以，有

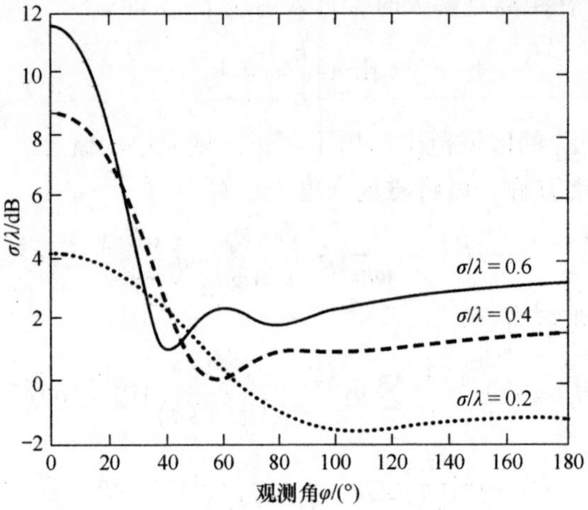

图 6-3　TM_z 平面波照射不同半径理想导电圆柱的每单位波长雷达回波宽度

$$\boldsymbol{K} = \hat{z}H_{\phi}^{t}, \quad \rho = a \tag{6.20}$$

根据麦克斯韦方程可知，入射磁场和散射磁场的 ϕ 分量分别为

$$\begin{aligned} H_{\phi}^{i} &= \frac{1}{\mathrm{j}\omega\mu}\frac{\partial E_z^i}{\partial\rho} \\ &= \frac{kE_0}{\mathrm{j}\omega\mu}\sum_n \mathrm{j}^{-n}\mathrm{J}_n'(k\rho)\mathrm{e}^{\mathrm{j}n\phi} \end{aligned} \tag{6.21}$$

且

$$H_{\phi}^{s}(\rho = a) = -\frac{kE_0}{\mathrm{j}\omega\mu}\sum_n \mathrm{j}^{-n}\frac{\mathrm{J}_n(ka)}{\mathrm{H}_n^{(2)}(ka)}\mathrm{H}_n^{(2)\prime}(ka)\mathrm{e}^{\mathrm{j}n\phi} \tag{6.22}$$

绕射磁场的切向分量由下式给出，即

$$H_{\phi}^{t}(\rho = a) = \frac{kE_0}{\mathrm{j}\omega\mu}\sum_n \mathrm{j}^{-n}\left[\mathrm{J}_n'(ka) - \frac{\mathrm{J}_n(ka)}{\mathrm{H}_n^{(2)}(ka)}\mathrm{H}_n^{(2)\prime}(ka)\right]\mathrm{e}^{\mathrm{j}n\phi} \tag{6.23}$$

为简化此表达式，考虑 Bessel 函数的 Wronskian 行列式

$$W\{\mathrm{J}_n(ka), \mathrm{H}_n^{(2)}(ka)\} = -\frac{2\mathrm{j}}{\pi ka} \tag{6.24}$$

可得

$$H_{\phi}^{t}(\rho = a) = \frac{2E_0}{\pi a\omega\mu}\sum_n \mathrm{j}^{-n}\frac{\mathrm{e}^{\mathrm{j}n\phi}}{\mathrm{H}_n^{(2)}(ka)} \tag{6.25}$$

将式（6.25）代入式（6.20），得到表面感应电流密度为

$$\boldsymbol{K} = \hat{z}\frac{2E_0}{\pi a\omega\mu}\sum_{n=0}^{\infty}\varepsilon_n \mathrm{j}^{-n}\frac{\cos n\phi}{\mathrm{H}_n^{(2)}(ka)} \tag{6.26}$$

6.1.1.4　小半径近似

当频率足够低时，圆柱的半径远小于波长（$ka \ll 1$）。因此，在低频限制

下，保留主项 $n=0$ 项，可以得到

$$\boldsymbol{K}\simeq\hat{z}\frac{2E_0}{\pi a\omega\mu}\frac{1}{\mathrm{H}_0^{(2)}(ka)} \tag{6.27}$$

使用 Hankel 函数小量近似，有

$$\begin{aligned}\mathrm{H}_0^{(2)}(ka)&=\mathrm{J}_0(ka)-\mathrm{j}\mathrm{N}_0(ka)\\&\approx1-\mathrm{j}\frac{2}{\pi}\ln\left(\frac{\gamma ka}{2}\right)\simeq-\mathrm{j}\frac{2}{\pi}\ln\left(\frac{\gamma ka}{2}\right)\end{aligned} \tag{6.28}$$

使用式（4.257）和式（4.260），因此，感应电流可以写成

$$K=\hat{z}\mathrm{j}\frac{E_0}{a\omega\mu}\frac{1}{\ln\left(\frac{\gamma ka}{2}\right)} \tag{6.29}$$

值得注意的是，细圆导线的感应电流 $\boldsymbol{K}$ 相对于 $\boldsymbol{E}^i$ 有 90°相差。

另外，令 $n=0$，在这种情况下的散射回波宽度由下式给出，即

$$\frac{\sigma_{2d}}{\lambda}=\frac{\pi}{2}\left|\frac{1}{\ln\left(\frac{\gamma ka}{2}\right)}\right|^2 \tag{6.30}$$

可以看出与 ϕ 无关。

6.1.1.5　横向电极化

现在开始讨论 H 极化（图 6-4），在这种情况下，入射磁场由下式给出，即

$$\boldsymbol{H}^i=\hat{z}H_0\mathrm{e}^{-\mathrm{j}kx}=\hat{z}H_0\sum_{n=-\infty}^{\infty}\mathrm{j}^{-n}\mathrm{J}_n(k\rho)\mathrm{e}^{\mathrm{j}n\phi} \tag{6.31}$$

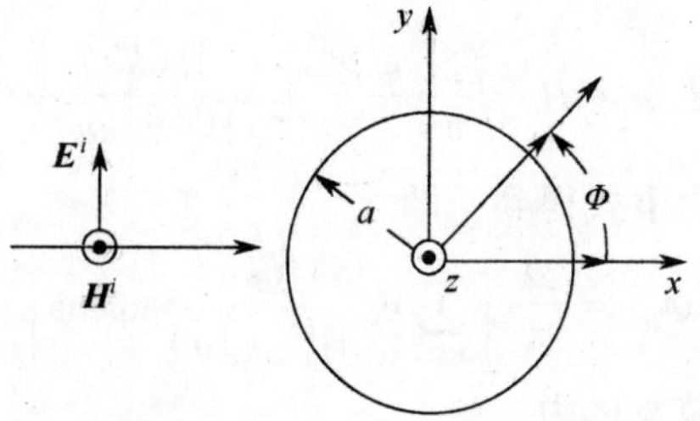

图 6-4　理想导电圆柱体对平面波的 TM_z 散射

绕射场是入射场和散射场之和，即

$$\boldsymbol{H}^t=\boldsymbol{H}^i+\boldsymbol{H}^s \tag{6.32}$$

通过圆柱谐波扩展可得

$$\boldsymbol{H}^s=\hat{z}H_0\sum_{n=-\infty}^{\infty}\mathrm{j}^{-n}b_n\mathrm{H}_n^{(2)}(k\rho)\mathrm{e}^{\mathrm{j}n\phi} \tag{6.33}$$

总磁场可以写成

$$\boldsymbol{H}^t = \hat{z}H_0 \sum_{n=-\infty}^{\infty} \mathrm{j}^{-n}[\mathrm{J}_n(k\rho) + b_n \mathrm{H}_n^{(2)}(k\rho)]\mathrm{e}^{\mathrm{j}n\phi} \tag{6.34}$$

根据 Faraday 电磁感应定律，可以得出

$$\boldsymbol{E} = \frac{1}{\mathrm{j}\omega\varepsilon}\left[\hat{\boldsymbol{\rho}}\frac{1}{\rho}\frac{\partial H_z}{\partial \phi} - \hat{\boldsymbol{\phi}}\frac{\partial H_z}{\partial \rho}\right] \tag{6.35}$$

在这种条件下，边界条件采用齐次 Neumann 边界条件

$$\frac{\partial H_z^t}{\partial \rho} = 0, \quad \rho = a \tag{6.36}$$

代入式（6.34），可以得到

$$b_n = -\frac{\mathrm{J}_n'(ka)}{\mathrm{H}_n^{(2)'}(ka)} \tag{6.37}$$

因此，散射磁场为

$$H_z^s = -H_0 \sum_{n=-\infty}^{\infty} \mathrm{j}^{-n} \frac{\mathrm{J}_n'(ka)}{\mathrm{H}_n^{(2)'}(ka)} \mathrm{H}_n^{(2)}(k\rho)\mathrm{e}^{\mathrm{j}n\phi} \tag{6.38}$$

并且，散射电场的各个分量可以表示为

$$E_\phi^s = -\frac{kH_0}{\mathrm{j}\omega\varepsilon}\sum \mathrm{j}^{-n}\left[\mathrm{J}_n'(k\rho) - \frac{\mathrm{J}_n'(ka)}{\mathrm{H}_n^{(2)'}(ka)}\mathrm{H}_n^{(2)'}(k\rho)\right]\mathrm{e}^{\mathrm{j}n\phi} \tag{6.39}$$

$$E_\rho^s = \frac{1}{\rho}\sum \mathrm{j}^{-(n-1)}\left[\mathrm{J}_n(k\rho) - \frac{\mathrm{J}_n'(ka)}{\mathrm{H}_n^{(2)'}(ka)}\mathrm{H}_n^{(2)}(k\rho)\right]\mathrm{e}^{\mathrm{j}n\phi} \tag{6.40}$$

6.1.1.6 远区散射场

为了得到远区散射场，再次运用 Hankel 函数的大量近似（由式（4.265）可得）

$$H_z^s \sim -H_0\sqrt{\frac{2\mathrm{j}}{\pi k}}\frac{\mathrm{e}^{-\mathrm{j}k\rho}}{\sqrt{\rho}}\sum_{n=-\infty}^{\infty}\frac{\mathrm{J}_n'(ka)}{\mathrm{H}_n^{(2)'}(ka)}\mathrm{e}^{\mathrm{j}n\phi} \tag{6.41}$$

散射回波宽度可由下式得到，即

$$\sigma_{2d} = \frac{2\lambda}{\pi}\left|\sum_{n=0}^{\infty}\varepsilon_n\frac{\mathrm{J}_n'(ka)}{\mathrm{H}_n^{(2)'}(ka)}\cos n\phi\right|^2 \tag{6.42}$$

每单位波长的回波宽度为

$$\frac{\sigma_{2d}}{\lambda} = \frac{2}{\pi}\left|\sum_{n=0}^{\infty}\varepsilon_n\frac{\mathrm{J}_n'(ka)}{\mathrm{H}_n^{(2)'}(ka)}\cos n\phi\right|^2 \tag{6.43}$$

图6-5 描述了不同半径的理想导体圆柱的每单位波长的 TE_z 雷达回波宽度。

理想导体圆柱两种极化的单站雷达回波宽度如图 6-6 所示，此时，它成为与频率相关的函数。

6.1.1.7 表面感应电流

表面感应电流由下式给出，即

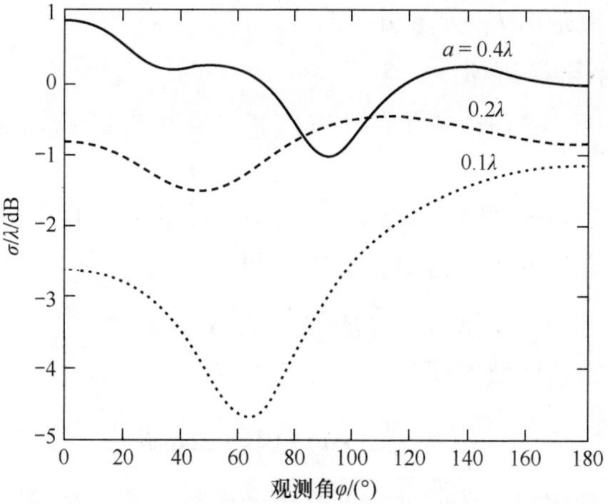

图6-5　由TM_z平面波照射不同半径理想导体圆柱每单位波长的双站雷达回波宽度

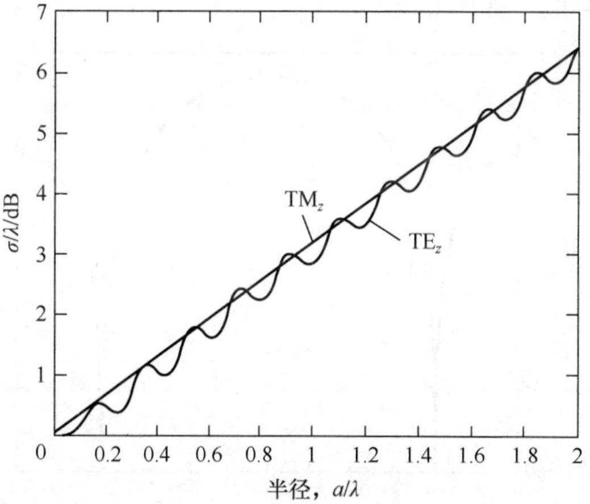

图6-6　理想导体圆柱的单位波长主极化单站雷达回波宽度与频率的关系

$$\boldsymbol{K} = \hat{\boldsymbol{n}} \times \boldsymbol{H}^t = -\hat{\boldsymbol{\phi}} H_z^t, \quad \rho = a \tag{6.44}$$

总绕射磁场由下式给出，即

$$H_z^t(\rho = a) = H_0 \sum \mathrm{j}^{-n} \left[\mathrm{J}_n(ka) - \frac{\mathrm{J}_n'(ka)}{\mathrm{H}_n^{(2)'}(ka)} \mathrm{H}_n^{(2)}(ka) \right] \mathrm{e}^{\mathrm{j}n\phi} \tag{6.45}$$

将式（6.45）代入Wronskian行列式（6.24），可以得到

$$H_z^t(\rho = a) = -H_0 \frac{2\mathrm{j}}{\pi ka} \sum \mathrm{j}^{-n} \frac{\mathrm{e}^{\mathrm{j}n\phi}}{\mathrm{H}_n^{(2)'}(ka)} \tag{6.46}$$

因此，可以得到电流为

$$\boldsymbol{K} = \hat{\boldsymbol{\phi}} \frac{2\mathrm{j}}{\pi ka} H_0 \sum_{n=-\infty}^{\infty} \mathrm{j}^{-n} \frac{\mathrm{e}^{\mathrm{j}n\phi}}{\mathrm{H}_n^{(2)'}(ka)} \tag{6.47}$$

注意：该电流是由 E_ϕ 分量引起的。

6.1.1.8 小半径近似

在低频限制中，感应电流中的主要项是 $n=0$ 和 $n=\pm 1$ 项，因此，有

$$\boldsymbol{K}=\hat{\boldsymbol{\phi}}\frac{2\mathrm{j}}{\pi ka}H_0\left[\frac{1}{\mathrm{H}_0^{(2)'}(ka)}+\mathrm{j}^{-1}\frac{\mathrm{e}^{\mathrm{j}\phi}}{\mathrm{H}_1^{(2)'}(ka)}+\mathrm{j}\frac{\mathrm{e}^{-\mathrm{j}\phi}}{\mathrm{H}_{-1}^{(2)'}(ka)}\right] \tag{6.48}$$

应用 Bessel 方程的小量近似，可以得到

$$\boldsymbol{K}\simeq-\hat{\boldsymbol{\phi}}H_0[1-\mathrm{j}2ka\cos\phi] \tag{6.49}$$

细圆柱体的雷达回波宽度为

$$\frac{\sigma_{2d}}{\lambda}=\frac{\pi}{8}(ka)^4(1-2\cos\phi)^2 \tag{6.50}$$

注意：在这种情况下，回波宽度是 ϕ 的函数，并且在 $\phi=\pi$ 时，即在后向散射方向上回波宽度最大；在 $\phi=0$ 处，即正向时，存在极大值；在 $\phi=\pm 60°$ 时，回波宽度为空值，如图 6-7 所示。

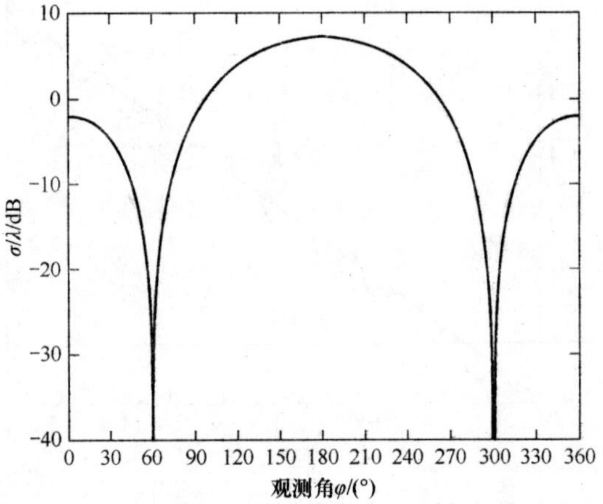

图 6-7　沿 x 轴传播 TE_z 平面波照射电窄理想导体圆柱每单位波长的雷达回波宽度

6.1.1.9 线源激励

考虑到一个半径为 a 的导体圆柱被放置在 ρ' 处的线电荷源照射

$$\boldsymbol{E}^i=-\hat{z}\frac{k^2I}{4\omega\varepsilon}\mathrm{H}_0^{(2)}(k|\boldsymbol{\rho}-\boldsymbol{\rho}'|) \tag{6.51}$$

根据 Hankel 函数的叠加定理（式（4.410）），可以写出

$$\boldsymbol{E}^i=-\hat{z}\frac{k^2I}{4\omega\varepsilon}\sum_{n=-\infty}^{\infty}\begin{cases}\mathrm{J}_n(k\rho)\mathrm{H}_n^{(2)}(k\rho')\mathrm{e}^{\mathrm{j}n(\phi-\phi')}, & \rho<\rho'\\ \mathrm{J}_n(k\rho')\mathrm{H}_n^{(2)}(k\rho)\mathrm{e}^{\mathrm{j}n(\phi-\phi')}, & \rho>\rho'\end{cases} \tag{6.52}$$

散射场只存在于圆柱外部，有

$$\boldsymbol{E}^s=-\hat{z}\frac{k^2I}{4\omega\varepsilon}\sum_{n=-\infty}^{\infty}C_n\mathrm{H}_n^{(2)}(k\rho)\mathrm{e}^{\mathrm{j}n(\phi-\phi')},\ \rho>a \tag{6.53}$$

为了找到未知系数 C_n，我们对绕射电场 E^t 的切向分量施加边界条件：

$$E_z^t(\rho = a) = -\frac{k^2 I}{4\omega\varepsilon}[\mathrm{J}_n(ka)\mathrm{H}_n^{(2)}(k\rho') + C_n\mathrm{H}_n^{(2)}(ka)]\mathrm{e}^{\mathrm{j}n(\phi-\phi')} \tag{6.54}$$

因此，有

$$C_n = -\mathrm{H}_n^{(2)}(k\rho')\frac{\mathrm{J}_n(ka)}{\mathrm{H}_n^{(2)}(ka)} \tag{6.55}$$

所以，散射场可以写成

$$\boldsymbol{E}^s = \frac{k^2 I}{4\omega\varepsilon}\hat{z}\sum_{n=-\infty}^{\infty}\mathrm{H}_n^{(2)}(k\rho')\frac{\mathrm{J}_n(ka)}{\mathrm{H}_n^{(2)}(ka)}\mathrm{H}_n^{(2)}(k\rho)\mathrm{e}^{\mathrm{j}n(\phi-\phi')} \tag{6.56}$$

感应电流由圆柱体上的切向磁场为

$$\boldsymbol{K} = \hat{\boldsymbol{\rho}} \times \boldsymbol{H}^t\big|_{\rho=a} = -\hat{z}\frac{I}{2\pi a}\sum_{n=-\infty}^{\infty}\frac{\mathrm{H}_n^{(2)}(k\rho')}{\mathrm{H}_n^{(2)}(ka)}\mathrm{e}^{\mathrm{j}n(\phi-\phi')} \tag{6.57}$$

远离圆柱体处，散射场的形式由下式给出，即

$$\boldsymbol{E}^s \approx \hat{z}\frac{k^2 I}{4\omega\varepsilon}\sqrt{\frac{2\mathrm{j}}{\pi k\rho}}\mathrm{e}^{-\mathrm{j}k\rho}\sum_{n=-\infty}^{\infty}\mathrm{j}^n\frac{\mathrm{J}_n(ka)}{\mathrm{H}_n^{(2)}(ka)}\mathrm{H}_n^{(2)}(k\rho') \tag{6.58}$$

因此，在导体圆柱存在时的线源辐射图由下式给出，即

$$E_z^t \approx -\frac{k^2 I}{4\omega\varepsilon}\sqrt{\frac{2\mathrm{j}}{\pi k}}\frac{\mathrm{e}^{-\mathrm{j}k\rho}}{\sqrt{\rho}}\sum_{n=-\infty}^{\infty}\mathrm{j}^n\left[\mathrm{J}_n(k\rho') - \frac{\mathrm{J}_n(ka)}{\mathrm{H}_n^{(2)}}(ka)\mathrm{H}_n^{(2)}(k\rho')\right]\mathrm{e}^{\mathrm{j}n(\phi-\phi')} \tag{6.59}$$

图 6-8 和图 6-9 显示了半径为 5λ 的圆柱体附近线源的归一化辐射图，线源分别位于距离圆柱体中心 5.25λ 和 5.5λ 处。

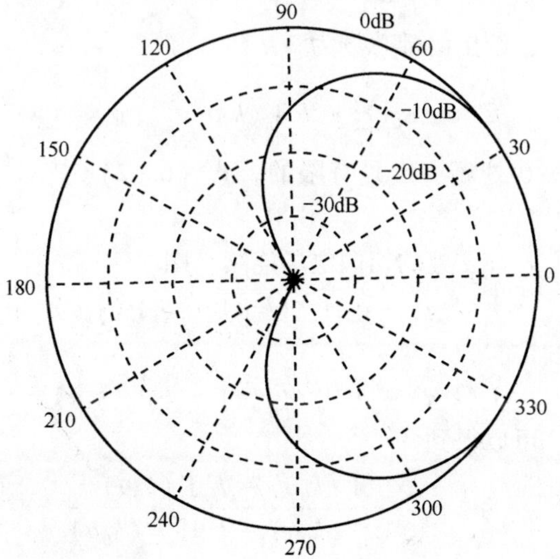

图 6-8　导体圆柱附近线源的归一化辐射图（圆柱半径 $a = 5\lambda, \rho' = 5.25\lambda, \phi' = 0$）

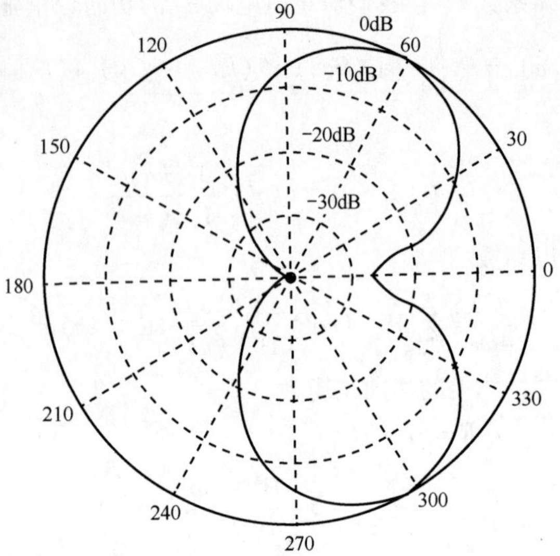

图 6-9　导体圆柱附近线源的归一化辐射图（圆柱半径 $a = 5\lambda, \rho' = 5.5\lambda, \phi' = 0$）

6.1.2　均匀介质圆柱

现在考虑由横向磁平面波照射的非磁性介质圆柱：

$$\boldsymbol{E}^i = \hat{z}E_0 \mathrm{e}^{-\mathrm{j}k_0x} = \hat{z}E_0 \sum_{n=-\infty}^{\infty} \mathrm{j}^{-n} \mathrm{J}_n(k_0\rho)\mathrm{e}^{\mathrm{j}n\phi} \tag{6.60}$$

参考 $\boldsymbol{E}^i$ 的形式，可以将散射场写为如下形式，即

$$\boldsymbol{E}^s = \hat{z}E_0 \sum_{n=-\infty}^{\infty} \mathrm{j}^{-n} a_n \mathrm{H}_n^{(2)}(k_0\rho)\mathrm{e}^{\mathrm{j}n\phi},\ \rho \geqslant a \tag{6.61}$$

根据辐射条件，给出内部总场为

$$\boldsymbol{E}^t = \hat{z}E_0 \sum_{n=-\infty}^{\infty} \mathrm{j}^{-n} b_n \mathrm{J}_n(k_1\rho)\mathrm{e}^{\mathrm{j}n\phi},\ \rho \leqslant a \tag{6.62}$$

考虑到在 $\rho = 0$ 处场一定是有限的。式（6.62）中，k_1 是介质圆柱内的波数。

由于介质平面 $\rho = a$ 处的切向电场连续，则

$$\mathrm{J}_n(k_0a) + a_n\mathrm{H}_n^{(2)}(k_0a) = b_n\mathrm{J}_n(k_1a) \tag{6.63}$$

从切向磁场的连续性看，有

$$\mathrm{J}_n(k_0a) + a_n\mathrm{H}_n^{(2)}(k_0a) = b_n\mathrm{J}_n(k_1a) \tag{6.64}$$

求解上述方程组，可以得到

$$a_n = -\frac{\mathrm{J}_n(k_0a) - \Gamma_e\mathrm{J}_n'(k_0a)}{\mathrm{H}_n^{(2)}(k_0a) - \Gamma_e\mathrm{H}_n^{(2)'}(k_0a)} \tag{6.65}$$

其中

$$\Gamma_e = \frac{Z_0}{Z_1}\frac{J_n(k_1 a)}{J_n'(k_1 a)} \tag{6.66}$$

所以，有

$$\boldsymbol{E}^s = -\hat{z}\sum_{n=-\infty}^{\infty} j^{-n} \frac{J_n(k_0 a) - \Gamma_e J_n'(k_0 a)}{H_n^{(2)}(k_0 a) - \Gamma_e H_n^{(2)'}(k_0 a)} H_n^{(2)}(k_0 \rho) e^{jn\phi} \tag{6.67}$$

尺寸 $k_0 a = 2$ 且相对介电常数 $\varepsilon_r = 2.5$ 的介质圆柱沿 x 轴的绕射电场的大小如图 6-10 所示，将其与图 6-2 所示的理想导体圆柱的结果进行比较。

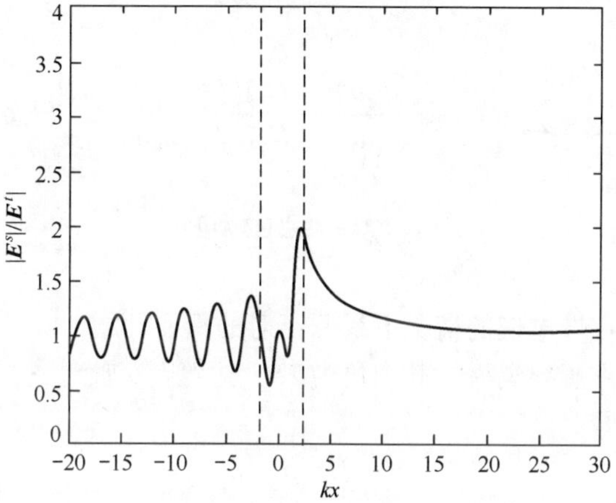

图 6-10 TM$_z$ 平面波照射大小为 $k_0 a = 2$ 相对介电常数 $\varepsilon_r = 2.5$ 的介质圆柱沿 x 轴的绕射电场大小

考虑一个相同的圆柱体被横向电平面波照射：

$$\boldsymbol{H}^i = \hat{z}H_0 e^{-jk_0 x} = \hat{z}H_0\sum_{n=-\infty}^{\infty} j^{-n} J_n(k_0\rho) e^{jn\phi} \tag{6.68}$$

入射电场的 ϕ 分量由下式给出，即

$$E_\phi^i = -\frac{jZ_0}{k_0}\hat{\boldsymbol{\phi}}\cdot\nabla\times\boldsymbol{H}^i = jZ_0\sum_{n=-\infty}^{\infty} j^{-n} J_n'(k_0\rho) e^{jn\phi} \tag{6.69}$$

令

$$\boldsymbol{H}^s = \hat{z}H_0\sum_{n=-\infty}^{\infty} j^{-n} a_n H_n^{(2)}(k_0\rho) e^{jn\phi},\ \rho \geqslant a \tag{6.70}$$

以及

$$\boldsymbol{H}^t = \hat{z}H_0\sum_{n=-\infty}^{\infty} j^{-n} b_n J_n(k_1\rho) e^{jn\phi},\ \rho \leqslant a \tag{6.71}$$

从界面 $\rho = a$ 处切向磁场 H_z 的连续性可知

$$J_n(k_0 a) + a_n H_n^{(2)}(k_0 a) = b_n J_n(k_1 a) \tag{6.72}$$

由切向电场 E_ϕ^t 的连续性可知

$$\mathrm{J}_n'(k_0a) + a_n\mathrm{H}_n^{(2)'}(k_0a) = \frac{Z_1}{Z_0}b_n\mathrm{J}_n'(k_1a) \tag{6.73}$$

求解上述方程组，可以得到

$$a_n = -\frac{\mathrm{J}_n(k_0a) - \Gamma_h\mathrm{J}_n'(k_0a)}{\mathrm{H}_n^{(2)}(k_0a) - \Gamma_h\mathrm{H}_n^{(2)'}(k_0a)} \tag{6.74}$$

其中

$$\Gamma_h = \frac{Z_0}{Z_1}\frac{\mathrm{J}_n(k_1a)}{\mathrm{J}_n'(k_1a)} \tag{6.75}$$

所以，有

$$\boldsymbol{H}^s = -\hat{z}\sum_{n=-\infty}^{\infty}\mathrm{j}^{-n}\frac{\mathrm{J}_n(k_0a) - \Gamma_h\mathrm{J}_n'(k_0a)}{\mathrm{H}_n^{(2)}(k_0a) - \Gamma_h\mathrm{H}_n^{(2)'}(k_0a)}\mathrm{H}_n^{(2)}(k_0\rho)\mathrm{e}^{jn\phi} \tag{6.76}$$

6.2 导电楔

本节考虑存在导电楔的情况下线源辐射的重要问题。

假设有一个理想导电楔，其内角为 2α，边缘与 z 轴对齐，现在用线电流源照射该导电楔，即

$$\boldsymbol{J} = \hat{z}I\delta(\rho - \rho') \tag{6.77}$$

如图 6-11 所示，电场为

$$\boldsymbol{E}^i = -\hat{z}\frac{k_0^2I}{4\omega\varepsilon}\mathrm{H}_0^{(2)}(k_0|\rho - \rho'|) \tag{6.78}$$

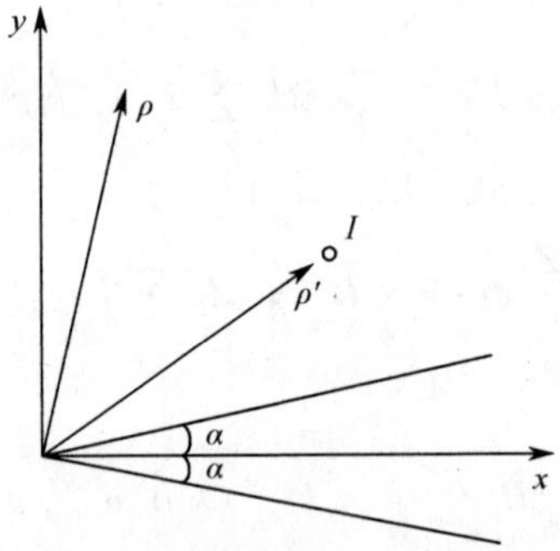

图 6-11　由线源照射的内角为 2α 的导电楔

通过使用 Hankel 函数的叠加定理（式（4.298））来表示圆柱谐波入射场，散射场也可以用类似的方式表达。总绕射场只有 z 分量，这足以满足边界条件，即

$$E_z^t = 0,\ \phi = \alpha,\ 2\pi - \alpha \tag{6.79}$$

该边界条件要求 ϕ 变量由驻波函数表示。当观察点和源点互换时，总场必

须满足互易性。除此之外，$\boldsymbol{E}^t$ 应该在 $\rho = \rho'$ 处连续。

因此，在 $\alpha \leqslant \phi \leqslant 2\pi - \alpha$ 时，有

$$E_z^t = \sum_v \begin{cases} a_v \mathrm{J}_v(k\rho)\mathrm{H}_v^{(2)}(k\rho')\sin v(\phi - \alpha)\sin v(\phi' - \alpha), \rho < \rho' \\ a_v \mathrm{J}_v(k\rho')\mathrm{H}_v^{(2)}(k\rho)\sin v(\phi - \alpha)\sin v(\phi' - \alpha), \rho > \rho' \end{cases} \tag{6.80}$$

显然，在 $\phi = \alpha$ 面上的边界条件是自动满足的。为了在 $\phi = 2\pi - \alpha$ 面满足边界条件，必须选择

$$v = \frac{n\pi}{\Psi_0} \tag{6.81}$$

式中：$\Psi_0 = 2(\pi - \alpha)$ 是外楔角。注意：n 只能取正整数，当讨论边缘附近的电磁场时，再进行说明。

磁场可以从 Faraday 电磁感应定律得到。特别地，绕射磁场的 ϕ 分量由下式给出，即

$$H_\phi^t = \frac{k_0}{\mathrm{j}\omega\mu}\sum_{n=1}^{\infty} \begin{cases} a_v \mathrm{J}_v'(k_0\rho)\mathrm{H}_v^{(2)}(k_0\rho')\sin v(\phi - \alpha)\sin v(\phi' - \alpha), \rho < \rho' \\ a_v \mathrm{J}_v(k_0\rho')\mathrm{H}_v^{(2)\prime}(k_0\rho)\sin v(\phi - \alpha)\sin v(\phi' - \alpha), \rho > \rho' \end{cases} \tag{6.82}$$

为了得出 a_v，考虑源点的磁场必须满足边界条件：

$$\begin{aligned} \boldsymbol{K} &= \hat{\boldsymbol{n}} \times [\boldsymbol{H}^t(\rho'_+) - \boldsymbol{H}^t(\rho'_-)] \\ &= \hat{z}[H_\phi^t(\rho'_+) - H_\phi^t(\rho'_-)] \end{aligned} \tag{6.83}$$

显然，$\boldsymbol{K}$ 是一个集中的电流源。从表面电流的定义式（1.44），有

$$\boldsymbol{K} = \hat{z}\lim_{\Delta \to 0}\int_{-\Delta/2}^{\Delta/2} I\delta(\rho - \rho')\mathrm{d}\rho \tag{6.84}$$

其中积分是在源上进行的，令

$$\delta(\rho - \rho') = \frac{\delta(\rho - \rho')\delta(\phi - \phi')}{\rho'} \tag{6.85}$$

所以，有

$$\begin{aligned} \boldsymbol{K} &= \hat{z}\lim_{\Delta \to 0}\int_{-\Delta/2}^{\Delta/2} \frac{I\delta(\rho - \rho')\delta(\phi - \phi')}{\rho}\mathrm{d}\rho \\ &= \frac{I\delta(\phi - \phi')}{\rho'} \end{aligned} \tag{6.86}$$

将式（6.86）代入式（6.83），得

$$K_z = -\frac{2}{\pi\omega\mu\rho'}\sum_v a_v \sin v(\phi' - \alpha)\sin v(\phi - \alpha) \tag{6.87}$$

而 $\delta(\phi - \phi')$ 的傅里叶表示由下式给出，即

$$\delta(\phi - \phi') = \frac{1}{\pi - a}\sum_v \sin v(\phi' - \alpha)\sin v(\phi - \alpha) \tag{6.88}$$

联立式（6.86）并与式（6.87）的结果相比较，可以得出

$$a_v = -\frac{\omega\mu\pi I}{2(\pi-\alpha)} \tag{6.89}$$

式（6.89）与 n 无关，因此电场由下式给出，即

$$\boldsymbol{E}^t = -\hat{z}\frac{\omega\mu\pi I}{2(\pi-\alpha)}\sum_{n=1}^{\infty}\begin{Bmatrix}\mathrm{J}_v(k\rho)\mathrm{H}_v^{(2)}(k\rho') \\ \mathrm{J}_v(k\rho')\mathrm{H}_v^{(2)}(k\rho)\end{Bmatrix}\sin v(\phi-\alpha)\sin v(\phi'-\alpha) \tag{6.90}$$

式中：$v = \frac{n\pi}{\Psi_0}$。

在远场，$k_0\rho \gg 1$，电场的形式为

$$E_z^t = -\frac{\omega\mu\pi I}{\Psi_0}\sqrt{\frac{2\mathrm{j}}{\pi k}}\frac{\mathrm{e}^{-\mathrm{j}k\rho}}{\sqrt{\rho}}\sum_{n=1}^{\infty}\mathrm{j}^v\mathrm{J}_v(k\rho')\sin v(\phi'-\alpha)\sin v(\phi-\alpha) \tag{6.91}$$

其中，使用 Hankel 函数的大量近似式（4.265），等式（6.91）是在导电楔附近辐射的线源的远场。

图 6-12 显示了在存在导电楔的情况下线源的远场辐射图。

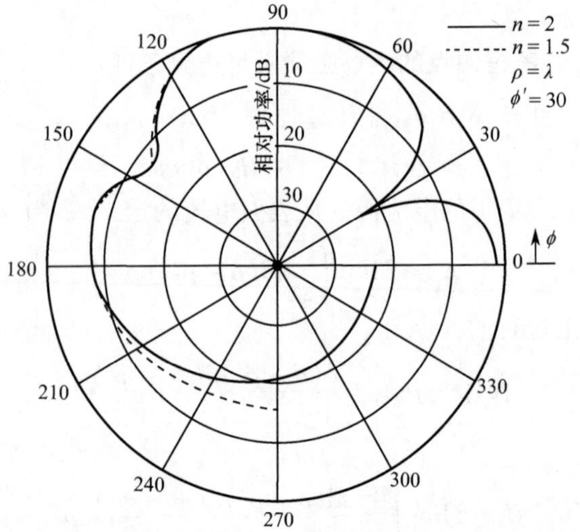

图 6-12 理想导电楔附近的线源的归一化辐射图

为了得到平面波照射下楔形的绕射场，让线源回到无穷大（$k\rho' \to \infty$），即

$$\begin{aligned} E_z^i &= -\frac{k_0^2 I}{4\omega\varepsilon}\mathrm{H}_0^{(2)}(k_0|\rho-\rho'|) \\ &\approx -\frac{k_0^2 I}{4\omega\varepsilon}\sqrt{\frac{2\mathrm{j}}{\pi k_0}}\frac{\mathrm{e}^{-\mathrm{j}k_0[\rho'-\rho\cos(\phi-\phi')]}}{\sqrt{\rho'}} \end{aligned} \tag{6.92}$$

这表示平面波从 $\phi_0 = \phi'$ 入射，极化方式为 TM_z 极化，有

$$E_z^i = E_0\mathrm{e}^{\mathrm{j}k\rho\cos(\phi-\phi_0)} \tag{6.93}$$

其中

$$E_0 = -\frac{k_0^2 I}{4\omega\varepsilon}\sqrt{\frac{2\mathrm{j}}{\pi k_0}}\frac{\mathrm{e}^{-\mathrm{j}k_0\rho'}}{\sqrt{\rho'}} \tag{6.94}$$

所以，绕射电场由下式给出，即

$$\boldsymbol{E}^t = -\hat{z}\frac{4\pi E_0}{\Psi_0}\sum_{n=1}^{\infty}\mathrm{j}^{v}\mathrm{J}_v(k\rho)\sin v(\phi_0-\alpha)\sin v(\phi-\alpha) \tag{6.95}$$

式中：$v = \dfrac{n\pi}{\Psi_0}$。

同理，磁场的方位分量为

$$H_\phi^t = -\mathrm{j}\frac{4\pi E_0 Y_0}{\Psi_0}\sum_{n=1}^{\infty}\mathrm{j}^{v}\mathrm{J}'_v(k\rho)\sin v(\phi_0-\alpha)\sin v(\phi-\alpha) \tag{6.96}$$

6.2.1　半平面

半平面是内角为 $2\alpha = 0$ 的楔形（图6-13），所以，有

$$v = n/2,\ n = 1,2,\cdots;\ a_v = -\frac{\omega\mu I}{2} \tag{6.97}$$

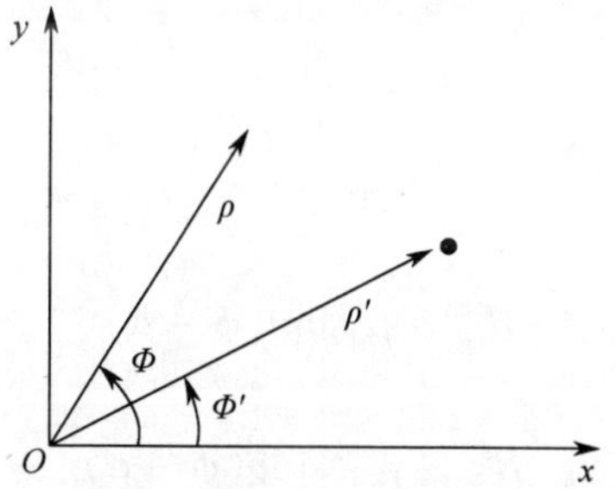

图6-13　线源照射的半平面

将式（6.97）代入式（6.90），在线源存在下的绕射场由下式给出，即

$$E_z^t = -\frac{\omega\mu I}{2}\sum_{n=1}^{\infty}\begin{Bmatrix}\mathrm{J}_{n/2}(k\rho)\mathrm{H}_{n/2}^{(2)}(k\rho'),\ \rho<\rho' \\ \mathrm{J}_{n/2}(k\rho')\mathrm{H}_{n/2}^{(2)}(k\rho),\ \rho>\rho'\end{Bmatrix}\sin\frac{n\phi}{2}\sin\frac{n\phi'}{2} \tag{6.98}$$

对于平面波激励，从式（6.95）可得

$$E_z^t = 2E_0\sum_{n=1}^{\infty}\mathrm{j}^{n/2}\mathrm{J}_{n/2}(k\rho')\sin\frac{n\phi'}{2}\sin\frac{n\phi}{2} \tag{6.99}$$

6.2.2　棱边条件

导电楔附近的电场和磁场分量取决于楔角。Boukamp（1946）发现，可以为理想导电半平面构造无数个解，所有的解都满足麦克斯韦方程和边界条件，Miexner（1949，1972）从物理的角度出发能够通过施加棱边条件消除伪解。

棱边条件表明，边缘附近的功率密度或任何几何奇点必须是可积的，局部能量仍然是有限的。因此，当包围边缘的表面 S 收缩到和边缘相等时，有

$$\mathrm{Re}\int_S \boldsymbol{E} \times \boldsymbol{H}^* \cdot \mathrm{d}\boldsymbol{s} \to 0 \tag{6.100}$$

当在 TM_z 平面波照射的导电楔存在的情况下考虑绕射场式（6.95）和式（6.96）时，有

$$E_z^t = -\frac{4\pi E_0}{\Psi_0}\sum_v \mathrm{j}^v \mathrm{J}_v(k\rho)\sin v(\phi_0 - \alpha)\sin v(\phi - \alpha) \tag{6.101}$$

$$H_\phi^t = -\mathrm{j}\frac{4\pi E_0}{Z_0\Psi_0}\sum_v \mathrm{j}^v \mathrm{J}_v'(k\rho)\sin v(\phi_0 - \alpha)\sin v(\phi - \alpha) \tag{6.102}$$

式中，$v = \dfrac{n\pi}{\Psi_0}$，由 6.2.1 节可知 n 只能采用正值，我们将通过能量来证明这一点。

考虑 Bessel 函数的级数表示，即

$$\mathrm{J}_v(x) = \sum_{m=0}^{\infty}\frac{(-1)^m (x/2)^{2m+v}}{m!\Gamma(m+v+1)} \tag{6.103}$$

在临近边缘（$k\rho \ll 1$）处，通过式（4.257）对式（6.103）进行近似处理，可得

$$\mathrm{J}_v \sim \frac{(k\rho/2)^v}{\Gamma(v+1)} \tag{6.104}$$

取求和式的主项，有

$$E_z^t \sim \rho^v \sin v(\phi - \alpha) \tag{6.105}$$

类似地，有

$$H_\phi^t \sim \rho^{v-1}\sin v(\phi - \alpha) \tag{6.106}$$

$$H_\rho^t \sim \rho^{v-1}\cos v(\phi - \alpha) \tag{6.107}$$

$$J_z \sim \rho^{v-1}\sin v(\phi_0 - \alpha) \tag{6.108}$$

半径 ρ_0 内的总功率（边缘的每单位长度）由下式给出，即

$$\begin{aligned} P &= \int_\alpha^{2\pi-\alpha}\left(\frac{1}{2}\boldsymbol{E} \times \boldsymbol{H}^*\right) \cdot (-\hat{\boldsymbol{\rho}})\rho_0 \mathrm{d}\phi \\ &= \frac{1}{2}\int_\alpha^{2\pi-\alpha} E_z H_\phi^* \rho_0 \mathrm{d}\phi \end{aligned} \tag{6.109}$$

利用场的边场特性可得

$$P = f(\alpha, \phi_0)\rho_0^{2v} \tag{6.110}$$

进一步，约束功率必须保持有限，即

$$\lim_{\rho_0 \to 0} P < \infty \tag{6.111}$$

可得到 $v > 0$，这与我们选择的解形式是一致的。该条件下，自动忽略了解的如下形式：

$$E_z^t = \sum_{n=1}^{\infty} B_v \mathrm{J}_{-v_n}(k\rho)\sin v_n(\phi - \alpha),\ v_n = \frac{n\pi}{\Psi_0} \tag{6.112}$$

因为这种解形式会令局部能量无限大。

同理，考虑 TE_z 极化：

$$H_z^t \sim B + C\rho^v \cos v(\phi - \alpha) \tag{6.113}$$

$$E_\rho^t \sim \rho^{v-1}\sin v(\phi - \alpha) \tag{6.114}$$

$$E_\phi^t \sim \rho^{v-1}\cos v(\phi - \alpha) \tag{6.115}$$

$$J_\rho \sim B + C\rho^v \tag{6.116}$$

可以得出除了对称条件以外的其他结论。

当 $1/2 < v < 1$ 时，垂直于尖劈棱边的场分量、电荷密度以及平行于边缘的电流密度，均像 r^{v-1} 一样变为无穷大。

与边缘平行的场分量和与其垂直的电流密度保持有限大。特别地，与边缘平行的电场像 r^v 一样趋于零。

上述的结论如图 6-14 所示。

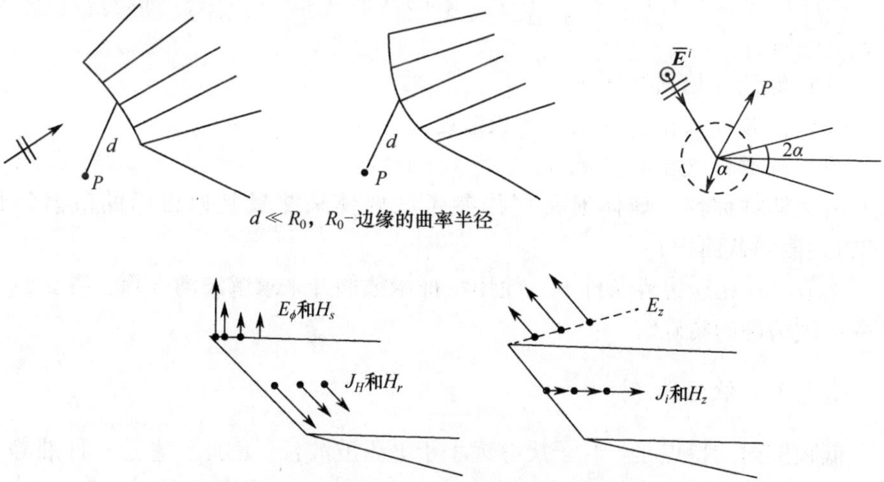

图 6-14　楔形边缘附近的场

特别地，在绕射半平面（$v = 1/2$）附近，边缘场表示为（$k\rho \ll 1$）

$$\boldsymbol{E} \sim \hat{z}A\rho^{1/2}\sin\phi/2 \tag{6.117}$$

$$\boldsymbol{H} \sim \frac{A}{2\mathrm{j}\omega\mu}\rho^{1/2}(\hat{\boldsymbol{\phi}}\sin\phi/2 - \hat{\boldsymbol{\rho}}\cos\phi/2) \tag{6.118}$$

对于 TM_z 极化，有

$$\boldsymbol{H} \sim \hat{z}(B + C\rho^{1/2}\cos\phi/2) \tag{6.119}$$

$$\boldsymbol{E} \sim -\frac{C}{2\mathrm{j}\omega\varepsilon}\rho^{-1/2}(\hat{\boldsymbol{\phi}}\cos\phi/2 + \hat{\boldsymbol{\rho}}\sin\phi/2) \tag{6.120}$$

对于 TE_z 极化，其中 A、B 和 C 是由激励确定的复常数。激励电流如图 6-1 所示。由 TM_z 平面波照射的半平面上的表面感应电流可以写成

$$\boldsymbol{K} = \hat{z}\frac{2E_0}{\mathrm{j}\omega\mu x}\sum_n \frac{n}{2}\mathrm{j}^{n/2}\mathrm{J}_{n/2}(kx)\sin\frac{n\phi_0}{2}[1-(-1)^n]$$

式中：x 是距楔形边缘的距离，该结果显然与棱边条件一致。

通过对边缘附近场奇点的认知，可以预估可能发生电击穿的区域范围，这是高压应用中的重要因素。

可以结合奇点理论到解决棱边问题的数值算法中，这可以增加数值求解的收敛速度。对于没有包含奇点的算法，可通过验证在奇异点（或区域）附近场和源是否与预测一致来检验数值解的精度。同样的检验也适用于解析求解技术。

6.3 球体

球体是为数不多的存在“精确”解的几何体之一。球体的散射可分为以下 3 个区域。

(1) 低频（瑞利）区域。

(2) 中频（共振）区域（米氏散射）。

(3) 高频（光学）区域。

由于其对称性，球体通常用作参考散射体来测量其他目标的散射特性(如雷达散射截面积)。

本节将在相应边界条件下，使用特征函数展开来求解波动方程，得到每个频率区域精确的精确解。

6.3.1 低频散射

低频散射的特点是：粒子尺寸远小于电磁波波长。因此，它是一种准静态解，与均匀静电场中介质球的场分布密切相关。在这种情况下，Helmholtz 波动方程简化为拉普拉斯（Laplace）方程。

考虑在 $+\hat{\boldsymbol{x}}$ 方向上传播 $\hat{z}$ 极化的电场，照射半径为 a，相对介电常数为 ε_r 的介质球，即

$$\boldsymbol{E}^i = \hat{z}E_0\mathrm{e}^{-\mathrm{j}kx} \tag{6.121}$$

在低频近似（$kr \ll 1$）下，入射场为 $\hat{z}$ 方向的均匀静电场为

$$\boldsymbol{E}^i = \hat{z}E_0 = \boldsymbol{E}_0 \tag{6.122}$$

势函数 $\boldsymbol{\Phi}$ 满足球坐标系中的 Lapalace 方程，并且具有方位对称性，采用分离变量法求解方程，可得

$$R_n = C_1 r^n + C_2 r^{-(n+1)} \tag{6.123}$$

$$H_n = P_n(\cos\theta) \tag{6.124}$$

式中：$P_n(\theta)$ 是 Legendre 多项式。

一般解为

$$\Phi(r,\theta) = \sum_{n=0}^{\infty} P_n(\cos\theta)[C_{1n}r^n + C_{2n}r^{-(n+1)}] \tag{6.125}$$

在球体内部，该场在 $r = 0$ 处是有限的，即

$$\Phi_{\text{in}} = \sum_{n=0}^{\infty} A_n r^n P_n(\cos\theta) \tag{6.126}$$

在球体外部，电势应使其产生远离球体的均匀入射电场为

$$\Phi^i = -E_0 z = -E_0 r\cos\theta \tag{6.127}$$

在球体附近，电势由 $r^{-(n+1)}$ 项给出的散射电势补充为

$$\Phi_{\text{out}} = -E_0 r\cos\theta + \sum_{n=0}^{\infty} B_n r^{-(n+1)} P_n(\cos\theta) \tag{6.128}$$

注意：r^n 项不包括在其中，才可以使场保持有限。

现在加上边界条件，在没有表面电流的情况下，电势 Φ 必须满足边界连续：

$$\sum_{n=0}^{\infty} A_n a^n P_n(\cos\theta) = -E_0 a\cos\theta + \sum_{n=0}^{\infty} B_n a^{-(n+1)} P_n(\cos\theta) \tag{6.129}$$

而电通量也应该在边界连续：

$$\varepsilon\sum_{n=0}^{\infty} A_n n a^{n-1} P_n(\cos\theta) = -\varepsilon_0 E_0\cos\theta - \varepsilon_0\sum_{n=0}^{\infty} B_n(n+1)a^{-(n+2)} P_n(\cos\theta) \tag{6.130}$$

使用 Legendre 多项式（4.384）的正交性，可得

$$A_0 = B_0 = 0 \tag{6.131}$$

$$A_n = B_n = 0,\quad n > 1 \tag{6.132}$$

以及

$$A_1 a = B_1 a^{-2} - E_0 a \tag{6.133}$$

$$\varepsilon A_1 = -2\varepsilon_0 B_1 a^{-3} - \varepsilon_0 E_0 \tag{6.134}$$

进而，可得

$$A_1 = -\frac{3E_0}{\varepsilon_r + 2} \tag{6.135}$$

$$B_1 = \frac{\varepsilon_r - 1}{\varepsilon_r + 2}E_0 a^3 \tag{6.136}$$

将式（6.136）代入电势 Φ 的表达式（6.126）中，可得

$$\Phi_{\text{in}} = -\left(\frac{3}{\varepsilon_r + 2}\right)E_0 r\cos\theta \tag{6.137}$$

$$\boldsymbol{\Phi}_{\text{out}} = -E_0 r\cos\theta + \left(\frac{\varepsilon_r - 1}{\varepsilon_r + 2}\right) E_0 \frac{a^3}{r^2}\cos\theta \tag{6.138}$$

注意：内部电势是 $r\cos\theta$ 的函数，也是 z 的函数：

$$\boldsymbol{\Phi}_{\text{in}} = -\left(\frac{3}{\varepsilon_r + 2}\right) E_0 z \tag{6.139}$$

内部场由下式给出，即

$$\boldsymbol{E}_{\text{in}} = \frac{3}{\varepsilon_r + 2}\boldsymbol{E}_0 \tag{6.140}$$

因此，球体内部的场是均匀的，平行于入射场，并且强度低于入射场。外部电势可以写成入射电势和散射电势之和，即

$$\boldsymbol{\Phi}_{\text{out}} = -E_0 z + \left(\frac{\varepsilon_r - 1}{\varepsilon_r + 2}\right) E_0 a^3 \frac{\cos\theta}{r^2} \tag{6.141}$$

右侧第二项与偶极子的势相似。通过电势可得外部电场为

$$\boldsymbol{E}_{\text{out}} = -\nabla\boldsymbol{\Phi}_{\text{out}} = E_0\hat{z} + \left(\frac{\varepsilon_r - 1}{\varepsilon_r + 2}\right) E_0 a^3 \left(-\nabla\left(\frac{\cos\theta}{r^2}\right)\right) \tag{6.142}$$

电场线如图 6-15 所示。

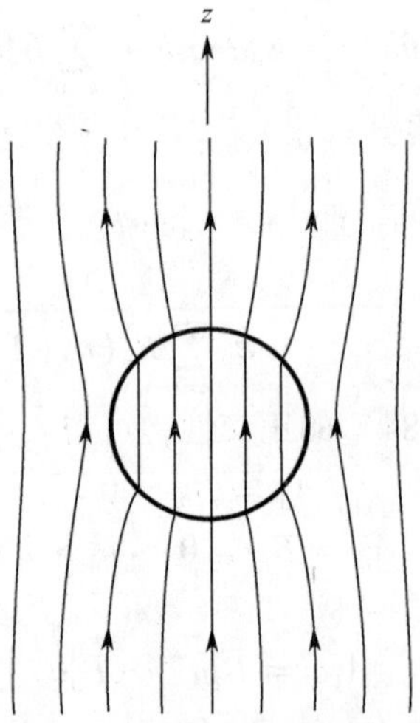

图 6-15　处于 z 方向准静电场中介质球的电场线

由上述可知，介质球的散射势与电偶极子势函数具有等效性。同理，可以定义球内极化矢量（每单位体积的偶极矩），即

$$\boldsymbol{P} = \varepsilon_0 \chi_e \boldsymbol{E}_{\text{in}} = 3\varepsilon_0 \left(\frac{\varepsilon_r - 1}{\varepsilon_r + 2}\right)\boldsymbol{E}_0 \tag{6.143}$$

总偶极矩定义为

$$\boldsymbol{p} = \int \boldsymbol{P}(\boldsymbol{r}')\,\mathrm{d}v' = 4\pi\varepsilon_0 a^3 \frac{\varepsilon_r - 1}{\varepsilon_r + 2}\boldsymbol{E}_0 \tag{6.144}$$

矢量 $\boldsymbol{p}$ 是球体的等效偶极矩，并且出现在 Φ_{out} 的偶极项中。因此，对外部区域而言，介质球引入一个由位于球体中心偶极子 $\boldsymbol{p}$ 表示的扰动。

球体内部的电流密度由下式给出，即

$$\boldsymbol{D}_{\text{in}} = \varepsilon \boldsymbol{E}_{\text{in}} = \frac{3\varepsilon_r}{\varepsilon_r + 2}\boldsymbol{D}_0 \tag{6.145}$$

本节将继续解释偶极子模型对球体散射的作用。通过引入由下式给出的等效体积电流密度 $\boldsymbol{J}_{\text{eq}}$ 来讨论“时变”情况，即

$$\boldsymbol{J}_{\text{eq}} = \text{j}\omega\varepsilon_0(\varepsilon_r - 1)\boldsymbol{E}_{\text{in}} = \text{j}\omega\boldsymbol{P} \tag{6.146}$$

式中：$\boldsymbol{P}$ 为式（6.143）中定义的极化矢量。

电流矩为

$$\boldsymbol{p}_i = \int \boldsymbol{J}_{\text{eq}}\text{d}v = \text{j}\omega\int \boldsymbol{P}\text{d}v = \text{j}\omega\boldsymbol{p} \tag{6.147}$$

使用体等效原理，远离球体的散射场由下式给出，即

$$\boldsymbol{E}^s = -\text{j}k_0 Z_0 \frac{\text{e}^{-\text{j}k_0 r}}{4\pi r}\boldsymbol{N}_t \tag{6.148}$$

式中：$\boldsymbol{N}_t = \boldsymbol{N} - N_r\hat{\boldsymbol{r}}$ 是散射幅度，即

$$\boldsymbol{N} = \int_v \boldsymbol{J}_{\text{eq}}(\boldsymbol{r}')\text{e}^{\text{j}k\boldsymbol{r}'\cdot\hat{\boldsymbol{r}}}\text{d}v' \tag{6.149}$$

是 Schelkunoff 矢量，在低频限制 $\text{e}^{\text{j}k\boldsymbol{r}'\cdot\hat{\boldsymbol{r}}} \simeq 1$ 下，有

$$\boldsymbol{N} = \int_v \boldsymbol{J}_{\text{eq}}(\boldsymbol{r}')\text{d}v' = \text{j}\omega\boldsymbol{p} \tag{6.150}$$

式中：$\boldsymbol{p}$ 是由式（6.144）给出的球体偶极矩，而 $\boldsymbol{N}$（到 $\hat{\boldsymbol{r}}$）的横向分量由下式给出，即

$$\begin{aligned}\boldsymbol{N}_t &= -\text{j}\omega p\sin\theta\hat{\boldsymbol{\theta}} \\ &= -\text{j}\omega 4\pi\varepsilon_0 a^3\left(\frac{\varepsilon_r - 1}{\varepsilon_r + 2}\right)E_0\sin\theta\hat{\boldsymbol{\theta}}\end{aligned} \tag{6.151}$$

因此，可以得到散射电场为

$$E_\theta^s = -\left(\frac{\varepsilon_r - 1}{\varepsilon_r + 2}\right)(ka)^2 E_0\left(\frac{a}{r}\right)\text{e}^{\text{j}kr}\sin\theta \tag{6.152}$$

雷达散射截面积由下式给出，即

$$\sigma = 4\pi\left(\frac{\varepsilon_r - 1}{\varepsilon_r + 2}\right)^2 k^4 a^6 \sin^2\theta \tag{6.153}$$

显然，雷达散射截面与半径 a 的 6 次方成正比，与波长的 4 次方成反比。因此，在瑞利区中，高频波比低频波散射得更多。天空的蓝色可以解释为光谱中蓝色部分比红色部分散射更多。空气分子有助于这种散射机制。

6.3.2 米氏散射

米氏（Mie）散射是指在自由空间中球体对平面波散射的严格解。该问题是最先成功获得理论解的问题之一。与圆柱坐标系不同，球坐标系不具有恒定方向的轴，因此，用于研究圆柱形目标散射的横向磁极化和电极化的定义在这里不再适用。

之前讨论过的 Hertz 电势使用了 Lorenz 规范式（1.152）和式（1.119）。为了解决球体散射问题，需要引入一组新的电势，称为 Debye 电势。Debye 电势是在不同的规范条件下获得的。

通过在时谐情况下结合式（1.103）可以导出电势，即

$$\nabla^2 \boldsymbol{A} - \mu\varepsilon \frac{\partial^2 \boldsymbol{A}}{\partial t^2} = -\mu \boldsymbol{J} + \nabla(\nabla \cdot \boldsymbol{A}) + \mathrm{j}\omega\mu\varepsilon \nabla \Phi \tag{6.154}$$

很明显，使用 Lorenz 规范不会将式（6.154）简化为球坐标系中的简单标量方程。假设 $\boldsymbol{A}$ 只有一个径向分量，即

$$\boldsymbol{A} = \hat{\boldsymbol{r}} A_r \tag{6.155}$$

因此，$\boldsymbol{J}$ 也将具有径向分量。式（6.154）在球坐标系下的形式为

$$\frac{1}{r^2 \sin\theta}\frac{\partial}{\partial \theta}\left(\sin\theta \frac{\partial A_r}{\partial \theta}\right) + \frac{1}{r^2 \sin^2\theta}\frac{\partial^2 A_r}{\partial \phi^2} + k^2 A_r = \mathrm{j}\omega\mu\varepsilon \frac{\partial \Phi}{\partial r} - \mu J_r \tag{6.156}$$

并且

$$-\frac{1}{r}\frac{\partial^2 A_r}{\partial r \partial \theta} = \frac{\mathrm{j}\omega\mu\varepsilon}{r}\frac{\partial \Phi}{\partial \theta} \tag{6.157}$$

$$-\frac{1}{r\sin\theta}\frac{\partial^2 A_r}{\partial r \partial \phi} = \frac{\mathrm{j}\omega\mu\varepsilon}{r\sin\theta}\frac{\partial \Phi}{\partial \phi} \tag{6.158}$$

如果使用 Debye 规则，有

$$\frac{\partial A_r}{\partial r} = -\mathrm{j}\omega\mu\varepsilon\Phi \tag{6.159}$$

ϕ 分量式（6.157）自动满足，并且式（6.156）简化为

$$\frac{1}{r^2}A_r + \frac{1}{r^2 \sin\theta}\frac{\partial}{\partial \theta}\left(\sin\theta \frac{\partial A_r}{\partial \theta}\right) + \frac{1}{r^2 \sin^2\theta}\frac{\partial^2 A_r}{\partial \phi^2} + k^2 A_r = -\mu J_r \tag{6.160}$$

为了将该方程简化成球坐标系中的标量波动方程，采用 Debye 变换，有

$$\mathrm{j}\omega\mu\varepsilon r \pi_{\mathrm{er}}^D = A_r \tag{6.161}$$

式（6.160）变为

$$\nabla^2 \pi_{\mathrm{er}}^D + k^2 \pi_{\mathrm{er}}^D = -\frac{J_r}{\mathrm{j}\omega\varepsilon r} \tag{6.162}$$

换句话说，π_{er}^D 在球坐标系中满足非齐次标量波动方程。电势 π_{er}^D 称为 Debye-Hertz电势。因此，场分量由下式给出，即

$$\begin{cases} \boldsymbol{E} = \nabla\times\nabla\times(r\pi_{\mathrm{er}}^{D}\hat{\boldsymbol{r}}) - \dfrac{J_r}{\mathrm{j}\omega\varepsilon}\hat{\boldsymbol{r}} \\ \boldsymbol{H} = \mathrm{j}\omega\varepsilon\nabla\times(r\pi_{\mathrm{er}}^{D}\hat{\boldsymbol{r}}) \end{cases} \tag{6.163}$$

从上面的分析可以看出，只有径向分量的电场，磁场相对于 r 是横向的，因此，这些场称为 E 模式或 TM_r 模式。通过对偶性，可定义磁 Debye-Hertz 电势满足

$$\nabla^2\pi_{\mathrm{mr}}^{D} + k^2\pi_{\mathrm{mr}}^{D} = -\frac{J_{\mathrm{mr}}}{\mathrm{j}\omega\mu r} \tag{6.164}$$

其产生的场为

$$\begin{cases} \boldsymbol{E} = -\mathrm{j}\omega\mu\nabla\times(r\pi_{\mathrm{mr}}^{D}\hat{\boldsymbol{r}}) \\ \boldsymbol{H} = \nabla\times\nabla\times(r\pi_{\mathrm{mr}}^{D}\hat{\boldsymbol{r}}) - \dfrac{J_{\mathrm{mr}}}{\mathrm{j}\omega\mu}\hat{\boldsymbol{r}} \end{cases} \tag{6.165}$$

称为 H 模式或 TE_r 模式。

由式（6.162）和式（6.164）可得，自由空间中的 Debye-Hertz 电势为

$$\pi_{\mathrm{er}}^{D} = \frac{1}{4\pi\mathrm{j}\omega\varepsilon}\int_V \frac{J_r(\boldsymbol{r}')}{r'}\frac{\mathrm{e}^{-\mathrm{j}k|\boldsymbol{r}-\boldsymbol{r}'|}}{|\boldsymbol{r}-\boldsymbol{r}'|}\mathrm{d}v' \tag{6.166}$$

$$\pi_{\mathrm{mr}}^{D} = \frac{1}{4\pi\mathrm{j}\omega\mu}\int_V \frac{J_{\mathrm{mr}}(\boldsymbol{r}')}{r'}\frac{\mathrm{e}^{-\mathrm{j}k|\boldsymbol{r}-\boldsymbol{r}'|}}{|\boldsymbol{r}-\boldsymbol{r}'|}\mathrm{d}v' \tag{6.167}$$

总场是式（6.163）和式（6.165）的叠加。场分量的形式为

$$\begin{cases} E_r = \dfrac{\partial^2}{\partial r^2}(r\pi_{\mathrm{er}}^{D}) + k^2 r\pi_{\mathrm{er}}^{D} \\ E_\theta = \dfrac{1}{r}\dfrac{\partial^2}{\partial r\,\partial\theta}(r\pi_{\mathrm{er}}^{D}) - \mathrm{j}\omega\mu\dfrac{1}{\sin\theta}\dfrac{\partial\pi_{\mathrm{mr}}^{D}}{\partial\phi} \\ E_\phi = \dfrac{1}{r\sin\theta}\dfrac{\partial^2}{\partial r\,\partial\phi}(r\pi_{\mathrm{er}}^{D}) + \mathrm{j}\omega\mu\dfrac{\partial\pi_{\mathrm{mr}}^{D}}{\partial\theta} \\ H_r = \dfrac{\partial^2}{\partial r^2}(r\pi_{\mathrm{mr}}^{D}) + k^2 r\pi_{\mathrm{mr}}^{D} \\ H_\theta = \mathrm{j}\omega\varepsilon\dfrac{1}{\sin\theta}\dfrac{\partial\pi_{\mathrm{er}}^{D}}{\partial\phi} + \dfrac{1}{r}\dfrac{\partial^2}{\partial r\,\partial\theta}(r\pi_{\mathrm{mr}}^{D}) \\ H_\phi = -\mathrm{j}\omega\varepsilon\dfrac{\partial\pi_{\mathrm{er}}^{D}}{\partial\phi} + \dfrac{1}{r\sin\theta}\dfrac{\partial^2}{\partial r\,\partial\phi}(r\pi_{\mathrm{mr}}^{D}) \end{cases} \tag{6.168}$$

因为矢量 $\boldsymbol{A}$ 和标量势 $\boldsymbol{\Phi}$ 都与 Lorenz 规范有关，即

$$\frac{\partial A_r}{\partial r} + \mathrm{j}\omega\mu\varepsilon\boldsymbol{\Phi} = 0 \tag{6.169}$$

联立式（6.169）和式（6.161），可以得到

$$\boldsymbol{\Phi} = -\frac{\partial(r\pi_{\mathrm{er}}^{D})}{\partial r} \tag{6.170}$$

与式（1.119）进行比较，其中 Hertz 矢量与 $\boldsymbol{\Phi}$ 通过 $\boldsymbol{\Phi} = -\nabla\cdot\boldsymbol{\pi}$ 关联。

现在，考虑自由空间中由沿着 z 方向传播的平面波照射的半径为 a 的介质球，即

$$\boldsymbol{E}^i = \hat{\boldsymbol{x}}E_0\mathrm{e}^{-\mathrm{j}k_0z} \tag{6.171}$$

如图 6-16 所示，入射磁场为

$$\boldsymbol{H}^i = \hat{\boldsymbol{y}}Y_0E_0\mathrm{e}^{-\mathrm{j}k_0z} \tag{6.172}$$

首先应找到入射场的 Debye-Hertz 电势。入射电场的径向分量为

$$\begin{aligned} E_r^i &= E_0\hat{\boldsymbol{x}}\cdot\boldsymbol{r}\mathrm{e}^{-\mathrm{j}k_0z} = E_0\sin\theta\cos\phi\mathrm{e}^{-\mathrm{j}k_0r\cos\theta} \\ &= E_0\cos\phi\frac{1}{\mathrm{j}k_0r}\frac{\partial}{\partial\theta}(\mathrm{e}^{-\mathrm{j}k_0r\cos\theta}) \end{aligned} \tag{6.173}$$

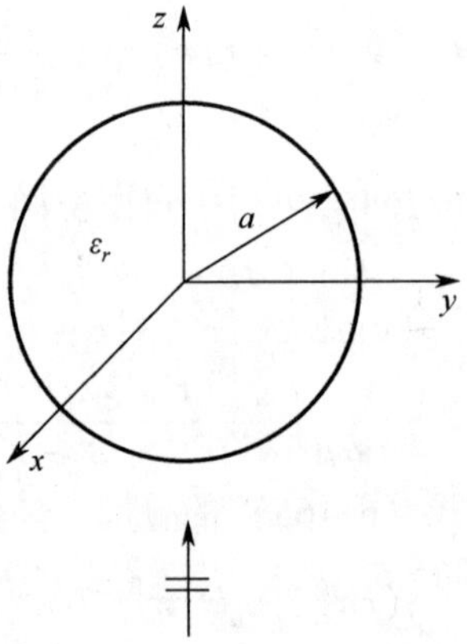

图 6-16　由平面波照射的半径为 a、相对介电常数为 ε_r 的介质球

通过球面波和平面波的转换式（4.405），有

$$\begin{aligned} E_r^i &= E_0\cos\phi\frac{1}{\mathrm{j}k_0r}\frac{\partial}{\partial\theta}\sum_{n=0}^{\infty}\mathrm{j}^{-n}(2n+1)\mathrm{j}_n(k_0r)P_n(\cos\theta) \\ &= \mathrm{j}E_0\frac{\cos\phi}{(k_0r)^2}\sum_{n=1}^{\infty}\mathrm{j}^{-n}(2n+1)\hat{\mathrm{j}}_n(k_0r)P_n^1(\cos\theta) \end{aligned} \tag{6.174}$$

其中

$$P_n^1(\cos\theta) = -\frac{\partial}{\partial\theta}P_n(\cos\theta) \tag{6.175}$$

以及 $\hat{\mathrm{j}}_n(k_0r) = k_0r\mathrm{j}_n(k_0r)$，后一个是由 Schellkunoff 定义的。入射电势满足 Helmholtz 方程式（6.162）。因此，它可以用球坐标系下的谐波函数表示：

$$\pi_{\mathrm{er}}^{Di} = \sum_{m=0}^{\infty}\sum_{n=0}^{\infty}\mathrm{j}_n(k_0r)P_n^m(\cos\theta)(A_{mn}^e\cos m\phi + B_{mn}^e\sin m\phi) \tag{6.176}$$

其中，E_r^i 必须满足

$$E_r^i = \frac{\partial^2}{\partial r^2}(r\pi_{\mathrm{er}}^{Di}) + k_0^2 r\pi_{\mathrm{er}}^{Di} \tag{6.177}$$

用式（6.177）代替式（6.176）中的 π_{er}^{Di}，可以得到

$$\begin{aligned} E_r^i &= \sum_{mn} \frac{n(n+1)}{r} \mathrm{j}_n(k_0 r) P_n^m(\cos\theta)(A_{mn}^e \cos m\phi + B_{mn}^e \sin m\phi) \\ &= \sum_{mn} \frac{n(n+1)}{(k_0 r)^2} \hat{\mathrm{j}}_n(k_0 r) P_n^m(\cos\theta)(A_{mn}^e \cos m\phi + B_{mn}^e \sin m\phi) \end{aligned} \tag{6.178}$$

与式（6.175）中的每一项相进行比较，得到

$$A_{1n}^e = E_0(-\mathrm{j})^{n-1} \frac{2n+1}{k_0 n(n+1)} \tag{6.179}$$

同时

$$A_{mn}^e = B_{mn}^e = 0,\ m \neq 1 \tag{6.180}$$

因此，入射电场的 Debye 电势为

$$\pi_{\mathrm{er}}^{Di} = \frac{E_0 \cos\phi}{k_0^2 r} \sum_{n=1}^{\infty} (-\mathrm{j})^{n-1} \frac{2n+1}{n(n+1)} \hat{\mathrm{j}}_n(k_0 r) P_n^1(\cos\theta) \tag{6.181}$$

通过对偶，也可以得到

$$\pi_{\mathrm{mr}}^{Di} = \frac{Y_0 E_0 \sin\phi}{k_0^2 r} \sum_{n=1}^{\infty} (-\mathrm{j})^{n-1} \frac{2n+1}{n(n+1)} \hat{\mathrm{j}}_n(k_0 r) P_n^1(\cos\theta) \tag{6.182}$$

可以从 Debye 散射电势得到散射场，并且必须满足辐射条件，因此，有

$$\pi_{\mathrm{er}}^{Ds} = \frac{E_0 \cos\phi}{k_0^2 r} \sum_{n=1}^{\infty} a_n \hat{\mathrm{h}}_n^{(2)}(k_0 r) P_n^1(\cos\theta) \tag{6.183}$$

$$\pi_{\mathrm{mr}}^{Ds} = \frac{Y_0 E_0 \sin\phi}{k_0^2 r} \sum_{n=1}^{\infty} b_n \hat{\mathrm{h}}_n^{(2)}(k_0 r) P_n^1(\cos\theta) \tag{6.184}$$

总电势为

$$\begin{aligned} \pi_{\mathrm{er}}^{D} &= \pi_{\mathrm{er}}^{Di} + \pi_{\mathrm{er}}^{Ds} \\ &= \frac{E_0 \cos\phi}{k_0^2 r} \sum_{n=1}^{\infty} \left[(-\mathrm{j})^{n-1} \frac{2n+1}{n(n+1)} \hat{\mathrm{j}}_n(k_0 r) + a_n \hat{\mathrm{h}}_n^{(2)}(k_0 r) \right] P_n^1(\cos\theta) \\ \pi_{\mathrm{mr}}^{D} &= \pi_{\mathrm{mr}}^{Di} + \pi_{\mathrm{mr}}^{Ds} \\ &= \frac{Y_0 E_0 \sin\phi}{k_0^2 r} \sum_{n=1}^{\infty} \left[(-\mathrm{j})^{n-1} \frac{2n+1}{n(n+1)} \hat{\mathrm{j}}_n(k_0 r) + a_n \hat{\mathrm{h}}_n^{(2)}(k_0 r) \right] P_n^1(\cos\theta) \end{aligned} \tag{6.185}$$

外部绕射场可以由 π_{er}^{D} 和 π_{mr}^{D} 表示，内部场由下式给出：

$$\pi_{\mathrm{er}}^{D_{\mathrm{in}}} = \frac{E_0 \cos\phi}{k_1^2 r} \sum_{n=1}^{\infty} c_n \hat{\mathrm{j}}_n(k_1 r) P_n^1(\cos\theta) \tag{6.186}$$

$$\pi_{\mathrm{mr}}^{D_{\mathrm{in}}} = \frac{Y_1 E_0 \sin\phi}{k_1^2 r} \sum_{n=1}^{\infty} d_n \hat{\mathrm{j}}_n(k_1 r) P_n^1(\cos\theta) \tag{6.187}$$

其中 $Y_1=\sqrt{\varepsilon_1/\mu_1}$ 且 $k_1=\omega\sqrt{\varepsilon_1\mu_1}$ 分别是固有导纳和球体内的波数。

为了找到系数 a_n、b_n、c_n 和 d_n，在球体表面上应用边界条件，即在 $r=a$ 处电场和磁场的切向分量是连续的。然而，从式（6.168）可以看出，这些边界条件包含 π_{er}^D 和 π_{mr}^D 的组合。为了简化边界条件，注意到，如果考虑线性组合 $\partial(\sin\theta E_\theta)/\partial\theta+\partial E_\phi/\partial\phi$，其中 $\partial(r\pi_{\mathrm{er}}^D)/\partial r$ 一定在边界面处是连续的，类似地，取 $\partial E_\theta/\partial\phi-\partial(\sin\theta E_\phi)/\partial\theta$，可以发现，$\mu\pi_{\mathrm{mr}}^D$ 在 $r=a$ 处一定是连续的。因此，有

$$\frac{\partial(r\pi_{\mathrm{er}}^D)}{\partial r}=\frac{\partial(r\pi_{\mathrm{er}}^{D_{\mathrm{in}}})}{\partial r}\tag{6.188}$$

$$\mu_1\pi_{\mathrm{mr}}^D=\mu_0\pi_{\mathrm{mr}}^{D_{\mathrm{in}}}\tag{6.189}$$

对磁场切向分量的类似考虑给出了 $\partial(r\pi_{\mathrm{mr}}^D)/\partial r$ 和 $\varepsilon\pi_{\mathrm{er}}^D$ 一定在球面上连续的边界条件。因此，有

$$\frac{\partial(r\pi_{\mathrm{mr}}^D)}{\partial r}=\frac{\partial(r\pi_{\mathrm{mr}}^{D_{\mathrm{in}}})}{\partial r}\tag{6.190}$$

$$\varepsilon_1\pi_{\mathrm{er}}^D=\varepsilon_0\pi_{\mathrm{er}}^{D\mathrm{in}}\tag{6.191}$$

代替最后两组方程中的总电势并求解未知系数，得

$$a_n=\frac{\mathrm{j}^{-n}(2n+1)}{n(n+1)}\frac{\sqrt{\varepsilon_0\mu_1}\,\hat{\mathrm{j}}_n(\alpha)\hat{\mathrm{j}}_n'(\beta)-\sqrt{\varepsilon_1\mu_0}\,\hat{\mathrm{j}}_n'(\alpha)\hat{\mathrm{j}}_n(\beta)}{\sqrt{\varepsilon_1\mu_0}\,\hat{\mathrm{h}}_n^{(2)\prime}(\alpha)\hat{\mathrm{j}}_n(\beta)-\sqrt{\varepsilon_0\mu_1}\,\hat{\mathrm{h}}_n^{(2)}(\alpha)\hat{\mathrm{j}}_n'(\beta)}\tag{6.192}$$

$$b_n=\frac{\mathrm{j}^{-n}(2n+1)}{n(n+1)}\frac{\sqrt{\varepsilon_0\mu_1}\,\hat{\mathrm{j}}_n'(\alpha)\hat{\mathrm{j}}_n(\beta)-\sqrt{\varepsilon_1\mu_0}\,\hat{\mathrm{j}}_n(\alpha)\hat{\mathrm{j}}_n'(\beta)}{\sqrt{\varepsilon_1\mu_0}\,\hat{\mathrm{h}}_n^{(2)}(\alpha)\hat{\mathrm{j}}_n'(\beta)-\sqrt{\varepsilon_0\mu_1}\,\hat{\mathrm{h}}_n^{(2)\prime}(\alpha)\hat{\mathrm{j}}_n(\beta)}\tag{6.193}$$

$$c_n=\frac{\mathrm{j}^{-n}(2n+1)}{n(n+1)}\frac{-\mathrm{j}\sqrt{\varepsilon_1\mu_0}}{\sqrt{\varepsilon_1\mu_0}\,\hat{\mathrm{h}}_n^{(2)\prime}(\alpha)\hat{\mathrm{j}}_n(\beta)-\sqrt{\varepsilon_0\mu_1}\,\hat{\mathrm{h}}_n^{(2)}(\alpha)\hat{\mathrm{j}}_n'(\beta)}\tag{6.194}$$

$$d_n=\frac{\mathrm{j}^{-n}(2n+1)}{n(n+1)}\frac{\mathrm{j}\sqrt{\varepsilon_0\mu_1}}{\sqrt{\varepsilon_1\mu_0}\,\hat{\mathrm{h}}_n^{(2)}(\alpha)\hat{\mathrm{j}}_n'(\beta)-\sqrt{\varepsilon_0\mu_1}\,\hat{\mathrm{h}}_n^{(2)\prime}(\alpha)\hat{\mathrm{j}}_n(\beta)}\tag{6.195}$$

其中 $\alpha=k_0a$，$\beta=k_1a$，对于小球体，$k_1a\ll1$，只有 $n=1$ 项为主项，即

$$a_n=-(ka)^3\frac{\varepsilon_1-\varepsilon}{\varepsilon_1+2\varepsilon},\ b_n=-(ka)^3\frac{\mu_1-\mu}{\mu_1+2\mu}\tag{6.196}$$

并且米氏散射变成瑞利散射。

通过让 $\varepsilon_1\to\infty$ 和 $\mu_1=0$，可以将上述分析扩展到理想导电球体。作为频率的函数，导电球的归一化雷达散射截面如图 6-17 所示。在低频区，瑞利散射是有效的；在高频区中，雷达散射截面接近光学几何截面；在中频中，共振米氏散射占主导地位。

对于平面波入射到导电球上，远区散射场不会在前后方向上发生极化相消。

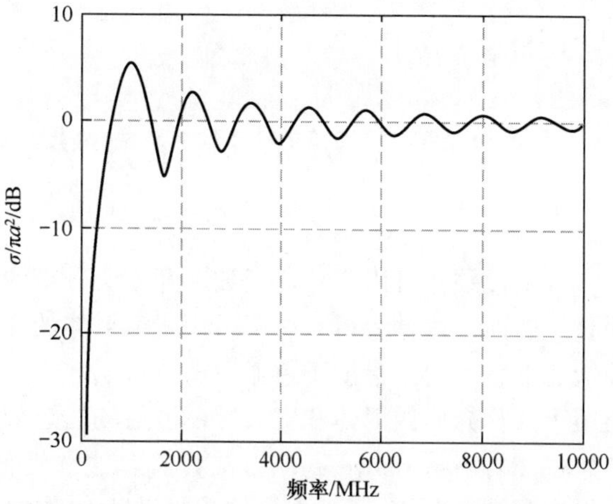

图 6-17　半径为 5cm 的理想导电球体的单站雷达散射截面的频率函数

习题 6

6.1　考虑一个 TM_z 平面波在 $\phi_0 = 180°$ 方向照射无限长导电圆柱。

（1）利用特征函数展开，求出双站雷达回波宽度。

（2）绘制 $ka = 1$、$ka = 5$ 和 $ka = 10$ 的双站回波宽度图。

（3）计算出电细导线（$ka \ll 1$）的结果。

6.2　半径为 a 的理想导电圆柱体，被半径 $b > a$ 的非磁性电介质包围，并由 TM_z 平面波 $\boldsymbol{E}^i = \hat{z}e^{-jk_0x}$ 照射。写出在 $\rho \geqslant b$ 区域中的散射场。

6.3　半径为 a、介电常数为 ε_1 且磁导率为 μ_1 的均匀介电圆柱体的轴线与 z 轴平行，将其浸入介电常数为 ε 和磁导率为 μ 的介质中。如果圆柱体被如下平面波照射 $\boldsymbol{H}^i = \hat{z}e^{-jkx}$，写出散射场。

6.4　通过式（6.153），找出瑞利区中介质球的散射截面 σ_s、吸收截面 σ_a、散射反照率 W_0 和吸收效率 Q_s。

第 7 章 近似计算方法

在第 6 章中，讨论过一些可以用特征函数展开方法分析的散射问题，这些问题称为规范问题。然而，这种分析方法不可用于散射体的几何结构较为复杂的情况。在这种情况下，不得不借助于近似数值方法。

本章将介绍用于计算介质散射体和电大导体散射场的近似方法。针对低对比度介质目标，采用 Rayleigh-Debye 近似方法计算，这种近似也称为 Born 近似。在本章中，也将回顾高阶 Born 近似，给出这些近似收敛的条件，并讨论介电常数在平均值附近波动的介电物体的电磁散射。对于大型导体目标，采用物理光学近似计算，当目标的典型尺寸和曲率半径比工作波长大时，物理光学近似是有效的。物理光学近似属于渐近方法的一类，适用于高频段。

7.1 Rayleigh-Debye 近似方法

考虑到一个由自由空间中入射平面波照射低对比度的介质散射体，其相对介电常数接近于 1（$\varepsilon_r \approx 1$），即

$$\boldsymbol{E}^i = \boldsymbol{E}_0 \, \mathrm{e}^{-\mathrm{j}k_0\boldsymbol{r}\cdot\hat{\boldsymbol{i}}} \tag{7.1}$$

为了计算散射场，运用体积场等效原则（参看 5.1 节）。等效体电流由式（3.56）给出，表示为

$$\boldsymbol{J}_e = \mathrm{j}\omega\,\varepsilon_0(\varepsilon_\mathrm{r} - 1)\boldsymbol{E} \tag{7.2}$$

对于自由空间中的电流，可用式（2.71）计算其产生的散射场。因此，有

$$\boldsymbol{E}^s = -\,\mathrm{j}k\,Z_0\,\frac{\mathrm{e}^{-\mathrm{j}kr}}{4\pi r}(-\,\hat{\boldsymbol{r}}\times\hat{\boldsymbol{r}}\times\boldsymbol{N}) \tag{7.3}$$

其中

$$\boldsymbol{N} = \int_V \boldsymbol{J}_e(\boldsymbol{r}')\,\mathrm{e}^{\mathrm{j}k\boldsymbol{r}'\cdot\hat{\boldsymbol{r}}}\mathrm{d}v' \tag{7.4}$$

这里，电流 $\boldsymbol{J}_e$ 是未知的，可以由散射体内部电场表示。现在考虑式（7.3）中的散射振幅的最低阶近似。

对于低对比度的介质体，其内部电场可通过其入射场近似，即

$$\boldsymbol{E}^{[0]} = \boldsymbol{E}^i + \boldsymbol{E}^s \approx \boldsymbol{E}^i \tag{7.5}$$

式（7.5）是总内部场的零阶近似值，等效电流可以由下式给出，即

$$\boldsymbol{J}_e = \mathrm{j}\omega\,\varepsilon_0(\varepsilon_r - 1)\boldsymbol{E}_0\,\mathrm{e}^{-\mathrm{j}k_0\boldsymbol{r}\cdot\hat{\boldsymbol{l}}} \tag{7.6}$$

以上的近似方法称为 Rayleigh-Debye 近似方法，其适用条件为

$$(\varepsilon_r - 1)kD \ll 1 \tag{7.7}$$

式中：D 表示散射体的最大维度。

将式（7.6）代入式（7.3），得到散射场的一阶近似如下：

$$\boldsymbol{E}^{s[1]} = \frac{k_0^2}{4\pi}(-\hat{\boldsymbol{r}}\times\hat{\boldsymbol{r}}\times\boldsymbol{E}_0)\int_V \chi_e(\boldsymbol{r}')\,\mathrm{e}^{-\mathrm{j}k_0\hat{\boldsymbol{\xi}}\cdot\boldsymbol{r}'}\mathrm{d}v' \tag{7.8}$$

此处，$\chi_e = \varepsilon_r - 1$ 是目标的电极化率，有

$$\hat{\boldsymbol{\xi}} = (\hat{\boldsymbol{l}} - \hat{r}),\ |\hat{\boldsymbol{l}}| = 2\sin(\vartheta/2) \tag{7.9}$$

式中：ϑ 是 $\hat{\boldsymbol{l}}$ 与 $\hat{\boldsymbol{r}}$ 之间的夹角，很明显，$\hat{\boldsymbol{\xi}}$ 由入射角和观察角度决定。以上关于散射场的表述称为一阶 Born 近似。

可以看出，散射场正比于在波数 k_ξ 处评估的电磁化率 χ_e 的傅里叶变换。

对于二维问题，表达式（7.7）归纳为

$$k_0 D\sqrt{\varepsilon_r - 1} < \pi \tag{7.10}$$

例 7.1 如图 7-1 所示，一个由平面横磁波照射的半径为 a 的无限长低对比度介质圆柱：

$$\boldsymbol{E}^i(\boldsymbol{r}) = \hat{\boldsymbol{z}}\,\mathrm{e}^{-\mathrm{j}k_0\hat{\boldsymbol{l}}\cdot\rho} \tag{7.11}$$

这是一个二维问题。用 Born 近似方法，得到

$$\boldsymbol{J}_e = \mathrm{j}\omega\,\varepsilon_0\,\hat{\boldsymbol{z}}\chi_e\,\mathrm{e}^{-\mathrm{j}k_0\hat{\boldsymbol{l}}\cdot\rho}$$

散射场由下式给出，即

$$\boldsymbol{E}^s = \nabla\nabla\cdot\boldsymbol{\pi}^s + k_0^2\,\boldsymbol{\pi}^s$$

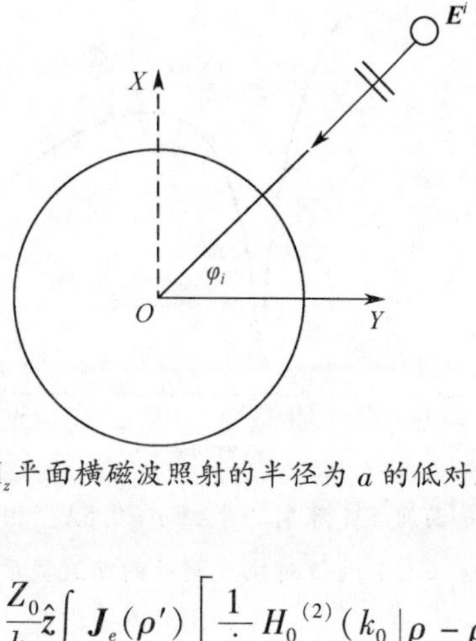

图 7-1 由TM_z平面横磁波照射的半径为 a 的低对比度介质圆柱

此处

$$\boldsymbol{\pi}^s = -\mathrm{j}\frac{Z_0}{k_0}\hat{z}\int_S \boldsymbol{J}_e(\rho')\left[\frac{1}{\mathrm{j}}H_0^{(2)}(k_0|\rho - \rho'|)\right]\mathrm{d}s'$$

由于 $\boldsymbol{J}_e$ 是沿 z 轴方向且大小与 z 无关，上式右边的第一项等于零，可以得到

$$E_z^s = -\mathrm{j}\frac{k_0^2}{4}\chi\int_S \mathrm{e}^{-\mathrm{j}k_0\hat{i}\cdot\rho'}\,\mathrm{e}^{-\mathrm{j}k_0|\rho-\rho'|}\mathrm{d}s'$$

用 Hankel 函数的渐近展开，得到

$$E_z^s = -\mathrm{j}\frac{k_0^2}{4}\sqrt{\frac{2\mathrm{j}}{\pi k_0}}\frac{\mathrm{e}^{-\mathrm{j}k_0\rho}}{\sqrt{\rho}}\chi_e\int_0^a\rho'\int_0^{2\pi}\mathrm{e}^{-\mathrm{j}k_\xi\rho'\cos\phi'}\mathrm{d}\phi'\mathrm{d}\rho'$$

利用恒等式

$$\frac{1}{2\pi}\int_0^{2\pi}\mathrm{e}^{-\mathrm{j}k\rho}\mathrm{d}\phi = J_0(k\rho),\quad \int x J_0(x)\mathrm{d}x = xJ_1(x)$$

得到

$$E_z^s = -\mathrm{j}\frac{k_0^2}{4}\sqrt{\frac{2j}{\pi k_0}}\frac{\mathrm{e}^{-\mathrm{j}k_0\rho}}{\sqrt{\rho}}\chi_e 2\pi k_\xi a^2 J_1(k_\xi a)/k_\xi a$$

此处

$$k_\xi = 2k_0\sin(\phi_s - \phi_i)$$

对于介质圆柱式（7.10）归纳为

$$\frac{a}{\lambda_0}\sqrt{\chi_e} < 0.25$$

半径 $a=0.5\lambda$、相对介电常数 $\varepsilon_r=1.1$ 的低对比度圆柱的回波宽度如图 7-2 所示。

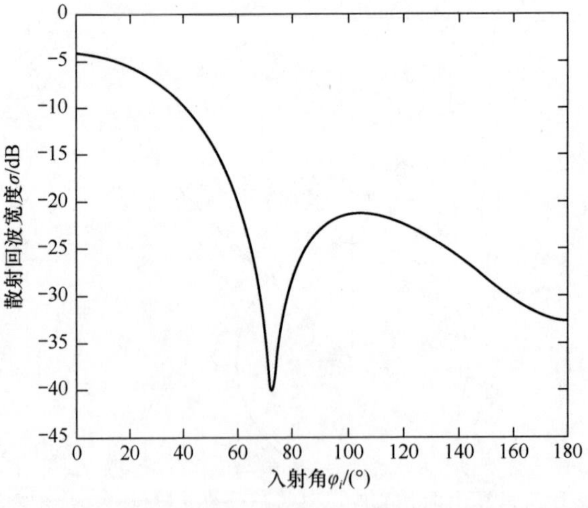

图 7-2　由平面波 TM_z 照射的半径 $a=0.5\lambda$、相对介电常数 $\varepsilon_r=1.1$ 的低对比度圆柱的回波宽度

如果把内部总场的一阶近似写成

$$\boldsymbol{E}^{[1]} \approx \boldsymbol{E}^{i} + \boldsymbol{E}^{s[0]} \tag{7.12}$$

二阶散射场表示为

$$\boldsymbol{E}^{s[2]} = -\mathrm{j}k Z_0 \frac{\mathrm{e}^{-\mathrm{j}kr}}{4\pi r}\left(-\hat{\boldsymbol{r}} \times \hat{\boldsymbol{r}} \times \int_V \mathrm{j}\omega\, \varepsilon_r \chi_e(\boldsymbol{r}')(\boldsymbol{E}^{i} + \boldsymbol{E}^{s[0]})(\boldsymbol{r}')\, \mathrm{e}^{\mathrm{j}k\boldsymbol{r}'\cdot\hat{\boldsymbol{r}}}\mathrm{d}v'\right) \tag{7.13}$$

散射场的 $i+1$ 阶 Born 近似可以近似表示为

$$\boldsymbol{E}^{s[i+1]} = -\mathrm{j}k Z_0 \frac{\mathrm{e}^{-\mathrm{j}kr}}{4\pi r}\left(-\hat{\boldsymbol{r}} \times \hat{\boldsymbol{r}} \times \int_V \mathrm{j}\omega\, \varepsilon_r \chi_e(\boldsymbol{r}')(\boldsymbol{E}^{i} + \boldsymbol{E}^{s[i]})(\boldsymbol{r}')\, \mathrm{e}^{\mathrm{j}k\boldsymbol{r}'\cdot\hat{\boldsymbol{r}}}\mathrm{d}v'\right) \tag{7.14}$$

7.2　物理光学近似

考虑自由空间中，由平面波照射一个理想导体，通过物理光学表面近似处理，散射场可看成是目标产生的表面感应电流 $\boldsymbol{K}$ 在自由空间形成的辐射。根据式（5.3）和式（5.4），目标远区的散射电场可表示为

$$\begin{aligned}\boldsymbol{E}^{s} &= E_0 \frac{\mathrm{e}^{-\mathrm{j}k_0 R}}{R}\boldsymbol{f}(\hat{\boldsymbol{s}},\hat{\boldsymbol{l}}) \\ &= -\mathrm{j}k Z_0 E_0 \frac{\mathrm{e}^{-\mathrm{j}k_0 R}}{R}\int_S [-\hat{\boldsymbol{s}} \times \hat{\boldsymbol{s}} \times \boldsymbol{K}(\boldsymbol{r}')]\, \mathrm{e}^{\mathrm{j}k_0\boldsymbol{r}'\cdot\hat{\boldsymbol{s}}}\mathrm{d}s'\end{aligned} \tag{7.15}$$

此处，S 为导体的外表面。双站雷达截面积表示为

$$\begin{aligned}\sigma_{bi}(\hat{\boldsymbol{s}},\hat{\boldsymbol{l}}) &= 4\pi\, |\boldsymbol{f}(\hat{\boldsymbol{s}},\hat{\boldsymbol{l}})|^2 \\ &= \frac{k_0^2 Z_0^2}{4\pi}\left|\int_S [-\hat{\boldsymbol{s}} \times \hat{\boldsymbol{s}} \times K(r')]\, \mathrm{e}^{\mathrm{j}k_0\boldsymbol{r}'\cdot\hat{\boldsymbol{s}}}\mathrm{d}s'\right|^2\end{aligned} \tag{7.16}$$

上述散射计算均依赖于等效电流 $\boldsymbol{K}$ 的估值，而等效电流目前还是一个未知量。

为了计算感应电流，利用电场或磁场在面 S 上的切向分量的边界条件来建立关于 $\boldsymbol{K}$ 的积分方程，所得的积分方程可用数值方法求解。然而，如果可以用近似计算方法来估算表面电流，那么，散射场就可以直接计算出来。

现在假设目标为电大导体，则其表面电流可以用物理光学近似式（3.79）表示，即

$$\boldsymbol{K} \approx \boldsymbol{K}_{p0} = \begin{cases} 2\hat{\boldsymbol{n}} \times \boldsymbol{H}^{i}, & \text{在照明区} \\ 0, & \text{在阴影区} \end{cases} \tag{7.17}$$

散射电场和双站雷达截面积可以通过式（7.15）和式（7.16）直接计算出来。

例 7.2　由平面横磁波 TM_z 照射位于 xz 平面宽度为 ω 的薄导体片，计算其

物理光学散射。

如图 7-3 所示，导体片由沿 $\boldsymbol{E}$ 方向极化的平面波以入射角 ϕ_i 照射，则

$$\boldsymbol{E}^i = \hat{z} E_0 \mathrm{e}^{\mathrm{j}k_0(x\cos\phi_i + y\sin\phi_i)}$$

$$\boldsymbol{H}^i = \frac{E_0}{Z_0}(-\hat{\boldsymbol{x}}\sin\phi_i + \hat{\boldsymbol{y}}\cos\phi_i)\,\mathrm{e}^{\mathrm{j}k_0(x\cos\phi_i + y\sin\phi_i)}$$

用物理光学近似计算表面电流，得

$$\boldsymbol{K}_{p0} = 2\hat{\boldsymbol{n}} \times \boldsymbol{H}^i, y = 0$$

或等效为

$$\boldsymbol{K}_{p0} = \hat{z}\frac{2E_0}{Z_0}\sin\phi_i\,\mathrm{e}^{\mathrm{j}k_0\cos\phi_i}$$

散射场为

$$\boldsymbol{E}^s = \nabla\nabla\cdot\boldsymbol{\pi}^s + k_0^2\boldsymbol{\pi}^s$$

此处

$$\boldsymbol{\pi}^s = -\mathrm{j}\frac{Z_0}{K_0}\int_{-\omega/2}^{\omega/2}\boldsymbol{E}_{p0}(\boldsymbol{\rho}')\left[\frac{1}{\mathrm{j}}H_0^{(2)}(k_0|\boldsymbol{\rho}-\boldsymbol{\rho}'|)\right]\mathrm{d}l' \tag{7.18}$$

由于 $\boldsymbol{\pi}^s$ 是沿 z 轴方向且模值与 z 无关，故散射场可表示为

$$\boldsymbol{E}^s = \frac{k_0 Z_0}{4}\int_{-\omega/2}^{\omega/2}\boldsymbol{K}_{p0}(x')H_0^{(2)}(k_0|\boldsymbol{\rho}-\boldsymbol{\rho}'|)\mathrm{d}x'$$

此处 ϕ 是观察角度。

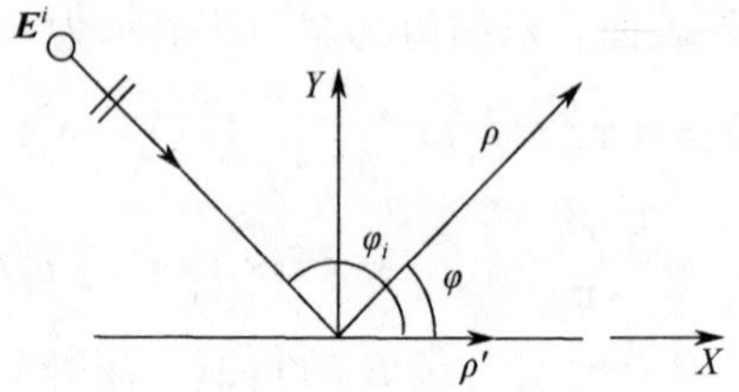

图 7-3　由平面横磁波 TM_z 照射的宽度为 w 的理想导体片

用 Hankel 函数的大参数展开代替表面电流，电导片远区散射场可表示为

$$E_z^s = -\frac{k_0 E_0}{2}\sqrt{\frac{2\mathrm{j}}{\pi k_0}}\frac{\mathrm{e}^{-\mathrm{j}k_0\rho}}{\sqrt{\rho}}\sin\phi_i\int_{-\omega/2}^{\omega/2}\mathrm{e}^{\mathrm{j}k_0x'(\cos\phi_i+\cos\phi)}\mathrm{d}x'$$

$$= -\frac{k_0\omega E_0}{2}\sqrt{\frac{2\mathrm{j}}{\pi k_0}}\frac{\mathrm{e}^{-\mathrm{j}k_0\rho}}{\sqrt{\rho}}\sin\phi_i\,\mathrm{sinc}\left[\frac{k_0\omega}{2}(\cos\phi + \cos\phi_i)\right]$$

双站回波宽度可表示为

$$\boldsymbol{\sigma}^{2d} = \lim_{\rho\to\infty}2\pi\rho\frac{|\boldsymbol{E}^s|^2}{|\boldsymbol{E}_i|^2}$$

或者

$$\sigma^{2d}/\lambda = (k_0\omega)^2 \sin^2 \phi_i \sin c^2 \left[\frac{k_0\omega}{2}(\cos\phi + \cos\phi_i)\right]$$

对于单站回波宽度，当 $\phi = \phi_i$ 时，可得

$$\sigma^{2d}/\lambda = (k_0\omega)^2 \sin^2\phi \mathrm{sinc}^2(k_0\omega\cos\phi)$$

由平面波以 60° 入射角照射的宽度为 2λ 的导体片，其双站回波宽度如图 7-4所示。很明显，在 120° 的镜向出现最大的回波宽度。相同导体片的单站回波宽度如图 7-5 所示。

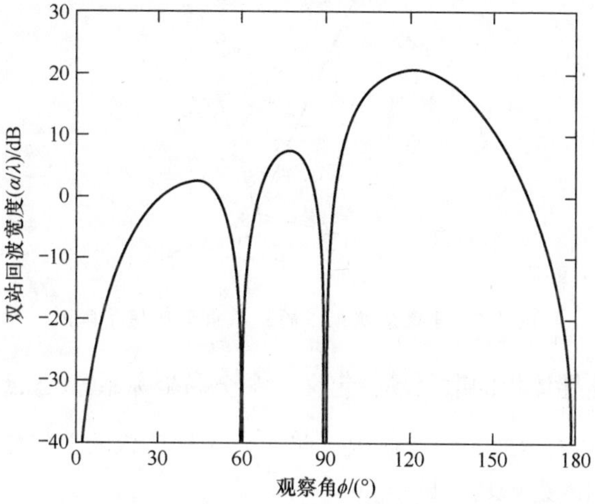

图 7-4　宽度为 2λ 的导体片以入射角 $\phi_i = 60°$ 照射时的横磁波 TM_z 双站回波宽度

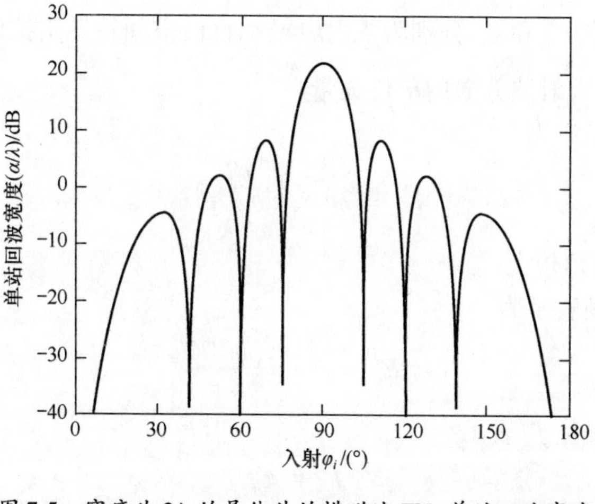

图 7-5　宽度为 2λ 的导体片的横磁波 TM_z 单站回波宽度

由以上例子可知，物理光学近似的基本假设是导体片无限宽，电流不满足棱边条件导体。因此，棱边的后向散射回波宽度为零。

7.2.1 正三角形理想导体板的散射

平面波照射下的正三角形理想导体板如图 7-6 所示，这是一个物理光学散射在近场区可以计算的模型。

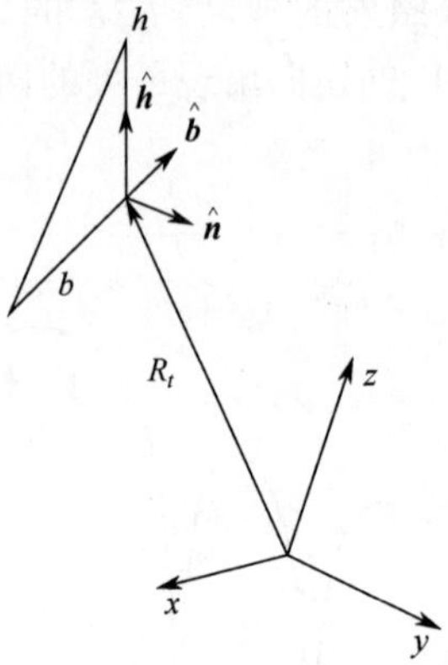

图 7-6 平面波照射下的正三角形理想导体板

为了计算此导体板的散射场，定义一个全局坐标系 $(\hat{\boldsymbol{x}},\hat{\boldsymbol{y}},\hat{\boldsymbol{z}})$ 和一个局部坐标系 $(\hat{\boldsymbol{b}},\hat{\boldsymbol{h}},\hat{\boldsymbol{n}})$ 来表示此三角导体板，此处 $\hat{\boldsymbol{n}}$ 为导体板的单位法矢量。

用下式表示入射磁场，即

$$\boldsymbol{H}^i = \hat{\boldsymbol{h}}^i \frac{E_0}{Z_0} \mathrm{e}^{\mathrm{j}k_0\hat{\boldsymbol{l}}\cdot\boldsymbol{r}} \tag{7.19}$$

式中：$\hat{\boldsymbol{h}}^i$ 表示当 E_0^i 和 Z_0 分别为入射电场和自由空间特性阻抗的振幅时入射磁场的极化；$\hat{\boldsymbol{l}}$ 为入射波方向的单位矢量。

物理光学电流为

$$\boldsymbol{K}_{p0} = 2\hat{\boldsymbol{n}} \times \hat{\boldsymbol{h}}^i \frac{E_0}{Z_0} \mathrm{e}^{\mathrm{j}k_0\hat{\boldsymbol{l}}\cdot\boldsymbol{r}'} \tag{7.20}$$

式中：$\boldsymbol{r}'$位于三角板上。

远区散射场表示为

$$\boldsymbol{E}^s = \boldsymbol{f}(\hat{\boldsymbol{s}},\hat{\boldsymbol{l}}) \frac{\mathrm{e}^{-\mathrm{j}k_0 r}}{r} \tag{7.21}$$

散射振幅矢量 $\boldsymbol{f}^s$ 表示为

$$\boldsymbol{f}^s = \hat{\boldsymbol{e}}^s f \tag{7.22}$$

沿散射场方向的单位矢量为

$$\hat{\boldsymbol{e}}^s = \{(\hat{\boldsymbol{n}} \times \hat{\boldsymbol{h}}^i) - [(\hat{\boldsymbol{n}} \times \hat{\boldsymbol{h}}^i)\cdot\hat{\boldsymbol{s}}]\hat{\boldsymbol{s}}\} \tag{7.23}$$

而且，有

$$f(\hat{s},\hat{l}) = -\frac{\mathrm{j}\,k_0}{2\pi}E_0^i\left(\frac{hb}{2}\right)\mathrm{e}^{-\mathrm{j}(\beta-\Psi)}\begin{cases}\dfrac{1}{\mathrm{j}\alpha}[\mathrm{e}^{\mathrm{j}\alpha}\mathrm{sinc}(\alpha+\beta)-\mathrm{sinc}\beta]\\ \dfrac{1}{\mathrm{j}\beta}[\mathrm{e}^{\mathrm{j}\beta}-\mathrm{sinc}\beta],\alpha\to 0\\ 1,\quad \alpha\to 0,\beta\to 0\end{cases} \tag{7.24}$$

式（7.24）中的 α 和 β 表示为

$$\alpha = \frac{k_0 h}{2}(\hat{\boldsymbol{s}}+\hat{\boldsymbol{l}})\cdot\hat{\boldsymbol{h}},\quad \beta = \frac{k_0 b}{2}(\hat{\boldsymbol{s}}+\hat{\boldsymbol{l}})\cdot\hat{\boldsymbol{b}} \tag{7.25}$$

Ψ 为相对于源点的参考相位，即

$$\Psi = k_0(\boldsymbol{r}+\boldsymbol{r}^i)\cdot\boldsymbol{R}_t \tag{7.26}$$

7.2.2 凸面体散射

一个大的理想导电凸面体的物理光学散射可以通过将目标的表面离散成许多正三角形块来计算。

假定目标的表面被分割成 N 个正三角形块，如果将各小块的散射电场表示为 $\boldsymbol{E}_n^s$，总的散射场即为各小块的叠加，即

$$\boldsymbol{E}^s = \sum_{n=1}^{N}\boldsymbol{E}_n^s \tag{7.27}$$

那么，雷达横截面积可表示为

$$\sigma_{bi}(\hat{s},\hat{l}) = \lim_{r\to\infty}4\pi r^2\frac{|\boldsymbol{E}^s|^2}{|\boldsymbol{E}^i|^2} = \lim_{r\to\infty}4\pi r^2\frac{\left|\sum_{n=1}^{N}\boldsymbol{E}_n^s\right|^2}{|\boldsymbol{E}^i|^2} \tag{7.28}$$

为了确定目标的照明区和阴影区，简单地运用以下检验（图 7-7）：

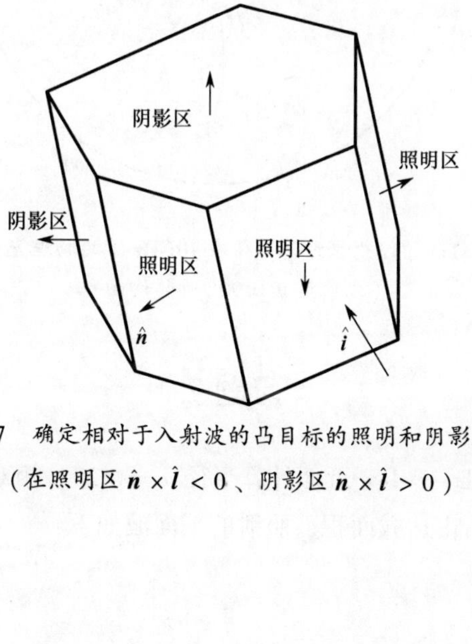

图 7-7 确定相对于入射波的凸目标的照明和阴影区域

（在照明区 $\hat{\boldsymbol{n}}\times\hat{\boldsymbol{l}}<0$、阴影区 $\hat{\boldsymbol{n}}\times\hat{\boldsymbol{l}}>0$）

如果 $n_j \cdot \hat{l} < 0$ ，则点 j 位于照明区；

如果 $n_j \cdot \hat{l} > 0$ ，则点 j 位于阴影区。

例 7.3 用以上方法估算一个边长 $a = 1\text{m}$ 的理想立方体导体在 10GHz 下的物理光学雷达截面积，在该频率下，由于 $a \approx 33\lambda$ ，所以目标的物理光学近似是有效的。

立方体可以分成 12 个正三角片，用式（7.24）、式（7.27）、式（7.28）求解 12 个面片产生的总散射场和雷达截面积，雷达截面积计算结果如图 7-8 所示。

如果所研究的目标不是凸面体，物理光学近似仍可以用来得到一个雷达横截面积的估计值。

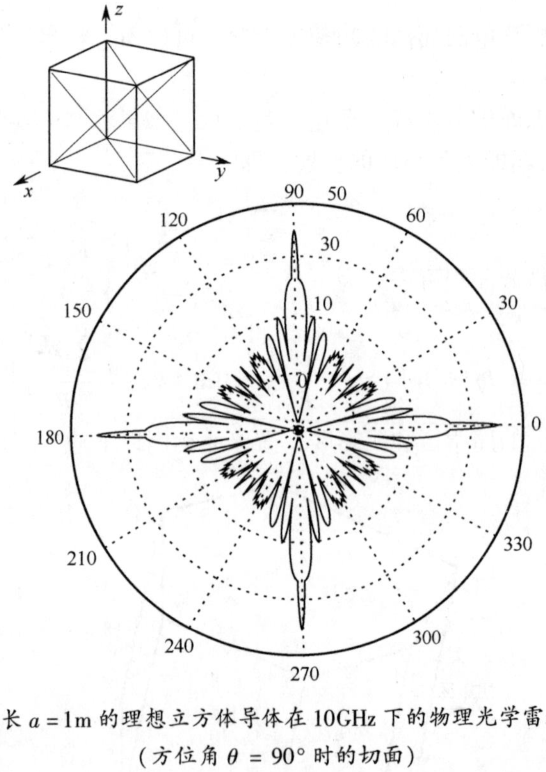

图 7-8 边长 $a = 1\text{m}$ 的理想立方体导体在 10GHz 下的物理光学雷达横截面积（方位角 $\theta = 90°$ 时的切面）

习题 7

7.1 用 Rayleigh - Debye 近似计算半径 $a = \lambda/20$、相对介电常数 $\varepsilon_r = 1.2$ 的均匀介质球的双站雷达截面积，照射的平面波如下：

$$\boldsymbol{E}^i = \hat{z} E_0 \mathrm{e}^{-\mathrm{j}kx}$$

7.2　分析半径$a_1 = 2\mu\text{m}$、折射率$n_1 = 1.0$ 的球状物，其内部有一个半径$a_2 = 0.5\mu\text{m}$、折射率$n_2 = 1.02$ 的球状体内核，两球状体的球心相距 $d = 1\mu\text{m}$，计算波长 $\lambda = 0.6\mu\text{m}$ 时的散射。

7.3　在 $y = 0$ 的平面有一个相对介电常数为ε_r、宽度为 ω、厚度为 t 的介质带。假设介质带满足（$\varepsilon_r - 1$）$k\omega \ll 1$，用一阶 Born 近似计算等效体电流和单站雷达截面积。

7.4　确定位于 xz 平面上并由平面波 TE_z照射的宽度为 ω 的薄导体片的物理光学散射。将单站回波宽度绘制为入射角的函数。

7.5　利用物理光学近似确定一个由平面波以入射角（θ，ϕ）照射的矩形理想导体薄片的雷达后向散射截面积。证明一般情况下该薄片的单站横截面积为

$$\sigma_b = 4\pi A^2$$

其中 A 为该薄片的面积。

7.6　计算半径为 a 的薄导体片的物理光学散射。

（1）计算导体片上的感应物理光学电流。

（2）计算散射电场和散射磁场。

（3）计算双站和单站雷达截面积（提示：用 Bessel 函数的积分形式 $J_0(x) = \frac{1}{2\pi}\int_0^{2\pi} \mathrm{e}^{\mathrm{j}x\sin\phi}\mathrm{d}\phi$，恒等式 $\int_x J_0(x)\mathrm{d}x = xJ_1(x)$）。

7.7　用物理光学近似找出半径为 a 、长为 l 的无限长导体圆柱的后向散射截面，其位置关于 z 轴对称，并且由一平面波以入射角（$\theta = \theta_0, \phi = 0$）照射。

7.8　平面波沿着它的轴以半角 θ_0 入射到无限长的锥体上，确定其物理光学的单站雷达截面积（图 7-9）。

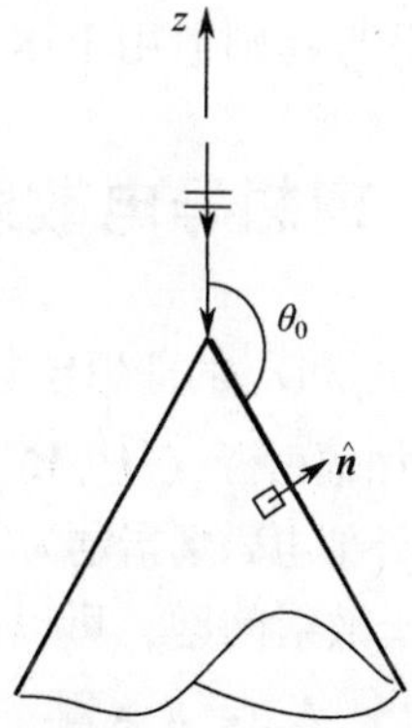

图 7-9　一个由平面波照射的无限长的理想导体锥体

第 8 章　积分方程方法

解决散射和辐射问题的关键是了解散射体的物理结构，以及散射体内部和表面的等效电流分布。

根据唯一性原理，如果已知闭合曲面上的切向电磁场或等效电流，就可以得到其他的电磁量，如散射场、远场图形等。

8.1　积分方程种类

为了得到散射体的感应电流，基于适当的边界条件，建立积分方程。

积分方程的类别和特征在应用数学里有介绍。在下文中，根据方程中未知函数出现的次数，将积分方程分成第一类和第二类；还可以根据方程中积分因子的极点数，将积分方程分为 Fredholm 方程和 Volterra Equations 方程。这些公式的基本微分类似物在不同的边界条件下有不同的特征值和特征函数。积分方程更详细的数学分析超出了本文的讨论范围。通常，根据散射理论中积分方程在特定边界条件下构建方式的不同来对它进行分类。

如果是在电场中推导的方程，则称为电场积分方程（EFIE）；如果是在磁场中推导的方程，则称为磁场积分方程（MFIE）。

另外，如果等效电流是表面电流，则它对应的方程称为面积分方程；如果等效电流是体积电流，则对应的方程称为体积积分方程。面积分方程一般适合于完全导电体或天线，而体积分方程则适用于体积散射问题。

8.2　理想导电散射体

假设在自由空间里有参量为μ_0和ε_0的理想导电散射体被入射场（$\boldsymbol{E}^i,\boldsymbol{H}^i$）照射，如图 8-1 所示。入射场是外加辐射源（$\boldsymbol{J}^i,\boldsymbol{M}^i$）产生的，如果没有壳体，则在空间里产生电场和磁场。总的外部电磁场指定为（$\boldsymbol{E},\boldsymbol{H}$），内场均为零。

将物理上的等效原则应用于散射问题，可以得到

$$\boldsymbol{K}_e = \hat{\boldsymbol{n}} \times \boldsymbol{H} \tag{8.1}$$

式中：$\boldsymbol{K}_e$ 是指 S 上的物理等效电流，表面电流 $\boldsymbol{K}_e$ 反过来在无限空间里辐射出散射场（$\boldsymbol{E}^s,\boldsymbol{H}^s$），这样就可得到$\boldsymbol{E}^s = \boldsymbol{E} - \boldsymbol{E}^i,\boldsymbol{H}^s = \boldsymbol{H} - \boldsymbol{H}^i$。

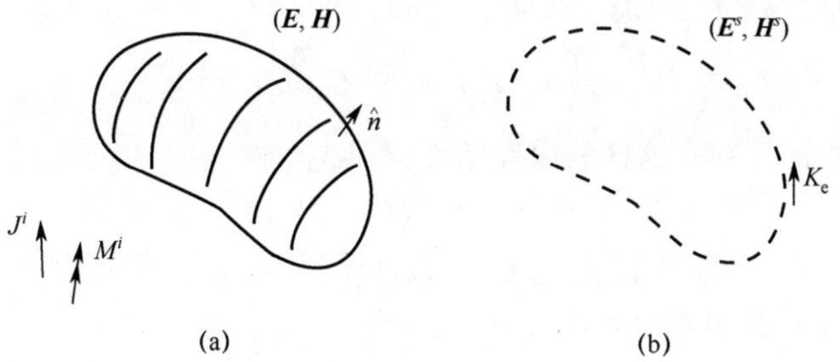

图 8-1 从理想导电体散射 (a) 及物理等效 (b)

8.2.1 电场积分方程

一般情况下，可以用赫兹矢量势来描述电场：

$$\boldsymbol{E}^s = \nabla(\nabla\cdot\boldsymbol{\pi}^s) + k_0^2\boldsymbol{\pi}^s \tag{8.2}$$

其中

$$\boldsymbol{\pi}^s(\boldsymbol{r}) = -\mathrm{j}\frac{Z_0}{k_0}\oint_S \boldsymbol{K}_\mathrm{e}(\boldsymbol{r}')G_0(\boldsymbol{r},\boldsymbol{r}')\mathrm{d}s' \tag{8.3}$$

式中：G_0 为自由空间里的格林函数。这样就可得到

$$\boldsymbol{E}^s = -\mathrm{j}k_0Z_0\left(1+\frac{\nabla\nabla}{k_0^2}\right)\oint_S \boldsymbol{K}_\mathrm{e}(\boldsymbol{r}')G_0(\boldsymbol{r},\boldsymbol{r}')\mathrm{d}s' \tag{8.4}$$

为了得到 $\boldsymbol{K}_\mathrm{e}$ 的表达式，对导体表面电场的切向分量应用边界条件，可得

$$\hat{\boldsymbol{n}}\times\boldsymbol{E} = \hat{\boldsymbol{n}}\times(\boldsymbol{E}^i+\boldsymbol{E}^s) = 0, \boldsymbol{r}\in S \tag{8.5}$$

将散射场代入可得

$$\hat{\boldsymbol{n}}\times\boldsymbol{E}^i(\boldsymbol{r}) = \hat{\boldsymbol{n}}\times\left\{\mathrm{j}k_0Z_0\oint_S \boldsymbol{K}_\mathrm{e}(\boldsymbol{r}')\left(1+\frac{\nabla\nabla}{k_0^2}\right)G_0(\boldsymbol{r},\boldsymbol{r}')\mathrm{d}s'\right\},\quad \boldsymbol{r}\in S \tag{8.6}$$

这样就得到了导体表面感应电流的电场积分方程。需要注意的是，这里的 S 可以是闭合曲面，也可以为开放曲面。$\boldsymbol{K}_\mathrm{e}$ 为等效电流密度，它表示在物体表面的相对侧的电流密度的矢量和。

这样，$\boldsymbol{K}_\mathrm{e}$ 就可通过求解式（8.6）进行求解，散射场可以用辐射积分式（8.4）进行求解。

8.2.2 磁场积分方程

散射磁场可以用下式表达：

$$\boldsymbol{H}^s = \mathrm{j}\frac{k_0}{Z_0}\nabla\times\boldsymbol{\pi}^s = \nabla\times\oint_S \boldsymbol{K}_\mathrm{e}(\boldsymbol{r}')G_0(\boldsymbol{r},\boldsymbol{r}')\mathrm{d}s' \tag{8.7}$$

由于格林函数是奇异的，微分和积分的顺序不能互换。使用矢量恒等式可得

$$\nabla\times(\boldsymbol{K}_\mathrm{e}G_0) = G_0\nabla\times(\boldsymbol{K}_\mathrm{e}(\boldsymbol{r}')) + (\nabla G_0)\times\boldsymbol{K}_\mathrm{e} \tag{8.8}$$

需要注意的是，∇是在原坐标中进行计算的。式（8.7）可变换为

$$\boldsymbol{H}^s = \oint_S \boldsymbol{K}_e(\boldsymbol{r}') \times [\nabla' G_0(\boldsymbol{r},\boldsymbol{r}')] \mathrm{d}s' \tag{8.9}$$

在散射体的表面，存在这样的边界条件：

$$\boldsymbol{K}_e = \hat{\boldsymbol{n}} \times \boldsymbol{H} = \hat{\boldsymbol{n}} \times (\boldsymbol{H}^i + \boldsymbol{H}^s), \quad \boldsymbol{r} \to \boldsymbol{r}_{s+} \tag{8.10}$$

式中：$\boldsymbol{r} \to \boldsymbol{r}_{s+}$ 表示导体面是通过 r 从外部变化来逐渐靠近 S。将它代入式（8.9）中，可以得到磁场积分方程：

$$\hat{\boldsymbol{n}} \times \boldsymbol{H}^i(\boldsymbol{r}) = \boldsymbol{K}_e(\boldsymbol{r}) - \lim_{r \to S} \{\hat{\boldsymbol{n}} \times \oint_S \boldsymbol{K}_e(\boldsymbol{r}') \times [\nabla' G_0(\boldsymbol{r},\boldsymbol{r}')] \mathrm{d}s'\} \tag{8.11}$$

需要注意的是，由于推导式（8.11）时使用的边界条件的限制，磁场积分方程只适用于闭合曲面，磁场积分方程中的电流密度 $\boldsymbol{K}_e$ 是在导体表面感应出来的实际电流密度。

如果导体面是通过 r 从内部变化来逐渐靠近 S，则

$$\hat{\boldsymbol{n}} \times \boldsymbol{H} = \hat{\boldsymbol{n}} \times (\boldsymbol{H}^i + \boldsymbol{H}^s) = 0, \quad \boldsymbol{r} \to \boldsymbol{r}_{s-} \tag{8.12}$$

由于在全导电介质中总的电磁场为零，将式（8.10）和式（8.12）代入式（8.9）中，可以得到

$$\boldsymbol{K}_e - \lim_{r \to S} \hat{\boldsymbol{n}} \times \left[\oint_S \boldsymbol{K}_e(\boldsymbol{r}') \times \nabla' G_0(\boldsymbol{r},\boldsymbol{r}') \mathrm{d}s'\right] = 2\hat{\boldsymbol{n}} \times \boldsymbol{H}^i \tag{8.13}$$

求 MFIE 的极限时要注意，S 上的切向磁场是不连续的，表面积分应该解释为柯西主值。MFIE 式（8.13）中的第一项用物理光学可以近似为

$$\boldsymbol{K}_e \simeq 2\hat{\boldsymbol{n}} \times \boldsymbol{H}^i \tag{8.14}$$

MFIE 适用于光滑面且曲率半径大于波长的大型物体。在这种情况下，物理光学能够充分逼近，MFIE 中的第二项可以有效修正。

通过式（8.11）可以求取电流密度 $\boldsymbol{K}_e$，散射的电磁场可以用辐射积分式（8.4）和式（8.9）进行求取。

需要注意的是，对于被导电壳体 S 所包围的腔体而言，EFIE 和 MFIE 积分方程在共振频率处没有唯一解。

8.3 二维问题

下面考虑将上述公式应用于无限大圆柱散射体的二维问题中。

假设一个无限长的理想导电圆柱体，它的轴线平行于 Z 轴，如图 8-2 所示。首先探讨极化原理并应用 EFIE 公式。

在 TM_z 极化（E 极化）时，入射的电场沿着 z 轴对其进行极化，可得

$$\boldsymbol{E}^i = \hat{z} E_0 \mathrm{e}^{\mathrm{j}k_0(x\cos\varphi_i + y\sin\varphi_i)} \tag{8.15}$$

根据对称原理，散射场和感应电流都和 z 轴平行。赫兹电势为

$$\boldsymbol{\pi}^s = -\mathrm{j}\frac{Z_0}{k_0}\hat{z}\oint_S \boldsymbol{K}(\boldsymbol{\rho}')G_0(\boldsymbol{\rho},\boldsymbol{\rho}')\mathrm{d}s' \tag{8.16}$$

式中：S 为导电圆柱表面；G_0 为自由空间的格林函数。

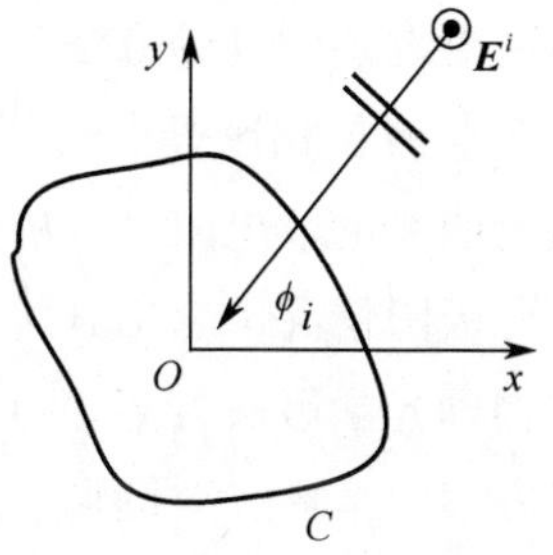

图 8-2　二维理想导体柱用 E 偏振平面波照射

由于 $\boldsymbol{\pi}^s$ 和 z 轴平行且与 z 轴无关，故式（8.2）右边的第一项为零。这样就可得到散射电磁场，即

$$\boldsymbol{E}^s = -\mathrm{j}k_0 Z_0\hat{z}\oint_S \boldsymbol{K}_z(\boldsymbol{r}')G(\boldsymbol{r},\boldsymbol{r}')\mathrm{d}s' \tag{8.17}$$

由于圆柱体在 z 轴方向是无限的，式（8.17）就可等效为

$$E_z^s = -\mathrm{j}k_0 Z_0\oint_C K_z(\boldsymbol{\rho}')\int_{-\infty}^{\infty}\frac{\mathrm{e}^{-\mathrm{j}k|\boldsymbol{r}-\boldsymbol{r}'|}}{4\pi|\boldsymbol{r}-\boldsymbol{r}'|}\mathrm{d}z'\mathrm{d}\ell' \tag{8.18}$$

对 z' 进行无穷积分，得到

$$\int_{-\infty}^{\infty}\frac{\mathrm{e}^{-\mathrm{j}k\sqrt{(\rho-\rho')^2+z'^2}}}{4\pi\sqrt{(\rho-\rho')^2+z'^2}}\mathrm{d}z' = \frac{1}{4\mathrm{j}}\mathrm{H}_0^{(2)}(k|\boldsymbol{\rho}-\boldsymbol{\rho}'|) \tag{8.19}$$

应用二维自由空间格林函数可得

$$E_z^s(\boldsymbol{\rho}) = -\frac{k_0 Z_0}{4}\oint_C K_z(\boldsymbol{\rho}')\mathrm{H}_0^{(2)}(k|\boldsymbol{\rho}-\boldsymbol{\rho}'|)\mathrm{d}\ell' \tag{8.20}$$

应用边界条件，有

$$E_z^i + E_z^s = 0\quad（在\ s\ 上） \tag{8.21}$$

这样就可以得到表面感应电流的积分方程：

$$\frac{k_0 Z_0}{4}\oint_C K_z(\boldsymbol{\rho}')\mathrm{H}_0^{(2)}(k|\boldsymbol{\rho}-\boldsymbol{\rho}'|)\mathrm{d}\ell' = E_z^i(\boldsymbol{\rho}),\quad \boldsymbol{\rho}\in C \tag{8.22}$$

积分方程式（8.22）可以特殊化为特定的几何形状，下面先举两个例子。

8.3.1　电阻条散射问题

近几年，细条型散射体的电磁辐射问题在一些方面已经得到研究，包括对带状和锥形导电电阻的散射问题的分析与综合。虽然这些研究主要关注的是扁平形状，但是任意形状、厚度均匀的薄电介质片的数值解法也早在 1965 年给出。

薄电阻带的散射问题作为散射理论中实用且相对简单的例子，用于说明其基本概念，并据此总结出解决更复杂问题的方法。根据 5.1 节的内容可知，电阻片模型可以用于模拟厚度 T 与波长相比很小的介电层。

本节将用积分方程对一定曲率的薄电阻带的散射问题综合分析。对完全导电体建立积分方程，并在两种极限情况下求出其解析解。对于宽导电体，运用傅里叶变换理论得到著名的物理光学解决方案。对于窄导电条，基于低频近似方程得到了一个准静态解决方案。最后，对圆形、圆柱形电阻条的散射问题也进行了研究。

8.3.1.1　平面带

使用电阻表面边界条件式（3.60）就可得到积分方程，此方程可以用来计算给定激励在薄带上的感应电流。

考虑 E-偏振平面波入射到位于 x 轴的薄带上，此薄带的介质层厚度为 T，宽度为 w，相对介电常数为 ε_r，平面波为

$$\boldsymbol{E}^i = \hat{\boldsymbol{z}}\mathrm{e}^{\mathrm{j}k_0(x\cos\varphi_0 + y\sin\varphi_0)} \tag{8.23}$$

电阻表面边界条件式（3.60），可以表述为

$$\boldsymbol{E} - (\hat{\boldsymbol{n}} \cdot \boldsymbol{E})\hat{\boldsymbol{n}} = Z_s\boldsymbol{K} \tag{8.24}$$

式（8.24）说明介电层可以用表面电阻为 $Z_s = Z_0/\mathrm{j}k_0\tau(\varepsilon_r - 1)$ 的电阻条来代替。在这样的激励信号作用下，电阻条会产生与 z 轴平行的电流 K_z，从而产生散射场：

$$E_z^s(\rho) = -\mathrm{j}k_0Z_0\int_{-\frac{w}{2}}^{\frac{w}{2}} K_z(x')G_s(\rho, x')\mathrm{d}x' \tag{8.25}$$

式中：G_s 为二维自由空间的格林函数，如式（8.19）所示。

将式（8.24）应用于电阻条的切向电场，可以得到 K_z 的积分方程，即

$$Y_0E_0\mathrm{e}^{\mathrm{j}k_0x\cos\phi_0} = \boldsymbol{\eta}_sK_z(x) + \frac{k_0}{4}\int_{-\frac{w}{2}}^{\frac{w}{2}} K_z(x')\mathrm{H}_0^{(2)}(k_0|x - x'|)\mathrm{d}x' \tag{8.26}$$

式中：$\boldsymbol{\eta}_s = Z_s/Z_0$ 为标准化的表面电阻。

现在考虑 H 偏振平面波入射到电阻条上，此平面波为

$$\boldsymbol{H}^i = \hat{\boldsymbol{z}}\boldsymbol{H}_0\mathrm{e}^{\mathrm{j}k_0(x\cos\phi_0 + y\sin\phi_0)} \tag{8.27}$$

在这样的激励信号作用下，会在电阻条上产生与 x 轴平行的电流 K_x，从而产生如下散射场：

$$E^s(\rho) = -\mathrm{j}k_0 Z_0\left(1+\frac{1}{k_0^2}\frac{\partial^2}{\partial x^2}\right)\int_{-\frac{w}{2}}^{\frac{w}{2}} K_x(x')G_s(\rho,x'\hat{\boldsymbol{x}})\mathrm{d}x' \tag{8.28}$$

将电阻边界条件式（8.24）代入式（8.28），可以得到电流密度为 K_x 的积分方程：

$$\sin\phi_0 H_0 \mathrm{e}^{\mathrm{j}k_0 x\cos\phi_0} = \eta_s K_x(x) + \frac{k_0}{4}\left(1+\frac{1}{k_0^2}\frac{\partial^2}{\partial x^2}\right)\int_{-\frac{w}{2}}^{\frac{w}{2}} K_x(x')\mathrm{H}_0^{(2)}(k_0|x-x'|)\mathrm{d}x' \tag{8.29}$$

上面得到的式（8.26）和式（8.29）分别为求解 E 偏振和 H 偏振中未知电流密度 K_z 和 K_x 所建立的积分方程。

知道了感应电流，就可用散射积分方程式（8.25）和式（8.29）求出圆柱远处 (ρ,ϕ) 点散射场的大小。特别地，使用汉开尔函数的大参数逼近

$$\mathrm{H}_0^{(2)}(k_0\rho) \sim \sqrt{\frac{2\mathrm{j}}{\pi k_0\rho}}\mathrm{e}^{-\mathrm{j}k_0\rho},\quad k_0\rho\to\infty$$

并对相位和幅值分别使用下述近似方法：

$$|\rho-\rho'| \simeq \rho - x'\cos\phi \tag{8.30}$$

$$\approx \rho \tag{8.31}$$

这样，就可以分别求得 E 偏振和 H 偏振中远处散射场的强度：

$$E_z^s = -\frac{k_0 Z_0}{4}\sqrt{\frac{2\mathrm{j}}{\pi k_0\rho}}\mathrm{e}^{-\mathrm{j}k_0\rho}\int_{-\frac{w}{2}}^{\frac{w}{2}} K_z(x')\mathrm{e}^{\mathrm{j}k_0 x'\cos\phi}\mathrm{d}x' \tag{8.32}$$

$$E_\phi^s = \frac{k_0 Z_0}{4}\sin\phi\sqrt{\frac{2\mathrm{j}}{\pi k_0\rho}}\mathrm{e}^{-\mathrm{j}k_0\rho}\int_{-\frac{w}{2}}^{\frac{w}{2}} K_x(x')\mathrm{e}^{\mathrm{j}k_0 x'\cos\phi}\mathrm{d}x' \tag{8.33}$$

二维散射回波宽度为

$$\sigma_e = \frac{k_0}{4}\left|Z_0\int_{-\frac{w}{2}}^{\frac{w}{2}} K_z(X')\mathrm{e}^{\mathrm{j}k_0 x'\cos\phi}\mathrm{d}x'\right|^2 \tag{8.34}$$

$$\sigma_h = \frac{k_0}{4}\left|\sin\phi\int_{-\frac{w}{2}}^{\frac{w}{2}} K_x(X')\mathrm{e}^{\mathrm{j}k_0 x'\cos\phi}\mathrm{d}x'\right|^2 \tag{8.35}$$

用数学方法即对式（8.26）和式（8.29）求解，然而，只有在导电带非常宽或者非常窄时，以上两式才存在近似解析解。这些解分别是基于相关积分方程的物理光学和准静态近似，它们可用于得到导电带回波宽度的封闭形式表达式。

8.3.1.2　宽导电带

对于宽导电带，本地电流可以被假定为对应于一个无限宽条（$w\to\infty$），它称为物理光学近似，$\eta_s=0$ 时可以表示为

$$\boldsymbol{K} = 2\hat{\boldsymbol{n}}\times\boldsymbol{H}^i \tag{8.36}$$

对于 TM 情况，有

$$K_z(x) = 2Y_0\sin\phi_0 e^{jk_0x\cos\phi_0} \tag{8.37}$$

对于 TE 情况，有

$$K_x(x) = 2e^{jk_0x\cos\phi_0} \tag{8.38}$$

以上的物理光学近似成立的前提是：无限宽导电带是通过反射和透射产生的散射场。因此，总的磁场强度为

$$\boldsymbol{H} = \boldsymbol{H}^+ = \boldsymbol{H}^i + \boldsymbol{H}^r(y > 0),\quad \boldsymbol{H} = \boldsymbol{H}^- = \boldsymbol{H}^t(y < 0) \tag{8.39}$$

式（8.39）也适用于电场强度的求解，前提条件是：必须是完全导电带 $\boldsymbol{H}^t = 0$，并且满足通常的边界条件：

$$\boldsymbol{K} = \hat{\boldsymbol{n}} \times (\boldsymbol{H}^+ - \boldsymbol{H}^-) = \hat{\boldsymbol{n}} \times (\boldsymbol{H}^i + \boldsymbol{H}^r) = 2\hat{\boldsymbol{n}} \times \boldsymbol{H}^i$$

当导电带无限宽时，也可以对积分方程式（8.26）或式（8.29）进行推导得到物理光学近似。基于以上假设，对于 TM 情况，有

$$Y_0 e^{jk_0x\cos\phi_0} = \eta_s K_z(x) + jk_0 \lim_{k_0w\to\infty}\int_{-\frac{w}{2}}^{\frac{w}{2}} K_z(x')G_s(x,x')\mathrm{d}x' \tag{8.40}$$

对于 TE 情况，有

$$\sin\phi_0 e^{jk_0x\cos\phi_0} = \eta_s K_x(x) + \frac{j}{k_0}\lim_{k_0w\to\infty}\int_{-\frac{w}{2}}^{\frac{w}{2}} K_x(x')\left[\left(k_0^2 + \frac{\partial^2}{\partial x^2}\right)\right]G_s(x,x')\mathrm{d}x' \tag{8.41}$$

由于存在 $G_s(x,x') = \frac{1}{4j}H_0^{(2)}(k_0|x - x'|)$，上面得到的式（8.40）和式（8.41）右边的积分项可以认为是在无限空间上的卷积。应用卷积定理可以得到

$$\mathcal{F}\{g(x)\} = \tilde{g}(k_z) = \int_{-\infty}^{\infty} g(x)e^{-jk_xx}\mathrm{d}x \tag{8.42}$$

$$g(x) = \mathcal{F}^{-1}\{\tilde{g}(k_x)\} = \frac{1}{2\pi}\int_{-\infty}^{\infty}\tilde{g}(k_x)e^{jk_xx}\mathrm{d}k_x \tag{8.43}$$

对式（8.40）和式（8.41）两边进行变换可得

$$\widetilde{K}_z(k_x) = \frac{2\pi Y_0\delta(k_x - k_0\cos\phi_0)}{\eta_s + jk_0\widetilde{G}_s(k_x)} \tag{8.44}$$

$$\widetilde{K}_x(k_x) = \frac{2\pi\sin\phi_0\delta(k_x - k_0\cos\phi_0)}{\eta_s + \frac{j}{k_0}(k_0^2 - k_x^2)\widetilde{G}_s(k_x)} \tag{8.45}$$

式中：δ 为狄拉克 δ 函数。

对式（8.40）和式（8.41）进行傅里叶变换，得到的代数方程可以用来求解谱域内的电流。为了得到空间域内的电流表达式，对式（8.44）和

式 (8.45)进行反变换，有

$$K_z(x) = \frac{Y_0 e^{jk_0 x\cos\phi_0}}{\eta_s + jk_0 \tilde{G}_s(k_0\cos\phi_0)} \tag{8.46}$$

$$K_x(x) = \frac{\sin\phi_0 e^{jk_0 x\cos\phi_0}}{\eta_s + jk_0 \sin^2\phi_0 \tilde{G}_s(k_0\cos\phi_0)} \tag{8.47}$$

其中，利用了 δ 函数的性质。格林函数的傅里叶变换 $\tilde{G}_s$ 可以表述为

$$\tilde{G}_s(k_x) = \frac{1}{2j\sqrt{k_0^2 - k_x^2}} \tag{8.48}$$

将式 (8.48) 代入式 (8.46) 和式 (8.47) 中，可以得到电流密度的表达式：

$$K_z(x) = \frac{2Y_0 \sin\phi_0 e^{jk_0 x\cos\phi_0}}{1 + 2\eta_s \sin\phi_0} \tag{8.49}$$

$$K_x(x) = \frac{2e^{jk_0 x\cos\phi_0}}{1 + 2\eta_s/\sin\phi_0} \tag{8.50}$$

一般情况下，对于 E 偏振，可以改写为

$$\boldsymbol{K} = \frac{2\hat{\boldsymbol{n}} \times \boldsymbol{H}^i}{1 + 2\eta_s \sin\phi_0} \tag{8.51}$$

对于 H 偏振，有

$$\boldsymbol{K} = \frac{2\hat{\boldsymbol{n}} \times \boldsymbol{H}^i}{1 + 2\eta_s/\sin\phi_0} \tag{8.52}$$

对于完全导电带，即 $\eta_s = 0$，就可重新得到式 (8.37) 和式 (8.38)。

物理光学中反射波宽度的计算满足式 (8.34) 和式 (8.35)，可以发现：

$$\sigma_{\text{TM}} = k_0 w^2 \left(\frac{\sin\phi_0}{1 + 2\eta_s \sin\phi_0}\right)^2 \text{sinc}^2\left[\left(k_0 \frac{w}{2}(\cos\phi_0 + \cos\phi)\right)\right] \tag{8.53}$$

$$\sigma_{\text{TE}} = k_0 w^2 \left(\frac{\sin\phi}{1 + 2\eta_s/\sin\phi_0}\right)^2 \text{sinc}^2\left[k_0 \frac{w}{2}(\cos\phi_0 + \cos\phi)\right] \tag{8.54}$$

其中

$$\text{sinc}(x) = \sin(x)/x$$

8.3.1.3　窄导电带

通过对 3.1 节推导的积分方程使用低频近似来对窄导电带解析分析。

对于完全导电带 $\eta_s = 0$，TM 型和 TE 型的表面电流密度的积分方程可以分别表述为

$$Y_0 e^{jk_0 x\cos\phi_0} = \frac{k_0}{4}\int_{-\frac{w}{2}}^{\frac{w}{2}} K_z(x') H_0^{(2)}(k_0|x - x'|)\,dx' \tag{8.55}$$

$$\sin\phi_0 e^{jk_0 x\cos\phi_0} = \frac{k_0}{4}\left(1 + \frac{1}{k_0^2}\frac{\partial^2}{\partial x^2}\right)\int_{-\frac{w}{2}}^{\frac{w}{2}} K_x(x') H_0^{(2)}(k_0|x - x'|)\,dx' \tag{8.56}$$

当 kw 非常小时，可以对其进行求解，特别是当 $k_0 w \ll 1$ 时，可以使用汉开尔函数的小幅角扩大：

$$\mathrm{H}_0^{(2)}(z) \approx 1 - \mathrm{j}\frac{2}{\pi}\ln\left(\frac{\gamma z}{2}\right) + \mathcal{O}(z^2, z^2\ln z) \tag{8.57}$$

式中：$\gamma = 1.78108\cdots$ 为欧拉常数。

只保留汉开尔函数中 $O(k_0 w)$ 这一项，在同样的入射场下，TM 情况有

$$\int_{-\frac{w}{2}}^{\frac{w}{2}} K_z(x')\ln|x - x'|\mathrm{d}x' = \frac{2\pi\mathrm{j}}{k_0 Z_0} - \left[\ln\left(\frac{k_0\gamma}{2}\right) + \mathrm{j}\frac{\pi}{2}\right]\int_{-\frac{w}{2}}^{\frac{w}{2}} K_z(x')\mathrm{d}x' \tag{8.58}$$

TE 情况有

$$\frac{\partial^2}{\partial x^2}\int_{-\frac{w}{2}}^{\frac{w}{2}} K_x(x')\ln|x - x'|\mathrm{d}x' = 2\pi\mathrm{j}k_0\sin\phi_0 \tag{8.59}$$

进行下述变换：

$$\xi = \frac{x}{\omega/2}, \xi' = \frac{x'}{\omega/2} \tag{8.60}$$

前面得到的式（8.58）和式（8.59）可以改写为

$$\int_{-1}^{1} K_z(\xi')\ln|\xi - \xi'|\mathrm{d}\xi' = \frac{4\mathrm{j}\pi}{k_0 w Z_0} - \left[\ln\left(\frac{k_0 w\gamma}{4}\right) + \frac{\mathrm{j}\pi}{2}\right]\int_{-1}^{1} K_z(\xi')\mathrm{d}\xi' \tag{8.61}$$

$$\frac{\mathrm{d}^2}{\mathrm{d}\xi^2}\int_{-1}^{1} K_x(\xi')\ln|\xi - \xi'|\mathrm{d}\xi' = \mathrm{j}\pi k_0 w\sin\phi_0 \tag{8.62}$$

为了求解式（8.61）和式（8.62），采用下述汉开尔变换理论中的恒等式：

$$\int_{-1}^{1} \frac{\ln|\xi - \xi'|}{\sqrt{1 - \xi'^2}}\mathrm{d}\xi' = -\pi\ln 2, \quad \xi \in [-1, 1] \tag{8.63}$$

$$\frac{\mathrm{d}^2}{\mathrm{d}\xi^2}\int_{-1}^{1} \sqrt{1 - \xi'^2}\ln|\xi - \xi'|\mathrm{d}\xi' = \pi, \quad \xi \in [-1, 1] \tag{8.64}$$

由于式（8.61）和式（8.62）的右边与 ξ 没有关系，通过和式（8.63）、式（8.64）对比，可得

$$K_z(x) = \frac{\chi_e}{Z_0\sqrt{1 - \left(\frac{x}{w/2}\right)^2}} \tag{8.65}$$

$$K_x(x) = \chi_h\sqrt{1 - \left(\frac{x}{w/2}\right)^2} \tag{8.66}$$

式中：χ_e 和 χ_h 为待定常数。

将式（8.65）和式（8.66）代入式（8.61）和式（8.62），可得

$$\chi_e = \frac{8}{\pi k_0 w\left[1 - \mathrm{j}\frac{2}{\pi}\ln\left(\frac{k_0 w\gamma}{8}\right)\right]} \tag{8.67}$$

$$\chi_h = \mathrm{j}k_0 w\sin\phi_0 \tag{8.68}$$

式（8.65）和式（8.66）说明了导体终端边缘现象，如图 8-3 所示。

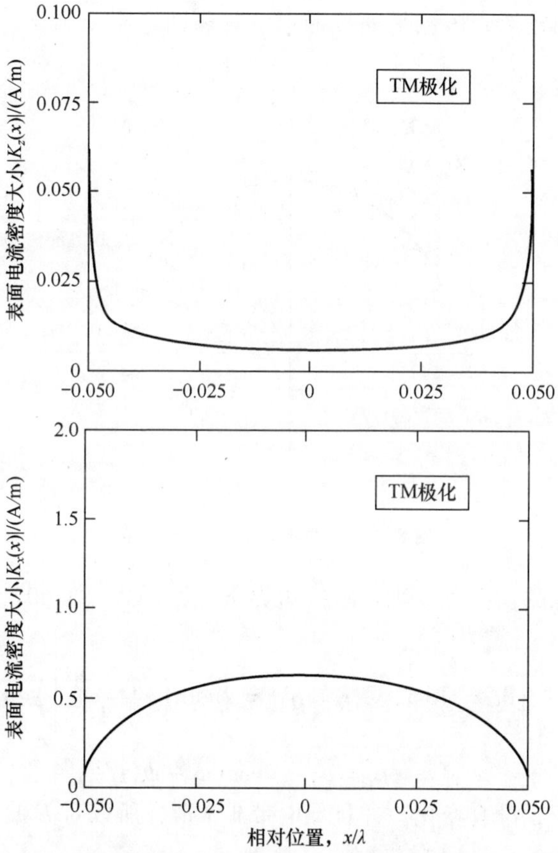

图 8-3 被 TE 和 TM 极化的平面波照射的 0.1 个波长的薄导电片上的表面电流密度

散射回波宽度可以用式（8.34）和式（8.35）计算得出。然而，在此处，由于导电带宽度太窄，可以采用式（8.31）中的近似方法得出幅度和相角。因此，有

$$\sigma_e = \frac{k_0}{4}\left|Z_0\int_{-\frac{w}{2}}^{\frac{w}{2}} K_z(x')\mathrm{d}x'\right|^2 \tag{8.69}$$

$$\sigma_h = \frac{k_0}{4}\left|\sin\phi\int_{-\frac{w}{2}}^{\frac{w}{2}} K_x(x')\mathrm{d}x'\right|^2 \tag{8.70}$$

代替电流密度，可得

$$\sigma_e = k_0 \left| \frac{\pi w}{4} \chi_e \right|^2 \tag{8.71}$$

$$\sigma_h = k_0 \left| \frac{\pi w}{8} \chi_h \sin\phi \right|^2 \tag{8.72}$$

8.3.2 圆柱形导电体

现存在薄圆柱形壳体被平面波照射，其表面电阻率为 Z_s，半径为 a，如图 8-4 所示。

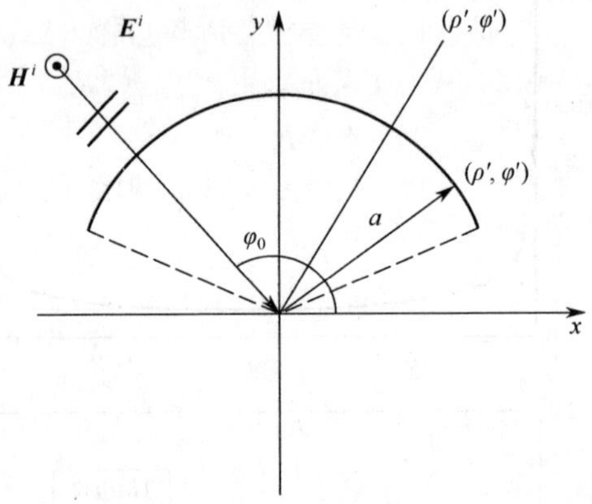

图 8-4 常曲率的圆柱形电阻带

导电带上总的切向电场满足阻抗边界条件，即式（3.60）。将相位基准定在起点处，有

$$\mathrm{d}l = a\mathrm{d}\phi, \quad |\rho - \rho'| = 2a\sin\left(\left|\frac{\phi - \phi'}{2}\right|\right) \tag{8.73}$$

$$\hat{k}_i \cdot \rho = \rho_0 - a\cos(\phi - \phi_0) \tag{8.74}$$

另外，由于 ρ 没有变化，并且导电带非常薄，所以对 E 偏振，有

$$E_z^i(\phi) = Z_s(\phi)K_z(\phi) + \frac{k_0 a Z_0}{4}\int_c K_z(\phi')\mathrm{H}_0^{(2)}\left[2k_0 a\sin\left(\frac{|\phi - \phi'|}{2}\right)\right]\mathrm{d}\phi' \tag{8.75}$$

对 H 偏振，有

$$E_\phi^i(\phi) = Z_s(\phi)K_\phi(\phi) + \frac{k_0 a Z_0}{4}\left[1 + \frac{1}{(k_0 a)^2}\frac{\partial^2}{\partial\phi^2}\right]\cdot \int_c K_\phi(\phi')\mathrm{H}_0^{(2)}\left[2k_0 a\sin\left(\frac{|\phi - \phi'|}{2}\right)\right]\mathrm{d}\phi' \tag{8.76}$$

需要注意的是，如果导电体的半径远远大于它的宽度，可以将式（8.73）和式（8.74）改写为

$$\lim_{a\to\infty}|\rho-\rho'| = a|\phi-\phi'| \approx |x-x'|$$

$$\lim_{a\to\infty} a\cos(\phi-\phi_0) \approx a\sin\phi_0 + a(\pi/2-\phi)\cos\phi_0$$

$$= a\sin\phi_0 + x\cos\phi_0 \tag{8.77}$$

这样就可简化成平面导电带的散射，参见式（8.28）和式（8.29）。

8.3.3　圆柱形反射天线

假设图 8-5 中的圆柱形反射器被下式所示的线性电源照射：

$$E_z = -I_e\frac{k_0 Z_0}{4}\mathrm{H}_0^{(2)}(k_0\rho) \tag{8.78}$$

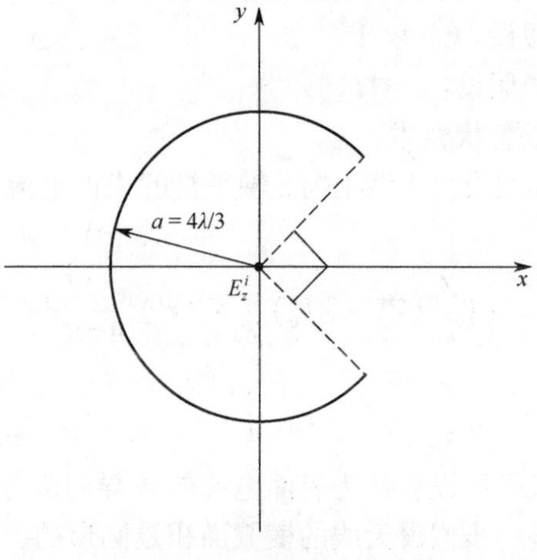

图 8-5　被无限线源激发的圆柱形反射面天线

远处（$k_o\rho \gg 1$）的总电场 E^T 可以表示为

$$E_z^T = -\frac{k_0 Z_0}{4}\sqrt{\frac{2\mathrm{j}}{\pi k_0}}\cdot\left[I_e + a\int_c K_z(\phi')\mathrm{e}^{\mathrm{j}k_0 a\cos(\phi-\phi')}\mathrm{d}\phi'\right]\frac{\mathrm{e}^{\mathrm{j}k_0\rho}}{\sqrt{\rho}} \tag{8.79}$$

反射器天线的标准化辐射方向图为

$$F(\phi) = \left|1 + \frac{a}{I_e}\int_c K_z(\phi')\mathrm{e}^{\mathrm{j}k_0 a\cos(\phi-\phi')}\mathrm{d}\phi'\right|^2 \tag{8.80}$$

在二维空间里，MFIE 问题的主要形式是 TE 偏振。

8.4　线性电缆天线

考虑任意截面的圆柱形偶极天线在自由空间里被一个外加电场激发。采用物理表面等效原理，辐射场的大小与天线上电流的分布有关，用 E^s 来表示散射场，则存在

$$E^s = \nabla(\nabla\cdot\boldsymbol{\pi}^s) + k_0^2\boldsymbol{\pi}^s \tag{8.81}$$

式中：$\boldsymbol{\pi}^s$ 是电赫兹势能，可以用下式表示，即

$$\boldsymbol{\pi}^s(\boldsymbol{r}) = -\mathrm{j}\frac{Z_0}{k_0}\int_V \boldsymbol{J}(\boldsymbol{r}')\frac{\mathrm{e}^{-\mathrm{j}k_0R}}{R}\mathrm{d}v' \tag{8.82}$$

且有 $R = |\boldsymbol{r}-\boldsymbol{r}'| = \sqrt{(x-x')^2+(y-y')^2+(z-z')^2}$ 。将 $\boldsymbol{\pi}^s$ 代入式（8.81）中，有

$$\boldsymbol{E}^s(\boldsymbol{r}) = -\mathrm{j}\frac{Z_0}{k_0}(\nabla\nabla\cdot + k_0^2)\int_V \boldsymbol{J}(\boldsymbol{r}')\frac{\mathrm{e}^{-\mathrm{j}k_0R}}{4\pi R}\mathrm{d}v' \tag{8.83}$$

为了简化分析，现在做如下假定。如果导线天线的长度为 l 和最大横截面尺寸为 u ，下面这些假设跟实际情况基本相符。

（1）薄偶极子假设：$k_0u \ll 1$ 。

（2）细长偶极子假设：$u \ll l$ 。

（3）理想导体或管状壳体。

总之，基于上述假设，天线上与 z 轴平行的表面电流就可进行线性化。这样就有

$$\begin{aligned}\boldsymbol{E}^s(\boldsymbol{r}) &= -\mathrm{j}\frac{Z_0}{k_0}(\nabla\nabla\cdot + k_0^2)\int_S K_z(\boldsymbol{r}')\frac{\mathrm{e}^{-\mathrm{j}k_0R}}{4\pi R}\mathrm{d}v' \\ &= -\mathrm{j}\frac{Z_0}{k_0}(\nabla\nabla\cdot + k_0^2)\int_{-\frac{l}{2}}^{\frac{l}{2}}\oint_C K_z(s',z')\frac{\mathrm{e}^{-\mathrm{j}k_0R}}{4\pi R}\mathrm{d}s'\mathrm{d}z'\end{aligned} \tag{8.84}$$

其中，由于细长偶极子假设，认为表面电流的 ϕ 导向部分与 z 导向部分相比是可以忽略的。如果进一步假设天线的横截面积是圆形的，如图 8-6（a）所示，则可得

$$K_z(s',z') = K_z(z') \tag{8.85}$$

$$\boldsymbol{E}^s(\boldsymbol{r}) = -\mathrm{j}\frac{Z_0}{k_0}(\nabla\cdot + k_0^2)\int_{-\frac{l}{2}}^{\frac{l}{2}}\int_0^{2\pi} K_z(z')\frac{\mathrm{e}^{-\mathrm{j}k_0R}}{4\pi R}a\mathrm{d}\phi'\mathrm{d}z' \tag{8.86}$$

式中：a 为圆形横截面的半径；R 为原点（ a,ϕ',z' ）和观察点（ ρ,ϕ,z ）之间的距离。

为了得到积分方程，对天线表面总电场的切向分量使用边界条件：

$$E_z^i + E_z^s = 0,\quad \rho = a \tag{8.87}$$

式中：E^i 为对称的外加场。

同时，在 z 轴方向的总电流为

$$I(z) = 2\pi a K_z(z) \tag{8.88}$$

那么，就可以得到

$$E_z^i(a,\phi,z) = \mathrm{j}\frac{Z_0}{k_0}(\nabla\nabla\cdot + k_0^2)\int_{-\frac{l}{2}}^{\frac{l}{2}} I(z')\frac{1}{2\pi}\int_0^{2\pi}\frac{\mathrm{e}^{-\mathrm{j}k_0R}}{4\pi R}\phi'\mathrm{d}z' \tag{8.89}$$

其中，如图 8-6（b）所示，有

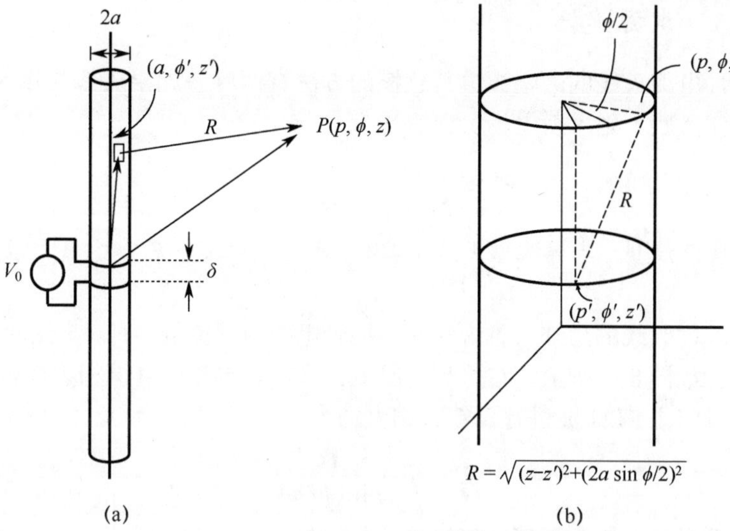

图 8-6　一个长度为 l、半径为 a 的线性偶极子天线 ($a \ll l$) (a) 和计算用于扩展内核的天线表面两点间的距离 R (b)

$$R = \sqrt{(z - z')^2 + \left[2a\sin\frac{(\phi - \phi')}{2}\right]^2} \tag{8.90}$$

由于 ϕ' 的积分与 ϕ 的参考点的选取无关，则令 $\phi = 0$，可得

$$E_z^i(z) = \mathrm{j}\frac{Z_0}{k_0}\left(k_0^2 + \frac{\partial^2}{\partial z^2}\right)\int_{-\frac{l}{2}}^{\frac{l}{2}} I(z')G_e(z - z')\mathrm{d}z' \tag{8.91}$$

其中

$$G_e(z - z') = \frac{1}{2\pi}\int_0^{2\pi}\frac{\mathrm{e}^{-\mathrm{j}k_0R}}{4\pi R}\mathrm{d}\phi' \tag{8.92}$$

是线天线的扩展内核。可以发现，由于被积函数是 z 的函数，二阶算子 $\nabla\nabla\cdot$ 被简化为关于 z 的微分。

应用薄偶极子假设 $k_0 u \ll 1$，可以进一步对上述结果进行简化，认为

$$R \approx \sqrt{(z - z')^2 + a^2} \tag{8.93}$$

则积分方程变为

$$E_z^i(z) = j\frac{Z_0}{k_0}\left(k_0^2 + \frac{\partial^2}{\partial z^2}\right)\int_{-\frac{l}{2}}^{\frac{l}{2}} I(z')G_r(z - z')\mathrm{d}z' \tag{8.94}$$

其中

$$G_r(z - z') = \frac{\mathrm{e}^{-\mathrm{j}k_0R}}{4\pi R} \tag{8.95}$$

称为缩减内核，它具有非奇异性的优点。式（8.94）所表示的积分方程就是导线型天线中著名的 Pocklington 积分方程。

8.4.1 电源建模

对线性电缆天线的激励源进行建模的方法有两种。如果天线按图 8-7（a）所示的方法激励，则入射电场可以表述为

$$\boldsymbol{E}^i = \begin{cases} V_0/\delta, & |z| \leqslant \delta/2 \\ 0, & \text{其他} \end{cases} \tag{8.96}$$

这称为 δ 缺口模型，当导线型天线足够窄，即 $\delta/\lambda \ll 1$ 且 $k_0 a \ll 1$ 时，此模型是有效的。

激励线性天线的另外一种方法是将同轴电缆内导体的内外半径 a 和 b 分别进行扩展，如图 8-7 所示。在这种情况下，将接地层和外电层相连就构成单极天线。假设将主 TEM 波进行反馈，则电场为

$$\boldsymbol{E} = \hat{\rho}\frac{1}{2\rho\ln(b/a)} \tag{8.97}$$

这是切向的电场，应用等效磁化电流：

$$\boldsymbol{M} = \boldsymbol{E} \times \hat{\boldsymbol{n}} = -\hat{\boldsymbol{\phi}}M_{\phi} \tag{8.98}$$

可以认为，此电流就是单极天线的激励源。应用镜像原理，就可以将接地层省去，并假设下式的磁化电流在自由空间里散射，这就是激励源的磁褶边模型，即

$$\boldsymbol{M} = 2\boldsymbol{E} \times \hat{\boldsymbol{n}} = -\frac{1}{2\rho\ln(b/a)}\hat{\boldsymbol{\phi}} \tag{8.99}$$

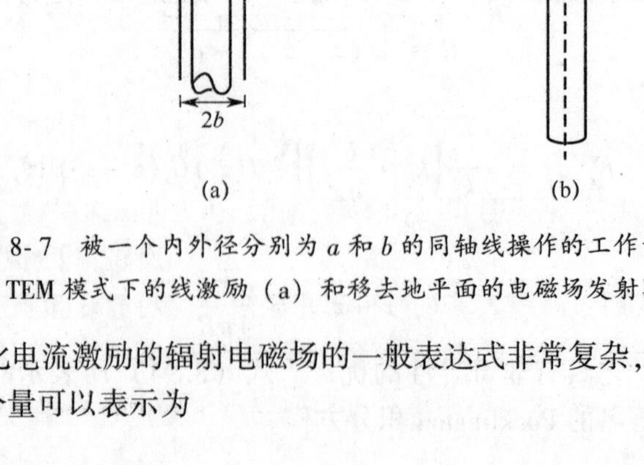

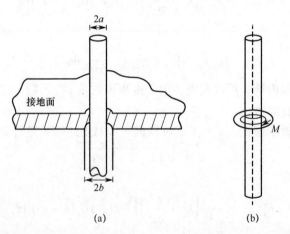

图 8-7 被一个内外径分别为 a 和 b 的同轴线操作的工作于其主导 TEM 模式下的线激励（a）和移去地平面的电磁场发射器（b）

虽然此磁化电流激励的辐射电磁场的一般表达式非常复杂，但是内圆筒轴上的电场的 z 分量可以表示为

$$E_z^i = \frac{1}{2\ln(b/a)}\left(\frac{e^{-jk_0R_1}}{R_1} - \frac{e^{-jk_0R_2}}{R_2}\right) \tag{8.100}$$

式中：$R_1 = \sqrt{z^2 + a^2}$，$R_2 = \sqrt{z^2 + b^2}$。

由于可以使用缩减内核，此表达式对于窄天线是非常有用的。

8.4.2　输入阻抗

δ 缺口模型的输入阻抗为

$$Z_{\text{in}} = \frac{V_0}{I(0)} \tag{8.101}$$

该表达式对于输入电流 $I(0)$ 的精度非常敏感。

对于磁褶边模型，认为从表面积为 S 的线性天线辐射的总功率正好覆盖了整个天线。如果此线性天线没有功率损失，那么，辐射总功率等于输入功率，这样就有

$$\oint_S \frac{1}{2}(\boldsymbol{E}^s \times \boldsymbol{H}^{s*}) \cdot \mathrm{d}\boldsymbol{s} = \frac{1}{2}Z_{\text{in}}\,|I(0)|^2 \tag{8.102}$$

$$Z_{\text{in}} = \frac{1}{|I(0)|^2}\oint_S (\boldsymbol{E}^s \times \boldsymbol{H}^{s*}) \cdot \mathrm{d}\boldsymbol{s} \tag{8.103}$$

式（8.103）右边的激励源积分可以表示为

$$\begin{aligned}\oint_S (\boldsymbol{E}^s \times \boldsymbol{H}^{s*}) \cdot \mathrm{d}\boldsymbol{s} &= \oint_S (E_z^s\hat{\boldsymbol{z}} \times \hat{\boldsymbol{\phi}}H_\phi^{s*}) \cdot \hat{\boldsymbol{\rho}}\mathrm{d}s \\ &= -\int_{-\frac{l}{2}}^{\frac{l}{2}} E_z^i(a,z)\left[\int_0^{2\pi} k_z a\mathrm{d}\phi'\right]\mathrm{d}z = -\int_{-\frac{l}{2}}^{\frac{l}{2}} E_z^i(a,z)I^*(z)\mathrm{d}z\end{aligned} \tag{8.104}$$

其中，在天线表面利用了 $E_z^s = -E_z^i$，这样就可得输入阻抗为

$$Z_{\text{in}} = -\frac{1}{|I(0)|^2}\int_{-l/2}^{l/2} E_z^i(a,z)I^*(z)\mathrm{d}z \tag{8.105}$$

式（8.105）和式（8.101）相比，可以更加准确地求取天线的输入阻抗。

8.5　介质的散射

本节中将对介质散射问题的积分方程进行讨论。可以基于体积等效原理对此积分方程进行推导。定义流过非磁性材料的散射体上的等效电流为

$$\boldsymbol{J}_{\text{eq}} = \mathrm{j}\omega\varepsilon_0(\varepsilon_r - 1)\boldsymbol{E} \tag{8.106}$$

式中：$\boldsymbol{E}$ 为散射体内总的电场。

定义电磁化率为

$$\chi_e = \varepsilon_r - 1 \tag{8.107}$$

等效电流可以表示为

$$\boldsymbol{J}_{\mathrm{eq}} = \mathrm{j}\frac{k_0}{Z_0}\chi_e\boldsymbol{E} \tag{8.108}$$

这样就可将此介质移去，认为此等效电流是在自由空间里辐射。散射场的大小可以用赫兹电势表示为

$$\boldsymbol{E}^s = \nabla\nabla\cdot\boldsymbol{\pi}^s + k_0^2\boldsymbol{\pi}^s \tag{8.109}$$

其中

$$\boldsymbol{\pi}^s = -\mathrm{j}\frac{Z_0}{k_0}\int_V \boldsymbol{J}_{\mathrm{eq}}(\boldsymbol{r}')G_0(\boldsymbol{r},\boldsymbol{r}')\mathrm{d}v' \tag{8.110}$$

式中：G_0 为自由空间里的格林函数。

为了得到积分方程，首先存在

$$\boldsymbol{E} = \boldsymbol{E}^i + \boldsymbol{E}^s \tag{8.111}$$

将 $\boldsymbol{E}^s$ 代入，可得

$$\boldsymbol{E}^i(r) = -\mathrm{j}\frac{Z_0}{k_0\chi_e}\boldsymbol{J}_{\mathrm{eq}}(\boldsymbol{r}) + \mathrm{j}\frac{Z_0}{k_0}(k_0^2 + \nabla\nabla\cdot)\int_V \boldsymbol{J}_{\mathrm{eq}}(\boldsymbol{r}')G_0(\boldsymbol{r},\boldsymbol{r}')\mathrm{d}v',\quad \boldsymbol{r}\in V \tag{8.112}$$

这就是介质散射体的体积电场积分方程。

用上面的积分微分方程求解出 $\boldsymbol{J}_{\mathrm{eq}}$ 后，就可用式（8.109）~式（8.111）求出衍射场。

习题 8

8.1 分别求出 TM_z 偏振和 TE_z 偏振两种情况下，由平面波照射的理想导体上感应表面电流的电场积分方程（EFIE）。

8.2 现存在一个宽度为 w 的薄导电带，被 E 偏振平面波照射（TM_z 情况）。

（1）写出从此薄导电带散射出的 TE 电场的积分方程。

（2）采用傅里叶变换方法证明宽导电带电流分布可以缩小为物理光学分布。

（3）确定窄导电带上电流分布的解析表达（$w\ll\lambda$）。

（4）确定窄导电带对应的回波宽度。

8.3 针对 TE_z 情况回答上题中的问题。

8.4 将问题 8.2 进行补充，无限大导电板上有一个宽度为 w 的槽，应用巴比涅原则，确定流过槽开口的等效表面磁电流的积分方程。

8.5 现有相对介电常数为 ε_r、宽度为 w 和厚度为 t 的非传导性窄带位于 $y=0$ 平面上，在入射角为 ϕ_0 的平面波照射下，确定两种主要偏振情况下它的

体等效电流的积分方程。

8.6　在宽度为 w 的薄导电板中有宽度为 Δ 的窄槽，它由平行板波导馈电。假设 $\Delta \ll w$，孔径处电场可以认为和 TEM 模式的主波导相同，其中 $\boldsymbol{H}^i = \hat{z}e^{-jky}, y = 0$。

（1）应用表面等效原理，确定孔径处的等效磁化电流密度。

（2）计算孔径处静电电压。

（3）确定宽度为 w 的导电带上感应电流 K 的电场积分方程。

（4）什么是电流 $\boldsymbol{K}$ 的边缘行为？

第 9 章　矩量法

9.1　方　程

考虑如下的线性方程：

$$A[f] = g \tag{9.1}$$

式中：A 是线性算子；g 是未知函数；f 是待求的函数。矩量法中将未知函数 f 在 A 的定义域内，近似展开为有限个 f_n 的线性组合，即

$$f \approx \sum_{n=1}^{N} c_n f_n, \quad f_n \in D_A \tag{9.2}$$

式中：标量 c_n 是待定的系数，这种近似是将积分方程转换成求解系数 c_n 的基本步骤；f_n 是待求解的函数，并且函数 $f_n(n = 1,2,\cdots,N)$ 是一组线性无关的函数。

将式（9.2）代入（9.1）可得

$$\sum_{n=1}^{N} c_n A[f_n] \approx g \tag{9.3}$$

式（9.5）已采用线性算子，定义余量 R 为

$$R = \sum_{n=1}^{N} c_n A[f_n] - g \tag{9.4}$$

式中：系数 c_n 需满足加权余量与检验函数的内积为 0，即

$$\langle \omega_m, R \rangle = 0, \quad m = 1,2,\cdots,N, \quad \omega_m \in R_A \tag{9.5}$$

式中，加权函数 ω_m 在定义域 A 内，式（9.5）中的内积称为加权余量。用方程组表示为

$$\sum_{n=1}^{N} c_n \langle \omega_m, A[f_n] \rangle = \langle \omega_m, g \rangle, \quad m = 1,2,\cdots,N \tag{9.6}$$

矩阵表示如下：

$$[\boldsymbol{A}][\boldsymbol{c}] = [\boldsymbol{g}] \tag{9.7}$$

$[\boldsymbol{A}]$ 是一个 $n \times N$ 的系数矩阵，元素取决于

$$A_{mn} = \langle \omega_m, A[f_n] \rangle \tag{9.8}$$

$[\boldsymbol{g}]$ 是一个 N 维的列矩阵，并且

$$g_m = \langle \omega_m, g \rangle \tag{9.9}$$

如果矩阵 $[\boldsymbol{A}]$ 非奇异，逆矩阵存在，$[\boldsymbol{c}]$ 可以表示为

$$[\boldsymbol{c}] = [\boldsymbol{A}]^{-1}[\boldsymbol{g}] \tag{9.10}$$

待求函数$\boldsymbol{f}$由式（9.13）可获得

$$\boldsymbol{f} = [\boldsymbol{f}]^{t}[\boldsymbol{A}]^{-t}[\boldsymbol{g}] \tag{9.11}$$

式中：$[\boldsymbol{f}]^{t}$ 为基函数的行矢量。

响应函数 $\{\boldsymbol{f}_n\}$ 必须线性无关，如果满足正交性，则可以组成完备正交集，式（9.2）实际上是一个子傅里叶序列，N 通常为无穷大，但是，正交性并不是矩量法求解的必要条件，基函数f_n 可以扩展到算子的整个定义域，此时，$\boldsymbol{f}_n$ 为全域基函数，也可以定义在算子的部分定义域上，称为分域基函数。基函数的类型以及定义域取决于要解决的问题以及需要的精确度。

权函数 $\{\boldsymbol{\omega}_n\}$ 也要求线性无关。常见的权函数有 3 种。

如果基函数的选取是用来解决狄拉克函数：

$$\boldsymbol{\omega}_m = \boldsymbol{\delta}(r - r_m),\quad m = 1,2,\cdots,N \tag{9.12}$$

这种情况下系数矩阵为

$$\boldsymbol{A}_{mn} = \langle \boldsymbol{\delta}(r - r_m), \boldsymbol{A}[\boldsymbol{f}_n]\rangle = \boldsymbol{A}[\boldsymbol{f}_n](r_i) \tag{9.13}$$

这种权函数的主要优点是对式（9.8）里内积的计算，由于离散点式（9.9）的计算更为复杂，这相当于在有效定义域内的离散点满足式（9.3），这是矩量法最简单的处理方式，也称为点选配。

第二种权函数是矩量法自伴算子的情况，自伴算子与权函数的内积定义为

$$\langle \boldsymbol{\omega}, \boldsymbol{A}[\boldsymbol{f}]\rangle = \langle \boldsymbol{A}^a[\boldsymbol{\omega}], \boldsymbol{f}\rangle,\quad \boldsymbol{f} \in D_A,\quad \boldsymbol{\omega} \in D_A^a \tag{9.14}$$

如果 A 和 A^a 的定义域相同，权函数可以用基函数替代，即

$$\boldsymbol{\omega}_m = \boldsymbol{f}_m,\ m = 1,2,\cdots,N \tag{9.15}$$

对于自伴算子（$\boldsymbol{A} = \boldsymbol{A}^a$），权函数可能会生成一个数值上对称的矩阵，这就是伽略金法。

另一种权函数的选取方法是使其均方根误差的平方范数最小。为了验证函数，我们做如下计算，算子 L^2，即余量的模值为

$$\| R \|_2 = \langle R, R\rangle^{1/2} \tag{9.16}$$

其中，系数 $\{c_n\}$ 选择的原则是使式（9.16）最小，则有

$$\frac{\partial}{\partial c_m}\langle R, R\rangle = 0,\quad m = 1,2,\cdots,M \tag{9.17}$$

变形可得

$$2\left\langle \frac{\partial R}{\partial c_m}, R \right\rangle = 0 \tag{9.18}$$

式（9.18）与式（9.15）对比，可得权函数为

$$\boldsymbol{\omega}_m = \frac{\partial R}{\partial c_m} = \frac{\partial}{\partial c_m} A\left(\sum_{n=1}^{N} c_n \boldsymbol{A}[\boldsymbol{f}_n] - g\right) \tag{9.19}$$

可以对照式（9.4），函数 g 与系数 $\{c_n\}$ 无关，我们有如下定义：

$$\boldsymbol{\omega}_m = \boldsymbol{A}[\boldsymbol{f}_m], \quad m = 1,2,\cdots,N \tag{9.20}$$

显然，$\{\boldsymbol{\omega}_n\}$ 的选取与 $\boldsymbol{A}$ 有关。权函数的这种选取条件可以得到更精确、收敛性更好的结果，但往往给计算带来困难。

接下来将讨论矩量法的散射积分方程的解。考虑两个例子，分别是扁平薄片的散射和细线天线的辐射。

9.2 电阻条

对于一个曲率恒定、大小任意的电阻条，用矩量法计算其电磁散射的数值解，从对薄条的研究引申到对圆柱形箔条的研究。

9.2.1 箔片

由式（8.26）所示的平面波照射宽度为 w 的箔条，其上产生感应电流的积分方程为

$$Y_0 E_0 \mathrm{e}^{\mathrm{j}k_0\cos\phi_0} = \eta_s K_z(x) + \frac{k_0}{4}\int_{-\omega/2}^{\omega/2} K_z(x')\,\mathrm{H}_0^{(2)}(k_0|x - x'|)\,\mathrm{d}x' \tag{9.21}$$

式中，η_s 为箔条的归一化表面电阻率。

为了解这个方程，我们把箔条剖分成等宽度的 N 段，每一小段的中心为

$$x_m = \left(m + \frac{1}{2}\right)\Delta, \quad m = 0,1,\cdots,N-1 \tag{9.22}$$

式中：$\Delta = \omega/N$ 为剖分宽度，然后，将表面电流密度 K_z 用子域脉冲基函数展开（图 9-1）为

$$K_z(x) = \sum_{n=0}^{N-1}\alpha_n P_n(x), \quad x_n = \left(n + \frac{1}{2}\right)\Delta \tag{9.23}$$

其中

$$P_n(x) = \begin{cases} 1, & |x - x_n| \leqslant \Delta x/2 \\ 0, & \text{其他} \end{cases}$$

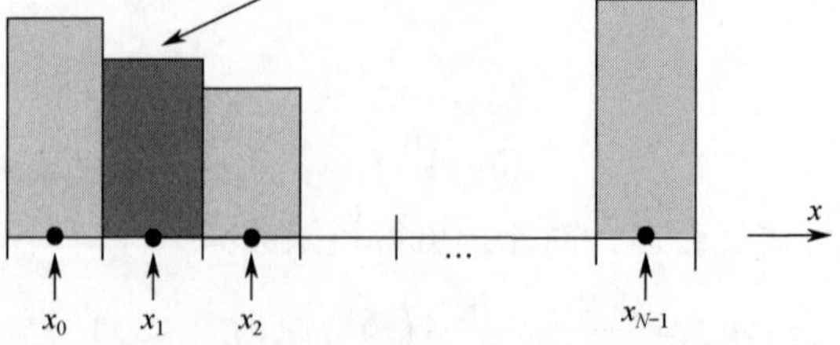

图 9-1　运用脉冲基函数的离散化表面电流密度

式中：$\{\alpha_n\}$ 为未知展开系数。

将式（9.23）代入积分方程，得到

$$Y_0 E_0 \mathrm{e}^{\mathrm{j}k_0\cos\phi_0} = \eta_s(x)\sum_n \alpha_n P_n(x) + \frac{k_0}{4}\sum_n \alpha_n \int_{-\omega/2}^{\omega/2} P_n(x')\mathrm{H}_0^{(2)}(k_0|x_m - x'|)\mathrm{d}x' \tag{9.24}$$

式（9.24）中求和积分的顺序可以互换。为了确定未知系数，我们将上面的公式应用于点 $x_m = \left(m + \frac{1}{2}\right)\Delta$，$m = 0,1,\cdots,N-1$ 得到关于未知系数的方程组：

$$V_m = \eta_{sm}\delta_{mn}\alpha_m + \frac{k_0}{4}\int_{x_n-\Delta/2}^{x_n+\Delta/2}\mathrm{H}_0^{(2)}(k_0|x_m - x'|)\mathrm{d}x',\quad m = 0,1,\cdots,N-1 \tag{9.25}$$

式（9.25）变形得

$$V_m = Y_0 E_0 \mathrm{e}^{\mathrm{j}k_0 x_m\cos\phi_0} \tag{9.26}$$

式中：η_{sm} 为第 m 个剖分段的平均归一化表面电阻率；δ_{mn} 为克罗内克 δ 函数。

式（9.25）即为式（9.27）所示的矩阵，系数矩阵 $[\boldsymbol{A}]$ 由下式给出，即

$$A_{mn} = \eta_{sm}\delta_{mn} + \frac{k_0}{4}\int_{x_n-\Delta/2}^{x_n+\Delta/2}\mathrm{H}_0^{(2)}(k_0|x_m - x'|)\mathrm{d}x' \tag{9.27}$$

式中：A_{mn} 的每个元素可以看作是分段电流 p_n 对第 m 个剖分对岸中心点作用的结果。因此，这些剖分段是互阻抗元件，$[\boldsymbol{A}]$ 是阻抗矩阵。注意：当 $m = n$ 时，A_{mn} 是奇异的。$m = n$ 时的值是矩阵的对角元素，称为自作用单元。A_{mn} 计算公式如下：

$$A_{mn} \approx \begin{cases} \eta_{sn} + \dfrac{k_0\Delta x}{4}\left[1 - \dfrac{\mathrm{j}2}{\pi}\left(\ln\left(\dfrac{k_0\gamma\Delta}{4}\right) - 1\right)\right], n = m \\ \dfrac{k_0\Delta x}{4}\mathrm{H}_0^{(2)}(k_0|x_m - x_n|), n \neq m \end{cases}$$

式中：$m = n$ 时，式（8.57）适用。

矩阵 $[\boldsymbol{A}]$ 具有拓普利兹（Toeplitz）矩阵的特点，也就是说，矩阵的元素之间有如下关系：

$$A_{mn} = A_{1,|m-n|+1},\quad m \geqslant 2, n \geqslant 1 \tag{9.28}$$

这是由积分式（9.28）中 $|x_m - x_n|$ 决定的，式（9.28）表面 A_{mn} 的元素是 $|m-n|$ 的函数，即有 $A_{12} = A_{21} = A_{23} = A_{32} = A_{56}$，$A_{10,12} = A_{2,4} = A_{20,22}$ 等。因此，矩阵的元素由列数决定，列数大的元素由前一列决定，依次循环。利用矩阵的这个特点可以很容易地得到矩阵的逆。由此，系数矩阵可以表示为

$$[\boldsymbol{\alpha}_n] = [\boldsymbol{A}]^{-1}[\boldsymbol{V}] \tag{9.29}$$

表面电流密度为

$$\boldsymbol{K}_z(x) = [\boldsymbol{P}]^{\mathrm{T}}[\boldsymbol{A}]^{-1}[\boldsymbol{V}] \tag{9.30}$$

用相似的矩量法可以分析式（8.29）、式（8.34）可得电流分析，式（8.35）可得到散射波的幅度。

图9-2和图9-3所示分别为TM和TE极化波垂直照射到尺寸为6 λ的理想导电箔条时利用MOM计算的表面电流密度；作为对比，图9-4是同样条件下物理光学法计算出的表面电流密度。容易看出，表面电流密度围绕物理光学的近似区域震荡且消失于箔条的端点处。然而，由于这种结果基于的假设是无限大的平面（边缘无衍射），因此物理光学解并不显示震荡的特性。

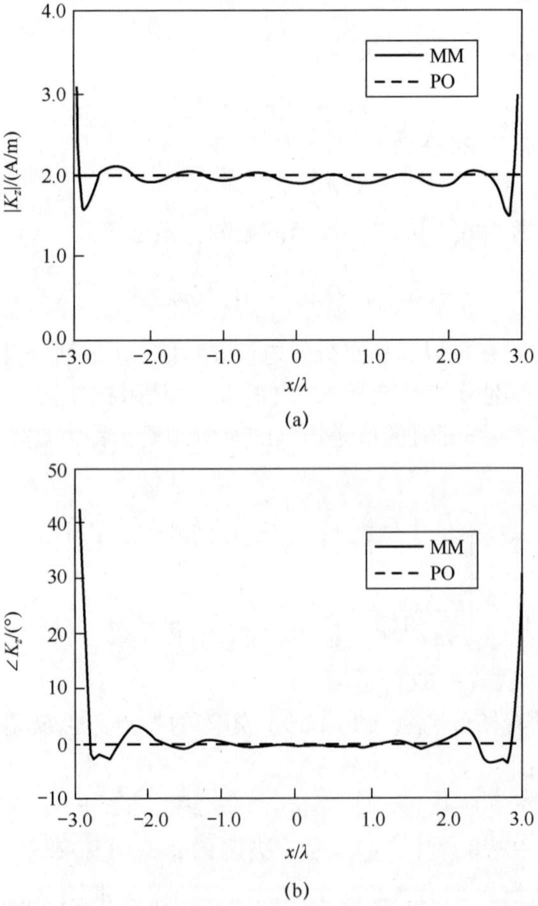

图9-2　用矩量法和物理光学近似计算TM波垂直照射宽度为6 λ的理想导电扁条时的表面电流密度

（a）幅度；（b）电流密度的相位。

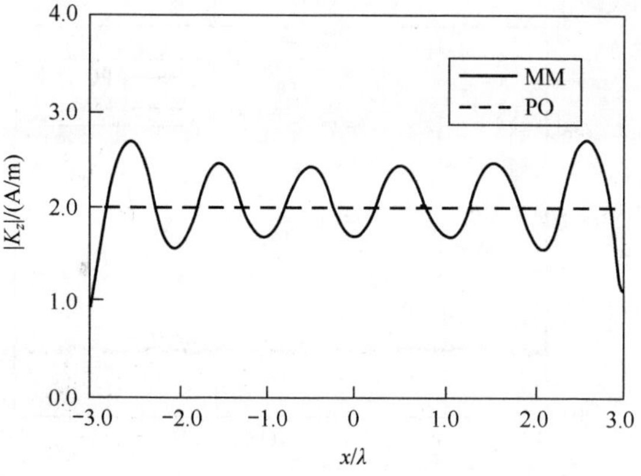

(a)

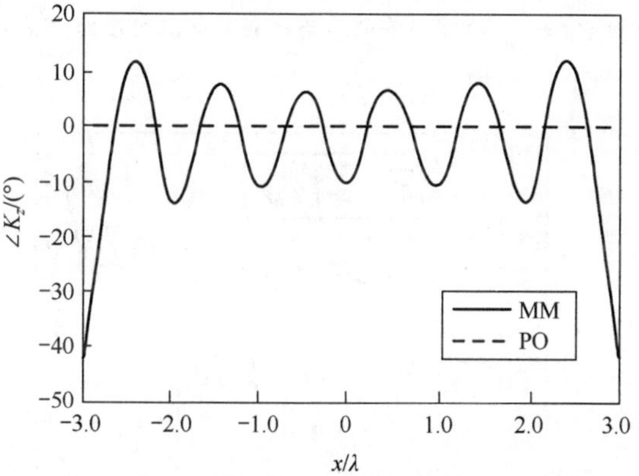

(b)

图 9-3　用矩量法和物理光学近似计算 TE 波垂直照射宽度为 6 λ 的理想导电扁条时的表面电流密度

（a）幅度；（b）电流密度的相位。

当箔条不是理想电导体时，对于 TM 极化波照射产生的表面电流密度不再趋于无穷大。由于边缘衍射效应很弱，从图 9-4 可以看出，用 MOM 计算出的等效电流密度与用物理光学近似法计算出的近似一样。对于尺寸为 6 λ 的箔条，有 $Z_s = Z_0$。

4 λ 宽的箔条在两种极化入射波下的散射回波宽度如图 9-5 所示（对于散射场计算，入射和散射的角度一样）。归一化电阻率为 $\eta_s = \left(\frac{x}{\omega/2}\right)^2$ 时，给出理想导电箔条和抛物线型箔条的回波度。对于第二种情况，由于有限边界电阻率的损耗导致电流密度降低，回波宽度随之降低。增加负载是减少尖锐边缘物体散射截面的一个有效方法。

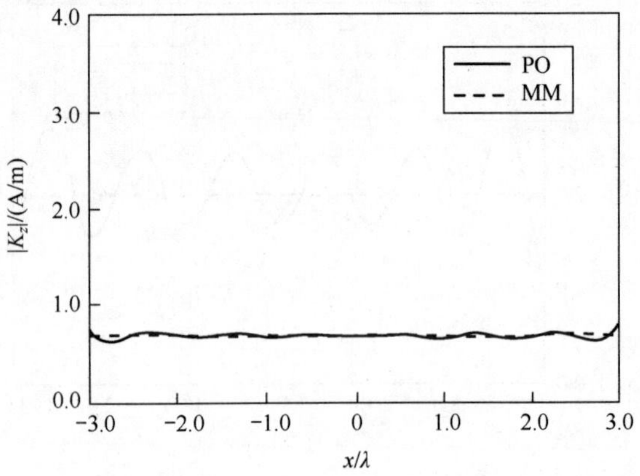

图 9-4　用矩量法和物理光学近似计算 TM 波垂直照射宽度为 6λ，阻抗 $Z_s = Z_0$ 的理想导电扁条时表面电流密度的模值分布

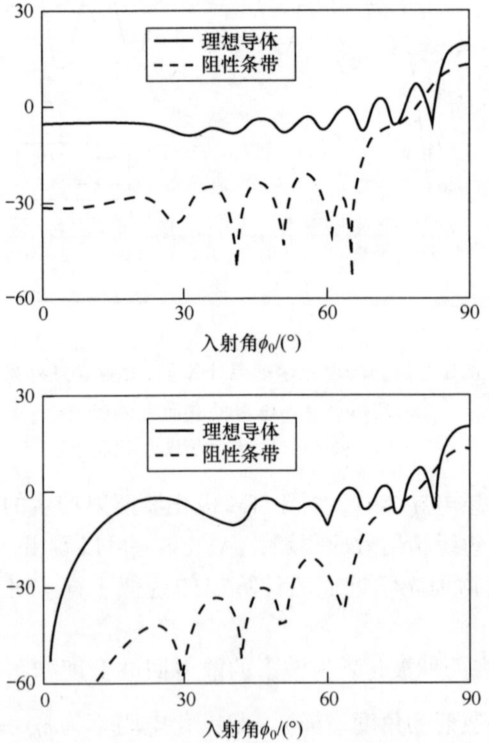

图 9-5　宽度为 4λ 的理想导体和阻抗为 $\eta_s = \left(\dfrac{x}{w/2}\right)^2$ 的阻性条带的 TM 极化和 TE 极化回波宽度

9.2.2 圆柱状箔条

下面我们用伽略金法解决矩量法问题。运用子域扩展函数，电流密度可以表示为

$$K_z(\phi) = \sum_{n=0}^{N-1} \alpha_n P_n(\phi) \tag{9.31}$$

其中

$$P_n(\phi) = \begin{cases} 1, & |\phi - \phi_n| \leqslant \Delta\phi/2 \\ 0, & 其他 \end{cases}$$

将右侧积分的数代入式（8.75），并且交换积分和求和顺序，得到

$$E_z^i(\phi) = Z_z(\phi)\sum_n \alpha_n P_n(\phi) + \frac{k_0 \alpha Z_0}{4}\sum_n \alpha_n \int_c P_n(\phi')\mathrm{H}_0^{(2)}\left[2k_0 a\sin\left(\frac{|\phi - \phi'|}{2}\right)\right]\mathrm{d}\phi' \tag{9.32}$$

运用伽略金法可得

$$V_m = \Delta\phi Z_{sm}\delta_{mn}\alpha_m + \frac{k_0 a Z_0}{4}\sum_n \xi_{mn}\alpha_n \tag{9.33}$$

从 $m = 0,1,\cdots,N-1$，有

$$V_m = \int_{\phi_m - \Delta\phi/2}^{\phi_m + \Delta\phi/2} \mathrm{e}^{\mathrm{j}k_0\cos(\phi - \phi_0)}\mathrm{d}\phi \tag{9.34}$$

$$\xi_{mn} = \int_{\phi_m - \Delta/2}^{\phi_m + \Delta/2}\int_{\phi_n - \Delta/2}^{\phi_n + \Delta/2} \mathrm{H}_0^{(2)}[2k_0 a\sin(\frac{|\phi - \phi'|}{2})]\mathrm{d}\phi'\mathrm{d}\phi \tag{9.35}$$

线性方程式（9.33）表示一个与式（9.7）形式相同的矩阵，其中阻抗矩阵可以表示为

$$A_{mn} = \Delta\phi Z_{sm}\delta_{mn} + \frac{k_0 a Z_0}{4}\xi_{mn} \tag{9.36}$$

可以看出，当 $m = n$ 时，ξ 具有可积分奇异性，用近似分析：

$$\begin{aligned}\xi_{nn} &= \int_{\phi_n - \Delta/2}^{\phi_n + \Delta/2}\int_{\phi_n - \Delta/2}^{\phi_n + \Delta/2} \mathrm{H}_0^{(2)}\left[2k_0 a\sin\left(\frac{|\phi - \phi'|}{2}\right)\right]\mathrm{d}\phi'\mathrm{d}\phi \\ &\approx \frac{2}{(k_0 a)^2}\left[\sqrt{\pi}k_0 a\Delta\phi \mathrm{H}_1^{(2)}\left(\frac{k_0 a\Delta\phi}{\sqrt{\pi}}\right) - 2\mathrm{j}\right]\end{aligned} \tag{9.37}$$

预留项可以进行数值估算。

当表面电流密度确定，回波可以表示为

$$\sigma_e(\phi) = \frac{k_0}{4}\left|a\int_c K_z(\phi')\mathrm{e}^{\mathrm{j}k_0 a\cos(\phi - \phi_0)}\mathrm{d}\phi'\right|^2 \tag{9.38}$$

现有文献用上述公式计算圆形箔条。对于宽度为 2 λ 的箔条弯曲成一个封闭的圆柱体且保持宽度不变，图 9-6 是其双站散射的模型图。如图所示，圆柱

形箔条以 y 轴为中心轴，E 极化的平面波照射。可以看出，随着其曲率从0增加到 $k = 1/a$，主瓣逐渐下降，并且在圆柱体闭合时消失。闭合曲面的数值解与经典本征函数解吻合（图9-7）。

图9-8所示为一个无线电力线为源、长为 $2\pi\lambda$ 的圆柱条（$a = 4\lambda/3$）的辐射场，线源放置在中心，穿过一条缝隙。非零阻抗可以降低反射的方向性。

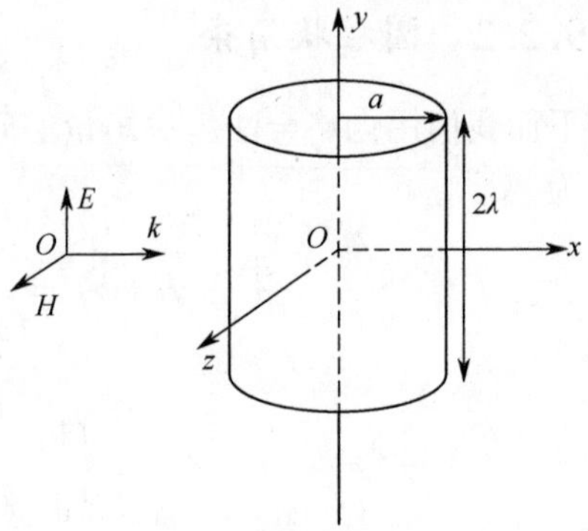

图9-6 一个 2λ 宽度导电条弯曲成圆柱体

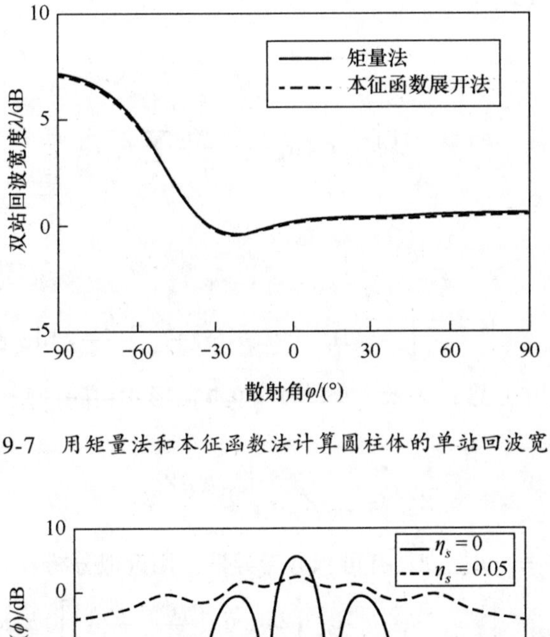

图9-7 用矩量法和本征函数法计算圆柱体的单站回波宽度

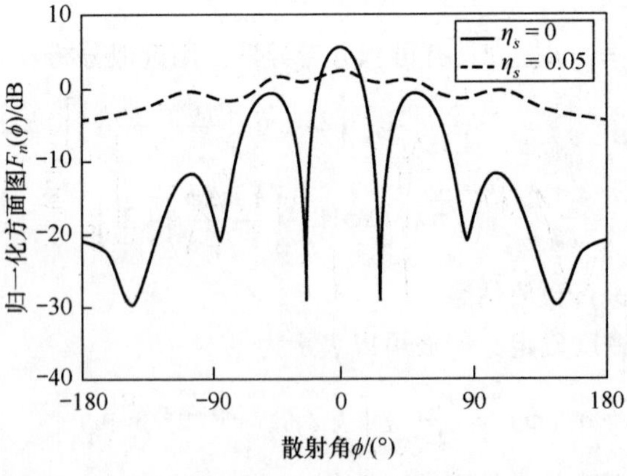

图9-8 如图8-5所示的反射面天线远场辐射方向图（$\eta_s = 0$ 和 $\eta_s = 0.05$）

9.3　线天线

线天线的 Pocklington 积分方程为

$$E_z^i(z) = \mathrm{j}\frac{Z_0}{k_0}\left(k_0^2 + \frac{\partial^2}{\partial z^2}\right)\int_{-\varepsilon/2}^{\varepsilon/2} I(z')\,\frac{\mathrm{e}^{-\mathrm{j}k_0R}}{4\pi R}\mathrm{d}z' \tag{9.39}$$

式中：$R \approx \sqrt{(z-z')^2 + a^2}$，用 MOM 数值方法解积分方程。运用下面的子域扩展函数扩展线性电流 $I(z)$，即

$$f_n(z) = \begin{cases} \dfrac{\sin[k_0(\Delta z - |z - z_n|)]}{\sin k_0\Delta z}, & |z - z_n \leqslant \Delta z| \\ 0, & 其他 \end{cases}$$

式中：$z_n, n = 0,1,\cdots,N-1$ 是天线的 N 剖分小段的中心，这些函数是分段正弦函数。剖分的每一个细天线的终端电流为 0，并且有给定的阻抗矩阵的计算公式。

电流 I 可以表示为

$$I(z) = \sum_{n=0}^{N-1} I_n \frac{\sin[k_0(\Delta z - |z - z_n|)]}{\sin k_0 \sin\Delta z} P_{(2\Delta z)}(z - z_n) \tag{9.40}$$

式中：$\{I_n\}$ 为未知的扩展系数；$P_{(2\Delta z)}(z - z_n)$ 为脉冲基函数，表示如下：

$$P_{2\Delta z}(z - z_n) = \begin{cases} 1, & |z - z_n| \leqslant \Delta z \\ 0, & 其他 \end{cases}$$

结合式（9.39），可得

$$E_z^i(z) = \mathrm{j}Z_0k_0\sum_n I_n\int_{z_n-\Delta z}^{z_n+\Delta z}\frac{\sin[k_0(\Delta z - |z - z_n|)]}{\sin k_0\Delta z}\left(1 + \frac{1}{k_0^2}\frac{\partial^2}{\partial z^2}\right)\frac{\mathrm{e}^{-\mathrm{j}k_0R}}{4\pi R}\mathrm{d}z' \tag{9.41}$$

部分积分可以表示为

$$\begin{aligned}&\int_{z_n-\Delta z}^{z_n+\Delta z}\sin[k_0(\Delta z - |z - z_n|)]\left(1 + \frac{1}{k_0^2}\frac{\partial^2}{\partial z^2}\right)\frac{\mathrm{e}^{-\mathrm{j}k_0R}}{4\pi R}\mathrm{d}z' \\ &= \frac{1}{k_0}\left(\frac{\mathrm{e}^{-\mathrm{j}k_0R_{1n}}}{R_{1n}} + \frac{\mathrm{e}^{-\mathrm{j}k_0R_{2n}}}{R_{2n}} - 2\cos(k_0\Delta z)\frac{\mathrm{e}^{-\mathrm{j}k_0R_0}}{R_0}\right)\end{aligned} \tag{9.42}$$

其中

$$\begin{aligned} R_{1n} &= \sqrt{(z - z_n - \Delta z)^2 + a^2} \\ R_{2n} &= \sqrt{(z - z_n + \Delta z)^2 + a^2} \\ R_0 &= \sqrt{(z - z_n)^2 + a^2} \end{aligned} \tag{9.43}$$

又有

$$-\mathrm{j}4\pi Y_0 E_z^i(z) = \frac{1}{\sin k_0\Delta z}\left(\frac{\mathrm{e}^{-\mathrm{j}k_0R_{1n}}}{R_{1n}} + \frac{\mathrm{e}^{-\mathrm{j}k_0R_{2n}}}{R_{2n}} - 2\cos(k_0\Delta z)\frac{\mathrm{e}^{-\mathrm{j}k_0R_0}}{R_0}\right) \tag{9.44}$$

为了形成线性方程，在点 $z_m, m = 0,1,\cdots,N-1$ 运用点匹配：

$$\sum_n Z_{mn}I_n = V_m,\quad m = 0,1,\cdots,N-1 \tag{9.45}$$

其中

$$Z_{mn} = \frac{1}{\sin k_0\Delta z}\left(\frac{\mathrm{e}^{-\mathrm{j}k_0R_{1mn}}}{R_{1mn}} + \frac{\mathrm{e}^{-\mathrm{j}k_0R_{2mn}}}{R_{2mn}} - 2\cos(k_0\Delta z)\frac{\mathrm{e}^{-\mathrm{j}k_0R_{0mn}}}{R_{0mn}}\right) \tag{9.46}$$

$$\begin{cases} R_{1mn} = \sqrt{(z_m - z_n - \Delta z)^2 + a^2} \\ R_{2mn} = \sqrt{(z_m - z_n + \Delta z)^2 + a^2} \\ R_{0mn} = \sqrt{(z_m - z_n)^2 + a^2} \end{cases} \tag{9.47}$$

且

$$V_m = -\mathrm{j}4\pi Y_0 E_z^i(z_m),\quad m = 0,1,\cdots,N-1 \tag{9.48}$$

系数 $\{I_n\}$ 由下式给定：

$$[\boldsymbol{I}_n] = [\boldsymbol{Z}]^{-1}[\boldsymbol{V}] \tag{9.49}$$

式中：$[\boldsymbol{Z}]$ 和 $[\boldsymbol{V}]$ 分别由式（9.46）和式（9.48）给定，很容易证明阻抗矩阵 $[\boldsymbol{Z}]$ 也是 Toeplitz 矩阵。

根据天线被激励的方式，可以用式（8.96）或式（8.100）给定的源。输入阻抗由式（8.101）计算或者由源决定。在后面的例子中，输入阻抗为

$$Z_{\mathrm{in}} = \frac{1}{I_{(N+1)/2}}\sum_{n=0}^{N-1} E_z^i(n\Delta z)\cdot I_n^* \tag{9.50}$$

式中：$I_{(N+1)/2}$ 为电流系数。

9.4 介质柱

平面波照射在平行于 z 轴无限长的非均匀介质圆柱。圆柱的几何形状和介电常数都与 z 无关。

考虑由下式给定的平面波照射的横向磁场：

$$\boldsymbol{E}^i(x,y) = \hat{z}E_0\mathrm{e}^{\mathrm{j}k_0(x\cos\phi_0 + y\sin\phi_0)} \tag{9.51}$$

由于沿 z 轴的平移对称性，等效极化电流为

$$\boldsymbol{J}_{\mathrm{eq}} = \hat{z}J_{\mathrm{eq}} = \hat{z}\mathrm{j}\omega\varepsilon_0[\varepsilon_r(x,y) - 1]E_z = \mathrm{j}\frac{k_0}{Z_0}\chi_e(x,y)\boldsymbol{E} \tag{9.52}$$

式中：ε_r、χ_e 是圆柱的相对介电常数和相对磁化率，等效电流的电场积分方程为

$$E_z^i(x,y) = \frac{J_{\mathrm{eq}}}{\mathrm{j}\omega\varepsilon_0\chi_e} + \frac{k_0Z_0}{4}\int_S J_{\mathrm{eq}}(x',y')\mathrm{H}_0^{(2)}\left(k_0\sqrt{(x-x')^2 + (y-y')^2}\right)\mathrm{d}s' \tag{9.53}$$

这是第二类 Fredholm 积分方程。右边的积分可以看作是柯西原理。

为了更好地计算，将圆柱的散射截面分成 N 份，未知电流分布用脉冲基函数扩展为

$$\boldsymbol{J}_{\mathrm{eq}} \approx \hat{z}\sum_{n=1}^{N-1} c_N P_n(x,y) \tag{9.54}$$

其中

$$P_n(x,y) = \begin{cases} 1, & (x,y) \in S_n \\ 0, & (x,y) \notin S_n \end{cases} \tag{9.55}$$

将式（9.55）代入积分方程式（9.53），得到

$$E_z^i(x,y) \approx \sum_n c_n \left[\frac{P_n(x,y)}{\mathrm{j}\omega\varepsilon_0\chi_e} + \frac{k_0 Z_0}{4}\oint_{S_n} \mathrm{H}_0^{(2)}\left(k_0\sqrt{(x-x')^2+(y-y')^2}\right)\mathrm{d}x'\mathrm{d}y'\right] \tag{9.56}$$

运用点匹配，代数方程组的形式为

$$[\boldsymbol{Z}][\boldsymbol{c}] = [\boldsymbol{V}] \tag{9.57}$$

其中

$$V_m = E_0 \mathrm{e}^{\mathrm{j}k_0(x_m\cos\phi_0 + y_m\sin\phi_0)}, \quad m = 0,1,\cdots,N-1 \tag{9.58}$$

$$Z_{mn} = \begin{cases} \dfrac{k_0 Z_0}{4}\displaystyle\int_{S_n} \mathrm{H}_0^{(2)}\left(k_0\sqrt{(x'-x_m)^2+(y'-y_m)^2}\right)\mathrm{d}x'\mathrm{d}y', & m \neq n \\ -\mathrm{j}\dfrac{Z_0}{k_0\chi_m} + \dfrac{k_0 Z_0}{4}\displaystyle\int_{S_m} \mathrm{H}_0^{(2)}\left(k_0\sqrt{(x'-x_m)^2+(y'-y_m)^2}\right)\mathrm{d}x'\mathrm{d}y', & m = n \end{cases} \tag{9.59}$$

在前面的方程中，χ_m 是剖分段 m 上 χ_e 的平均值。如果将圆柱的每个剖分区域的面积 S_n 看作是相等的，则上面的积分方程近似为

$$Z_{mn} \approx \begin{cases} \dfrac{Z_0\pi a_n}{2}\mathrm{J}_1(k_0 a_n)\mathrm{H}_0^{(2)}(k_0 R_{mn}), & m \neq n \\ -\mathrm{j}\dfrac{Z_0}{k_0\chi_m} + \dfrac{Z_0\pi a_m}{2}\mathrm{H}_1^{(2)}(k_0 a_m), & m = n \end{cases} \tag{9.60}$$

式中：a_n 为每个剖分段的等效半径（$a_n = \sqrt{S_n/\pi}$）。

对于 TM 波照射的介质圆柱体，这种方法取得很好的效果。应用伽略金法可以提高精度，但是，对于电场积分方程不适用于 TE 波照射的情况，特别是磁导率很大时，这种情况可以利用磁场积分方程（MFIE）求解。

习题 9

9.1　考虑如下积分方程

$$\int_{-1}^{1} f(x')\ln|x-x'|\mathrm{d}x' = -1, \quad |x| \leqslant 1$$

（1）用矩量法求解上面的积分方程。以脉冲基函数为基函数。

(2) 用伽略金法求解积分方程。

(3) 比较并分析两种结果的差异。

9.2 一个半径为 a 、长为 l 的理想导电条置于电势为 V_0 的环境中，用矩量法求解其上的表面静电荷密度。

9.3 距离为 d 的导电板组成的电容，求解电容与 d/a 之间的变化关系，并估计忽略边缘场时的误差，这里 $C_0 = \varepsilon a^2/d$ 。

9.4 一个宽度为 $\omega = 1\lambda$ 的导电箔条，用平面波照射。用 EFIE 和矩量法求解下列问题。

(1) 用 E 极化波垂直照射时求其表面电流分布。

(2) 分别计算 (1) 的单站和双站回波宽度。

(3) 用 H 极化波垂直照射时求其表面电流分布。

(4) 分别计算 (3) 的单站和双站回波宽度。

(5) 比较 (1) 和 (3) 的结果，讨论电流的边缘效应；比较 (2) 和 (4) 的结果，讨论角度对散射的影响。

9.5 宽度为 ω 的理想薄导电板内开有宽度为 Δ 的窄槽，窄槽里放一个平行板波导。假设 $\Delta \ll \omega$ ，即孔径光波与作为主体波导的 TEM 模一样，即 $\boldsymbol{H}^i = \hat{z}e^{-jky}(y = 0)$ 。

(1) 用表面等效电流原理求解表面等效磁流。

(2) 列出宽度为 ω 的导电条表面电流 $\boldsymbol{K}$ 的积分方程 (EFIE)。

(3) 用矩量法解上述积分方程 ($\omega = 1\lambda$, $\Delta = 0.1\lambda$)。

9.6 介电常数为 ε_r 、宽为 ω 、厚度为 t 的介质条置于 $y = 0$ 的平面。

(1) 列出 TM_z 波照射情况下等效体电流的积分方程。其中入射角为 ϕ_0 ，介质条参数为 $\varepsilon_r = 4.2$, $\omega = 1\lambda_0$, $t = 0.05\lambda_0$ 。

(2) 用脉冲基函数和点匹配法的矩量法构建关于扩展系数的代数方程，由于介质条很薄，可以沿着其宽度方向进行剖分，剖分单元尺寸为 $0.05\lambda_0 \times 0.05\lambda_0$ 。

(3) 计算当 $\phi_0 = 0°$ 和 $\phi_0 = 60°$ 时的等效电流与回波宽度，并绘出回波宽度与散射角的关系 ($0 \leqslant \phi_s \leqslant 2\pi$)。

(4) 当 $0 \leqslant \phi_0 \leqslant \pi$ 时，求解单站回波宽度 ($\phi_0 = \phi_s$)。

9.7 一个长度为 $l = 0.48\lambda$ 、半径为 $a = 0.005\lambda$ 的天线由一个 50Ω 的同轴电缆激励。电缆的内半径为 a ，利用磁流源激励模型，运用矩量法求解。

(1) 电流分布。

(2) 输入阻抗。

(3) 用不同的值 N 来检验上面解的收敛性。

9.8 如果散射体有一个 $a \times a$ 的正方形的横截面，剖分成 4 段，求解回波宽度。

第 10 章　周期结构

平面波入射到周期性结构上的反射和透射现象在工程中与物理学等许多领域都具有重要的意义，它的典型应用包括微波网状反射镜、光栅和晶体结构等。

从周期性结构中得到的散射波最显著的特点是它通过光栅模式在不同方向产生周期性干涉波。

我们将从 Floquet 定理解决周期性结构问题开始讨论。

10.1　Floquet 定理

Floquet 定理指出，周期结构中的波由无限多的空间谐波组成。可以通过周期边界条件或周期性变化的介电常数来分析一个波在周期性结构中的传播情况。值得注意的是，无限周期结构中某一点处的场与一个周期 L 以外的场相差一个复数常数。因为是在一个无限周期性结构中，所以 z 和 $z+L$ 处的场存在固定的衰减与相移，即

$$u(z+L) = Cu(z), \quad C = \mathrm{e}^{-\mathrm{j}\beta L}, \quad \beta \in C$$

同样地，有

$$u(z+2L) = Cu(z+L)$$
$$u(z+mL) = C^m u(z)$$

现在考虑一个函数

$$R(z) = \mathrm{e}^{\mathrm{j}\beta z}u(z) \tag{10.1}$$

然后有

$$R(z+L) = \mathrm{e}^{\mathrm{j}\beta(z+L)}u(z+L) = \mathrm{e}^{\mathrm{j}\beta z}\,\mathrm{e}^{\mathrm{j}\beta L}\,\mathrm{e}^{-\mathrm{j}\beta L}u(z) = R(z) \tag{10.2}$$

所以，$R(z)$ 是一个周期为 L 的周期函数，它的傅里叶级数表达式如下：

$$R(z) = \sum_{n=-\infty}^{\infty} A_n\,\mathrm{e}^{-\mathrm{j}\left(\frac{2n\pi}{L}\right)z} \tag{10.3}$$

因此，有

$$u(z) = \mathrm{e}^{-\mathrm{j}\beta z}R(z) = \sum_{n=-\infty}^{\infty} A_n\,\mathrm{e}^{-\mathrm{j}\beta_n z} \tag{10.4}$$

式中，β_n 为 Floquet 模式数，它由下式给出：

$$\beta_n = \beta + 2n\pi/L \tag{10.5}$$

10.2 条形光栅散射

周期性衍射光栅构成一类重要的频率选择结构。它的应用非常广，如微波、毫米波和光学频率，包括布拉格单元、光开关和偏振器、表面波导和加速器。光栅的散射特性是由其几何尺寸来控制的。

考虑一个由宽度 w 的薄导电条构成的周期为 L 的周期性光栅在外部区域的散射问题。光栅由在自由空间中 H 极化平面波以角度 ϕ_0 照射，即

$$\boldsymbol{H}^i = \hat{z}\,\mathrm{e}^{\mathrm{j}\boldsymbol{k}\cdot\boldsymbol{r}} \tag{10.6}$$

根据 Floquet 定理，这些结构的周期性导致了场量是以 x 为周期，因此，在外部区域的散射磁场可写为

$$\boldsymbol{H}^{s>} = \hat{z}\sum_{n=-\infty}^{\infty} A_n\,\mathrm{e}^{\mathrm{j}(k_{xn}x - k_{yn}y)} \tag{10.7}$$

式中：上标 > 表示外部磁场，而下式是 Floquet 模式的波数，即

$$k_{xn} = k_x + 2n\pi/L \tag{10.8}$$

k_{xn} 和 k_{yn} 满足亥姆霍兹波动方程兼容性条件：

$$k_{xn}^2 + k_{yn}^2 = k_0^2 \tag{10.9}$$

为了用物理场量来表示 Floquet 模式的振幅 A_n，需要运用等效原理。因此，在口径上引入等效磁电流：

$$\boldsymbol{M}^> = \boldsymbol{E}^> \times \hat{\boldsymbol{n}}\,|_{y=0^+} \tag{10.10}$$

式中：$\hat{\boldsymbol{n}}$ 是指向外垂直于光栅平面，有

$$\boldsymbol{M}^> = -\hat{z}\frac{z_0}{k_0}\sum_{n=-\infty}^{\infty} k_{yn} A_n\,\mathrm{e}^{\mathrm{j}k_{xn}x} \tag{10.11}$$

式（10.11）的求和过程实际上是一个傅里叶展开的过程，其系数可以用正交性来计算。因此，得到

$$A_n = -\frac{k_0 Y_0}{k_{yn}L}\int_{-w/2}^{w/2} M_z^>(x)\,\mathrm{e}^{-\mathrm{j}k_{xn}x}\,\mathrm{d}x \tag{10.12}$$

将式（10.12）代入式（10.7）可以得到

$$H_z^>(x) = -\mathrm{j}\,k_0\,Y_0\int_{-\frac{w}{2}}^{\frac{w}{2}} M_z^>(x')\,G^>(x,y;x',0)\,\mathrm{d}\,x' \tag{10.13}$$

式中：Y_0 是自由空间的固有导纳。下式是自由空间周期性格林函数，即

$$G^>(x,y;x',0) = \sum_{n=-\infty}^{\infty}\frac{\mathrm{e}^{\mathrm{j}[k_{xn}(x-x') - k_{yn}y]}}{\mathrm{j}\,k_{yn}L} \tag{10.14}$$

同样，在 $y<0$ 的散射磁场区域中的磁场可以写成等效磁流的形式：

$$\boldsymbol{M}^< = \boldsymbol{E}^< \times n'\,|_{y=0^-} \tag{10.15}$$

在口径中施加连续性的切向电流，得到

$$\boldsymbol{M}^{<} = \boldsymbol{E}^{<} \times \hat{\boldsymbol{n}}' = -\boldsymbol{E}^{<} \times \hat{\boldsymbol{n}} = -\boldsymbol{E}^{>} \times \hat{\boldsymbol{n}} = -\boldsymbol{M}^{>}, \quad y = 0 \tag{10.16}$$

因此，在 $y < 0$ 的散射磁场中由下式给出，即

$$H_z^{<} = \mathrm{j}k_0 Y_0 \int_{-w/2}^{w/2} M_z^{>}(x')\, G^{<}(x,y;x',0)\,\mathrm{d}x' \tag{10.17}$$

此时，有

$$G^{<}(x,y;x',0) = \sum_{p=0}^{\infty} \frac{\mathrm{e}^{\mathrm{j}[k_{xn}(x-x')+k_{yn}y]}}{\mathrm{j}\,k_{yn}L} \tag{10.18}$$

为了从等效磁流建立积分方程，在口径施加的切向磁场连续性条件，可以得到

$$\hat{\boldsymbol{n}} \times [\boldsymbol{H}^{i} + \boldsymbol{H}^{r} + \boldsymbol{H}^{>}], \quad y = 0 \tag{10.19}$$

式中：$\boldsymbol{H}^{i}$ 和 $\boldsymbol{H}^{r}$ 分别是入射磁场和反射磁场，因此，有

$$2H_0 \mathrm{e}^{\mathrm{j}k_x x} - \mathrm{j}k_0 Y_0 \int_{-w/2}^{w/2} M_Z(x') G(x;x')\,\mathrm{d}x' = \mathrm{j}k_0 Y_0 \int_{-w/2}^{w/2} M_Z^{>}(x') G(x;x') \tag{10.20}$$

或者等价于

$$H_0 \mathrm{e}^{\mathrm{j}k_x x} = \mathrm{j}\,k_0\,Y_0\,M_z(x')G(x;x')\,\mathrm{d}x' \tag{10.21}$$

式中：$G(x;x') = G^{>}(x,0;x',0) = G^{<}(x,0;x',0)$，式（10.21）是求解未知磁流所需的积分方程。

当 $k_0 w \ll 1$ 时，式（10.21）可以得到解析解，此时，根据棱边条件可以选择，即

$$M_z(x) = \frac{\chi_p^h\,\mathrm{e}^{\mathrm{j}k_x x}}{\sqrt{(w/2)^2 - x^2}} \tag{10.22}$$

将式（10.22）代入式（10.21）中，将两边乘以 M_z^* 并在口径上积分，得到

$$\chi_p^h = 4H_0\left[\frac{k_0 w}{L}\sum_{n=-\infty}^{\infty}\frac{J_0^2(n\pi w/L)}{k_{yn}}\right]^{-1} \tag{10.23}$$

对于宽口径，积分方程式（10.21）可以数值求解，该问题的数值求解基于 $G(x;x')$ 的有效计算。由于 k_{yn} 项位于分母，当观察点在光栅平面 $y = 0$ 上时，式（10.14）级数收敛速度很慢，即

$$G(x;x') = \sum_{n=-\infty}^{\infty} \frac{\mathrm{e}^{\mathrm{j}k_{xn}(x-x')}}{\mathrm{j}\,k_{yn}L} \tag{10.24}$$

为了加快级数的收敛性，使用库默尔变换。库默尔变换是加快弱收敛级数的一种收敛渐近法。基于傅里叶级数理论，一个域中的宽带函数在另一域中会是窄带函数，而且其傅里叶级数可以快速求和。

假设如下式的求和是一个收敛缓慢的级数：

$$S = \sum_{n=-\infty}^{\infty} f(n) \tag{10.25}$$

当 n 足够大时，设 $f(n)$ 逼近函数 $f_1(n)$，把式（10.25）写为

$$S = \sum_n [f(n) - f_1(n)] + \sum_n f_1(n) \tag{10.26}$$

并对上述方程的最后一个级数进行泊松变换，可得

$$S = \sum_n [f(n) - f_1(n)] + \sum_n F_1(2n\pi) \tag{10.27}$$

式中：F_1 是 f_1 的傅里叶变换。如果选择合适的 f_1，缓慢收敛的级数式（10.25）将转化为两个快速收敛的级数之和。

此时，引入渐近函数

$$f_1 = \sum_n \frac{e^{jk_{xn}(x-x')}}{\sqrt{u^2 + k_{xn}^2}} \tag{10.28}$$

把式（10.24）写为

$$G(x;x') = \frac{1}{jL}\sum_n e^{jk_{xn}(x-x')}\left(\frac{1}{k_{yn}} + \frac{1}{j\sqrt{u^2 + k_{xn}^2}}\right) + \frac{1}{L}\sum_n \frac{e^{jk_{xn}(x-x')}}{\sqrt{u^2 + k_{xn}^2}} \tag{10.29}$$

式中：参数 u 称为平滑参数，可以看出，第一个项收敛为 k_{xn} 的逆立方次幂。第二项是非奇异的，可以通过应用泊松变换来求和，即

$$\frac{1}{L}\sum_n \frac{e^{jk_{xn}(x-x')}}{\sqrt{u^2 + k_{xn}^2}} = \frac{1}{\pi}\sum_n e^{jk_x nL} K_0(u|x - x' - nL|) \tag{10.30}$$

式中：K_0 为修正的 Bessel 函数，它通常是快速衰减的，因此，格林函数可以写为如下形式：

$$G(x;x') = \frac{1}{jL}\sum_n e^{jk_{xn}(x-x')}\left(\frac{1}{k_{yn}} + \frac{1}{j\sqrt{u^2 + k_{xn}^2}}\right) + \frac{1}{\pi}\sum_n e^{jk_x nL} K_0(u|x - x' - nL|) \tag{10.31}$$

为了确保空间谱求和与频谱求和的良好收敛性，可以合理地选择平滑参数：

$$u \approx \pi/L \tag{10.32}$$

习题 10

10.1 考虑如下函数

$$F(x) = \sum_{n=-\infty}^{\infty} f(x + 2n\pi)$$

（1）证明 $F(x)$ 是一个周期为 2π 的函数。

（2）证明其傅里叶系数如下：

$$c_k = \frac{1}{2\pi}\int_{-\pi}^{\pi} F(x)\,e^{-jkx}dx = \frac{\hat{f}(k)}{2\pi}$$

（3）基于 $x = 0$ 时的傅里叶表示 $F(x) = \sum c_k e^{jkx}$，证明泊松求和公式

$$\sum_{n=-\infty}^{\infty} f(2n\pi) = \sum_{-\infty}^{\infty} \frac{\hat{f}}{2\pi}$$

10.2　平面波入射在具有正弦周期的导电板上，板的高度由如下函数给出

$$y = \xi(x) = -h\cos\frac{2\pi x}{L}$$

式中：h 是高度振幅；L 是周期。如果 $h/L \ll 1$，所有的散射场都可以假定是向外发散的，这称为瑞利假设。

（1）运用 Floquet 定理，推导表面散射电场的一般形式。用模式数和周期 L 来表达模式传播常数。

（2）在导电表面上施加适当的边界条件，寻找展开系数的方程。

（3）利用傅里叶级数分析，将上述方程转换为代数方程组，并得到 Floquet 系数。

第 11 章　逆散射

在散射问题中关注的是计算被一个入射波照射时目标的散射场。

逆散射问题是根据对散射场的认知来确定目标特性，图 11-1 显示了由许多发射机所照射的目标。可以通过双站和单站接收机测量散射场，进而确定待测目标的形状和类型。

用于逆散射问题的方法取决于不均匀介质体的电尺寸。如果 D 是散射体的特征维数，k 是其中的波数，那么 kD 是测量目标的电长度。当 $kD \ll 1$ 时，散射较弱，可应用低频方法，如 Rayleigh 和 Born 近似；当 $kD \gg 1$ 时，可使用高频渐近技术，如几何或物理光学方法。

在很多情况下关注的是与 kD 谐振尺寸一致的物体。解决这类问题的常见方法是结合积分方程和场等效原理。然而，这种积分方程的反演是一个病态问题，人们已经做了大量的工作来证明这类问题解的唯一性。在数据有限的情况下，任何反演方法都不可避免地要归结为求解某种优化问题。

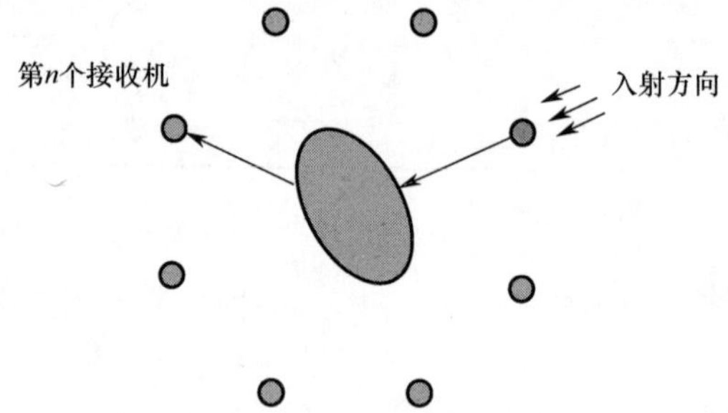

图 11-1　由多个发射机照射并由接收机测量散射场的目标

11.1　介质体

11.1.1　Born 近似

一个由 TM_z 极化平面波照射的非磁性圆柱介质目标，介电常数为 ε，最大截面尺寸为 D，即

$$\boldsymbol{E}^i = \hat{z} E_0 \, e^{jk_0 \hat{\boldsymbol{\rho}}_i \cdot \boldsymbol{\rho}} \tag{11.1}$$

式中：$\hat{\boldsymbol{\rho}}_i$ 是入射方向的单位矢量。等效体电流为

$$\boldsymbol{J}_{\mathrm{eq}} = \mathrm{j}w\,\varepsilon_0(\varepsilon_r - 1)\boldsymbol{E} \tag{11.2}$$

式中：$\boldsymbol{E} = \boldsymbol{E}^i + \boldsymbol{E}^s$ 为总的内部电场。假设圆柱的对比度较低，等效体积电流为

$$\boldsymbol{J}_{\mathrm{eq}} = \mathrm{j}w\,\varepsilon_0\chi_e\boldsymbol{E}^i \tag{11.3}$$

式中：χ_e 为介质电极化率。

如果下式成立，则近似是有效的，即

$$k_0 D\sqrt{\chi_e} < \pi \tag{11.4}$$

一阶 Born 近似由下式给出，即

$$\boldsymbol{E}^s = -\frac{k_0 Z_0}{4}\hat{\boldsymbol{z}}\int_s \mathrm{j}w\,\varepsilon_0\chi_e(\rho')E_z^i(\rho')\mathrm{H}_0^{(2)}(k_0|\boldsymbol{\rho}-\boldsymbol{\rho}'|)\mathrm{d}s' \tag{11.5}$$

式中：$\boldsymbol{\rho}$ 和 $\boldsymbol{\rho}'$ 分别是平面坐标系中观察点和源点的位置矢量。利用渐近展开的 Hanlkel 函数，远离圆柱体的散射场表示为

$$\boldsymbol{E}^s = -\mathrm{j}\frac{k_0^2}{4}\sqrt{\frac{2\mathrm{j}}{\pi k_0\rho}}\mathrm{e}^{-\mathrm{j}k_0\rho}\hat{\boldsymbol{z}}\int_s \chi_e(\rho')E_0\,\mathrm{e}^{-\mathrm{j}k_0(\hat{\boldsymbol{\rho}}_i\cdot\boldsymbol{\rho}'-\hat{\boldsymbol{\rho}}_s\cdot\boldsymbol{\rho}')}\mathrm{d}s' \tag{11.6}$$

式中：$\hat{\boldsymbol{\rho}}_s$ 为散射场方向的单位矢量。

定义归一化散射场：

$$E_n^s = \frac{E_z^s}{E_0\sqrt{\dfrac{2\mathrm{j}}{\pi k_0\rho}}\mathrm{e}^{-\mathrm{j}k_0\rho}} = -\mathrm{j}\frac{k_0^2}{4}\int_s \chi_e(\boldsymbol{\rho}')\mathrm{e}^{\mathrm{j}k_0(\hat{\boldsymbol{\rho}}_s-\hat{\boldsymbol{\rho}}_i)\cdot\boldsymbol{\rho}'}\mathrm{d}s' \tag{11.7}$$

式中：ρ 和 E_0 为相互独立的。此处，有

$$\rho' = x'\hat{\boldsymbol{x}} + y'\hat{\boldsymbol{y}},\quad \hat{\boldsymbol{\rho}}_i = \hat{\boldsymbol{x}}\cos\phi_i + \hat{\boldsymbol{y}}\sin\phi_i,\quad \hat{\boldsymbol{\rho}}_s = \hat{\boldsymbol{x}}\cos\phi_s + \hat{\boldsymbol{y}}\sin\phi_s \tag{11.8}$$

可推导出

$$k_0(\hat{\boldsymbol{\rho}}_s - \hat{\boldsymbol{\rho}}_i) = k_0(\cos\phi_s - \cos\phi_i)\hat{\boldsymbol{x}} + k_0(\sin\phi_s - \sin\phi_i)\hat{\boldsymbol{y}} = K_x\hat{\boldsymbol{x}} + K_y\hat{\boldsymbol{y}} \tag{11.9}$$

其中

$$K_x = k_0(\cos\phi_s - \cos\phi_i),K_y = k_0(\sin\phi_s - \sin\phi_i) \tag{11.10}$$

所以式（11.7）可写为

$$E_n^s = -\mathrm{j}\frac{k_0^2}{4}\int_s \chi_e(x',y')\mathrm{e}^{\mathrm{j}(K_x x'+K_y y')}\mathrm{d}x'\mathrm{d}y' \tag{11.11}$$

显然，归一化散射场是电极化率 χ_e 的逆傅里叶变换，且有

$$\chi_e(x,y) = \frac{4\mathrm{j}}{k_0^2}\frac{1}{4\pi^2}\int E_n^s(K_x,K_y)\mathrm{e}^{-\mathrm{j}(K_x x'+K_y y')}\mathrm{d}K_x\mathrm{d}K_y \tag{11.12}$$

散射场是入射角和观测角的函数。为了计算上述傅里叶变换，谱变量 K_x 和 K_y 必须从 $-\infty$ 到 ∞ 变化。此处，k_0 从 0 到 ∞ 变化。但实际上一般会固定频率，仅改变入射角 ϕ_i 和观察角 ϕ_s。由于在 $K_x K_y$ 平面的矢量为

$$\begin{aligned}\boldsymbol{K} &= K_x\hat{\boldsymbol{x}} + K_y\hat{\boldsymbol{y}} = k_0(\hat{\boldsymbol{x}}\cos\phi_s + \hat{\boldsymbol{y}}\sin\phi_s) - k_0(\hat{\boldsymbol{x}}\cos\phi_i + \hat{\boldsymbol{y}}\sin\phi_i)\\ &= k_0\hat{\boldsymbol{\rho}}_s - k_0\hat{\boldsymbol{\rho}}_i\end{aligned} \tag{11.13}$$

在 $-180° < \phi_i < 180°$ 范围内改变入射角，在 $\phi_i < \phi_s < \phi_i + 180°$ 范围内改变观察角，将覆盖 $k_x k_y$ 平面中半径为 $2k_0$ 的圆，如图 11-2（a）所示，选择合适的增量 $\Delta\phi_i$ 和 $\Delta\phi_s$ 以包括圆形区域。

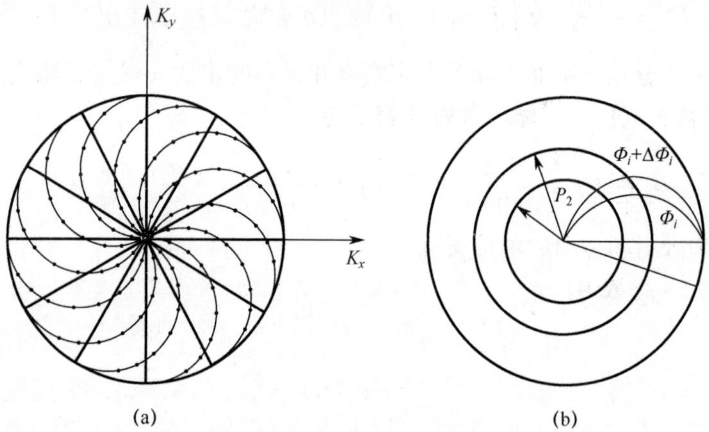

图 11-2　在 $K_x - K_y$ 平面内半径为 $2k_0$ 的圆内采样点（a）及计算面元 $\mathrm{d}K_x\mathrm{d}K_y$（b）

因此，该变换式（11.12）可以一种离散的方式计算：

$$\begin{aligned}\chi_e(x,y) &= \frac{4\mathrm{j}}{k_0^2}\frac{1}{4\pi^2}\sum_{\phi_i=-\pi}^{\pi}\sum_{\phi_s=\phi_i}^{\phi_i+\pi}E_n^s(\phi_i,\phi_s)\,\mathrm{e}^{-\mathrm{j}k_0x(\cos\phi_s-\cos\phi_i)}\cdot\\ &\quad \mathrm{e}^{-\mathrm{j}k_0x(\sin\phi_s-\sin\phi_i)}\Delta K_x\Delta K_y\end{aligned} \tag{11.14}$$

面元 $\mathrm{d}K_x\mathrm{d}K_y$（图 11-2（b））近似为

$$\Delta K_x\Delta K_y \approx k_0^2\Delta\phi_i\pi(\rho_2^2 - \rho_1^2) \tag{11.15}$$

其中，角度以弧度（rad）表示为

$$\begin{aligned}\rho_2 &= \sqrt{2[1-\cos(\phi_s-\phi_i+\Delta\phi_s)]}\\ \rho_1 &= \sqrt{2[1-\cos(\phi_s-\phi_i)]}\end{aligned} \tag{11.16}$$

最终得到

$$\begin{aligned}\chi_e(x,y) &= \frac{\mathrm{j}}{180\pi}\sum_{\phi_i=-\pi}^{\pi}\sum_{\phi_s=\phi_i}^{\phi_i+\pi}E_n^s(\phi_i,\phi_s)\,\mathrm{e}^{-\mathrm{j}k_0x(\cos\phi_s-\cos\phi_i)}\cdot\\ &\quad \mathrm{e}^{-\mathrm{j}k_0x(\sin\phi_s-\sin\phi_i)}\sin(\phi_s-\phi_i)\Delta\phi_s\Delta\phi_i\end{aligned} \tag{11.17}$$

例如，一个由 TM_z 平面波照射的介质圆柱（相对介电常数 ε_r，半径 $a = 0.5\lambda_0$），远场散射场为

$$
\begin{aligned}
\boldsymbol{E}^s &= \hat{z}\sqrt{\frac{2\mathrm{j}}{\pi k_0 \rho}}\,\mathrm{e}^{-\mathrm{j}k_0\rho}\sum_{n=-\infty}^{\infty} a_n\,\mathrm{e}^{\mathrm{j}n\phi_s} \\
&= \hat{z}\sqrt{\frac{2\mathrm{j}}{\pi k_0 \rho}}\,\mathrm{e}^{-\mathrm{j}k_0\rho}\left(a_0 + 2\sum_{n=0}^{\infty} a_n \cos n\,\phi_s\right)
\end{aligned} \tag{11.18}
$$

式中：$\{a_n\}$ 由 7.2 节给出。

归一化散射场为

$$E_n^s = a_0 + 2\sum_{n=0}^{\infty} a_n \cos n\,\phi_s \tag{11.19}$$

式（11.19）对应于入射角为 π 的情况。如果入射角是 ϕ_i，则归一化散射场表示为

$$E_n^s = a_0 + 2\sum_{n=0}^{\infty} a_n \cos n(\phi_s - \phi_i) \tag{11.20}$$

用上述表达式作为测量的归一化散射场。为了仿真分析，首先，在一个边长为 L 的正方形区域中，通过微分区域 $\Delta x \times \Delta y$ 使其离散化；然后，通过式（11.20）中不同的 ϕ_i 和 ϕ_s 计算 E_n^s；最后，根据式（11.17）可将磁化系数 χ_e 计算出来，这将重建圆柱体的形状和介电常数。为了进行模拟，选取

$$L = 3\lambda_0,\quad \Delta x = \Delta y = 0.1\lambda_0,\quad \Delta\phi_i = \Delta\phi_s = 30° \tag{11.21}$$

图 11-3 显示了重建的圆柱体，在估计 ε_r 时有 9% 的误差。

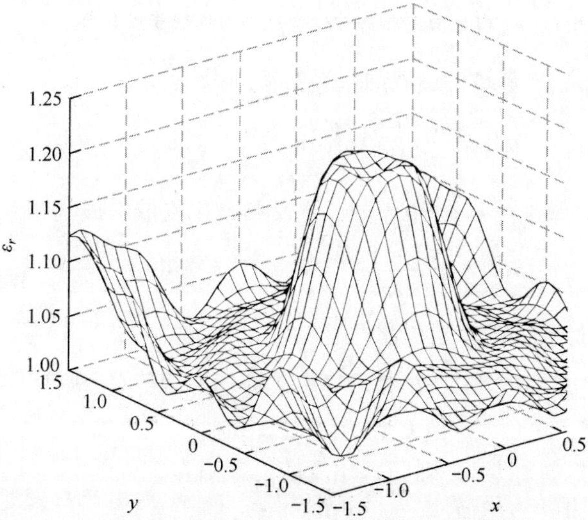

图 11-3　使用式（11.20）后的低对比度介质圆柱的相对介电常数 ε_r

11.2 理想导体

本节将讨论导电物体形状重建的方法。首先，会从适用高频的物理光学逆散射方法开始；然后，讨论具有谐振尺寸的导体散射数据的逆问题。对于这些情况，反演算法是基于积分方程的公式和优化算法。

11.2.1 物理光学逆散射

由平面波照射的一个电大的理想导体：

$$\boldsymbol{E}_i = E_0\,\hat{\boldsymbol{e}}_i\,\mathrm{e}^{-\mathrm{j}k_0\hat{\boldsymbol{i}}\cdot\boldsymbol{r}} \tag{11.22}$$

图 11-4 所示为自由空间逆散射问题，物理光学电流定义为

$$\boldsymbol{K} \approx \boldsymbol{K}_{po} = \begin{cases} 2\,\hat{\boldsymbol{n}} \times \boldsymbol{H}^i, & \text{在照明区} \\ 0, & \text{在阴影区} \end{cases} \tag{11.23}$$

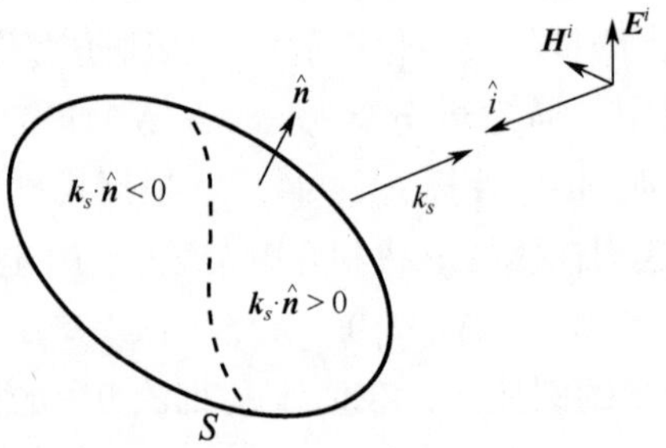

图 11-4 由平面波照射的一个电大的理想导电目标

物理光学近似下的单站雷达截面（7.2 节）为

$$\sigma^b = \frac{k_0^2}{\pi}\left|\int_{S_{\mathrm{lit}}} 2(\hat{\boldsymbol{i}}\cdot\hat{\boldsymbol{n}})\,\mathrm{e}^{\mathrm{j}2k_0\hat{\boldsymbol{s}}\cdot\boldsymbol{r}'}\mathrm{d}\,s'\right| \tag{11.24}$$

考虑到矢量 $\boldsymbol{k}_s = 2\,k_0\,\hat{\boldsymbol{s}} = -2\,k_0\,\hat{\boldsymbol{i}}$，定义归一化复散射振幅：

$$\rho(\boldsymbol{k}_s) = \frac{-\mathrm{j}}{\sqrt{4\pi}}\int_{\boldsymbol{k}_s\cdot\boldsymbol{n}>0}\mathrm{e}^{\boldsymbol{k}_s\cdot\boldsymbol{r}'}\,\boldsymbol{k}_s\cdot\mathrm{d}\boldsymbol{s}' \tag{11.25}$$

式中：$\boldsymbol{n}$ 为指向目标表面的单位矢量。

由于 $\boldsymbol{k}_s$ 和 $\hat{\boldsymbol{i}}$ 相反，$\boldsymbol{k}_s\cdot\boldsymbol{n}>0$ 表示导电表面的照明部分，则

$$\rho(\boldsymbol{k}_s)\,\rho^*(\boldsymbol{k}_s) = \sigma^b \tag{11.26}$$

如果目标从相反方向被照射，则归一化复散射振幅为

$$\rho(-\boldsymbol{k}_s) = \frac{\mathrm{j}}{\sqrt{4\pi}}\int_{\boldsymbol{k}_s\cdot\boldsymbol{n}<0}\mathrm{e}^{-\mathrm{j}\boldsymbol{k}_s\cdot\boldsymbol{r}'}\,\boldsymbol{k}_s\cdot\mathrm{d}\boldsymbol{s}' \tag{11.27}$$

此变量的复共轭为

$$\rho^*(-\boldsymbol{k}_s) = \frac{-\mathrm{j}}{\sqrt{4\pi}} \int_{\boldsymbol{k}_s \cdot \boldsymbol{n} < 0} \mathrm{e}^{\mathrm{j}\boldsymbol{k}_s \cdot \boldsymbol{r}'} \boldsymbol{k}_s \cdot \mathrm{d}\boldsymbol{s}' \tag{11.28}$$

将 $\rho(\boldsymbol{k}_s)$ 和 $\rho^*(-\boldsymbol{k}_s)$ 相加，得到

$$\begin{aligned}\rho(\boldsymbol{k}_s) + \rho^*(-\boldsymbol{k}_s) &= \frac{-\mathrm{j}}{\sqrt{4\pi}} \oint_S \mathrm{e}^{\mathrm{j}\boldsymbol{k}_s \cdot \boldsymbol{r}'} \boldsymbol{k}_s \cdot \mathrm{d}\boldsymbol{s}' \\ &= \frac{-\mathrm{j}}{\sqrt{4\pi}} \int_V \nabla \cdot (\mathrm{e}^{\mathrm{j}\boldsymbol{k}_s \cdot \boldsymbol{r}'} \boldsymbol{k}_s) \mathrm{d}v' \\ &= \frac{2k_0^2}{\sqrt{\pi}} \int_V \mathrm{e}^{\mathrm{j}\boldsymbol{k}_s \cdot \boldsymbol{r}'} \mathrm{d}v' \end{aligned} \tag{11.29}$$

这里使用散度定理，v 为散射体的体积。

定义复散射振幅：

$$\begin{aligned}\Gamma(\boldsymbol{k}_s) &= \frac{\sqrt{\pi}}{2k_0^2}[\rho(\boldsymbol{k}_s) + \rho^*(-\boldsymbol{k}_s)] \\ &= \int_V \mathrm{e}^{\mathrm{j}\boldsymbol{k}_s \cdot \boldsymbol{r}'} \mathrm{d}v' \end{aligned} \tag{11.30}$$

且特征函数为

$$\gamma(\boldsymbol{r}) = \begin{cases} 1, & \boldsymbol{r} \in V \\ 0, & \boldsymbol{r} \notin V \end{cases} \tag{11.31}$$

显然，Γ 是 γ 的逆傅里叶变换，因此，有

$$\gamma(\boldsymbol{r}) = \frac{1}{(2\pi)^3} \int \Gamma(\boldsymbol{k}_s) \mathrm{e}^{-\mathrm{j}\boldsymbol{k}_s \cdot \boldsymbol{r}} \mathrm{d}\boldsymbol{k}_s \tag{11.32}$$

上述便是著名的 Bojarski's 恒等式，该恒等式根据归一化复散射振幅 $\rho(\boldsymbol{k}_s)$ 的知识给出了理想导体的位置。如果通过所有频率和入射角的 $\boldsymbol{k}_s$ 计算得到 ρ，那么，这种方法对于电大尺寸的物体也是适用的。

附录A 矢量分析

A.1 正交坐标系

A.1.1 笛卡儿坐标系

笛卡儿坐标系中的单位矢量为$\hat{\boldsymbol{x}}$、$\hat{\boldsymbol{y}}$、$\hat{z}$。按照惯例，（$\hat{\boldsymbol{x}},\hat{\boldsymbol{y}},\hat{z}$）矢量组构成右手系统，遵循下列循环关系：

$$\hat{\boldsymbol{x}} \times \hat{\boldsymbol{y}} = \hat{z}, \quad \hat{z} \times \hat{\boldsymbol{x}} = \hat{\boldsymbol{y}}, \quad \hat{\boldsymbol{y}} \times \hat{z} = \hat{\boldsymbol{x}} \tag{A.1}$$

微分长度定义为

$$\mathrm{d}l = \mathrm{d}x\hat{\boldsymbol{x}} + \mathrm{d}y\hat{\boldsymbol{y}} + \mathrm{d}z\hat{z} \tag{A.2}$$

用$\hat{\boldsymbol{x}}$、$\hat{\boldsymbol{y}}$、$\hat{z}$表示的微分面积被定义为

$$\begin{cases}\mathrm{d}s_x = \mathrm{d}y\mathrm{d}z\hat{\boldsymbol{x}} \\ \mathrm{d}s_y = \mathrm{d}x\mathrm{d}z\hat{\boldsymbol{y}} \\ \mathrm{d}s_z = \mathrm{d}x\mathrm{d}y\hat{z}\end{cases} \tag{A.3}$$

微分体积元为

$$\mathrm{d}v = \mathrm{d}x\mathrm{d}y\mathrm{d}z \tag{A.4}$$

A.1.2 柱面坐标系

柱面坐标系中的单位矢量为$\hat{\boldsymbol{\rho}}$、$\hat{\boldsymbol{\phi}}$、$\hat{z}$。按照惯例，（$\hat{\boldsymbol{\rho}},\hat{\boldsymbol{\phi}},\hat{z}$）矢量组构成右手系统，遵循下列循环关系：

$$\hat{\boldsymbol{\rho}} \times \hat{\boldsymbol{\phi}} = \hat{z}, \quad \hat{z} \times \hat{\boldsymbol{\rho}} = \hat{\boldsymbol{\phi}}, \quad \hat{\boldsymbol{\phi}} \times \hat{z} = \hat{\boldsymbol{\rho}} \tag{A.5}$$

微分线元定义为

$$\mathrm{d}l = \mathrm{d}\rho\hat{\boldsymbol{\rho}} + \rho\mathrm{d}\phi\hat{\boldsymbol{\phi}} + \mathbf{d}z\hat{z} \tag{A.6}$$

用$\hat{\boldsymbol{\rho}}$、$\hat{\boldsymbol{\phi}}$、$\hat{z}$表示的微分面元被定义为

$$\begin{cases}\mathrm{d}s_\rho = \rho\mathrm{d}\phi\mathrm{d}z\,\hat{\boldsymbol{\rho}} \\ \mathrm{d}s_\phi = \mathrm{d}\rho\mathrm{d}z\,\hat{\boldsymbol{\phi}} \\ \mathrm{d}s_z = \rho\mathrm{d}\rho\mathrm{d}\phi\,\hat{z}\end{cases} \tag{A.7}$$

微分体积元为

$$\mathrm{d}v = \rho\mathrm{d}\rho\mathrm{d}\phi\mathrm{d}z \tag{A.8}$$

A.1.3 球坐标系

球坐标系中的单位矢量为$\hat{\boldsymbol{r}}$、$\hat{\boldsymbol{\theta}}$、$\hat{\boldsymbol{\phi}}$。按照惯例，($\hat{\boldsymbol{r}},\hat{\boldsymbol{\theta}},\hat{\boldsymbol{\phi}}$) 矢量组构成右手系统，遵循下列循环关系：

$$\hat{\boldsymbol{r}} \times \hat{\boldsymbol{\theta}} = \hat{\boldsymbol{\phi}}, \quad \hat{\boldsymbol{\phi}} \times \hat{\boldsymbol{r}} = \hat{\boldsymbol{\theta}}, \quad \hat{\boldsymbol{\theta}} \times \hat{\boldsymbol{\phi}} = \hat{\boldsymbol{r}} \tag{A.9}$$

微分线元定义为

$$\mathrm{d}l = \mathrm{d}r\hat{\boldsymbol{r}} + r\mathrm{d}\theta\hat{\boldsymbol{\theta}} + r\sin\theta\mathrm{d}\phi\hat{\boldsymbol{\phi}} \tag{A.10}$$

用$\hat{\boldsymbol{r}}$、$\hat{\boldsymbol{\theta}}$、$\hat{\boldsymbol{\phi}}$表示的微分面元被定义为

$$\begin{cases} \mathrm{d}s_r = r^2\sin\theta\mathrm{d}\theta\mathrm{d}\phi\hat{\boldsymbol{r}} \\ \mathrm{d}s_\theta = r\sin\theta\mathrm{d}r\mathrm{d}\phi\hat{\boldsymbol{\theta}} \\ \mathrm{d}s_\phi = r\mathrm{d}r\mathrm{d}\theta\hat{\boldsymbol{\phi}} \end{cases} \tag{A.11}$$

微分体积元为

$$\mathrm{d}v = r^2\sin\theta\mathrm{d}r\mathrm{d}\theta\mathrm{d}\phi \tag{A.12}$$

A.2 坐标变换

考虑一个在笛卡儿坐标系、柱面坐标系和球坐标系中的点 P，坐标为 ($\hat{\boldsymbol{x}},\hat{\boldsymbol{y}},\hat{\boldsymbol{z}}$)、($\hat{\boldsymbol{\rho}},\hat{\boldsymbol{\phi}},\hat{\boldsymbol{z}}$) 和 ($\hat{\boldsymbol{r}},\hat{\boldsymbol{\theta}},\hat{\boldsymbol{\phi}}$)。笛卡儿坐标和柱面坐标通过下式变换：

$$\begin{cases} x = \rho\cos\phi \\ y = \rho\sin\phi \end{cases} \tag{A.13}$$

笛卡儿坐标和球坐标通过下式变换：

$$\begin{cases} x = r\sin\theta\cos\phi \\ y = r\sin\theta\sin\phi \\ z = r\cos\theta \end{cases} \tag{A.14}$$

球坐标和柱面坐标通过下式变换：

$$\begin{cases} \rho = r\sin\theta \\ z = r\cos\theta \end{cases} \tag{A.15}$$

A.3 矢量变换

考虑三维矢量$\boldsymbol{F}$，可以用笛卡儿坐标单位矢量、柱面坐标单位矢量、球坐标单位矢量表示如下：

$$\begin{cases} \boldsymbol{F} = F_x\hat{\boldsymbol{x}} + F_y\hat{\boldsymbol{y}} + F_z\hat{\boldsymbol{z}} \\ \boldsymbol{F} = F_\rho\hat{\boldsymbol{\rho}} + F_\phi\hat{\boldsymbol{\phi}} + F_z\hat{\boldsymbol{z}} \\ \boldsymbol{F} = F_r\hat{\boldsymbol{r}} + F_\theta\hat{\boldsymbol{\theta}} + F_\phi\hat{\boldsymbol{\phi}} \end{cases} \tag{A.16}$$

A.3.1 笛卡儿-柱面矢量变换

笛卡儿坐标到柱面坐标通过下式变换：

$$\begin{cases} F_\rho = F_x\cos\phi + F_y\sin\phi \\ F_\phi = -F_x\sin\phi + F_y\cos\phi \\ F_z = F_z \end{cases} \tag{A.17}$$

柱面坐标到笛卡儿坐标通过下式变换：

$$\begin{cases} F_x = F_\rho\cos\phi - F_\phi\sin\phi \\ F_y = F_\rho\sin\phi + F_\phi\cos\phi \\ F_z = F_z \end{cases} \tag{A.18}$$

A.3.2 笛卡儿-球矢量变换

笛卡儿坐标到球坐标通过下式变换：

$$\begin{cases} F_r = F_x\sin\theta\cos\phi + F_y\sin\theta\sin\phi + F_z\cos\theta \\ F_\theta = F_x\cos\theta\cos\phi + F_y\cos\theta\sin\phi - F_z\sin\theta \\ F_\phi = -F_x\sin\phi + F_y\cos\phi \end{cases} \tag{A.19}$$

球坐标到笛卡儿坐标通过下式变换：

$$\begin{cases} F_x = F_r\sin\theta\cos\phi + F_\theta\cos\theta\cos\phi - F_\phi\sin\phi \\ F_y = F_r\sin\theta\sin\phi + F_\theta\cos\theta\sin\phi - F_\phi\cos\phi \\ F_z = F_r\cos\theta - F_\theta\sin\theta \end{cases} \tag{A.20}$$

A.3.3 柱面-球矢量变换

柱面坐标到球坐标通过下式变换：

$$\begin{cases} F_r = F_\rho\sin\theta + F_z\cos\theta \\ F_\theta = F_\rho\cos\theta - F_z\sin\theta \\ F_\phi = F_\phi \end{cases} \tag{A.21}$$

球坐标到柱面坐标通过下式变换：

$$\begin{cases} F_\rho = F_r\sin\theta + F_\theta\cos\theta \\ F_\phi = F_\phi \\ F_z = F_r\cos\theta - F_\theta\sin\theta \end{cases} \tag{A.22}$$

附录 B　矢量计算

标量函数用小写字母表示，矢量函数用大写粗体字母表示。矢量分量的符号如式（A. 17）所示。

B. 1　微分运算

B. 1. 1　笛卡儿坐标系

$$\nabla f = \frac{\partial f}{\partial x}\hat{\boldsymbol{x}} + \frac{\partial f}{\partial y}\hat{\boldsymbol{y}} + \frac{\partial f}{\partial z}\hat{\boldsymbol{z}} \tag{B.1}$$

$$\nabla \cdot \boldsymbol{F} = \frac{\partial F_x}{\partial x} + \frac{\partial F_y}{\partial y} + \frac{\partial F_z}{\partial z} \tag{B.2}$$

$$\nabla \times \boldsymbol{F} = \left(\frac{\partial F_z}{\partial y} - \frac{\partial F_y}{\partial z}\right)\hat{\boldsymbol{x}} + \left(\frac{\partial F_x}{\partial z} - \frac{\partial F_z}{\partial x}\right)\hat{\boldsymbol{y}} + \left(\frac{\partial F_y}{\partial x} - \frac{\partial F_x}{\partial y}\right)\hat{\boldsymbol{z}} \tag{B.3}$$

$$\nabla^2 f = \frac{\partial^2 f}{\partial x^2} + \frac{\partial^2 f}{\partial y^2} + \frac{\partial^2 f}{\partial z^2} \tag{B.4}$$

B. 1. 2　柱面坐标系

$$\nabla f = \frac{\partial f}{\partial \rho}\hat{\boldsymbol{\rho}} + \frac{1}{\rho}\frac{\partial f}{\partial \phi}\hat{\boldsymbol{\phi}} + \frac{\partial f}{\partial z}\hat{\boldsymbol{z}} \tag{B.5}$$

$$\nabla \cdot \boldsymbol{F} = \frac{1}{\rho}\frac{\partial}{\partial \rho}(\rho F_\rho) + \frac{1}{\rho}\frac{\partial F_\phi}{\partial \phi} + \frac{\partial F_z}{\partial z} \tag{B.6}$$

$$\begin{aligned}\nabla \times \boldsymbol{F} &= \left(\frac{1}{\rho}\frac{\partial F_z}{\partial \phi} - \frac{\partial F_\phi}{\partial z}\right)\hat{\boldsymbol{\rho}} + \left(\frac{\partial F_\rho}{\partial z} - \frac{\partial F_z}{\partial \rho}\right)\hat{\boldsymbol{\phi}} \\ &\quad + \frac{1}{\rho}\left(\frac{\partial}{\partial \rho}(\rho F_\phi) - \frac{\partial F_\rho}{\partial \phi}\right)\hat{\boldsymbol{z}}\end{aligned} \tag{B.7}$$

$$\nabla^2 f = \frac{1}{\rho}\frac{\partial}{\partial \rho}\left(\rho\frac{\partial f}{\partial \rho}\right) + \frac{1}{\rho^2}\frac{\partial^2 f}{\partial \phi^2} + \frac{\partial^2 f}{\partial z^2} \tag{B.8}$$

B. 1. 3　球坐标系

$$\nabla f = \frac{\partial f}{\partial r}\hat{\boldsymbol{r}} + \frac{1}{r}\frac{\partial f}{\partial \theta}\hat{\boldsymbol{\theta}} + \frac{1}{r\sin\theta}\frac{\partial f}{\partial \phi}\hat{\boldsymbol{\phi}} \tag{B.9}$$

$$\nabla \cdot \boldsymbol{F} = \frac{1}{r^2}\frac{\partial}{\partial r}(r^2 F_r) + \frac{1}{r\sin\theta}\frac{\partial}{\partial \theta}(F_\theta \sin\theta) + \frac{1}{r\sin\theta}\frac{\partial F_\phi}{\partial \phi} \tag{B.10}$$

$$\begin{aligned}\nabla \times \boldsymbol{F} &= \frac{1}{r\sin\theta}\left[\frac{\partial}{\partial \theta}(F_\phi \sin\theta) - \frac{\partial F_\theta}{\partial \phi}\right]\hat{\boldsymbol{r}} \\ &\quad + \left[\frac{1}{r\sin\theta}\frac{\partial F_r}{\partial \phi} - \frac{1}{r}\frac{\partial}{\partial r}(r F_\phi)\right]\hat{\boldsymbol{\theta}} + \frac{1}{r}\left[\frac{\partial}{\partial r}(r F_\theta) - \frac{\partial F_r}{\partial \theta}\right]\hat{\boldsymbol{\phi}}\end{aligned} \tag{B.11}$$

$$\nabla^2 f = \frac{1}{r^2}\frac{\partial}{\partial r}\left(r^2 \frac{\partial f}{\partial r}\right) + \frac{1}{r^2\sin\theta}\frac{\partial}{\partial \theta}\left(\sin\theta \frac{\partial f}{\partial \theta}\right) + \frac{1}{r^2 \sin^2\theta}\frac{\partial^2 f}{\partial \phi^2} \tag{B.12}$$

B.2 微分

$$\nabla \cdot (f\boldsymbol{F}) = f\nabla \cdot \boldsymbol{F} + \boldsymbol{F} \cdot \nabla f \tag{B.13}$$

$$\nabla \cdot (\boldsymbol{E} \times \boldsymbol{F}) = \boldsymbol{F} \cdot \nabla \times \boldsymbol{E} - \boldsymbol{E} \cdot \nabla \times \boldsymbol{F} \tag{B.14}$$

$$\nabla \times (f\boldsymbol{F}) = \nabla f \times \boldsymbol{F} + f\nabla \times \boldsymbol{F} \tag{B.15}$$

$$\nabla \times (\boldsymbol{E} \times \boldsymbol{F}) = \boldsymbol{E}\nabla \cdot \boldsymbol{F} - \boldsymbol{F}\nabla \cdot \boldsymbol{E} + (\boldsymbol{F} \cdot \nabla)\boldsymbol{E} - (\boldsymbol{E} \cdot \nabla)\boldsymbol{F} \tag{B.16}$$

$$\nabla(\boldsymbol{E} \cdot \boldsymbol{F}) = (\boldsymbol{E} \cdot \nabla)\boldsymbol{F} + (\boldsymbol{F} \cdot \nabla)\boldsymbol{E} + \boldsymbol{E} \times (\nabla \times \boldsymbol{F}) + \boldsymbol{F} \times (\nabla \times \boldsymbol{E}) \tag{B.17}$$

$$\nabla \times \nabla \times \boldsymbol{F} = \nabla(\nabla \cdot \boldsymbol{F}) - \nabla^2 \boldsymbol{F} \tag{B.18}$$

$$\nabla \cdot (\nabla \times \boldsymbol{F}) = 0 \tag{B.19}$$

$$\nabla \times \nabla f = 0 \tag{B.20}$$

B.3 积分定理

下面 V 为微分体积元 $\mathrm{d}v$ 组成的三维体，S 为包含微分曲面元 $\mathrm{d}s$ 和外法向矢量 $\hat{\boldsymbol{n}}$ 的 V 的封闭二维曲面。开放表面由 Ω 表示，包围曲线为 C 。

$$\int_V \nabla \cdot \boldsymbol{F}\mathrm{d}v = \oint_S \boldsymbol{F} \cdot \hat{\boldsymbol{n}}\mathrm{d}s\text{（散度定理）} \tag{B.21}$$

$$\int_V \nabla f \mathrm{d}v = \oint_S f\,\hat{\boldsymbol{n}}\mathrm{d}s \tag{B.22}$$

$$\int_V \nabla \times \boldsymbol{F}\mathrm{d}v = \oint_S \hat{\boldsymbol{n}} \times \boldsymbol{F}\mathrm{d}s \tag{B.23}$$

$$\int_V (f\nabla^2 g - g\nabla^2 f)\mathrm{d}v = \oint_S (f\nabla g - g\nabla f) \cdot \hat{\boldsymbol{n}}\mathrm{d}s \tag{B.24}$$

$$\int_\Omega (\nabla \times \boldsymbol{F}) \cdot \hat{\boldsymbol{n}}\mathrm{d}s = \oint_C \boldsymbol{F} \cdot \mathrm{d}\boldsymbol{l}\text{（斯托克定理）} \tag{B.25}$$

$$\int_\Omega \hat{\boldsymbol{n}} \times \nabla f \mathrm{d}s = \oint_C f\mathrm{d}\boldsymbol{l} \tag{B.26}$$

附录 C　Bessel 函数

C.1　Gamma 函数

在 18 世纪，瑞士数学家莱昂哈德 · 欧拉（Leonhard Euler）关注了阶乘函数($n!=n(n-1)(n-2)\cdots 1$）非整数值的插值问题。这个问题的研究最终形成了 Gamma 函数的定义

$$\Gamma(z)=\int_0^{\infty}\mathrm{e}^{-t}t^{z-1}\mathrm{d}t \tag{C.1}$$

式（C.1）中的积分对除负整数和零外的所有复数都是收敛的。可以证明，对于正整数

$$\Gamma(n)=(n-1)! \tag{C.2}$$

Gamma 函数的两个有用性质为

$$\Gamma(z)\Gamma(1-z)=\frac{\pi}{\sin(\pi z)}(\text{反射公式}) \tag{C.3}$$

$$2^{2z-1}\Gamma(z)\Gamma\left(z+\frac{1}{2}\right)=\sqrt{\pi}\Gamma(2z)(\text{倍角公式}) \tag{C.4}$$

可以注意到，式（C.3）的反射公式只对非整数值 z 有效。

C.2　Bessel 函数

Bessel 函数是贝塞尔等式的解

$$\frac{\mathrm{d}^2y}{\mathrm{d}z^2}+\frac{1}{z}\frac{\mathrm{d}y}{\mathrm{d}z}+\left(1-\frac{v^2}{z^2}\right)y=0 \tag{C.5}$$

式中：v 可能是复杂数，称为方程和解的阶。

C.2.1　第一类 Bessel 函数

v 阶的第一类 Bessel 函数级数表示为

$$\mathrm{J}_v(z)=\sum_{k=0}^{\infty}\frac{(-1)^k}{k!\Gamma(k+v+1)}\left(\frac{z}{2}\right)^{2k+v} \tag{C.6}$$

可以很容易验证，$\mathrm{J}_v(z)$ 满足式（C.5）的微分方程。Bessel 整数阶函数在电磁问题中具有特殊的意义。对整数值 v，式（C.6）简化为

$$\mathrm{J}_n(z) = \sum_{k=0}^{\infty} \frac{(-1)^k}{k!(k+n)!}\left(\frac{z}{2}\right)^{2k+n}, \quad n = 0,1,2,\cdots \tag{C.7}$$

$n = 0,1,2,\cdots$ 时可进一步表达为

$$\mathrm{J}_{-n}(z) = (-1)^n \mathrm{J}_n(z) \tag{C.8}$$

图 C-1 显示了第一类 0、1、2 和 3 阶 Bessel 函数的曲线图。由式（C.6）可知，Bessel 函数的解析表达式相当复杂。在许多电磁边值问题中，根据应用的不同，只关注小参数（用于近场分析）和大参数（用于远场分析）的 Bessel 函数。在这些情况下，使用 Bessel 函数的简洁渐近表达式会方便得多。可以证明：

$$\lim_{z\to 0^+} \mathrm{J}_n(z) \approx \begin{cases} 1, & n = 0 \\ \dfrac{\left(\dfrac{z}{2}\right)^2}{n!}, & n = 1,2,3,\cdots \end{cases} \tag{C.9}$$

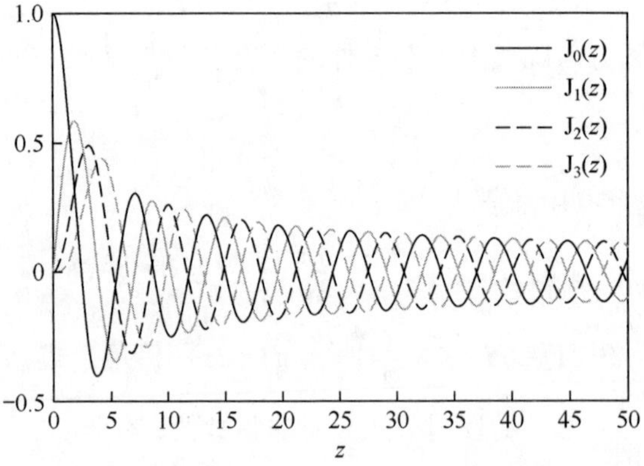

图 C-1 第一阶 Bessel 函数

并且有

$$\lim_{z\to\infty} \mathrm{J}_n(z) \approx \sqrt{\frac{2}{\pi z}}\cos\left(z - \frac{\pi}{4} - \frac{n\pi}{2}\right) \tag{C.10}$$

图 C-2 比较了从（C.10）得到的大参数渐进表达式 $\mathrm{J}_1(z)$ 和 $\mathrm{J}_2(z)$ 的值，分别用 $\widehat{\mathrm{J}}_1(z)$ 和 $\widehat{\mathrm{J}}_2(z)$ 表示。

下式称为 $\mathrm{J}_n(z)$ 的生成函数：

$$w(z,t) = \mathrm{e}^{\frac{z}{2}(t-1/t)}, \quad 0 < |t| < \infty \tag{C.11}$$

可以表示为

$$w(z,t) = \mathrm{e}^{\frac{z}{2}(t-1/t)} = \sum_{n=-\infty}^{\infty} \mathrm{J}_n(z)\, t^n \tag{C.12}$$

贝塞尔生成函数在电磁场边界问题中有很多有用的应用。例如，在式（C.12）

中设置 $t = \mathrm{j}e^{\mathrm{j}\phi}$，可以得到用无限多柱面波之和表示的平面波展开式

$$e^{\mathrm{j}z\cos\phi} = \sum_{n=-\infty}^{\infty} \mathrm{j}^n \mathrm{J}_n(z)\, e^{\mathrm{j}n\phi} \tag{C.13}$$

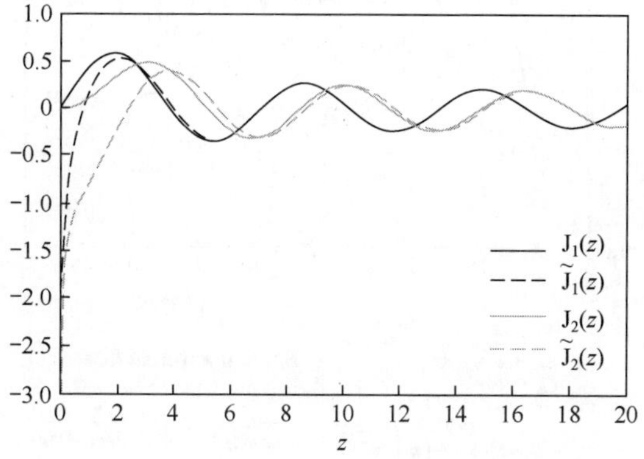

图 C-2　$\mathrm{J}_1(z)$ 和 $\mathrm{J}_2(z)$ 的大参数渐近表达式

C.2.2　第二类 Bessel 函数（Neumann 函数）

第二类 Bessel 函数，也称为 Neumann 函数，可以通过下式定义：

$$\mathrm{N}_v(z) = \frac{\cos(v\pi)\,\mathrm{J}_v(z) - \mathrm{J}_{-v}(z)}{\sin(v\pi)} \tag{C.14}$$

可以验证，$\mathrm{N}_v(z)$ 满足微分方程式（C.5）。对于整数值 v，式（C.14）的表达式是一个不定式，必须通过极限来估计：

$$\mathrm{N}_n(z) = \lim_{v\to n} \mathrm{N}_v(z), \quad n = 1,2,3,\cdots \tag{C.15}$$

式（C.15）中的极限值可以用洛必达法则求出，即

$$\mathrm{N}_n(z) = \frac{2}{\pi}\mathrm{J}_n(z)\ln\left(\frac{z}{2}\right) - \frac{1}{\pi}\sum_{0}^{n-1}\frac{(n-k-1)!\left(\frac{z}{2}\right)^{2k-n}}{k!}$$

$$-\frac{1}{\pi}\sum_{k=0}^{\infty}\frac{(-1)^k\left(\frac{z}{2}\right)^{2k+n}[\psi(k+n+1)+\psi(k+1)]}{k!(n+k)!} \tag{C.16}$$

此处，Digamma 函数 $\psi(z)$ 可被定义为

$$\psi(z) = \frac{\mathrm{d}}{\mathrm{d}z}\ln\Gamma(z) = \frac{\Gamma'(z)}{\Gamma(z)} \tag{C.17}$$

跟第一类 Bessel 函数类似，当 $n = 1,2,3,\cdots$ 时可表示为

$$\mathrm{N}_{-n}(z) = (-1)^n \mathrm{N}_n(z) \tag{C.18}$$

图 C-3 显示了 0、1、2、3 阶 Neumann 函数的曲线图。从图中可以看出，由于式（C.16）中的对数项，N_n 在 0 处包含一个奇点。$\mathrm{N}_n(z)$ 的渐近表达式为

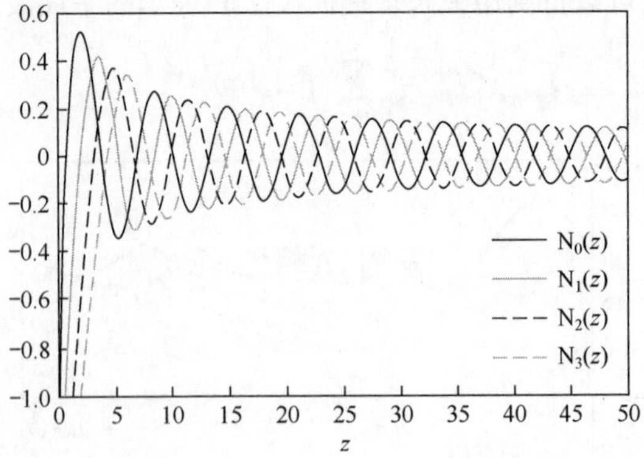

图 C-3　0、1、2、3 阶 Neumann 函数

$$\lim_{z\to 0^+} \mathrm{N}_n(z) \approx \begin{cases} \dfrac{2}{\pi}\ln\left(\dfrac{\gamma z}{2}\right), & n = 0 \\ -\dfrac{(n-1)!}{\pi}\left(\dfrac{2}{z}\right)^n, & n = 1,2,3,\cdots \end{cases} \tag{C.19}$$

式中：$\gamma = 1.78107\cdots$ 是欧拉常数，且有

$$\lim_{z\to\infty} \mathrm{N}_n(z) \approx \sqrt{\frac{2}{\pi z}}\sin\left(z - \frac{\pi}{4} - \frac{n\pi}{2}\right) \tag{C.20}$$

图 C-4 比较了从式（C.20）得到的大参数渐进表达式 $\mathrm{N}_1(z)$ 和 $\mathrm{N}_2(z)$ 的值，它们分别用 $\hat{\mathrm{N}}_1(z)$ 和 $\hat{\mathrm{N}}_2(z)$ 表示。

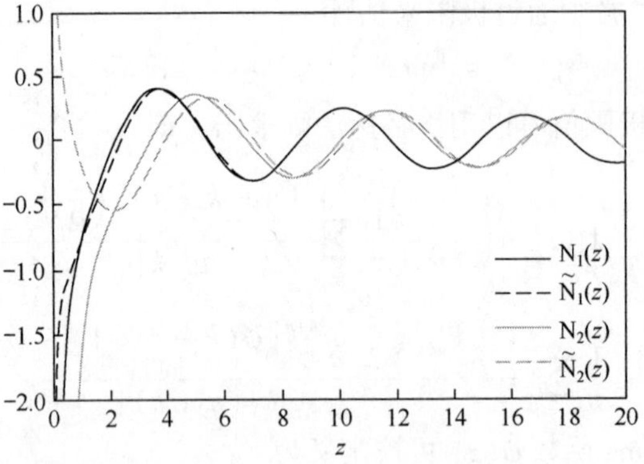

图 C-4　$\mathrm{N}_1(z)$ 和 $\mathrm{N}_2(z)$ 的大参数渐进表达式

C.2.3　第三类 Bessel 函数（Hankel 函数）

第一类 Bessel 函数和 Neumann 函数是 Bessel 方程的正交特征函数，因此它们的任何线性组合也是式（C-5）的解。其中有两个特别重要的组合，一个组

合定义为第一类 n 阶 Hankel 函数：

$$\mathrm{H}_n^{(1)}(z) = \mathrm{J}_n(z) + \mathrm{j}\,\mathrm{N}_n(z) \tag{C.21}$$

另一个组合定义为第二类 n 阶 Hankel 函数：

$$\mathrm{H}_n^{(2)}(z) = \mathrm{J}_n(z) - \mathrm{j}\,\mathrm{N}_n(z) \tag{C.22}$$

Hankel 函数在电磁辐射问题中经常遇到。对于大参数而言，Hankel 函数的渐近表达式为

$$\lim_{z\to\infty} \mathrm{H}_n^{(1)}(z) \approx \sqrt{\frac{2}{\pi z}}\exp\left[\mathrm{j}\left(z - \frac{\pi}{4} - \frac{n\pi}{2}\right)\right] \tag{C.23}$$

$$\lim_{z\to\infty} \mathrm{H}_n^{(2)}(z) \approx \sqrt{\frac{2}{\pi z}}\exp\left[-\mathrm{j}\left(z - \frac{\pi}{4} - \frac{n\pi}{2}\right)\right] \tag{C.24}$$

C.2.4　Bessel 函数公式

下面 $Z_n(z)$ 代表 $\mathrm{J}_n(z)$、$\mathrm{N}_n(z)$、$\mathrm{H}_n^{(1)}(z)$、$\mathrm{H}_n^{(2)}(z)$ 或者这些函数的线性组合。

递归微分公式为

$$2\,Z'_n(z) = Z_{n-1}(z) - Z_{n+1}(z) \tag{C.25}$$

$$\frac{2n}{z}Z_n(z) = Z_{n-1}(z) + Z_{n+1}(z) \tag{C.26}$$

$$\mathrm{J}_n(z)\,\mathrm{N}'_n(z) - \mathrm{N}_n(z)\,\mathrm{J}'_n(z) = \frac{2}{z\pi} \tag{C.27}$$

$$\mathrm{J}_n(z)\,\mathrm{J}'_{-n}(z) - \mathrm{J}_{-n}(z)\,\mathrm{J}'_n(z) = -\frac{2}{z\pi}\sin(n\pi) \tag{C.28}$$

积分为

$$\int z^{n+1}\,Z_n(z)\,\mathrm{d}z = z^{n+1}\,Z_{n+1}(z) \tag{C.29}$$

$$\int z^{1-n}\,Z_n(z)\,\mathrm{d}z = -z^{1-n}\,Z_{n-1}(z) \tag{C.30}$$

$$\int z\,Z_n^2(kz)\,\mathrm{d}z = \frac{z^2}{2}\left[Z_n^2(kz) - Z_{n-1}(kz)\,Z_{n+1}(kz)\right] \tag{C.31}$$

$$\mathrm{J}_n(z) = \frac{1}{\pi}\int_0^{\pi}\cos(n\phi - z\sin\phi)\,\mathrm{d}\phi \tag{C.32}$$

内 容 简 介

本书是针对科研教学问题凝练而成，讲述了电磁散射基本理论、原则及公式，紧密结合雷达系统，讲解了电磁散射机理及分析方法。该书从电磁理论和散射理论两方面系统地论述了电磁辐射及散射问题。书中既覆盖了电磁散射及辐射的基础知识，也包含了相应的高等分析理论和技术，可作为电磁散射课程教学的进阶教材，也可作为科研人员的参考书籍。